《中国伦理学年鉴 2021》得到中国人民大学"双一流"跨学科重大创新规划平台——国家治理现代化与应用伦理跨学科交叉平台支持。

中国哲学社会科学学科年鉴
CHINESE ACADEMIC ALMANAC

CHINESE ETHICS
ALMANAC

教育部人文社会科学重点研究基地
中国人民大学伦理学与道德建设研究中心 主办
郭清香 主编

中国伦理学年鉴

2021

中国社会科学出版社

图书在版编目（CIP）数据

中国伦理学年鉴.2021／郭清香主编.—北京：中国社会科学出版社，2023.9
ISBN 978－7－5227－2644－1

Ⅰ.①中… Ⅱ.①郭… Ⅲ.①伦理学—中国—2021—年鉴 Ⅳ.①B82－54

中国国家版本馆 CIP 数据核字（2023）第 189459 号

出 版 人	赵剑英
责任编辑	张靖晗
责任校对	李　惠
责任印制	张雪娇

出　　版	中国社会科学出版社
社　　址	北京鼓楼西大街甲 158 号
邮　　编	100720
网　　址	http://www.csspw.cn
发 行 部	010－84083685
门 市 部	010－84029450
经　　销	新华书店及其他书店

印刷装订	三河市东方印刷有限公司
版　　次	2023 年 9 月第 1 版
印　　次	2023 年 9 月第 1 次印刷

开　　本	787×1092　1/16
印　　张	20.5
插　　页	2
字　　数	431 千字
定　　价	178.00 元

凡购买中国社会科学出版社图书，如有质量问题请与本社营销中心联系调换
电话：010－84083683
版权所有　侵权必究

《中国伦理学年鉴2021》编写委员会

委员会主任　曹　刚
委员会成员　（按姓氏拼音排序）
　　　　　　曹　刚　郭清香　焦国成　李茂森
　　　　　　刘　玮　王福玲　魏犇群　肖群忠
　　　　　　杨伟清　姚新中　张　霄
主　　　编　郭清香
编写人员　　（按姓氏拼音排序）
　　　　　　陈伟功　陈雪春　郭　明　郭清香
　　　　　　李明明　李艳平　刘蒙露　刘　玮
　　　　　　魏犇群　杨　琳　杨茜茜　杨伟清
　　　　　　张伟东　周瑞春　朱　雷
英 文 目 录　李明明　郭清香

编辑说明

《中国伦理学年鉴》由教育部重点研究基地"中国人民大学伦理学与道德建设研究中心"主持编纂。本年鉴秉承学术性、权威性、客观性、前沿性的宗旨，力求反映中国伦理学学术研究和道德实践的年度总貌。

《中国伦理学年鉴》的编纂始于2011年，2021卷为第11卷，其中前4卷由九州出版社出版，自2015卷起改由中国社会科学出版社出版。

《中国伦理学年鉴》2021卷的栏目及内容如下：

特载：对道德建设有重大影响的政府重要文件。

特稿：对年度重大伦理学问题的分析研究或综述。

研究报告：对国内学者伦理学研究成果的综述。

论文荟萃：精选并简介优质的伦理学论文。

著作选介：精选并简介优质的伦理学新书。

学术动态：对伦理学会议、课题、博士学位论文的介绍。

伦理事件：对2021年度国内重大伦理事件的整理与发布。

目 录

特 载

关于进一步加强家庭家教家风建设的实施意见…………………………………（3）
中华人民共和国家庭教育促进法…………………………………………………（8）

特 稿

中国共产党建党百年伦理专题研究………………………………………………（17）

研究报告

2021年伦理学专题研究报告………………………………………………………（31）
2021年中国伦理思想史基础理论研究报告………………………………………（43）
2021年中国伦理思想与现代问题研究报告………………………………………（56）
2021年古希腊至文艺复兴时期伦理政治思想研究报告…………………………（81）
2021年近代西方伦理思想研究报告………………………………………………（99）
2021年现代西方伦理思想研究报告………………………………………………（113）
2021年生命伦理学研究报告………………………………………………………（136）
2021年生态伦理学研究报告………………………………………………………（146）
2021年法律伦理学研究报告………………………………………………………（157）
2021年经济伦理学研究报告………………………………………………………（171）
2021年网络伦理研究报告…………………………………………………………（181）
2021年科技伦理研究报告…………………………………………………………（191）
2021年传媒伦理研究报告…………………………………………………………（203）

论文荟萃

优秀传统文化的核心价值与当代中国社会文化发展 …………………………………… (213)

《论共产党员的修养》对马克思主义中国化的理论贡献 ………………………………… (213)

历史镜像中的马克思主义伦理学建构 ……………………………………………………… (213)

中国道德语言的发展路径 …………………………………………………………………… (214)

中国乡村治理的伦理审视 …………………………………………………………………… (214)

近代非孝论争再审视 ………………………………………………………………………… (214)

个体的崛起与道德的主体 …………………………………………………………………… (214)

人性与道德的伦理之思 ……………………………………………………………………… (215)

自然、精神与伦理——进入黑格尔伦理学哲学体系之路径 ……………………………… (215)

人工智能体有自由意志吗 …………………………………………………………………… (216)

数字全球化与数字伦理学 …………………………………………………………………… (216)

作为中国哲学关键词的"性"概念的生成及其早期论域的开展 ………………………… (216)

古今学者对性善论的批评：回顾与总结 …………………………………………………… (217)

孟子达成的只是伦理之善——从孔孟心性之学分歧的视角重新审视孟子
　学理的性质 ………………………………………………………………………………… (217)

儒家人性论三种形态与儒学的当代开展 …………………………………………………… (217)

儒家伦理的"情理"逻辑 …………………………………………………………………… (218)

孔子"欲仁"、孟子"欲善"与荀子"欲情"——从当今西方伦理学
　"欲望论"观儒家"欲"论分殊 ………………………………………………………… (218)

"仁"与祖先祭祀：论"仁"字古义及孔子对仁道之创发 ……………………………… (218)

论老子孔子"仁"的同异 …………………………………………………………………… (218)

"吟风弄月"还是"得君行道"——周敦颐礼学思想新论 ……………………………… (219)

《荀子·乐论》的音乐伦理思想体系探赜 ………………………………………………… (219)

朱熹浩然之气、道德认知与道德勇气述论 ………………………………………………… (219)

儒家"权"论的两种路径——兼论汉宋"经权"观的内在一致性 ……………………… (219)

此心"安"处——论儒家情感伦理学的奠基 ……………………………………………… (220)

试论孟子心性论哲学的理论结构 …………………………………………………………… (220)

义、利不可以轻重论——儒家义利观考察 ………………………………………………… (220)

儒家君子文化中的平等意蕴 ………………………………………………………………… (220)

朱子论"孝" …………………………………………………………………………………（221）
君子上达：儒家人格伦理学的理论自觉——以陈来先生《儒学美德论》
　　为中心 ……………………………………………………………………………………（221）
儒家《诗》教视域下的夫妇之道 …………………………………………………………（221）
《诗经》生态伦理思想对当代中国生态伦理学的构建意义 ……………………………（222）
宋代儒家视野下的堕胎问题 ………………………………………………………………（222）
灾训齐家：明清家训中的灾害教育 ………………………………………………………（222）
中国式现代化进程中的乡村振兴与伦理重建 ……………………………………………（222）
事君与内外：《论语》管仲评价发微 ……………………………………………………（223）
荀子的"从道不从君"析论 ………………………………………………………………（223）
从《群书治要》治道思想论儒家圣贤政治体系 …………………………………………（223）
儒家家国观的三个层次 ……………………………………………………………………（224）
天吏：孟子的超越观念及其政治关切——孟子思想的系统还原 ………………………（224）
儒家治道：预设与原理 ……………………………………………………………………（224）
用智慧驯化勇敢：古希腊德性政治的演进 ………………………………………………（224）
德性政治：罗马政治文化的观念构造 ……………………………………………………（225）
用德性驯化政治：意大利文艺复兴时期的德性政治 ……………………………………（225）
自爱与慷慨：欧里庇得斯《阿尔刻斯提斯》中的道德困境 ……………………………（225）
哲学是一种神圣的疯狂吗——柏拉图《斐德罗》与《理想国》中的
　　灵魂学说 …………………………………………………………………………………（226）
但丁的双重二元论 …………………………………………………………………………（226）
后果、动机与意图——论密尔的道德评价理论 …………………………………………（226）
如何塑造遵守规则的动机？——休谟观点的新解读 ……………………………………（227）
哈奇森道德哲学 ……………………………………………………………………………（227）
洛克式政治哲学中的领土问题——对当代争论的反思 …………………………………（227）
社会性的扭曲与重塑：卢梭的自尊学说 …………………………………………………（228）
论康德的意志概念——兼论"实践理性优先"的思想来源 ……………………………（228）
黑格尔论道德与伦理的关系 ………………………………………………………………（228）
关于规范性判断的本体论基础的几点思考 ………………………………………………（229）
历史与道德辩护的限度——内格尔与威廉斯之争 ………………………………………（229）
道德实在论可以没有本体论承诺吗——论斯坎伦的寂静主义实在论 …………………（229）

美德伦理学的行为理论：误解与回应——重访罗莎琳德·赫斯特豪斯的
　　新亚里士多德主义论证 ………………………………………………………… (230)
为情境主义辩护 ……………………………………………………………………… (230)
科斯戈尔德能动性理论的双重思想脉络——康德主义和柏拉图主义 …………… (230)
移情是一种亚里士多德式的美德吗？ ……………………………………………… (231)
正义之首：罗尔斯的社会制度正义 ………………………………………………… (231)
自尊与自重——罗尔斯正义理论的伦理学承诺 …………………………………… (232)
生命原则与法律正义——从长时段看罗尔斯的正义理论 ………………………… (232)
规则功利主义 ………………………………………………………………………… (232)
自由意志、决定论与道德责任：一个实证的新研究 ……………………………… (233)
"伦理学"回到"伦理"的实践哲学概念 ………………………………………… (233)
人性的绝对价值能否成为道德动机——对自然化康德伦理学解释的批判 ……… (234)
基于移情关爱的社会正义可行吗——论斯洛特的情感主义正义论 ……………… (234)
建设公共卫生体系及防控疫病大流行中的伦理问题 ……………………………… (234)
医学科学数据共享与使用的伦理要求和管理规范（10—12部分） ……………… (234)
大数据背景下突发性公共卫生事件跨界治理的伦理意蕴 ………………………… (235)
大数据时代生命伦理研究的机遇与挑战 …………………………………………… (235)
神经干预中的伦理问题 ……………………………………………………………… (235)
斯坎伦对于人类道德地位平等性的论证 …………………………………………… (235)
关于生命伦理学四原则理论的新讨论 ……………………………………………… (236)
人类增强技术的应用侵害了个人自主吗——基于身体财产权的分析 …………… (236)
癌症坏消息告知中的伦理困境及其对策探讨 ……………………………………… (236)
基于患者视角的共享决策参与现况及策略研究 …………………………………… (237)
中国特色生态哲学研究的概况及其推进 …………………………………………… (237)
边界与阐释：中国传统哲学思想生态演绎的反思 ………………………………… (237)
恩格斯自然辩证法的生态伦理意蕴 ………………………………………………… (237)
马克思生态文明思想的伦理之善 …………………………………………………… (238)
论儒家仁学思想的环境责任伦理意蕴 ……………………………………………… (238)
生态伦理的证成难题及其超越 ……………………………………………………… (238)
环境伦理中的价值排序及其方法论 ………………………………………………… (239)
取代上帝视角——环境伦理视域下的拉图尔盖亚观 ……………………………… (239)
论环境刑法的正当性根据——基于环境伦理和传统刑法理论之考察 …………… (239)

环境公平视角下的城乡融合发展：价值审视与路向选择	(240)
立法促德如何可能——关于文明行为促进条例的伦理学思考	(240)
社会主义核心价值观入法入规的伦理意蕴——以德法相济的运行为视野	(241)
家庭文明建设在民法典中的体现	(241)
刑法修正的道德诉求	(241)
立法伦理与算法正义——算法主体行为的法律规制	(242)
法律职业伦理：历史、价值与挑战	(243)
法律与自由主义技术伦理的嬗变	(243)
关于"安乐死"立法化的理论思考	(244)
中国有限放开代孕之法律伦理证成及其规制	(244)
人工智能算法的伦理危机与法律规制	(245)
晚清政商关系的三维伦理透视	(245)
论犹太教《塔木德》中的经济契约伦理思想	(245)
近四十年来《史记·货殖列传》之经济思想研究述评	(246)
王安石《周官新义》的经济伦理思想初探	(246)
卡尔·波兰尼经济伦理思想的阐释与批判——以《大转型》为中心的探讨	(246)
新民主主义革命时期中国共产党经济伦理思想研究	(247)
社会主义市场经济的传统底蕴及其伦理提升	(247)
智慧农业推广政策的经济伦理探赜——以制度安排为视角	(247)
马尔库塞虚假需求理论的伦理学诠释	(248)
中西方商业诚信伦理传统的差异与比较研究	(248)
大数据时代信息伦理的困境与应对研究	(248)
网络空间协同治理：多元主体及其路径选择	(248)
"饭圈文化"的道德批判	(249)
网络空间道德建设中的自我伦理建构	(249)
网络道德建设内蕴的多重向度审视	(250)
论网络空间道德秩序构建的法治保障	(250)
人工智能伦理的两种进路及其关系	(250)
基于人与技术实践共生的技术伦理反思	(251)
技术伦理何以可能考源——基于哲学本体论的转向	(251)
人工智能伦理的研究现状、应用困境与可计算探索	(251)
当代技术伦理实现的范式转型	(252)

技术价值分界及其决策的伦理指向研究——以保罗的后果不确定技术
  价值分界理论为例 ………………………………………………………… (252)
人工智能伦理风险的镜像、透视及其规避 ………………………………… (252)
人工智能伦理中的五种隐性伦理责任 ……………………………………… (253)
新责任伦理：技术时代美好生活的重要保障 ……………………………… (253)
人工智能设计的道德意蕴探析 ……………………………………………… (253)
人工道德主体是否可能的意识之维 ………………………………………… (254)
智能时代人类生命本质的变异及其价值影响 ……………………………… (254)
风险社会视域下的现代科技及其伦理边界 ………………………………… (254)
应用理智德性的追问 ………………………………………………………… (254)
构建数字化世界的伦理秩序 ………………………………………………… (255)
大数据时代隐私保护伦理困境的形成机理及其治理 ……………………… (255)
数字化时代下的开放科学：伦理难题与推进路径 ………………………… (255)
数字资本的伦理逻辑及其规范 ……………………………………………… (256)
人类增强的完美悖论及其伦理旨趣 ………………………………………… (256)
人脸识别技术的伦理风险及其规制 ………………………………………… (257)
基因武器的伦理困境及其防范路径 ………………………………………… (257)
伦理结构化：算法风险治理的逻辑与路径 ………………………………… (257)
后疫情世界规范秩序重构的伦理基础 ……………………………………… (258)
技术治理与当代中国治理现代化 …………………………………………… (258)
负责任的科学家：英国科学的社会责任协会成立的历史及意义 ………… (258)
美国"伦理委员会"的历史沿革与制度创新 ……………………………… (259)
科学建构应对科技风险的伦理治理系统 …………………………………… (259)
基于空间正义理论的场景传播伦理研究 …………………………………… (259)
全球媒介伦理的反思性与可能路径 ………………………………………… (259)
数字新闻的公共性之辩：表现、症结与反思 ……………………………… (260)
网络适老化的伦理反思与规制 ……………………………………………… (260)
品牌作为出版符号的伦理暗示性传播分析 ………………………………… (260)
德何以立：论民国新闻记者职业道德实践的困境与振拔 ………………… (260)
AI 嵌入新闻传播：智能转向、伦理考量与价值平衡 …………………… (260)
大数据时代人的尊严和价值——以个人隐私与信息共享之间的伦理
  抉择为中心 ……………………………………………………………… (261)

信息生态设计者：数字新闻治理的第三种规范性站位……………………………（261）
新闻专业危机与"元新闻"信息伦理抗争：对美国大选社交媒体
　图景的观察 ………………………………………………………………（261）

著作选介

当代中国伦理的变迁 …………………………………………………………（265）
道德与法度：王安石学术及其变法运动述论 ………………………………（265）
儒家事功伦理研究 ……………………………………………………………（265）
《老子》"德"论 ………………………………………………………………（265）
二程性道思想研究 ……………………………………………………………（265）
儒家伦理思想近代演进研究：1840—1930 年 ………………………………（266）
《吕氏春秋》教化思想研究 …………………………………………………（266）
中国道统论 ……………………………………………………………………（266）
刘宗周慎独伦理思想研究 ……………………………………………………（266）
中国净土宗伦理思想研究 ……………………………………………………（267）
中国传统文化的德福之辩 ……………………………………………………（267）
中国哲学通史·先秦卷（学术版）……………………………………………（267）
中国哲学史教程 ………………………………………………………………（267）
古希腊史学中帝国形象的演变研究 …………………………………………（268）
荷马史诗与英雄悲剧 …………………………………………………………（268）
城邦人的自由向往：阿里斯托芬《鸟》绎读 ………………………………（268）
修辞与正义：柏拉图《高尔吉亚》译述 ……………………………………（268）
技艺与身体：斯多亚派修身哲学研究 ………………………………………（269）
以人的名义：洛伦佐·瓦拉与《论快乐》 …………………………………（269）
当代后果主义伦理思想研究 …………………………………………………（269）
权利、正义与责任 ……………………………………………………………（270）
共情、关爱与正义：当代西方关爱情感主义伦理思想研究 ………………（270）
麦金太尔伦理叙事研究 ………………………………………………………（270）
全球生命伦理学导论 …………………………………………………………（270）
生命伦理学的理论与实践 ……………………………………………………（271）
现代医疗技术中的生命伦理和法律问题研究 ………………………………（271）

医学伦理学术语集——基于中美文献对比的概念范畴分析 …………………………（271）

医学伦理学 ……………………………………………………………………………（271）

临床伦理咨询：构建和谐医患关系的新进路 …………………………………………（272）

生命伦理学体系 …………………………………………………………………………（272）

人的尊严和生命伦理 ……………………………………………………………………（272）

生态文明建设的基本伦理问题研究 ……………………………………………………（273）

生态伦理及道德建设研究 ………………………………………………………………（273）

生态文明的哲学基础（未来宣言）………………………………………………………（273）

畲族生态伦理研究 ………………………………………………………………………（273）

基于环境伦理的生态—经济—社会协同发展研究 ……………………………………（274）

马克思法律伦理思想研究 ………………………………………………………………（274）

法律职业伦理论集 ………………………………………………………………………（274）

当代中国劳资伦理法律规制问题研究 …………………………………………………（275）

伦理审查体系认证标准与审核指南 ……………………………………………………（275）

公共卫生法伦理治理与规制 ……………………………………………………………（275）

新媒体传播中的法规与伦理 ……………………………………………………………（276）

金融科技背景下信用法律制度完善研究 ………………………………………………（276）

公益资本论 ………………………………………………………………………………（277）

网络意见领袖及其表达：新浪大V传播行为与失范应对研究 ………………………（277）

网络舆论引导机制研究 …………………………………………………………………（277）

"80后"网民与网络文化 ………………………………………………………………（278）

沟通：社交网络时代的政府与民众 ……………………………………………………（278）

网络传播中的社会认同及舆论引导 ……………………………………………………（278）

网络公共情绪：识别、预警与元治理 …………………………………………………（279）

科学与伦理 ………………………………………………………………………………（279）

增强、人性与"后人类"未来——关于人类增强的哲学探索 ………………………（279）

新媒体语境下传播伦理的演变：从职业伦理到公民伦理 ……………………………（280）

科学传播伦理学 …………………………………………………………………………（280）

网络伦理学研究 …………………………………………………………………………（280）

新媒体影像传播的社会伦理问题及其治理 ……………………………………………（280）

信息伦理与中国化马克思主义伦理思想新拓展 ………………………………………（281）

中国智能传媒和广告产业规制政策与伦理规范研究 …………………………………（281）

学术动态

学术会议 (285)
 中国伦理学会法律伦理专业委员会成立大会 (285)
 第二届"后习俗责任伦理与当代伦理重构"学术研讨会 (285)
 河南省伦理学会成立大会 (285)
 第二届赣浙两省伦理学联会2021年年会 (285)
 中国(上虞)廉德文化研讨会 (286)
 第七届全国马克思主义伦理学论坛 (286)
 "生命伦理学与法律"跨学科研讨会 (286)
 上海市伦理学会2021年学术年会 (286)
 "经典诠释与诠释学的伦理学转向"学术论坛 (287)
 2021年广东伦理学年会暨伦理学青年学术论坛 (287)
 数据应用和研究中的伦理、法律和社会问题(ELSI)国际研讨会 (287)
 中国伦理学会第十次全国会员代表大会 (287)

国家、教育部项目 (288)
 国家社科基金项目 (288)
 教育部人文社科规划项目 (291)

博士学位论文 (293)

伦理事件

中国共产党人精神谱系公布,深深融入中国人精神血脉 (297)
中央提出扎实推动共同富裕,成为人民群众共同新期盼 (298)
习近平接见第八届道德模范,模范引领激发更强精神力量 (298)
科技部就加强科技伦理治理征求意见,科技伦理体系逐步健全 (299)
中国部署推进碳达峰、碳中和,共同建设清洁美丽世界 (300)
国家加强互联网平台反垄断监管,引导资本向善而行 (300)
"全面三孩"政策难止出生率下滑,生育价值亟待重塑 (301)
《个人信息保护法》颁布实施,个体隐私保护有法可循 (302)

艺人违法失德行为引发整治风暴，文艺工作者要加强自身修养……………………（302）
明星代孕引发社会争议，妇女儿童尊严和权益受关注………………………………（303）

关键词索引

………………………………………………………………………………………（305）

Main Contents

Special Column

Implementation Opinions on Further Strengthening the Construction of Family
  Tutoring and Family Style ·· (3)
The Law of the People's Republic of China on the Promotion of Family Education ·············· (8)

Feature

Research on Ethics in the Centenary of the Founding of the Communist Party
  of China ··· (17)

Research Reports

2021 Research Report on Special Moral Topics ··· (31)
2021 Research Report on Basic Theories of the History of Chinese Ethical
  Thought ·· (43)
2021 Research Report on Chinese Ethical Thought and Modern Problems ···················· (56)
2021 Research Report on Ethical and Political Thought from Ancient Greece to
  Renaissance ·· (81)
2021 Research Report on Modern Western Ethical Thought ···································· (99)
2021 Research Report on Contemporary Western Ethical
  Though ··· (113)
2021 Research Report on Bioethics ·· (136)
2021 Research Report on Ecological Ethics ·· (146)

2021 Research Report on Ethics of Law ·· (157)
2021 Research Report on Ethics of Economics ·· (171)
2021 Research Report on Ethics of Internet ·· (181)
2021 Research Report on Ethics of Science and Technology ······················· (191)
2021 Research Report on Ethics of Media ··· (203)

Selected Digestions of Research Articles

·· (211)

Selected Introductions of Books

·· (263)

Academic Activities

Conferences ·· (285)
Research Projects Supported by National Social Science Fund and Ministry of Education ······ (288)
Titles of Doctoral Dissertation ·· (293)

Ethical Events

·· (295)

Index

·· (305)

特　载

关于进一步加强家庭家教家风建设的实施意见

为深入贯彻习近平总书记关于注重家庭家教家风建设重要论述，落实国家"十四五"规划纲要目标任务，推动社会主义核心价值观在家庭落地生根，充分发挥家庭家教家风建设在培养时代新人、弘扬优良家风、加强基层社会治理中的重要作用，汇聚亿万家庭力量奋斗新时代、奋进新征程，现提出如下意见。

新时代家庭家教家风建设的总体要求

1. 指导思想

以习近平新时代中国特色社会主义思想为指导，全面贯彻党的十九大和十九届二中、三中、四中、五中全会精神，立足新发展阶段、贯彻新发展理念、构建新发展格局，以培育和践行社会主义核心价值观为根本，以建设文明家庭、实施科学家教、传承优良家风为重点，强化党员和领导干部家风建设，突出少年儿童品德教育关键，加强教育引导、实践养成、制度保障，推动家庭家教家风建设高质量发展，团结引领广大家庭成员增强"四个意识"、坚定"四个自信"、做到"两个维护"，牢固树立新时代家庭观，把爱家和爱国统一起来，把实现个人梦、家庭梦融入国家梦、民族梦之中，为全面建设社会主义现代化国家、实现中华民族伟大复兴中国梦汇聚磅礴力量。

2. 基本原则

——坚持党的全面领导，完善党委统一领导、党政齐抓共管、各部门履职尽责、社会各方面共同参与的领导体制和工作机制，确保家庭家教家风建设正确方向。

——坚持以社会主义核心价值观为统领，将国家、社会、个人层面的价值要求贯穿到家庭家教家风建设全过程，引导家庭成员形成适应新时代要求的思想观念、精神风貌、文明风尚、行为规范。

——坚持守正创新，树立新风正气与破除陈规陋习并举，传承中华优秀传统文化，赓续红色家风，弘扬新时代文明风尚，不断推进内容、手段、载体和基层工作创新，永葆家庭家教家风建设生机与活力。

——坚持问题导向，针对家庭家教家风建设突出问题，有的放矢、精准施策、久久为功，积极回应人民群众对美好生活的新期待。

——坚持共建共享，发挥群众主体作用，吸纳社会力量参与，强化部门有效协同，形成家庭家教家风建设合力，让亿万家庭共享发展成果。

3. 主要目标

经过持续不懈努力，未来五年支持家庭发展的政策法规不断完善，全社会注重家庭家教家风建设的氛围日益浓厚。家庭文明建设活动的影响力和感召力不断增强，培树的典型家庭数量翻一番，家风建设中党员和领导干部表率作用充分发挥，新时代家庭观大力倡扬。立德树人家庭教育理念深入人心，覆盖城乡的家庭教育指导服务体系不断完善，家校社协同育人机制更加健全，到2025年城市社区家长学校建设率达90%、农村社区达80%，中小学幼儿园家长学校规范化建设水平大幅提升。家庭家教家风建设在基层社会治理中的作用更加显著，家庭成员文明素养和社会文明程度进一步提升，推动形成爱国爱家、相亲相爱、向上向善、共建共享的社会主义家庭文明新风尚。

加强习近平总书记关于注重家庭家教家风建设重要论述的学习宣传

4. 加强理论武装和研究阐释

将习近平总书记关于注重家庭家教家风建设重要论述作为党员和领导干部学习教育的重要内容，列入各级党委（党组）理论学习中心组学习计划，纳入各级党校（行政学院）、干部学院教学安排，贯穿到党史学习教育，融入政治理论教育、党章党规党纪教育、党的宗旨教育等，引导党员和领导干部进一步增强家庭家教家风建设的思想自觉和行动自觉。推动建设家庭领域新型智库，将家庭家教家风建设选题纳入哲学社会科学研究项目，推出一批有学理深度和学术厚度的理论研究成果。支持有条件的高校、科研院所等设置相关专业课程，培养专门人才，完善家庭建设理论体系。加强理论成果转化运用，更好指导家庭家教家风建设实践。

5. 加强社会宣传和大众传播

结合党史、新中国史、改革开放史、社会主义发展史宣传教育，组织编写习近平总书记关于注重家庭家教家风建设重要论述学习读本，推出系列解读文章、权威报道。各级党报党刊、电台电视台、新闻网站等常态化设立家庭家教家风建设专栏专题，打造内容鲜活、形式新颖的融媒体产品。创新开展微宣讲、云讲堂、百千万巾帼大宣讲、清廉讲堂等群众性宣传教育活动，在城乡社区普遍设立新时代家庭观宣传栏，推动习近平总书记重要讲话精神进学校、进社区、进家庭、进爱国主义教育基地、进新时代文明实践中心。每年5—6月，多部门集中开展家风家教主题宣传，讲好家风故事，传播家教理念，营造浓厚氛围。抓好家庭题材文艺作品和出版物的统筹规划与创作生产，通过政府购买方式，推出更多思想性、艺术性、观赏性相统一的精品力作。制作刊播公益广告，在各级各类媒体、城市大屏幕、楼宇电视、公交地铁、公园社区广泛传播，让新时代家庭观内化于心、外化于行，成为亿万家庭日用而不觉的道德规范和行为准则。

以社会主义核心价值观引领家庭家教家风建设

6. 丰富新时代家庭家教家风建设内涵

运用生活化场景、日常化活动、具象化载体，开展爱国主义、集体主义、社会主义教育，引导家庭成员牢固树立新时代家庭观，传承尊老爱幼、男女平等、夫妻和睦、勤俭持家、邻里团结等中华民族传统美德，发扬党在长期奋斗中铸就的伟大精神，传承红色家风，践行忠诚相爱、亲情陪伴、终身学习、绿色生态等现代家庭理念，升华爱国爱家的家国情怀、建设相亲相爱的家庭关系、弘扬向上向善的家庭美德、体现共建共享的家庭追求，推动社会主义核心价值观在家庭落地生根。

7. 深化家庭文明建设

细化文明家庭创建标准和内容，完善评选表彰办法，提升文明家庭创建品牌影响力。针对不同地区、人群、家庭实际情况和需求，常态化开展寻找"最美家庭"活动，开展星级文明户、廉洁家庭、绿色家庭、五好家庭等特色创建，推动创建活动从城乡社区向学校机关、企事业单位、非公经济组织、社会组织拓展延伸，做大文明家庭蓄水池和后备队。健全典型家庭激励帮扶机制，设立线上线下光荣榜，推广好家风信用贷、积分超市等激励措施，营造德者有得、争当典型的良好环境，让文明家庭的价值导向和标杆示范作用更鲜明。实施培育文明风尚行动，持续开展"我们的节日"活动，抓住春节、元宵、清明、端午、七夕、中秋、重阳等节日契机，组织开展家庭文艺活动、文化讲座、家风故事宣讲、新型婚育文化宣传、时代新风宣传等，吸引城乡群众在参与中传承节日习俗，感悟中国精神、增强文化自信。大力开展优化生育政策促进人口长期均衡发展宣传活动，加强婚恋观、家庭观教育引导，坚决抵制婚嫁陋习、天价彩礼、薄养厚葬等不良社会风气，引导群众在改陋习树新风中涵育文明乡风、良好家风、淳朴民风，推进移风易俗，养成文明健康生活方式。

8. 落实立德树人根本任务开展家庭教育

普及家庭教育科学理念，通过主题讲座、网络课堂、咨询辅导等途径，提供个性化、多元化的指导服务，引导家长强化主体责任，注重品德教育和心理健康教育，加强家庭文化建设，遵循儿童成长规律，用正确行动、正确思想、正确方法教育孩子养成好思想、好品行、好习惯，培养担当民族复兴大任的时代新人。加强家庭教育阵地和队伍建设，建好用好学校、社区、网上家长学校和家庭教育指导服务中心，发挥好博物馆、纪念馆、少年宫、儿童活动中心等阵地作用，汇聚教师、专家、"五老"、优秀家长等队伍力量，推动构建覆盖城乡的家庭教育指导服务体系。健全家庭学校社会协同育人机制，畅通家校社沟通渠道，鼓励学校与家庭合作，推动学校课后服务结束时间与当地职工正常下班时间衔接，合力解决孩子作业、睡眠、手机、读物、体质管理以及校外培训、心理健康等问题，帮助家长降低子女教育开支、缓解教育焦虑；支持有条件的机关、企事业单位、社会组织和个人提供公益性家庭教育指导服务，逐步构建目标一致、边界清晰、资源共享的全链条育人格局。

9. 抓好党员和领导干部家风建设

把家风建设作为党员和领导干部作风建设重要内容，引导党员和领导干部提高政治站位，自觉把家风建设摆在重要位置，把对党忠诚纳入家庭家教家风建设，严格遵守党章党规党纪，带头廉洁治家，公私分明、亲清分开，严格家教家风，从严管好家属子女，经常监督、提醒、警示，教育督促他们遵纪守法、尽心尽责工作。利用典型案例强化警示教育，坚决查处党员干部家风不正等问题，形成强有力震慑。深化以案为鉴、以案促改，通过组织召开警示教育大会、旁听职务犯罪类庭审，组织参观廉政教育展览、家教家风展览等，深入开展家风教育，引导党员和领导干部正确处理自律和他律、信任和监督、职权和特权、原则和感情的关系，筑牢反腐倡廉的家庭防线，以纯正家风涵养清朗党风政风社风。用好爱国主义教育基地等红色资源，培养红色宣讲队伍，挖掘整理并讲好革命前辈家风故事，引导干部群众从党的百年奋斗史中汲取崇德治家、廉洁齐家、勤俭持家的精神养分，继承革命传统，传承红色基因。

10. 注重发挥家庭家教家风建设在基层社会治理中的重要作用

将家庭家教家风建设与文明城市、文明村镇等创建活动相结合，组织开展健康公益、亲子阅读、邻里互助、厨艺展示等丰富多彩的文化娱乐活动，吸引群众走出"小"家、融入"大"家，积极参与和谐社区、和睦邻里、美丽乡村、平安社区建设。将家庭家教家风建设与"我为群众办实事"实践活动相结合，聚焦"一老一小"等家庭所需所急实施民生实事项目，鼓励幼儿园开展托幼一体化服务，利用现有阵地提供多种形式的托育服务，帮助家庭解决3岁以下婴幼儿照护困难。组织开展学雷锋志愿服务活动，发挥新时代文明实践中心（所、站）作用，统筹居（村）民委员会、业主委员会、物业单位等力量，为孤寡老人、空巢老人、失能老人、失独家庭等提供生活关爱、精神文化抚慰、健康检测、防诈骗、智能技术运用等服务；加大对特殊困难儿童群体的保障力度，开展农村留守儿童寒暑假期关爱活动；开展婚姻家庭辅导、矛盾纠纷调解、心理咨询、学生课后托管等服务，形成向上向善、互帮互助的良好风尚。

强化家庭家教家风建设的坚实保障

11. 强化制度保障

加快推动家庭教育立法进程，不断完善维护家庭成员合法权益、促进家庭功能发挥的法律体系。大力宣传民法典、反家庭暴力法、未成年人保护法等法律法规，引导广大家庭成员增强法治意识、坚守道德底线。彰显公共政策价值导向，把新时代家庭观的要求体现到各项经济发展和社会管理政策中，体现到各类制度规范和行为准则中，有效发挥法律法规、公共政策、社会规范对家庭成员的引导约束作用。

12. 加强组织领导

各地各相关部门要充分认识家庭家教家风建设的重要性，切实负起政治责任和领导责任。各级党委宣传部、文明办将家庭家教家风建设纳入精神文明建设总体布局，加强统筹协调、组织实施、评选表彰、宣传引导和督促落实。纪检监察机关、组织部门采取有效措施加强党员和领导干部家风建设。教育部门牵头健全家校社协同育人机制，落实立德树人根本任务。妇联组织以实施"家家幸福安康工程"为抓手，发挥妇女在弘扬中华民族家庭美德、树立良好家风方面的独特作用。各地要将家庭家教家风建设摆上重要议事日程，纳入经济社会发展总体规划，完善政策举措，健全工作机制，注重考核评估，加大保障力度，推动家庭家教家风建设工作制度化、规范化、常态化开展。

中华人民共和国家庭教育促进法*

目录

第一章 总则

第二章 家庭责任

第三章 国家支持

第四章 社会协同

第五章 法律责任

第六章 附则

第一章 总　则

第一条 为了发扬中华民族重视家庭教育的优良传统，引导全社会注重家庭、家教、家风，增进家庭幸福与社会和谐，培养德智体美劳全面发展的社会主义建设者和接班人，制定本法。

第二条 本法所称家庭教育，是指父母或者其他监护人为促进未成年人全面健康成长，对其实施的道德品质、身体素质、生活技能、文化修养、行为习惯等方面的培育、引导和影响。

第三条 家庭教育以立德树人为根本任务，培育和践行社会主义核心价值观，弘扬中华民族优秀传统文化、革命文化、社会主义先进文化，促进未成年人健康成长。

第四条 未成年人的父母或者其他监护人负责实施家庭教育。

国家和社会为家庭教育提供指导、支持和服务。

国家工作人员应当带头树立良好家风，履行家庭教育责任。

第五条 家庭教育应当符合以下要求：

（一）尊重未成年人身心发展规律和个体差异；

（二）尊重未成年人人格尊严，保护未成年人隐私权和个人信息，保障未成年人合法权益；

---

* 原载于《人民日报》2021年10月25日，第13版。

（三）遵循家庭教育特点，贯彻科学的家庭教育理念和方法；

（四）家庭教育、学校教育、社会教育紧密结合、协调一致；

（五）结合实际情况采取灵活多样的措施。

第六条 各级人民政府指导家庭教育工作，建立健全家庭学校社会协同育人机制。县级以上人民政府负责妇女儿童工作的机构，组织、协调、指导、督促有关部门做好家庭教育工作。

教育行政部门、妇女联合会统筹协调社会资源，协同推进覆盖城乡的家庭教育指导服务体系建设，并按照职责分工承担家庭教育工作的日常事务。

县级以上精神文明建设部门和县级以上人民政府公安、民政、司法行政、人力资源和社会保障、文化和旅游、卫生健康、市场监督管理、广播电视、体育、新闻出版、网信等有关部门在各自的职责范围内做好家庭教育工作。

第七条 县级以上人民政府应当制定家庭教育工作专项规划，将家庭教育指导服务纳入城乡公共服务体系和政府购买服务目录，将相关经费列入财政预算，鼓励和支持以政府购买服务的方式提供家庭教育指导。

第八条 人民法院、人民检察院发挥职能作用，配合同级人民政府及其有关部门建立家庭教育工作联动机制，共同做好家庭教育工作。

第九条 工会、共产主义青年团、残疾人联合会、科学技术协会、关心下一代工作委员会以及居民委员会、村民委员会等应当结合自身工作，积极开展家庭教育工作，为家庭教育提供社会支持。

第十条 国家鼓励和支持企业事业单位、社会组织及个人依法开展公益性家庭教育服务活动。

第十一条 国家鼓励开展家庭教育研究，鼓励高等学校开设家庭教育专业课程，支持师范院校和有条件的高等学校加强家庭教育学科建设，培养家庭教育服务专业人才，开展家庭教育服务人员培训。

第十二条 国家鼓励和支持自然人、法人和非法人组织为家庭教育事业进行捐赠或者提供志愿服务，对符合条件的，依法给予税收优惠。

国家对在家庭教育工作中做出突出贡献的组织和个人，按照有关规定给予表彰、奖励。

第十三条 每年5月15日国际家庭日所在周为全国家庭教育宣传周。

第二章 家庭责任

第十四条 父母或者其他监护人应当树立家庭是第一个课堂、家长是第一任老师的责任意识，承担对未成年人实施家庭教育的主体责任，用正确思想、方法和行为教育未成年人养成良好思想、品行和习惯。

共同生活的具有完全民事行为能力的其他家庭成员应当协助和配合未成年人的父母或者其他监护人实施家庭教育。

第十五条　未成年人的父母或者其他监护人及其他家庭成员应当注重家庭建设，培育积极健康的家庭文化，树立和传承优良家风，弘扬中华民族家庭美德，共同构建文明、和睦的家庭关系，为未成年人健康成长营造良好的家庭环境。

第十六条　未成年人的父母或者其他监护人应当针对不同年龄段未成年人的身心发展特点，以下列内容为指引，开展家庭教育：

（一）教育未成年人爱党、爱国、爱人民、爱集体、爱社会主义，树立维护国家统一的观念，铸牢中华民族共同体意识，培养家国情怀；

（二）教育未成年人崇德向善、尊老爱幼、热爱家庭、勤俭节约、团结互助、诚信友爱、遵纪守法，培养其良好社会公德、家庭美德、个人品德意识和法治意识；

（三）帮助未成年人树立正确的成才观，引导其培养广泛兴趣爱好、健康审美追求和良好学习习惯，增强科学探索精神、创新意识和能力；

（四）保证未成年人营养均衡、科学运动、睡眠充足、身心愉悦，引导其养成良好生活习惯和行为习惯，促进其身心健康发展；

（五）关注未成年人心理健康，教导其珍爱生命，对其进行交通出行、健康上网和防欺凌、防溺水、防诈骗、防拐卖、防性侵等方面的安全知识教育，帮助其掌握安全知识和技能，增强其自我保护的意识和能力；

（六）帮助未成年人树立正确的劳动观念，参加力所能及的劳动，提高生活自理能力和独立生活能力，养成吃苦耐劳的优秀品格和热爱劳动的良好习惯。

第十七条　未成年人的父母或者其他监护人实施家庭教育，应当关注未成年人的生理、心理、智力发展状况，尊重其参与相关家庭事务和发表意见的权利，合理运用以下方式方法：

（一）亲自养育，加强亲子陪伴；

（二）共同参与，发挥父母双方的作用；

（三）相机而教，寓教于日常生活之中；

（四）潜移默化，言传与身教相结合；

（五）严慈相济，关心爱护与严格要求并重；

（六）尊重差异，根据年龄和个性特点进行科学引导；

（七）平等交流，予以尊重、理解和鼓励；

（八）相互促进，父母与子女共同成长；

（九）其他有益于未成年人全面发展、健康成长的方式方法。

第十八条　未成年人的父母或者其他监护人应当树立正确的家庭教育理念，自觉学习家庭教育知识，在孕期和未成年人进入婴幼儿照护服务机构、幼儿园、中小学校等重要时段进行有针对性的学习，掌握科学的家庭教育方法，提高家庭教育的能力。

第十九条　未成年人的父母或者其他监护人应当与中小学校、幼儿园、婴幼儿照护服务机构、社区密切配合，积极参加其提供的公益性家庭教育指导和实践活动，共同促进未成年人健康成长。

第二十条　未成年人的父母分居或者离异的，应当相互配合履行家庭教育责任，任何一方不得拒绝或者怠于履行；除法律另有规定外，不得阻碍另一方实施家庭教育。

第二十一条　未成年人的父母或者其他监护人依法委托他人代为照护未成年人的，应当与被委托人、未成年人保持联系，定期了解未成年人学习、生活情况和心理状况，与被委托人共同履行家庭教育责任。

第二十二条　未成年人的父母或者其他监护人应当合理安排未成年人学习、休息、娱乐和体育锻炼的时间，避免加重未成年人学习负担，预防未成年人沉迷网络。

第二十三条　未成年人的父母或者其他监护人不得因性别、身体状况、智力等歧视未成年人，不得实施家庭暴力，不得胁迫、引诱、教唆、纵容、利用未成年人从事违反法律法规和社会公德的活动。

第三章　国家支持

第二十四条　国务院应当组织有关部门制定、修订并及时颁布全国家庭教育指导大纲。

省级人民政府或者有条件的设区的市级人民政府应当组织有关部门编写或者采用适合当地实际的家庭教育指导读本，制定相应的家庭教育指导服务工作规范和评估规范。

第二十五条　省级以上人民政府应当组织有关部门统筹建设家庭教育信息化共享服务平台，开设公益性网上家长学校和网络课程，开通服务热线，提供线上家庭教育指导服务。

第二十六条　县级以上地方人民政府应当加强监督管理，减轻义务教育阶段学生作业负担和校外培训负担，畅通学校家庭沟通渠道，推进学校教育和家庭教育相互配合。

第二十七条　县级以上地方人民政府及有关部门组织建立家庭教育指导服务专业队伍，加强对专业人员的培养，鼓励社会工作者、志愿者参与家庭教育指导服务工作。

第二十八条　县级以上地方人民政府可以结合当地实际情况和需要，通过多种途径和方式确定家庭教育指导机构。

家庭教育指导机构对辖区内社区家长学校、学校家长学校及其他家庭教育指导服务站点进行指导，同时开展家庭教育研究、服务人员队伍建设和培训、公共服务产品研发。

第二十九条　家庭教育指导机构应当及时向有需求的家庭提供服务。

对于父母或者其他监护人履行家庭教育责任存在一定困难的家庭，家庭教育指导机构应当根据具体情况，与相关部门协作配合，提供有针对性的服务。

第三十条　设区的市、县、乡级人民政府应当结合当地实际采取措施，对留守未成年人和困境未成年人家庭建档立卡，提供生活帮扶、创业就业支持等关爱服务，为留守未成年人和困境未成年人的父母或者其他监护人实施家庭教育创造条件。

教育行政部门、妇女联合会应当采取有针对性的措施，为留守未成年人和困境未成年人的父母或者其他监护人实施家庭教育提供服务，引导其积极关注未成年人身心健康状况、加强亲情关爱。

第三十一条　家庭教育指导机构开展家庭教育指导服务活动，不得组织或者变相组织营利性教育培训。

第三十二条　婚姻登记机构和收养登记机构应当通过现场咨询辅导、播放宣传教育片等形式，向办理婚姻登记、收养登记的当事人宣传家庭教育知识，提供家庭教育指导。

第三十三条　儿童福利机构、未成年人救助保护机构应当对本机构安排的寄养家庭、接受救助保护的未成年人的父母或者其他监护人提供家庭教育指导。

第三十四条　人民法院在审理离婚案件时，应当对有未成年子女的夫妻双方提供家庭教育指导。

第三十五条　妇女联合会发挥妇女在弘扬中华民族家庭美德、树立良好家风等方面的独特作用，宣传普及家庭教育知识，通过家庭教育指导机构、社区家长学校、文明家庭建设等多种渠道组织开展家庭教育实践活动，提供家庭教育指导服务。

第三十六条　自然人、法人和非法人组织可以依法设立非营利性家庭教育服务机构。

县级以上地方人民政府及有关部门可以采取政府补贴、奖励激励、购买服务等扶持措施，培育家庭教育服务机构。

教育、民政、卫生健康、市场监督管理等有关部门应当在各自职责范围内，依法对家庭教育服务机构及从业人员进行指导和监督。

第三十七条　国家机关、企业事业单位、群团组织、社会组织应当将家风建设纳入单位文化建设，支持职工参加相关的家庭教育服务活动。

文明城市、文明村镇、文明单位、文明社区、文明校园和文明家庭等创建活动，应当将家庭教育情况作为重要内容。

第四章　社会协同

第三十八条　居民委员会、村民委员会可以依托城乡社区公共服务设施，设立社区家长学校等家庭教育指导服务站点，配合家庭教育指导机构组织面向居民、村民的家庭教育知识宣传，为未成年人的父母或者其他监护人提供家庭教育指导服务。

第三十九条 中小学校、幼儿园应当将家庭教育指导服务纳入工作计划，作为教师业务培训的内容。

第四十条 中小学校、幼儿园可以采取建立家长学校等方式，针对不同年龄段未成年人的特点，定期组织公益性家庭教育指导服务和实践活动，并及时联系、督促未成年人的父母或者其他监护人参加。

第四十一条 中小学校、幼儿园应当根据家长的需求，邀请有关人员传授家庭教育理念、知识和方法，组织开展家庭教育指导服务和实践活动，促进家庭与学校共同教育。

第四十二条 具备条件的中小学校、幼儿园应当在教育行政部门的指导下，为家庭教育指导服务站点开展公益性家庭教育指导服务活动提供支持。

第四十三条 中小学校发现未成年学生严重违反校规校纪的，应当及时制止、管教，告知其父母或者其他监护人，并为其父母或者其他监护人提供有针对性的家庭教育指导服务；发现未成年学生有不良行为或者严重不良行为的，按照有关法律规定处理。

第四十四条 婴幼儿照护服务机构、早期教育服务机构应当为未成年人的父母或者其他监护人提供科学养育指导等家庭教育指导服务。

第四十五条 医疗保健机构在开展婚前保健、孕产期保健、儿童保健、预防接种等服务时，应当对有关成年人、未成年人的父母或者其他监护人开展科学养育知识和婴幼儿早期发展的宣传和指导。

第四十六条 图书馆、博物馆、文化馆、纪念馆、美术馆、科技馆、体育场馆、青少年宫、儿童活动中心等公共文化服务机构和爱国主义教育基地每年应当定期开展公益性家庭教育宣传、家庭教育指导服务和实践活动，开发家庭教育类公共文化服务产品。

广播、电视、报刊、互联网等新闻媒体应当宣传正确的家庭教育知识，传播科学的家庭教育理念和方法，营造重视家庭教育的良好社会氛围。

第四十七条 家庭教育服务机构应当加强自律管理，制定家庭教育服务规范，组织从业人员培训，提高从业人员的业务素质和能力。

第五章　法律责任

第四十八条 未成年人住所地的居民委员会、村民委员会、妇女联合会，未成年人的父母或者其他监护人所在单位，以及中小学校、幼儿园等有关密切接触未成年人的单位，发现父母或者其他监护人拒绝、怠于履行家庭教育责任，或者非法阻碍其他监护人实施家庭教育的，应当予以批评教育、劝诫制止，必要时督促其接受家庭教育指导。

未成年人的父母或者其他监护人依法委托他人代为照护未成年人,有关单位发现被委托人不依法履行家庭教育责任的,适用前款规定。

第四十九条 公安机关、人民检察院、人民法院在办理案件过程中,发现未成年人存在严重不良行为或者实施犯罪行为,或者未成年人的父母或者其他监护人不正确实施家庭教育侵害未成年人合法权益的,根据情况对父母或者其他监护人予以训诫,并可以责令其接受家庭教育指导。

第五十条 负有家庭教育工作职责的政府部门、机构有下列情形之一的,由其上级机关或者主管单位责令限期改正;情节严重的,对直接负责的主管人员和其他直接责任人员依法予以处分:

(一)不履行家庭教育工作职责;

(二)截留、挤占、挪用或者虚报、冒领家庭教育工作经费;

(三)其他滥用职权、玩忽职守或者徇私舞弊的情形。

第五十一条 家庭教育指导机构、中小学校、幼儿园、婴幼儿照护服务机构、早期教育服务机构违反本法规定,不履行或者不正确履行家庭教育指导服务职责的,由主管部门责令限期改正;情节严重的,对直接负责的主管人员和其他直接责任人员依法予以处分。

第五十二条 家庭教育服务机构有下列情形之一的,由主管部门责令限期改正;拒不改正或者情节严重的,由主管部门责令停业整顿、吊销营业执照或者撤销登记:

(一)未依法办理设立手续;

(二)从事超出许可业务范围的行为或作虚假、引人误解宣传,产生不良后果;

(三)侵犯未成年人及其父母或者其他监护人合法权益。

第五十三条 未成年人的父母或者其他监护人在家庭教育过程中对未成年人实施家庭暴力的,依照《中华人民共和国未成年人保护法》、《中华人民共和国反家庭暴力法》等法律的规定追究法律责任。

第五十四条 违反本法规定,构成违反治安管理行为的,由公安机关依法予以治安管理处罚;构成犯罪的,依法追究刑事责任。

第六章 附则

第五十五条 本法自2022年1月1日起施行。

特 稿

中国共产党建党百年伦理专题研究

李明明[*]

2021 年是中国共产党成立 100 周年。站在"两个一百年"奋斗目标的历史交汇点上,伦理学界总结党的历史经验,对建党百年以来的伦理问题进行了专题研究。[①] 学界的研究主要聚焦于党的百年道德建设,同时也探讨了伟大建党精神和党的政治建设,挖掘其中的伦理价值,以期对新时代的道德建设提供有益借鉴。

一、中国共产党百年道德建设

中国共产党成立一百年来,始终重视道德建设工作,将其作为自身合法性来源的重要途径。在建党百年的伦理视域下,除了道德建设的思想资源、重要形式、历程和经验等内容,学者们还开启了对"中国共产党集体道德记忆"这一新专题的研究。这些研究对加强和推进新时代中国特色社会主义道德建设具有重要的意义。

(一)百年道德建设的思想资源和重要形式

中华优秀传统文化作为民族的精神基因,是党进行道德建设的宝贵思想资源。张怀承、刘磊研究了中国共产党在百年道德建设过程中对传统道德文化的继承与发展。百年来,中国共产党始终都是中华优秀传统道德文化的忠实传承者和弘扬者,承担着对传统道德文化进行创造性转化、创新性发展的使命。中国共产党对传统道德文化的继承与创新主要体现在三个方面:从传统仁爱精神、民本思想到全心全意为人民服务的根本宗旨;从传统的担当意识、民族大义到当代爱国主义的民族精神;从对理想人格、大同社会的追求到共产主义的远大理想。[②]

纪念活动因其强化初心和使命意识的作用而受到党的高度重视,是党进行道德建设的一种重要形式。黄泰轲对中国共产党纪念活动的伦理价值内涵进行了研究。第一,党的纪念活

---

[*] 李明明,1998 年生,河南周口人,中国人民大学哲学院伦理学专业硕士研究生,研究方向为中国伦理思想史。

[①] 部分研究延伸到了 2022 年。

[②] 张怀承、刘磊:《论中国共产党对传统道德文化的继承与发展》,《伦理学研究》2021 年第 2 期。

动是传承道德记忆的重要媒介，能够厚植立党兴党强党的道德根基。第二，党的纪念活动是凝聚道德共识的重要平台，能够激发中华儿女爱国的道德情感。第三，党的纪念活动是展示道德形象的重要手段，能够拓展国际交流合作的道德向度。第四，党的纪念活动是抵制道德虚无的重要方式，能够强化民族伟大复兴的道德支撑。目前，党的纪念活动是新时代公民道德建设的重要实践载体，对培育和践行社会主义核心价值观具有十分重要的意义。① 陈金龙则从情感维度出发，研究了中共建党纪念活动的情感意蕴。个体的情感是感性与理性的统一，而中国共产党的情感则是理性的，是基于党的性质、宗旨与历史的情感表达。中国共产党表达情感的一种方式便是纪念活动。党通过纪念活动不仅表达对历史的敬畏之情、对英烈的敬仰之情、对人民的尊重之情、对政党的自信之情和对世界的感谢之情，而且展现了中国共产党情感的多维内涵。②

（二）百年道德建设的历程及经验

在革命、建设和改革事业的不同阶段，党的道德建设工作都有不同的重点。一些学者从革命道德、道德教育、乡村道德建设以及党德建设等方面出发，梳理了百年来道德建设的历程，对其中蕴含的伦理经验进行了系统深入的研究。回顾党的道德建设的百年历程，有助于全面系统地认知党的道德建设工作，从中总结出道德建设工作的历史经验，从而对中国特色社会主义道德建设的完善与发展提供有益的借鉴和启发。

赵增彦、张佳梳理了百年来党的道德建设事业的历程并总结了现实启示。党的道德建设事业的历程可以分为三个阶段：在革命和建设时期，党坚持以为人民服务为核心、以集体主义为原则加强革命道德建设，培育德才兼备、又红又专的革命者和建设者；在改革开放和现代化建设新时期，我们党加强精神文明建设，培育"四有"公民，全面提高公民道德素质，建设社会主义核心价值体系，实行依法治国和以德治国相结合；进入新时代，我们党坚持培育和践行社会主义核心价值观为引领，加强公民道德建设，培育担当民族复兴大任的时代新人。党的百年道德建设有诸多现实启示，例如，要传承和弘扬中华优秀传统文化与传统美德，强化以"关键少数"示范带动"绝大多数"，持之以恒抓好网络空间道德建设，等等。③ 田野梳理了我们党百年道德建设的历程并总结了相关经验。党百年道德建设的历程可以分为四个阶段：新民主主义革命时期，党提出了道德建设的中心任务，即不断提升自身的道德觉悟和阶级觉悟、不断提升全国人民参与救国救亡的革命热情；社会主义建设初期，党使道德建设步入了社会主义新阶段，要求全党坚持以马克思主义为指导，探索适合社会主义

---

① 黄泰轲：《中国共产党纪念活动的伦理价值》，《伦理学研究》2021年第3期。
② 陈金龙：《中共建党纪念活动的情感意蕴》，《中山大学学报（社会科学版）》2021年第4期。
③ 赵增彦、张佳：《中国共产党道德建设的百年演进及现实启示》，《道德与文明》2021年第6期。

生产力发展的道德理论；改革开放新时期，中国共产党以"富国"为任务，推动党的道德建设迈入新征程；新时代，中国共产党以"强国"为使命，开辟了道德建设新境界。根据这一历程，党百年道德建设的经验可以概括为：以先进的道德理论为指导；坚持与时俱进的原则；其内容要坚持与社会主义经济、法律、文化相适应、相协调、相承接。[①]

汪荣有梳理了党领导建设的中国革命道德的百年发展历程，对新时代社会主义道德建设提供了许多有益的历史借鉴和现实启示。伴随着中国共产党的百年历史进程，中国革命道德也走过了百年发展历程：在新民主主义革命时期，全心全意为人民服务思想的确立、集体主义原则的践行和党的革命精神的普遍确立，标志着中国革命道德已发展成熟；在社会主义革命和建设时期，爱国主义、集体主义、为人民服务等革命道德价值观在新社会逐渐推广传播，社会主义新型人际关系正在形成，社会中涌现出一系列新的革命精神，中国革命道德取得进一步发展；在改革开放时期，党进行社会主义精神文明建设，中国革命道德深入发展；在中国特色社会主义新时代，党培育和践行社会主义核心价值观，中国革命道德得到升华。综而观之，中国革命道德萌芽于五四运动，在革命、建设和改革的每一个阶段不断向前发展，是中华民族极其宝贵的精神财富和社会主义道德体系的重要内容。[②]

王露璐梳理并总结了中国共产党百年乡村道德建设的历史演进与内在逻辑。中国共产党百年乡村道德建设大体可以分为四个时期：1921年至1949年，通过土地改革进行乡村伦理秩序重建的革命性探索；1949年至1978年，在农业的社会主义改造进程中强化国家政治权威的建构，产生乡村道德生活同质化的倾向；1978年至2012年，在农村改革和乡村社会转型中推进伦理变革与道德建设；2012年以来，在实施乡村振兴战略中重构乡村发展伦理，全面推进乡村道德建设。根据这一历史演进可以得出，始终坚持以农民为中心是党在百年乡村道德建设中的一条内在逻辑和宝贵经验。[③]

沈永福、郭敏科系统研究了中国共产党百年辉煌的道德密码，总结了道德建设的规律和经验。首先，理想信念引领道德追求。建设社会主义和最终实现共产主义的伟大目标，既是中国共产党人道德实践的源泉动力，也是其道德实践所追求的理想目标。其次，道德规范凝聚价值共识。中国共产党总结的社会主义核心价值观，是引领中国社会的价值共识，是凝聚中国力量的思想道德基础。再次，担当奋斗磨砺道德品格。在长期的革命、建设与改革事业中，中国共产党人构建起了自身的精神谱系，锤炼出鲜明的道德品格和政治品格。最后，道德建设推进社会进步。在思想道德建设的过程中，中国共产党人以身作则，发挥道德榜样与引领作用，推动社会公德、职业道德、家庭美德、个人品德"四德"建设，提高了全社会

---

① 田野：《论中国共产党百年道德建设的历程及基本经验》，《伦理学研究》2021年第4期。
② 汪荣有：《中国革命道德的百年发展历程及启示》，《道德与文明》2021年第3期。
③ 王露璐：《中国共产党百年乡村道德建设的历史演进与内在逻辑》，《道德与文明》2021年第6期。

的道德水平。概言之，党在道德上的"精气神"伴随百年的历史激荡，使得党能够带领人民走向一个又一个胜利。① 李建华则总结了中国共产党百年党德建设留下的经验启示，主要包括：必须同党性教育同步；必须坚持法治与德治相结合；必须坚持走群众路线；等等。这些党德建设的经验是中国共产党经过艰苦努力和辛勤探索获得的宝贵精神财富，也是一个执政大党向世界贡献的关于政党伦理道德建设的中国智慧。②

申文杰、武雨欣较为详尽地总结并分析了中国共产党领导道德建设的途径及基本经验，这主要包括：善于利用各种宣传媒体为道德建设营造良好的思想环境和社会氛围，重视发挥舆论宣传的激励、引导作用；不断完善各种规章制度，推进道德建设的规范化、制度化，有效发挥规章制度的保障作用；通过开展主题教育和道德实践活动推动道德建设，切实发挥实践的养成作用；大力宣传、学习模范人物，发挥先进典型的示范引领作用；开展文化活动增强道德建设的感染力，积极发挥文化的熏陶作用；等等。③

（三）百年道德建设下中国共产党人的道德价值观

在百年道德建设的历程中，中国共产党人始终践行爱国主义和集体主义的道德价值观，并不断为其注入新的时代内涵。总结百年道德建设下爱国主义和集体主义的发展历程，有助于把握其具体内涵，为新时代继续弘扬爱国主义和集体主义精神提供实践指南。

王艳、邢莹莹总结了中国共产党百年爱国主义内涵演变的历程与经验，有助于为党在新时代弘扬爱国主义精神提供实践指南。中国共产党在百年发展历程中不断为爱国主义注入新的时代内涵，在不同的阶段具体展现为救亡图存、争取人民民主、保家卫国、建设有中国特色的社会主义和实现中华民族伟大复兴的主题，这些不同时代的内涵都一脉相承地蕴含着家国情怀、人民立场、社会主义方向和天下情怀的特点。同时，党在带领人民群众进行爱国主义实践的过程中也积累了许多历史经验，例如，坚持爱国和爱党、爱社会主义相统一，力求实现民族情怀和天下情怀相贯通。④

张晓婧、宋泽芮研究了中国共产党弘扬爱国主义精神的百年历程及其基本经验。中国共产党弘扬爱国主义精神的历史可以分为四个时期：新民主主义革命时期，其内涵为在马克思主义的指导下，确立了共产主义的最高理想和最终目标，从传统朴素的爱国主义走向新型无产阶级的共产主义，并且确立了具体的反帝反封建和反对官僚资本的爱国斗争，主要表现为"五四精神""红船精神""抗战精神"等；社会主义革命和建设时期，其内涵为领导全国

---

① 沈永福、郭敏科：《中国共产党百年辉煌的道德密码》，《伦理学研究》2021年第4期。
② 李建华：《中国共产党百年党德建设的经验启示》，《道德与文明》2021年第3期。
③ 申文杰、武雨欣：《中国共产党领导道德建设途径的基本经验》，《道德与文明》2021年第4期。
④ 王艳、邢莹莹：《中国共产党百年爱国主义内涵演变的历程与经验》，《道德与文明》2021年第4期。

人民建设一个什么样的新中国和如何建设新中国,主要表现为自力更生、艰苦奋斗精神,英模精神,抗美援朝精神;改革开放新时期,其内涵为冲破错误思想的藩篱和个人崇拜带来的精神枷锁,解放思想、实事求是,培育全体中国人民的改革开放精神;新时代,其内涵为领导全国各族人民为全面建成小康社会,开启全面实现现代化的中华民族伟大复兴的中国梦而努力奋斗。党在弘扬爱国主义精神的同时也总结了经验,例如,要坚持在凝聚英雄模范的榜样力量中培育和滋养爱国主义精神。①

朱小娟研究了中国共产党建构集体主义价值观的历史进程和基本经验。中国共产党在百年奋斗征程中积极建构集体主义价值观:在新民主主义革命时期,党致力于建构"以个人利益服从于民族和人民群众利益"的革命型集体主义价值观;在社会主义革命和建设时期,党致力于建构"统筹国家、集体和个人三个方面"的兼顾型集体主义价值观;在改革开放和社会主义现代化建设新时期,党致力于建构"个体与集体之间互惠互利"的契约型集体主义价值观;自中国特色社会主义新时代以来,党着力建构"个体与集体之间实行双向对称义务、互为道德评判标准"的真实型集体主义价值观。同时,党在建构集体主义价值观的历史进程中也积累了丰富经验,例如,倡导集体利益优先与重视个人利益相结合。②

(四)百年道德建设下的中国共产党集体道德记忆

集体道德记忆是中国共产党的道德之本。它记载着我们党长期讲道德、尊道德和守道德的集体道德经历或集体道德生活史,并且承载着我们党具有自身特色的集体道德思维方式、集体道德认知模式、集体道德情感等重要内容。在建党百年背景下,一些学者对中国共产党的集体道德记忆进行了专题研究,贡献出了一批优秀的理论成果。中国共产党的集体道德记忆是一个有待于开辟且空间非常广阔的新研究领域,在研究主题和内容上具有一定的开拓性、新颖性和创新性,对此展开研究弥补了国内外学术界在研究中国共产党集体道德记忆方面的不充分之处。

向玉乔探析了中国共产党建构集体道德记忆的内涵、学理依据和重大意义,重点阐释了党的集体道德记忆是什么及其合法性的问题。中国共产党建构集体道德记忆的内涵是指:我们党应该记住那些应该被记住的集体道德生活经历;或者说,我们党不应该忘记那些不应该被忘记的集体道德生活经历。这一内涵能够得到马克思主义伦理思想及其中国化成果、中国传统伦理思想和国内外记忆理论的学理支持。对这一专题的研究,有助于抵制和消解历史虚无主义、西化主义、悲观主义等错误思潮的干扰,有助于宣传中国共产党和树立中国共产党

---

① 张晓婧、宋泽芮:《中国共产党弘扬爱国主义精神的百年历程及其基本经验》,《南京社会科学》2021年第6期。

② 朱小娟:《中国共产党建构集体主义价值观的历史进程和基本经验》,《思想理论研究》2022年第4期。

的道德形象。①

刘琳借助谱系学理论，解析了中国共产党在趋善避恶过程中谱写的光荣道德生活史和建构的集体道德记忆谱系。中国共产党的集体道德记忆谱系是指，党利用其道德记忆能力对自身的组织性道德生活经历进行刻写而形成的一种集体道德记忆形态。中国共产党的集体道德记忆经历了革命时期和社会主义建设时期两个发展阶段，形成了革命道德记忆和社会主义道德记忆两种集体道德记忆。深入研究中国共产党的集体道德记忆谱系，将有助于了解中国共产党的道德生活史实，增强中国共产党人的道德责任感。②

刘飞从责任伦理的角度出发，研究了中国共产党守护集体道德记忆的道德责任。中国共产党既是一个集体道德记忆共同体，同时又是一个责任共同体。一方面，作为集体道德记忆共同体，中国共产党的集体道德记忆包含着承担守护道德记忆责任的内容。另一方面，作为责任共同体，中国共产党的责任要求其建构和守护自身集体道德记忆。可以说，守护集体道德记忆是中国共产党的道德责任，这就要求党不断培养和增强集体性道德自觉。③

詹世友分析了中国共产党的集体道德精神，认为应该激活关于它的记忆，即中国共产党的集体道德记忆。中国共产党的集体道德精神主要表现为最崇高的理想信念、最深厚的人民情怀、最求实的实践智慧、最坚韧的忠勇德性。它在百年党史中一以贯之，代代相传，发扬光大。在迈向实现第二个百年奋斗目标的伟大征程中，中国共产党的集体道德记忆应该且必须被激活，使之营构出我们最深层次的理想信念、真理感悟和道德情怀，使我们时刻牢记过往。如此，中国共产党的集体道德精神才能真正作为塑造我们心灵品质的引领力量，这就是新时代的"义"与"道"。④

钟贞山、王希金梳理了历史虚无主义消解中国共产党集体道德记忆的手段和危害，对其进行了道德批判并提出了应对措施。历史虚无主义否定中国革命进步的价值，否定人向善、求善和行善的生存方式，试图通过质疑和歪曲中国共产党的历史合法性、偷换指导思想、编造历史细节、蚀扰记忆传承等手段，消解中国共产党的集体道德记忆。面对历史虚无主义思潮这一系列违背记忆伦理、丑化党的集体道德记忆主体、歪曲党的集体道德记忆内涵、搅乱党的集体道德记忆谱系等严峻挑战，党应该推进反对历史虚无主义的法治化进程，掌握中国共产党集体道德记忆的话语权和建构权，运用人工记忆手段刻写中国共产党的集体道德记忆。⑤

---

① 向玉乔：《论中国共产党的集体道德记忆》，《齐鲁学刊》2021年第4期。
② 刘琳：《论中国共产党的集体道德记忆谱系》，《齐鲁学刊》2021年第4期。
③ 刘飞：《论中国共产党守护集体道德记忆的道德责任》，《齐鲁学刊》2021年第4期。
④ 詹世友：《论中国共产党的集体道德精神》，《伦理学研究》2021年第3期。
⑤ 钟贞山、王希金：《历史虚无主义的道德批判》，《伦理学研究》2021年第6期。

二、百年政治建设的伦理考察

党的十九大明确提出党的政治建设这个重大命题。党的政治建设旨在通过正确的政治纲领、政治路线、政治立场、政治目标，以及严明的政治纪律，保证全体党员具有高度的政治觉悟，坚持正确的政治方向，维护党的团结统一，实现党肩负的政治使命。深刻总结百年来中国共产党政治建设的伦理经验，对推进新时代党的建设具有重要的借鉴意义。

（一）党的政治建设的伦理经验

建党百年来，中国共产党对政治建设进行了艰辛的探索，积累了丰富的伦理经验。有学者专门研究了党百年政治伦理建设的经验，这有助于我们在伦理道德层面深化对党的政治建设规律的认识，能够为新时代深化党的政治建设提供有益的借鉴。

刘武根结合党的性质、宗旨、任务的理论逻辑，以及中国革命、建设、改革的现实逻辑，研究总结了中国共产党百年政治伦理建设的几点基本经验。党在政治伦理建设方面的其中一点经验，就是不断丰富政治伦理价值理念。中国共产党自成立之日起就把马克思主义写在自己的旗帜上，并始终以马克思主义为指导进行政治伦理价值理念的选择与建构，如以毛泽东同志为主要代表的中国共产党人，就将马克思、恩格斯为绝大多数人谋利益的政治伦理价值理念与中国实际相结合。党在政治伦理建设方面还有一点经验，就是不断提升政治主体德性。道德情操、道德素养、道德境界是政治主体德性的重要内容，对提升政治主体德性具有重要作用。党始终高度重视思想建设、党性教育和道德建设，为提升政治主体德性提供了科学的理论支撑、党性支撑和道德支撑。全面总结和深入阐释中国共产党百年政治伦理建设的基本经验，对于新发展阶段推进社会主义政治文明建设具有重要意义。① 吴向伟、陈娜认为，对于党在政治建设方面的经验来说，其关键是赢得民心民意。中国共产党自诞生之日就没有自己的私利，执政之后更是全心全意为人民服务，在百年历史中营造了良好的党群关系。②

刘辉、张士海认为，党在政治信仰建设实践中积累了许多宝贵经验，其中一条是必须在思想认识上明确政治信仰建设的价值意义，确保在推进政治信仰建设进程中以思想自觉引领行动自觉。③

唐皇凤、董大仟在清晰界定政党伦理建设科学内涵的基础上，构建了价值—制度—主体

---

① 刘武根：《中国共产党百年政治伦理建设的基本经验》，《伦理学研究》2021年第4期。
② 吴向伟、陈娜：《中国共产党百年政治建设历史经验研究》，《社会科学动态》2021年第7期。
③ 刘辉、张士海：《中国共产党百年政治信仰建设的基本经验及启示》，《思想教育研究》2021年第10期。

的三维分析框架，通过系统梳理中国共产党百年政党伦理建设的历史，研究了百年大党伦理建设的历史经验。在这一框架中，价值伦理是政党价值追求，在政党伦理建设中发挥导向性作用；制度伦理是基于价值伦理所建立起的客观规范，为政党伦理建设提供根本保障；主体伦理从主体内生的角度构筑政党价值认同与道德自觉，作为政党伦理建设的内在支撑，与制度伦理相协调互补，保障政党价值伦理的实现。具体而言，赓续共产主义道德是百年大党伦理建设的价值导向，优化制度伦理是百年大党伦理建设的基本保障，塑造主体伦理是百年大党伦理建设的内在支撑。这一分析框架既将政党伦理建设视为整体性的系统建设，又充分考虑到了三个主要维度之间的互动性和统一性，既能将政党伦理建设视为整体性的系统建设，又充分考虑到了三个主要维度之间的互动性和统一性。[1]

（二）党的政治建设的伦理内涵

党的政治建设也蕴含着一定的伦理内涵，主要集中在三个方面，即群众路线的根本工作路线、以人民为中心的根本政治立场、建设和谐党群关系的政治目标。

党始终坚持群众路线这一根本工作路线，为中国共产党的成功奠定了坚实的伦理基础。李海青从价值维度出发，认为群众路线奠定了党的领导的正当性基础，这也是中国共产党的一条成功之道。在党的历史上，党与人民达成了道义性的心理契约，两方心连心、同呼吸、共命运，奠定了党的领导强大的正当性基础。[2]

党始终坚持以人民为中心的根本政治立场，这一立场的溯源离不开中华传统文化。党在百年历史中凝结出了以居住伦理为主的民生理论成果，彰显了党心系人民的品德。敬晓庆研究了中国共产党百年来以人民为中心的居住伦理思想。中国共产党始终坚持"为人民谋幸福"的初心和使命，其重要表征之一就是：解决人民居住问题，并发展起以人民为中心的居住伦理思想。这一居住伦理内含居住需要伦理、居住空间伦理、居住人际伦理和居住价值伦理，并凝结成了中国共产党的民生伦理、政党伦理和民族复兴伦理等理论成果，彰显了中国共产党人心系人民、依靠人民、服务人民的崇高党性和优秀品质。[3] 余永跃则通过文化溯源深入剖析了党的人民立场，认为人民立场的文化溯源离不开中华传统文化的民本思想。民本思想的溯源主要有两个方面。一是人民的重要性，例如，西周时期"敬天保民"的思想，春秋战国时期孔子提出的"仁者爱人"思想，等等。二是惠民富民思想，孟子、管仲和傅玄等对此都曾有明确表述。[4]

---

[1] 唐皇凤、董大仟：《中国共产党百年政党伦理建设的历史经验探赜——基于价值、制度和主体的三维解读》，《江苏社会科学》2021年第5期。

[2] 李海青：《群众路线与使命型政党的成功之道》，《山东社会科学》2021年第3期。

[3] 敬晓庆：《中国共产党以人民为中心的居住伦理思想论要》，《伦理学研究》2021年第5期。

[4] 余永跃：《坚持人民至上：伟大奋斗的宝贵经验》，《人民论坛》2021年第32期。

党始终坚持建设和谐党群关系的政治目标，党群关系是中国共产党执政的首要政治伦理关系，对这一问题的研究有助于实现建设和谐党群关系的政治目标。柴宝勇研究了建党百年来党群关系中的"变"与"不变"。通过梳理建党百年来党群关系的演进历程，可以认识到，建设党群关系的历史方位、影响党群关系的现实挑战、改善党群关系的行为理念、增强党群关系的具体策略都发生了显著变化。但是，党群关系始终存在着一些不变之处：处理党群关系的指导原则，即群众路线；优化党群关系的政治意义，即保持同人民群众的血肉联系；密切党群关系的价值导向，即更好为广大人民群众服务，而没有任何功利和投机的成分掺杂其中；巩固党群关系的核心要义，即党的领导。系统梳理党群关系中的这些"变"与"不变"，有助于在新时代深入理解党群关系的科学内涵、价值意蕴及其本质要求。[1] 戴木才、彭隆辉则通过党执政的首要政治伦理关系，研究了中国共产党执政伦理建设的首要问题。党群关系是中国共产党执政的首要政治伦理关系，这一首要政治伦理关系决定了中国共产党领导和执政的根本问题是中国共产党与人民群众的关系问题，即党群关系问题。那么，中国共产党领导和执政伦理建设的首要问题就是必须切实维护人民群众的政治权利，密切党同人民群众的血肉联系。[2]

此外，李勇研究了百年来中国共产党妇女解放思想的伦理特征。政治伦理和关怀伦理是中国共产党妇女解放思想中的两大基本伦理要素。从历时性角度看，中国共产党的妇女解放思想实现了从政治伦理占主导地位向关怀伦理占主导地位的转变。从共时性层面看，政治伦理和关怀伦理则始终交织在一起。政治伦理主导下的妇女解放和女权话语的生成之间存在着良性互动，在这种互动所带来的关怀伦理主导地位的转变中，中国共产党领导下的妇女解放运动走出了一条有中国特色的妇女解放道路。[3]

三、伟大建党精神的伦理向度

在庆祝中国共产党成立100周年大会上的重要讲话中，习近平总书记首次提出了"伟大建党精神"的科学概念，并明确概括了其科学内涵。党的十九届六中全会又着重强调了伟大建党精神作为中国共产党精神之源的重大历史和现实作用。伟大建党精神的科学内涵可以概括为"坚持真理、坚守理想，践行初心、担当使命，不怕牺牲、英勇斗争，对党忠诚、不负人民"，它是中国共产党的精神之源，构建起了中国共产党人的精神谱系。[4] 伟大建党

---

[1] 柴宝勇：《建党百年来党群关系的变与不变》，《人民论坛》2021年第36期。
[2] 戴木才、彭隆辉：《论中国共产党执政伦理建设的首要问题》，《伦理学研究》2021年第4期。
[3] 李勇：《百年来中国共产党妇女解放思想的伦理特征》，《伦理学研究》2021年第5期。
[4] 习近平：《在庆祝中国共产党成立100周年大会上的讲话（2021年7月1日）》，《人民日报》2021年7月2日。

精神系统阐发了中国共产党百年历程的精神世界和价值境界，是中国共产党人道德观和社会主义道德思想的高度凝练，蕴含丰富的伦理价值。这个重大概念一经提出便受到学界的关注，相关研究主要集中在伟大建党精神的思想内涵、内在逻辑、意义、地位和应用等方面。

（一）伟大建党精神的道德内涵

曾建平、罗红平从道德认知、道德情感、道德意志和道德践履四个维度出发，对伟大建党精神的内涵进行了深入剖析，揭示了伟大建党精神蕴含的丰富伦理内涵。"坚持真理、坚守理想"的道德认知，体现了中国共产党在道德上的认知指向和价值追求，是伟大建党精神伦理品质的基础，折射出中国共产党对人类终极命运的伦理关怀；"践行初心、担当使命"的道德情感，是中国共产党道德践履的直接动因，彰显了中国共产党为人民谋幸福的伦理追求；"不怕牺牲、英勇斗争"的道德意志，是中国共产党将道德认知转化为道德践履的催化剂，反映出共产党人不惧生死的道德风骨；"对党忠诚、不负人民"的道德践履，是伟大建党精神伦理品质的重要标志，是中国共产党百年历程中赢民心、聚伟力、成大业的精神密码，体现了共产党人平衍旷荡的道德境界。[①]

曲青山从思想、政治、精神和道德这四个方面研究了建党精神的深刻内涵。其中，"对党忠诚、不负人民"体现了党品德高尚、情系人民的特质，展现了党的强大道德优势。忠诚是共产党人崇高的政治品质，党之所以能有强大的道德优势不仅是因为继承了中华民族的传统美德，还因为对党无限忠诚、对人民无限热爱。[②]

杜黎明从党的思维、行动、风貌和自我要求这四个方面着手，探究了伟大建党精神内涵的优势。其中，"对党忠诚、不负人民"蕴含和彰显了中国共产党人自我要求的特征，展现了党强大的道德优势。中国共产党人的道德优势体现在，不仅强调和重视组织纪律性，还始终忠诚于党，没有自己的特殊利益，始终把人民利益放在第一位。思维指引行动，行动展现风貌，风貌体现要求，伟大建党精神及其在时间维度的延续，印证了我们党百年辉煌的密码。[③]

（二）伟大建党精神的内在逻辑

丁俊萍从伟大建党精神四个层面的科学内涵出发，详细地阐释了其中的内在逻辑。"坚持真理、坚守理想，践行初心、担当使命，不怕牺牲、英勇斗争"这三个层面分别是伟大建党精神的灵魂、根本、核心；"对党忠诚、不负人民"则是伟大建党精神的底色，是中国共产党人的价值追求和道德情怀，是中国共产党人最重要、最可贵的道德品质。对党忠诚既

---

① 曾建平、罗红平：《伟大建党精神的伦理阐释》，《道德与文明》2022年第1期。
② 曲青山：《弘扬伟大建党精神》，《人民日报》2021年7月8日。
③ 杜黎明：《建党精神蕴含百年辉煌的密码》，《兰州学刊》2022年第2期。

是政治责任和政治要求，又是清醒的理性自觉和高尚的道德规范；不负人民是指党始终代表中国最广大人民的根本利益，没有任何自己特殊的利益，从来不代表任何利益集团、任何权势团体、任何特权阶层的利益。伟大建党精神科学内涵的四个层面，各有其特定的内容指向，但又相互联系，构成了一个有机统一的整体。①

许金华研究了伟大建党精神的生成逻辑，认为中华优秀传统文化是其生成的历史逻辑。第一，儒家"大同"思想的千年传承，助推马克思主义真理和共产主义理想的传播，对"坚持真理、坚守理想"的生成提供了相应的土壤。第二，"家国同构"的伦理思想为共产党人"践行初心、担当使命"提供了滋养。第三，"知行合一"助推马克思主义与革命实践相结合，为锻造"不怕牺牲、英勇斗争"精神风骨提供了力量。第四，"民本"政治思想，与无产阶级政党的"人民性"有着相似的内涵，助推了"对党忠诚、不负人民"精神的形成。可见，马克思主义之所以能够在中国广泛传播，与中华优秀传统文化的这一适宜"土壤"息息相关。②

陈殿林、秦欢研究了伟大建党精神形成的历史逻辑。早期中国共产党人在探索革命的道路上厚植了"坚持真理、坚守理想"伟大建党精神的理论品格；在关切工农需要、领导工农阶级追求民族独立过程中锚定了"践行初心、担当使命"伟大建党精神的政治品格；在团结工人阶级的革命运动中锻造了"不怕牺牲、英勇斗争"伟大建党精神的实践品格；在加强党员管控与密切联系群众中铸就了"对党忠诚、不负人民"伟大建党精神的道德品格。共产党人在百年来的各个时期都坚持"对党忠诚、不负人民"，在党员管控中保证党组织的先进性和纯洁性，一切活动都围绕着人民利益展开，这是中国共产党性质、宗旨的最高体现，充分显现了中国共产党的建党智慧与价值指向。把握伟大建党精神生成的历史逻辑，是追溯中国共产党精神之源的要义，能够推动伟大建党精神内化为中国共产党人的思想自觉和行动自觉。③

（三）伟大建党精神的意义、地位和应用

齐卫平从定位、特征、功能和价值四个视角出发，呈现了研究伟大建党精神的意义。其中，深入研究伟大建党精神的定位，可以弄清在已经提炼出各种革命精神的情况下，为什么还要提出"建党精神"这个概念，以及建党精神与其他革命精神构成什么样的关系。④

蔡文成研究了伟大建党精神的地位。伟大建党精神作为精神之源的地位，主要表现在四

---

① 丁俊萍：《伟大建党精神的内在逻辑》，《思想理论教育导刊》2021年第7期。
② 许金华：《中国共产党伟大建党精神的生成逻辑及其现实启示》，《南昌大学学报（人文社会科学版）》2021年第5期。
③ 陈殿林、秦欢：《伟大建党精神形成的历史逻辑》，《中国特色社会主义研究》2021年第6期。
④ 齐卫平：《伟大建党精神研究的四个视角》，《理论与改革》2021年第6期。

个方面：第一，伟大建党精神是中国共产党理想信念的根本标识，它是真理力量和信仰力量的有机统一，是理论自觉、政治自觉和实践自觉的高度融合；第二，伟大建党精神是中国共产党性质宗旨的根本体现，内在地包含着党性与人民性的统一；第三，伟大建党精神是中国共产党伟大实践的根本动力，激励着党和人民百年来团结奋进、顽强奋斗；第四，伟大建党精神是中国共产党精神血脉的根本源泉，它深刻表达了中国共产党人精神谱系的价值取向与精神渊源，是中国共产党人精神谱系的"源头活水"。中国共产党百年奋斗历程中，涌现出一大批视死如归的革命烈士、一大批顽强奋斗的英雄人物、一大批忘我奉献的先进模范，形成了一系列伟大精神，构建成了中国共产党人的精神谱系，成为我们砥砺前行的精神动力。总之，伟大建党精神是中国共产党团结带领中国人民进行奋斗和创造的精神动力，是中国共产党立党、兴党、强党的精神原点和思想基点。①

此外，伟大建党精神作为中国共产党的精神之源，也应是高校思政课最深刻的教学内容，如此才能更好发挥其在立德树人方面的作用。在教育部指导和支持下，由上海市教卫工作党委、上海市教委主办的高校中国共产党伟大建党精神研究中心在上海成立。中心一成立，便就弘扬伟大建党精神、更好立德树人进行了学术研讨。②

党历经百年而风华正茂。回首过去，伟大、光荣、正确的党领导全国各族人民进行艰苦奋斗，带领中国人民不断走向美好生活。展望未来，党需要借鉴百年历史经验，才能在新征程上更加坚定自觉地牢记初心使命。始终坚持党的领导，一心一意跟党走，全面建成社会主义现代化强国的目标一定能实现，中华民族伟大复兴的中国梦一定能实现。

---

① 蔡文成：《伟大建党精神是中国共产党的精神之源》，《光明日报》2021年7月9日。
② 顾海良、童兵、陈锡喜、沈壮海、王易、张士海、吴潜涛、杨晓慧、齐卫平、仰海峰、付洪、蔡文成、韩震、王炳林、忻平、艾四林、吴宏政、邢云文：《立德树人铸魂育人——高校中国共产党伟大建党精神研究中心首届学术研讨会部分专家观点摘编》，《光明日报》2021年11月29日。

研究报告

2021 年伦理学专题研究报告

陈伟功*

一、伦理学理论形态

（一）理论概况

对时代问题的考察与回答，总是凝聚着中国伦理学人的学术探索和理论贡献。在"两个一百年"奋斗目标的历史交汇期，不论是面对世界未有之大变局，还是庆祝中国共产党百年辉煌，以及在学术上对国际国内各种伦理道德问题的处理，中国伦理学收获了一大批科研成果，进一步推动了学科的发展和学术成果的积累。

从学科百年的发展历程来看，中国伦理学经历了从传统到现代的转换，其中有从坚守传统、学习西方、学习苏联到回归中国传统的四次转向。迄今为止，形成了全国性的研究基地和学术平台，实现了一系列重大的理论和方法的突破和创新。当然也存在一些发展中的问题。有学者指出，有一些隐性问题，影响学科发展。诸如学科性质的定位、应用伦理学的性质、伦理学的相对学术独立性等。而为了实现中国伦理学的现代化，需要进一步解决好这些问题，并加大对传统伦理学创造性转化和创新性发展，促进"中西马"伦理思想深度融合，提升和提炼时代道德精神，建构具有原创性的伦理学体系，培养具有世界影响的伦理学人。[1]

从世界范围来看，由于种种危机频频爆发，人类社会史无前例地急需一种普遍性、全球化、规范性的伦理学。因此，伦理学大有可为。然而，从学科发展史来看，古典哲学所追寻的通过形而上学来奠基伦理学的这条途径，因形而上学的衰落已不再可能，而近现代哲学所探索的通过伦理学来拯救形而上学的道路也因面对虚无主义、相对主义而屡屡受挫。有学者指出，在绝对主义与相对主义两难抉择的困境中，伦理学首先需要重新确定自己的方向，从人类命运共同体的角度出发，形成某种能够把全世界所有的民族凝聚为一个整体的核心理

---

* 陈伟功，1972 年生，山西人，北京第二外国语学院研究生院及文化与传播学院兼职讲师，研究方向为哲学伦理学。
[1] 江畅：《中国伦理学现代转换的百年历史审思》，《社会科学战线》2021 年第 2 期。

念。① 面对世界问题，不得不运用一种"宏大叙事"的方法，然而，当代世界文化在理念转向、理论范式方面却明显地呈现"微化"的新变化。因此，中国马克思主义伦理学的叙事方式受到各种挑战。此外，围绕美好生活、家国情怀与人类关怀等主题，有学者主张，新时代中国马克思主义伦理学要立足于地方性立场和世界性立场，通过话语实践进行话语权的建设，要坚持马克思主义实践方法论，化解话语现实难题，校准话语建设方向，提升中国马克思主义伦理学的价值影响力，为全球化转型提供可行的价值选择和实践策略。②

在这个人类普遍崇尚科学技术的时代，科学的伦理学也许可以为世界问题提供一种解决之道。伦理学的科学性不仅关系到知识合法性、内容可靠性、衡量尺度、道德权威性，而且关系到对社会生活的引导、道德实践选择的合理化、道德实践效果的优化以及社会道德困境的缓解。有学者对伦理学的科学性问题进行了分析，认为科学性是伦理学的主要属性和内在品格，由社会生活实践的客观性和确定性所决定，通过伦理学产生发展的现实基础、伦理思维和伦理学内容的科学性表现出来。所以，学者们要以严谨的学术态度，追寻伦理学的立论基础并辩证地对待各种伦理思想。③ 有学者还立足于科学的立场，根据复杂系统理论和熵的辩证思想对道德系统进行了研究，指出，为了克服道德领域的熵增，即避免道德系统趋向"死寂"的平衡态，应当促使熵减，即推动道德系统趋向"活性"的远离平衡态，进而通过一定的价值观念、原则或规范控制道德系统与环境及其要素的相互联系和相互作用，实现系统组织塑造、价值信息运作、因果关系协同等结构与功能，同时也要依据道德系统的科学内涵大力地推进新时代思想道德建设。④

（二）美德伦理学

美德与德性是现代社会需要的宝贵品质，是现代人应当具有的内在的良善人格属性，因而成为伦理学研究的重要问题，学者们对美德的内涵、美德与幸福的关系，以及相关主体、动机等问题等进行了研究。

关于德性的内涵，有学者主张扬弃德性的抽象化理解，基于现实生活中实现价值的过程来回答为何德性是可欲的这个基本问题。其实，德性的现实即合乎人合理需要的价值实现过程。在现实生活中，合乎人性的价值原则与价值理想满足了人的需要，凝于主体，由此就成为人的德性。所以，德性以合乎人性需要的价值为根本内容，德性与价值均生成并展现于人

---

① 张志伟：《重思伦理学与形而上学之间的关系——以海德格尔哲学为"视阈"》，《道德与文明》2021年第1期。
② 肖祥：《新时代中国马克思主义伦理学的叙事方式》，《齐鲁学刊》2021年第1期。
③ 彭定光：《论伦理学的科学性》，《伦理学研究》2021年第6期。
④ 洪晓楠、周克刚：《道德负熵系统理论及其对新时代思想道德建设的启示》，《科学技术哲学研究》2021年第1期。

的现实生活。此外，作为人的精神本体的重要组成部分的德性，它以人的幸福生活为终极指向，构成了创造现实生活的重要力量。① 关于德福问题，有学者通过对德性在苏格拉底伦理学中的内涵的分析，主张德性并非只是单纯的通向幸福的工具，而是与幸福有着同样的独立价值的内在的无条件的善，尽管德性的价值在某种意义上来自幸福，但德性在其自身就是善。因此，德性具有双重地位：一方面，德性的价值或善来源于自身；另一方面，德性的价值也来源于幸福或对幸福的促进。②

有学者运用美德伦理的原理对现实问题进行了分析。例如，针对网络的"饭圈文化"，有学者认为网络"饭圈"是有原罪的，因为它脱离了美德的示范作用，这样的偶像是有缺陷的。因为美德伦理强调榜样的树立应当建立在有道德共识的基础上，而联结"饭圈"的情感纽带是自然的、依赖性的、异化了的，其中缺乏道德内涵，充满其间的只是一种变异了的"忠诚"，具有一种"部落"的落后的伦理特性。所以，要遵循道德治理的内在要求和特殊方式加大治理力度，重塑偶像的道德示范功能，确立平台的道德共识，加强网络素养教育。③ 进言之，这种现象也体现了道德哲学中常见的"自我—他人不对称"缺陷。因而有学者对这种不对称问题进行了分析，认为处理这个问题不能仅仅停留在诉诸常识的层面上，还必须深入这种常识背后的政治观念，以及用以支撑该对称模式的心理意识。④

（三）功利主义

功利主义是与市场经济最为匹配的社会运行规则，逐步转换为道德领域的主要思维方式和评价模式。从学理上进行分析，其实这种原则表现出较其实践领域更为复杂的理论问题。

传统的功利主义也称为行为功利主义，有学者认为，这种功利主义既违反道德直觉，也不能指导行为，因而需要提出更有效的替代原则。有一些功利主义者随之提出了规则功利主义，这种规则功利主义既符合道德直觉，也无须进行功利计算，主张人们应该按照道德规则行事即可，因为人们遵循道德规则可以导致功利最大化。不过，道德规则往往是理想而非实际的。此外，人们还应该追求福利的平等化，因为平等主义的分配也是导致福利最大化的。总之，虽然规则功利主义比行为功利主义更为合理，但它并不能解决理想道德规则与实际道德规则的冲突、功利要求与道德要求的冲突等问题。⑤ 有学者还对古典功利主义与现代功利

---

① 叶方兴：《德性为何是可欲的？——德性、价值与人的现实生活》，《东南大学学报（哲学社会科学版）》2021年第1期。
② 田书峰：《苏格拉底论德性的双重本性》，《现代哲学》2021年第6期。
③ 曹刚：《"饭圈文化"的道德批判》，《中国文艺评论》2021年第10期。
④ 李义天、丁珏：《美德伦理视域中的自我与他人——对迈克尔·斯洛特"自我—他人对称"观念的分析与批评》，《学习与探索》2021年第10期。
⑤ 姚大志：《规则功利主义》，《南开学报（哲学社会科学版）》2021年第2期。

主义的核心思想、主要流派及其伦理主张进行了梳理，从思想史的角度全面把握功利主义伦理思想的内涵和特征，并在此基础上概括了功利论交易伦理观的主要特征，努力提出新时代正确评价交易行为道德性的前提。①

由于功利主义将一切关系归结为功利关系，将个体主义的自私自利者设定为人的标准形态，因而功利主义在功能上沦为替现存事物辩护，这种内在缺陷似乎给功利主义带来不好的名声。但是经过深入分析发现，功利主义不仅是现代社会实际运行并有效的规则，而且实际上也具有丰富的道德内涵。例如，有学者将马克思归为功利主义者，认为马克思追求的目标是每个人的幸福生活，他诉诸功利论证来判定行为的正当性，并以人的需要的满足程度评价人类活动。如果进一步分类，可以把马克思的伦理思想归为理想的消极功利主义。因为马克思关心的是整个人类，无产阶级和资产阶级都需要解放，理想的消极功利主义不是一种只为特定阶级的利益而持有的道德原则，而是普遍的人类解放的原则。② 有学者则反对将马克思的学说归为功利主义，认为这背离了马克思唯物史观的精神内核。因为马克思从具体的社会历史实践出发来考察利益与道德，从人性、剥削与革命意识三个维度实现了对古典功利主义道德观的批判与超越。与此同时，马克思以具体人性观取代抽象人性观，以共同占有取代剥削关系，以革命运动取代改良主义，而正是通过这三个维度，马克思确立了其自身道德学说的历史性、社会性与革命性的辩证批判性特质。③

二、伦理学基本问题

（一）道德判断

道德判断作为规范性判断的一种类型，反映了道德规范的运行机制，是对道德主体及其道德行为动机和结果的评价，构成整个道德系统的枢纽，历来就是学界的一个重点研究问题。

有学者对道德判断的本体论基础进行了分析，认为这个基础是非规范性事实，归根结底是自然事实。针对不同的判断，只要找出其认知条件的不同，就可以发现其根本原因何在。如果要对其对错进行判断，还需要找到相关的理想的认知条件，而同等理想的认知条件下的认知者不可能对同一问题作出不同的规范性判断。在寻找理想的认知条件的过程中，个体通过反复的论证与反思，道德共同体成员通过反复的讨论、争辩与质疑，发现可能忽略的事实

---

① 李欣隆：《功利论及其交易伦理观》，《南京师大学报（社会科学版）》2021年第5期。
② 文学平：《马克思对功利主义的批判及其伦理归属》，《学术界》2021年第1期。
③ 顾青青、余龙进：《人性、剥削与革命意识——论马克思道德学说对古典功利主义的批判》，《浙江社会科学》2021年第3期。

或推理中可能犯的错误，不断地接近或达到深思熟虑的判断和其他信念之间的逻辑上连贯一致的反思平衡状态，以获得正确的规范性认识。①

在具体的道德判断中，还会受到许多因素的影响。比如，有学者通过对《论语》的文本调查，发现说理过程大多涉及三类模式，即，诉诸事实、诉诸名理、诉诸结果。诉诸事实是指在谈辩过程中主要立足于特定的事实去支持或反驳某种观点以及立场。诉诸名理主要涉及基于概念的语义归类、基于概念的含义进行推断、基于不同概念的语义差异进行正名。孔子在作出道德判断时诉诸事理即诉诸仁、义、礼三个基本观念。诉诸结果即把观点或立场建立在已经发生的事件所引起的结果，或者基于某种假设所推出的可能结果之上。②

学者们还对道德判断的主体进行了分析。有学者认为，在当今世界范围内，道德判断标准主要以行为者为中心，有的还要诉诸非理性的宗教信仰。根据《庄子》体现出的道德思想，应当站在他人立场上想问题，要坚持"人所（不）欲，（勿）施于人"的原则，这在本质上是利他主义思想，能够为超越以行为者或评判者为中心的价值判断标准提供合理的理论基础。③ 有学者还考察了性别与道德判断的关系问题，认为性别在道德判断中扮演了一个不容忽视的角色。经过实验发现，人们在提出道德判断时，都存在将结果的道德性纳入意图中进行考量的特点，而男性、女性在意图相关的道德判断上有所不同，男性对"有意性"的判断均显著高于女性，对"意图"的认定有着更为宽松的标准。④

（二）道德情感

道德主体总是处于一定的道德情感和道德情绪状态中，这种情感和情绪能否为道德的存在提供合理性基础，以及这种奠基的过程表现为哪些现象，针对道德情感这个基本问题学者们进行了研究。

对于道德来说，基于其自主性，只能在主动的情感中才能得到孕育和壮大。有学者认为，我们把自己爱的情感投射、扩展到对象上，在对具体事物的热爱中增强了我们担负起道德责任的能力。人类尊重动物的权利，体现了人的道德主体性能力的提高，说明人不但对同类担负起责任，还对其他生命担负起责任。如果把对自然的敬畏之情落在"畏"上，实质上就把敬畏理解成了一种以他律和惩罚为底色的被动情感，而这样的敬畏之情顶多只能达成对人的外在行为的规训；把对自然的敬畏之情的重点落在"敬"上，敬和爱都是主动的情

---

① 陈真：《关于规范性判断的本体论基础的几点思考》，《道德与文明》2021年第5期。
② 郭桥：《论〈论语〉道德判断建构的三类模式》，《伦理学研究》2021年第6期。
③ 曹晓虎：《〈庄子〉道德论是"以行为对象为中心"吗——与黄勇先生商榷》，《道德与文明》2021年第6期。
④ 郭喨：《性别、意图与道德判断——一个实验哲学报告》，《西南民族大学学报（人文社会科学版）》2021年第3期。

感，这样的敬畏之情并不会阻碍人出于热爱而进行的探索，如此对自然形成的热爱之情才可以达成对人之道德的真正提升，也才可以达成对自然事物的有效保护。总之，对形下自然具体事物的热爱之情与对形上自然的敬畏之情是相互包容、相辅相成的。①

不同的情感或情绪，在与道德关联的意义上，它们之间一定存在某种关系，对这类问题学者们也进行了探讨。有学者以休谟学说为例，探讨是同情还是仁爱构成了道德判断的基础。通过考察发现，休谟始终将同情，尤其是广泛的同情，作为道德判断的基础，仁爱并未取代同情的这种基础作用。相反，无论是在《人性论》还是在《道德原则研究》中，仁爱都对同情具有依赖性。休谟之所以在《道德原则研究》中对同情和仁爱作了部分调整，恰恰是为了更好地维护同情对道德判断的基础作用。②

有学者对"心安"这种情感状态进行了分析，认为这种情感是人的自然本性，根源于人的自然需求和身体感受，表现出来就是一种道德情感，即，可以把"不忍"与"心安"作为对道德行为进行判断的依据。具体从儒家的情感伦理学视角来看，心安不仅指的是良心之安这种心理状态，还意味着要安于仁义与礼法，以维护社会的秩序，因此，心安是情感与理性、良知与规范的统一。通过对何为安、何所安、如何安等基本问题的研究，可以破解情感与理性的二元对立难题，从而彰显儒家伦理学的精神本源及其思维特质。③

还有学者对道德情绪与创造力之间的关系进行了研究，认为道德情绪可以全面准确地反映个体实际的道德活动，促进符合道德标准的创造力产生。具体而言，道德情绪以情绪效价调节创造性认知，激发道德动机，联结人格与创造力，引发自我觉察，促进顿悟与创造性成就的产生，提升心理资本，进而影响不同创造力特性的表达等。因此，加强对道德情绪及其内在机制的理解和研究，分析道德情绪、道德与创造力之间的关系，探索道德培养与创造力激发的新模式，能够为人们解释道德与创造力的关系提供多样的路径与可能。④

（三）道德动机

道德行为的实现直接依赖于道德动机，道德动机的产生和持存的条件是什么，是理性认知、反思，还是情感，以及如何提供这样的条件，对诸如此类问题的理解成为伦理学研究的一个关键领域。

从道德行为的主体来考察，对道德"自我"的研究是关涉道德动机的一个根本起点。有学者通过对胡塞尔"习性自我"的分析，认为"自我"在意志的持续连贯的积极的作用

---

① 丁三东：《论人对待自然的情感态度》，《哲学分析》2021 年第 6 期。
② 曾允：《道德判断的基础：同情抑或仁爱——论休谟的第二〈研究〉之谜》，《道德与文明》2021 年第 5 期。
③ 付长珍：《此心"安"处——论儒家情感伦理学的奠基》，《文史哲》2021 年第 6 期。
④ 王博韬、魏萍：《道德情绪：探寻道德与创造力关系的新视角》，《心理科学进展》2021 年第 2 期。

下，由此才能塑造理性自主的伦理人格。自我作为一种统一体，可将之称为"习性自我"，因为正是在时间意识体验流的自身构造中，以及在意志这种积极动机的引导下，习性对人的各种行为活动、人的性格都保持了持续的有效性。这里的习性不是通常所讲的实际气质或性格，它属于纯粹的自我，具有持续存在的一贯立场。因此，习性自我既具有形式先天的特征，又具有质料先天的特征。[①] 对道德自我的影响因素在纯粹意识的意义上也属于一种习性，而反思作为一种典型因素，它与道德动机及其行为存在着什么样的关联，是一个有价值的问题。有学者以研究伦理学和道德哲学是否让人在道德上变得更加善好这个问题为例，进而根据心理学、实验哲学的经验调查研究表明，反思和道德行为之间的相关性并不明显。而且按照韦伯的立场，价值中立已成为现代学术研究的基本规范，所以应从经验与规范两个面向来理解反思与道德行为之间的关系，从而有助于理解伦理学本身的性质，并对反思和道德行为之间的关系给出一种新的解释。[②] 此外，对反思的问题扩展开来，可以转化为纯粹理性以及对法则的意识能否构成道德行为的动机这个问题，那么感性情感或者欲望在其中又起什么作用？在情感主义者看来，道德动机的根据应该是在以同情为主的情感而非理性之中。有学者以康德学说为例，认为康德将理性与情感结合为更加具有统一性意义的意志或者理性概念之中，因为它们已经蕴含了以敬重为核心的情感要素，即康德所说的实践性情感。具体而言，纯粹理性以及对法则的意识是理论意义上的根本性动机，而作为尊重的道德情感是其现象性反映，在现实运作中理性与情感是同时发生的，但在逻辑意义上，纯粹理性以及对法则的意识确实是在先的。[③]

（四）道德责任

道德责任与诸多道德问题领域直接相关，具有非常复杂的内涵。学者们对于道德责任的产生机制、承担主体以及道德评价等进行了探讨。

传统责任伦理认为，自由意志是在道德上负责任的必要前提。有学者则认为，道德责任的根据不在自由意志而在理性。[④] 有学者则提出反对意见，认为这种主张建立在自由与必然的二元对立架构基础上。离开了自由意志，再理性的因果机制也不可能揭开道德责任之谜。因为自由意志与因果必然既不是对立的，也不是相容的，而是在两位一体的直接关联中构成了道德责任的根据。理性作为工具，只有依据这种关联，才能在实然性认知维度上发挥因果

[①] 曾云：《从习性自我到伦理人格——论胡塞尔精神科学中人格的构造》，《现代哲学》2021年第5期。

[②] 梅剑华：《反思与道德行为关系的两个面向》，《伦理学研究》2021年第1期。

[③] 董滨宇：《理性与情感的统一：康德意志理论疏解》，《中山大学学报（社会科学版）》2021年第4期。

[④] 田昶奇：《理由响应机制、因果机制与道德责任——兼评刘清平与苏德超的争论》，《四川师范大学学报（社会科学版）》2021年第5期。

解释功能的同时，开展应然性价值维度上的道德辩护功能。① 有学者基于实证研究提出了"无意识的自由意志"问题，认为自由意志存在个体差异，完全由物理规律决定并不意味着直接与自由相冲突，存在一种被决定的自由，道德责任与决定论可以兼容，每个人需要对其行为负责。因此，传统的责任认定理论应当作出必要的调整。② 有学者对责任的内涵进行了更为细致的分析，并且基于"责任感—责任观—责任精神"的三维结构，对公共道德生活的现代性困境进行了探讨，进而指出责任感属于道德情感，其中蕴含理性要素，责任观是一种理性认知，它必须融合情感要素，而责任精神则是一种开放性的公共精神，可以将情感与理性整合起来，成为实践智慧的时代性表达。这种关于伦理责任的三维结构可以为公共道德生活实现知行合一、情感与理性的整合、个体与实体的统一提供价值范导。③ 还有学者对于道德责任的对象即他者进行了分析。毕晓对巴赫金的责任伦理学与列维纳斯的理论进行了比较，认为把二者的道德责任理论综合起来可构成一种对他者伦理学的完备表述。因为对他者伦理学进行审美化改写，将伦理学中的"自我—他者"关系转化为了美学思想中的"作者—主人公"关系。因此，基于这种伦理学的审美转化，既有助于人们全面理解文艺作品所内含的伦理与审美双重取向，又使人们能够获取文艺作品伦理价值与审美价值的社会功用，进而得以对人类社会生活的双重取向进行一种审思。④

三、道德范畴

（一）道德与伦理

道德与伦理作为伦理学最基础的范畴，常常被当作同义语来使用。正因为它们对于理论与实践具有极为根本的奠基意义，所以学者们倾向于将它们分开来理解和使用，认为它们不仅具有不同的内涵，而且在伦理话语体系中属于不同层面的哲学范畴。尤其对于中华文化与中华文明而言，它们具有各自的地位与意义，因而不能简单地对它们进行互释或画等号。

有学者运用语言分析、文献研究、推理论证等方法得出"伦理"话语是由"伦"—"理"—居"伦"由"理"—伦理世界四要素构成的话语体系的结论。因为"伦"是实体，"理"表现为"伦"的规律，也是个体由"伦"所获得的良知良能，即对于"伦"的知与行，"伦"之"理"不仅是"理"的中国话语，也是"伦理"的中国基因和中国文化密码；

---

① 刘清平：《道德责任的根据不在理性而在自由意志——回应田昶奇》，《四川师范大学学报（社会科学版）》2021年第6期。
② 郭晓：《自由意志、决定论与道德责任：一个实证的新研究》，《伦理学研究》2021年第1期。
③ 李凯：《公共道德生活中伦理责任模式的三维结构》，《湖南师范大学社会科学学报》2021年第6期。
④ 毕晓：《巴赫金与列维纳斯他者伦理学比较及其美学意义》，《文艺理论研究》2021年第6期。

"道"是"理"的准则规范要求,"德"是"得道",即道德主体的建立,因而形成了"伦—理—道—德"的中国精神哲学体系。其中"伦"作为实体和本体,奠定了中国家国一体、由家及国的文明路径。此外,"伦理"也不能与"ethic"直接对话,否则将导致意义肢解甚至文化殖民。因此,由"伦理"实体而生发开来形成了中华文化的代表其终极理想的"伦理世界观",体现了中国文化的特殊精神气质。① 与"得道"之"德"直接相关,"道"在中国伦理思想中不仅具有统领全体的地位,而且在不同的思想流派中存在很大的差异。有学者分析《道德经》的"道",认为老子的"道"首先表现了一种宇宙生成论的模型,即通过"生"表明了宇宙整体之所以统一的原因,通过"一"体现了宇宙整体统一的方式,而"常道"则在本质上是实践的,表达了无名、无欲和无为的实践原则。老子的"道"体现了从无中生有到有无相生的辩证法,但这种辩证法是不彻底的。因为老子的实践原则运用于人生时,有可能沦为一种可供操作的独门绝技,不仅无益于道德的提升,而且会成为老谋深算的生存策略,不仅起不了助人达到清高恬淡、超然物外的高尚的人生境界的作用,反而有可能使"道"堕落为圆滑阴损、精于算计的处世技巧。②

  道德与伦理的区分在法兰克福学派的最新研究成果中占有举足轻重的地位。有学者关注了这个领域,认为霍耐特与弗斯特的分歧代表了法兰克福学派内部的黑格尔"伦理"立场与康德"道德"立场的对立。霍耐特以"美好生活"的形式伦理概念为出发点,建构爱、法律与团结三种承认形式,强调基于社会敬重的承认。共同体的"身份认同"由这种共同价值域所主导,从而建立起社会文化秩序,个体的承认也通过贡献原则得以实现。弗斯特则划分出伦理、法律、政治和道德四种不同的承认语境。道德语境通过互惠性与普遍性原则介入其他承认语境,并在各语境中建构道德承认。这两种相互冲突的承认构想都是在哈贝马斯的主体间性和话语伦理框架下建构的,而且哈贝马斯本人也作了回应。他首先承认康德"道德"概念的重要性,指出正义根植于个体的道德自主性,又强调了黑格尔从历史、文化以及不断发展的政治层面建构存在于国家之中的"伦理",去除了康德"道德"概念的先验性与抽象性,进而提出国家政治既要满足包含道德内容的基本法律的要求,也要满足社会团结即伦理性的要求。③

---

  ① 樊浩:《"伦理"话语的文明史意义》,《东南大学学报(哲学社会科学版)》2021年第1期;《"伦理"话语的精神气质》,《学术界》2021年第1期;《"伦理"话语体系及其中国密码》,《道德与文明》2021年第1期。
  ② 邓晓芒:《"伦理学之后"的实践哲学:对老子形而上学的模型论解读》,《探索与争鸣》2021年第1期。
  ③ 蒋颖:《伦理抑或道德——霍耐特与弗斯特承认构想比较研究》,《马克思主义与现实》2021年第2期。

（二）应当与能够

应当蕴含着能够，这是评判道德实践的一项基本原则，即应当做什么必须建立在能够做什么的基础上，否则就不存在所谓的"应当"。学者们在进行相关的学理分析时提出了不同的观点，丰富了对传统伦理学这条原理的研究。

有学者认为，并不能由于行动者行善能力有限或者行善代价过大而未能付之于行动就使其免于道德谴责，因为行动者有获得行善能力或降低行善代价的预期义务。所以"预期义务"概念的提出，可以对此作出更完善的论证，即要基于自由意志与道德责任的关系，同时也要对预期义务的适用范围作出适度限定，最终才能使预期义务的论证更具合理性。① 而预期义务之"应当"倒逼行动者"能够"，与这种逆向思维不同。有学者对技术物的"能够"并不直接意味着"应当"进行了探讨，认为技术物能够作为道德行动者，并影响着人的道德认知、选择与行为。由于人们可以将某种具体的道德理念或规范"植入"技术物之中，使其能够即时地规范用户的行为，所以技术物能够构建人类原来所没有的某种道德选择情境，并进而影响或参与着人之道德的构成。而传统伦理学基于主客二分的"实体—属性"进路并不能为理解技术物作为道德行动者的内涵提供恰当的思路。② 这就说明技术物"能够"参与道德行为，但它本身并不"应当"承担道德责任，而是要与人共同承担道德责任。此外，有学者将对能够与应当的学理分析运用于国家治理领域，认为一种好的国家治理体系的生成必须建立在可行能力之上，更要建立在理智德性和道德德性之上。其中"能治"所表明的是在自然限制和人性限度内的可能性，而"善治"所指称的是人们基于理智德性和道德德性建构好的国家治理体系的意向和意愿。所以应当将能治与善治这种主体性的条件与当代社会结构及其运行逻辑的客体性根据结合起来，才能将好的国家治理从可能性变成现实性。③

（三）道德自由

自由的实质在于人的主体性超越，即不断地超越旧主体性，认识和把握必然性，再获得新主体性，所以超越与自由密切相关。因此，学者们对自由的超越性进行了探讨。有学者从总体上对自由进行了分析，把自由划分为观念自由和实在自由，认为观念自由因仅在主体意识中产生，总是表现为对各种限制的力图超越，而实在自由因需在主体与对象的共在关系中形成，则必须正视和承认各种限制。道德作为一种利益关系的调节者，必然具有基于各种关

---

① 刘永春：《"我不能"能够成为拒绝行善的道德理由吗？——基于科尔代利"预期义务"的考察》，《伦理学研究》2021 年第 1 期。
② 李日容：《技术物能够作为道德行动者吗——基于现象学路径的考察》，《学术研究》2021 年第 2 期。
③ 晏辉：《构建能治与善治的政治伦理基础》，《江苏社会科学》2021 年第 1 期。

系限制的约束性，但由于道德是人的内在需要，其约束性也会表现出一种自觉自愿的主动特征。因此，道德自由是自由的道德与道德的自由之内在统一，当主体成为纯粹的道德主体、主体之性完全成为道德之性时，主体便达到了随心所欲而不逾矩的道德自由境界。①

不同文化传统的自由观体现出各自具体的特征。有学者从儒家立场出发阐述了自由的时代主体性，认为自由以天命之性为根本趋向，逐次呈现宗族自由、家族自由、个体自由等不同的历史形态，彰显出人一方面具有自由的天性，即主体性超越的趋向，另一方面具有自由的习性，即基于当下生活方式而获取主体性超越的内容。因此，作为超越的自由本身就是人性，而非以先天的善恶等现成的规定性。②有学者以列维纳斯与赵汀阳的哲学观点为例，认为犹太—基督教传统讲自由是一种任意妄为，其极端是对他人的"谋杀"，而中国文化传统讲自由是走向"善在"的可能，其极致是牺牲自己的"高贵"，因而前者强调自由是恶的起源，后者强调自由的意义是"善在"。③有学者还对人类自由的前沿问题进行了探讨。基本法技术哲学家埃吕尔认为现代技术已经摆脱了人类的控制而实现了技术自主，并已经结成了一个彼此联系与彼此依赖的网状型的技术系统，构建了以获取力量为目的的力量伦理，这种伦理使技术成为人类的统治者，迫使人们在不停地满足技术指令的同时丧失自主选择的自由以及人类本身的尊严与使命。因此，人们必须认识到自由才是人类的终极追求与使命，要通过设定界限来限制技术的应用范围与深度，提倡通过包容冲突与鼓励越界来克服技术自主，最终使人类重获自由。④

（四）正义

正义是现代社会所追求的极为重要的基本原则，是人类的社会性本质在道德上的根本要求。从不同理论视角进行考察，就会提出不同的正义论。学者们对有关理论进行了研究，得出了不少创见。

罗尔斯的正义论一直是学界关注的热点。有学者对其进行了综合讨论，强调正义是社会制度的首要价值，公民应当具有平等的基本权利，这是公民选择的可以指导社会基本制度的正义原则。只有能够确保平等公民基本权利的两个正义原则，才可激发广泛的正义感，正义社会的稳定性才可有保障。而在多元性宗教、道德与哲学文化的背景下，政治正义观念的重叠共识对于正义社会的稳定性也具有十分重要的意义。只要公民的基本平等自由权利得不到

---

① 易小明：《道德自由概念探原》，《道德与文明》2021年第2期。
② 郭萍：《超越与自由——儒家超越观念的自由人性意蕴》，《探索与争鸣》2021年第12期。
③ 孙向晨：《超越存在与存在的高贵化——一场列维纳斯与赵汀阳之间的假想对话》，《哲学研究》2021年第12期。
④ 刘艳春、李峻：《重回人类自由：埃吕尔的技术伦理思想探析》，《内蒙古社会科学》2021年第6期。

现实制度的保障,社会变革的可能性就存在。①

有学者对罗尔斯的正义论进行了批判性分析。由于政治哲学对抽象的社会制度及其原则性问题的思考并不能直接影响个人的特殊心理与生活,在这个意义上,一个正义的社会虽然在制度上确保每个人尽可能平等地获得自尊的社会基础,但是它无法确保每个人在具体生活上和心理上都必然拥有自尊和社会尊敬,更无法保证每个人都能拥有自重和社会敬重。②但是罗尔斯并没有充分地论证如何从现实的社会进入一个正义的社会,虽然他认为财产所有的民主制度可以利用并规范市场机制。但他显然低估了市场机制的逐利本性对正义稳定性构成的挑战。因为缺乏更为激进的抑制市场逐利性的细节性制度,就不可能实现蕴含适度利他精神的市场机制,也不可能实现正义的稳定性。③

从承认理论的视角分析社会正义,这是一个比较崭新的研究领域。有学者认为,一个正义的社会需要防止贡献少者获得的承认多这种不恰当的承认获取,更要防止承认的分配标准不由社会成员共同决定。在承认获取的因素中,意志只是必要条件而非充分条件,社会环境则是另一个重要因素。制度决定了"谁可以作贡献",也决定了何种禀赋能够被看作贡献的基础。因此,社会正义的目的不应该仅限于给予贡献多者更多承认,同时也应该包含确定什么能被视为贡献。而现代社会希望发展的是那些与效率以及逐利能力相关的禀赋,这是被社会环境或者说是被私人领域所塑造的。④

此外,如何实现社会正义,这也是一个完善的正义理论应当处理的重要问题。有学者以中国古代思想为例,认为法治与德治是实现社会正义的两条途径,可以把二者结合起来发挥其应有的作用。因为就人的本性而言,追求利益、得到关怀,这是民众的基本欲求,所以在中国古代,君主首先应通过利民、爱民从而满足民众的基本欲求,通过树立良好的道德品格而发挥以德化民的作用,进而通过推行道德教化,以便在社会上形成良好的风俗。与此同时,君主也应当自觉地以法约束自身,并严格执法,引导民众敬畏并遵从法律。这样就在礼义廉耻的道德教化之中同时融入法治的因素,进而会让民众遵守法律、奉行道德,最终实现德教与法治的结合。⑤

---

① 龚群:《正义之首:罗尔斯的社会制度正义》,《湖北大学学报(哲学社会科学版)》2021年第6期。
② 周濂:《自尊与自重——罗尔斯正义理论的伦理学承诺》,《伦理学研究》2021年第1期。
③ 林育川:《正义的稳定性与市场社会主义——以〈正义论〉为中心的考察》,《中国人民大学学报》2021年第5期。
④ 汤云:《意志与承认》,《西南民族大学学报(人文社会科学版)》2021年第3期。
⑤ 王威威:《〈管子〉中德教与法治的结合》,《哲学研究》2021年第10期。

2021年中国伦理思想史基础理论研究报告

郭 明[*]

对中国伦理思想史基础理论的研究和解释,是一个长期而深广的工程。经历上一年度专业论文体量的明显下降后,2021年度的研究整体上呈现回暖趋势,出现了一批注重涵盖性和整体性的综论性文献。这表现出学界在基础理论研究上努力寻求总体回顾、守正创新的大趋向。这种趋向正是基础理论研究处在大的时代节点、正逐步走向深化的表征。本专题将从基础问题和基础范畴两个领域对中国伦理思想史基础理论的研究情况展开介绍。

一、基础问题研究

中国传统伦理学有其独特的问题意识和反思回应。围绕这些问题,特别是基础性问题的研究,构成传统伦理思想史研究的主体内容。以下就心性论、义利论、情欲论和伦常论四个基本问题,对2021年度学界基础问题研究情况进行介绍。

(一)心性论

学术界对中国传统心性学说有着持续的关注。2021年度对传统心性论的研究,主要呈现两个特点:一是研究范围主要集中于早期儒家,其中数篇文章特别关注了常被忽视的孔孟之间儒者群体的心性理论,这是伦理学界心性研究继续深化的体现;二是注重整体性的视角和现代意义的阐发,涌现出数篇格局规模较为宏阔的综论性文章。

在对"人性"问题的整体考察中,丁四新对"性"概念出现的问题意识和思想背景加以着重考察。他认为应该正确理解"性"概念的古今异同,古代中国的"性"产生于天命论和宇宙论的双重背景下,是古人追问人物之生命在己的根源时被提出来的一大本原概念。在此基础上,他对先秦秦汉时期"性"的不同内涵以及相应的起源演变进行了梳理与归纳,并着重考察了作为理论形态之"性"的相关理论,如性命论、心性论、性情论、修养论

---

[*] 郭明,1994年生,河北秦皇岛人,中国人民大学哲学院伦理学专业博士研究生,研究方向为中国伦理思想史。

等。① 方朝晖聚焦于千百年来对"性善论"的争论，系统梳理了性无善恶说、性超善恶说、善恶并存说、善恶不齐说、性恶说、善恶不可知说、善恶后天决定说七种批评"性善论"的立场和观点。他认为"性善论"的历史影响并不如想象中大，今天对心性论的研究，应注重从上述不同的观点中汲取养分。②

关于孔孟之间儒学群体的人性论思想，陆建华认为学界的相关研究远远不够。他将相关可见史料进行分类，考察孔子弟子及二传弟子、三传弟子的人性论思想，认为孔孟之间的儒家人物从总体上讲都把人性问题看作道德问题，因而都集中讨论人性的价值指向问题，给人性作善与不善或者说善与恶的判断。③ 该文章引证丰富，具有一定的探索之功。郑开也论及孔孟之间的人性传统。他认为"心性论"是中国哲学传统中最核心的理论范式，而孟子贡献殊甚。孟子哲学严词批判和辩证否弃了孔孟之间的人性传统理论，从人的社会性而不仅是从人的自然性角度规定人性，最终把人性确立为寄寓在"本心"之内的"良知"和"至善"，扩展了儒家的思想空间。与此同时，孟子心性论哲学思想内容和理论脉络本身的复杂性，也包含着精神境界和实践智慧等向度。④

荀孟之辨一直是心性论中的重要课题。杨泽波从孔、孟、荀三者心性之学的分歧讲起，认为孟子的性善论是对孔子仁智合一格局的窄化，忽略了孔子强调了智性的一面。在儒学发展史上，孔孟的分歧意味着儒学发展开始由孔子的"一源"变为荀孟"两流"。这不仅引起荀子的奋起，更影响了宋明心学和理学的纷争。⑤ 洪晓丽认为早期儒者形成了"以心论性"的孟子一路和"心以知道"的荀子一路。荀孟之间关于性善性恶的争论，直接关联于其各自对心的立场和看法。"德"与心性的互动，有助于理解儒家心性论发展的逻辑线索和内在结构，是理解儒家人性理论的重要视角。⑥ 李锐则尝试从历时性角度寻求对荀子人性论的合理解读。他从《荀子》的篇章年代论起，认为荀子有一个从思孟思路出走并自成新路的历程，所以人性恶可能不是荀子最后的人性论。⑦

对宋明理学心性论的研究，主要聚焦于"天命之性"和"气质之性"的辨析上。李睿回顾了张载在人性论问题上的思想史贡献，认为张载哲学体系中"气质之性"与"天地之

---

① 丁四新：《作为中国哲学关键词的"性"概念的生成及其早期论域的开展》，《中央民族大学学报（哲学社会科学版）》2021年第3期。
② 方朝晖：《古今学者对性善论的批评：回顾与总结》，《国际儒学（中英文）》2021年第4期。
③ 陆建华：《孔孟之间的儒家人性世界》，《兰州学刊》2021年第3期。
④ 郑开：《试论孟子心性论哲学的理论结构》，《国际儒学（中英文）》2021年第2期。
⑤ 杨泽波：《孟子达成的只是伦理之善——从孔孟心性之学分歧的视角重新审视孟子学理的性质》，《复旦学报（社会科学版）》2021年第2期。
⑥ 洪晓丽：《心与成德：早期儒家心论模式的探索》，《道德与文明》2021年第5期。
⑦ 李锐：《荀子人性论的历时性研究》，《江淮论坛》2021年第1期。

性"的内在理路是二而一的，由"本天道以立人道""由气质之性复归天地之性""由人道上达天道"三个方面形成一个逐层递进的进路，对指导道德实践具有重要作用。① 沈顺福的关注点与李睿相近，但他进行了延伸，认为"气质之性"经过与超越性的太虚结合，可转化为"天地之性"；尽此"天地之性"，则可得"德性之知"。"德性之知"本质上是一种扩充善良气质的活动，即"天地之性"的活动，并不限于一般的认知。② 陈佩辉关注王安石人性思想的嬗变，认为大概可以分为三个阶段：早期谨遵孟子人性论且并无系统反思；中期可能由有善有恶论转为无善无恶论，后又转向"正性"的有善有恶论；晚期则重归性善论。③ 黄小波则关注明末儒者陆世仪"天命之性"与"气质之性"的辨析。他认为陆氏并不将"天命之性"与"气质之性"作为分别性善性恶的人性根源，而是提出"人性之善正在气质"的命题，进而将"天命之性"与"气质之性"统一于儒家性善论的大框架内。④

在传统心性论的诠释角度创新上，乐爱国、盛夏以较为明显的康德思辨哲学的理路，分析儒家人性论如何能够作为"善"的基础并承诺主体的道德自律。他们特别关注感情与理性的统一问题，认为儒家人性论提供了这样一种理路：由先天的理性原则落实为现实经验生活法则，并同时通过人情展现人的道德理性，使道德实践法则得以落实。⑤ 李承贵、章林认为正统儒家人性论有道德、政治和经济三个形态，道德人性论是人摆脱自然动物性的基础，政治人性论是构建理想政治的基石，经济人性论是保障经济生活的关键。通过道德、政治和经济三个向度的实践开展，既可以丰富儒家人性思想的内容，又能体现儒家人性思想的价值和意义。⑥

（二）义利论

中国传统伦理学中的"义利之辨"，不仅为道德实践提供了具体的价值规范，更是确立儒家伦理学基本道德原则的关键论题。2021年度学界对义利问题的研究推进，一方面体现在对传统义利问题的整体反思上，包括对其内在范式、道德心理结构的揭示等；另一方面体现在对经典文本的解读上，这主要集中在宋明理学的论域之内。

在对传统义利问题进行的整体反思方面，金富平从"义""利"各自的内涵和彼此的可比较性出发，认为儒家的义利观与义理之辨不容混淆。因为前者是关于道德与物质利益关系的思想认识，儒家的义利观是见利思义的。而义利之辨则是心理动机上的怀义或怀利，是儒

---

① 李睿：《论张载"天人一贯"之人性论思想的形成理路》，《湖北社会科学》2021年第7期。
② 沈顺福：《论张载的"德性之知"》，《孔学堂》2021年第1期。
③ 陈佩辉：《王安石人性论嬗变考》，《孔子研究》2021年第6期。
④ 黄小波：《明末清初理学对传统儒家性善论的新论证——陆世仪"人性之善正在气质"思想探析》，《社会科学家》2021年第3期。
⑤ 乐爱国、盛夏：《儒家人性论：从理性原则到实践法则》，《学习与实践》2021年第5期。
⑥ 李承贵、章林：《儒家人性论三种形态与儒学的当代开展》，《黑龙江社会科学》2021年第5期。

家基本的修身理论。① 金富平此文澄清了思想史上对儒家义利问题的诸多误解，值得关注。刘静芳选取的角度则是传统义利之辨在处理利益与道德关系问题时的局限性。她认为这种局限性是由"义—利"二元对立的旧范式带来的，而"道—义—利"的新范式则能够提供一个在"道"的观照下的义利新关系，帮助克服旧范式的缺陷，推动义利之辨的现代转化。②

在有关义利问题经典文献的疏解和经典命题的澄清中，杨海文详细疏解了《孟子》首章，认为其内容展开为三个层面：一是坚守"义"以为上的原则；二是遵循先义后利的次序；三是追求义礼双成的目的。他指出《孟子》首章不仅在价值论、政治伦理、理念利益等多方面体现了儒家的核心关切，而且与"利"对言的"仁义"，是孟子守正创新先秦儒家集体智慧并且水到渠成的理论结晶，更与《孟子》末章的"道统"首尾呼应。③ 肖永明、黄有年着重考察了孟子义利之辨展开的现实基础和理论基础，认为其最终走向是"仁政"或"王道政治"。但孟子的义利之辨在政治实践中则具有内在的理论困难。④ 黄玉顺力求澄清传统对董仲舒"正其义不谋其利，明其道不计其功"的误解。他认为董仲舒的义利观只是对特定政治精英而言的特殊政治伦理，并不能作普遍伦理原则来看待。因为民众谋利是天然权利，但在政治权力中谋利则是不义的。同时认为，权力的最高正义是为民谋利，最大的不义是与民争利。⑤

在宋明理学的义利问题研究中，陈代湘、孟玲认为胡安国在《春秋传》中的义利之辨，一方面体现了理学特色，即以天利人欲、公私之辨作为义利之辨的理论依据和判断标准；另一方面，表达了以义利来权衡《春秋》，重塑"春秋学"的理论意图。从整体上看，这在一定程度上影响了后儒对义利观的理解与改造。⑥ 王学锋认为王夫之在义利问题上具有承上启下、综合创新的理论意义。针对宋明以来的宣扬"公义"的虚幻性和注重"私利"的极端利己主义思潮，王夫之一方面反对离利言义，主张义利并举；另一方面又严于义利之辨，走出了一条与当时启蒙思潮并不相同的新路。⑦ 陈力祥、汪美玲关注到张栻的义利双彰思想以及以此为逻辑肇始的政治伦理思想。在义利问题上，张栻认为"以义为先"，并不否定合理

---

① 金富平：《义、利不可以轻重论——儒家义利观考察》，《江淮论坛》2021年第5期。
② 刘静芳：《突破"义利之辨"的二元范式》，《华东师范大学学报（哲学社会科学版）》2021年第1期。
③ 杨海文：《〈孟子〉首章与儒家义利之辨》，《中国哲学史》2021年第6期。
④ 肖永明、黄有年：《论孟子"义利之辨"展开的基础及其政治走向》，《孔子研究》2021年第3期。
⑤ 黄玉顺：《义不谋利：作为最高政治伦理——董仲舒与儒家"义利之辨"的正本清源》，《衡水学院学报》2021年第3期。
⑥ 陈代湘、孟玲：《胡安国〈春秋传〉义利之辨的展开及其影响》，《湘潭大学学报（哲学社会科学版）》2021年第3期。
⑦ 王学锋：《王夫之义利观的价值取向》，《南华大学学报（社会科学版）》2021年第5期。

之利，但需要主体内躬自省与自我剖析。而张栻义利之辨内在的政治诉求，则是以仁义为政治的最高原则，以礼制为现实载体，并将义利双彰的理想政治的实现寄托于行政主体——君臣之上。①

（三）情欲论

情欲思想是传统伦理学中的重要内容，直接反映了道德实践领域中内在人性心理与外在道德规范彼此冲突互动的复杂现象。2021年度学界涌现出多篇关于传统情欲思想的高质量文章，是近些年来中国伦理学界逐渐重视"情理"研究的直接反映。因此，需要对其进行专题介绍。

徐嘉引用"情感理性"（"情理"）的概念统摄和解释儒家伦理对"情感"的处理。他认为儒家伦理是将主观性、个体性的情感，经过人的理智加工，以概念化、逻辑化的方式确立为善德标准与伦理原则。儒家情理体系中，"仁"是一切理论的起点和核心，"共通的情感"和"同理心"是"仁"的原则得以推广的依据，对"仁"的觉解则是道德选择、道德判断以及道德修养的决定因素。②孙伟则通过荀子与亚里士多德的比较，来考察理性与情感的关系。他认为荀子与亚里士多德同样关注人的内在德性与情感、欲望以及实践智慧的融合互动。并且荀子认为礼义可以逐渐矫正和引导人的情感和欲望，使之趋于道德结果，这是情和义融合发展、共同促进德性完善的独特美德伦理学。③

刘悦笛运用比较哲学的视角，借用西方伦理学的欲望讨论范式，对先秦儒家的欲望思想进行类型划分。他认为孟子的"欲"与善直接相连，具有明确的道德取向和能动作用；荀子的"欲"与情感相接，无须反思而需要客观地规范。孔子的"欲"则介于两者之间，没有那么明确的善恶抉择意味。因此，儒家的欲论，揭示出本土"情理结构"超越主客对立、化解情理矛盾的优长，具有重要的理论意义。④

付长珍以儒家伦理学资源回应情感主义德性伦理学关于"情感能否为道德奠基"的追问。她认为儒家伦理学是一种自然主义人性论，儒家学者通过人禽之辨确立起人伦道德的基础，即"心安"是人性的灵明一点。此"心"是本源性、基础性的道德良心，心是道德意识之源，安是道德行为之基。以此，儒家认为秩序建构离不开人之为人的道德情感。⑤

王文娟举"孝"这一中国古代最突出的伦理价值规范，来具体分析中国传统思想中对

---

① 陈力祥、汪美玲：《张栻义利双彰视域下之王道政治伦理思想探微》，《中原文化研究》2021年第6期。
② 徐嘉：《儒家伦理的"情理"逻辑》，《哲学动态》2021年第7期。
③ 孙伟：《"情""理"之间：一种对荀子与亚里士多德伦理学的比较考察》，《道德与文明》2021年第4期。
④ 刘悦笛：《孔子"欲仁"、孟子"欲善"与荀子"欲情"——从当今西方伦理学"欲望论"观儒家"欲"论分殊》，《孔学堂》2021年第3期。
⑤ 付长珍：《此心"安"处——论儒家情感伦理学的奠基》，《文史哲》2021年第6期。

情感与理性张力的处理方式。她认为《孟子》坚持以道德情感的涵养与转化，促成了情理之张力的消解。宋明理学家则通过道德理性的自觉与反身性的道德实践，来克服情理张力。因此，不能回避或忽视情感而简化道德实践的复杂性，而要涵养道德情感，注重道德情感对人的自然情感的净化与升华作用。同时也要高扬道德理性的自觉，避免情感的偏颇或泛滥所导致的浅薄化、无根化倾向。①

王阳明的理欲思想在近些年来屡有学者关注与探讨。龚晓康、王斯诗认为王阳明不同于宋代儒者的独特创建在于：理欲皆出于本心的流行，二者为同一本体之关系。天理与人欲的对立，并非道德法则与感性欲望的直接对立，而是"有执"与"无执"之间的对立。因此，"灭人欲"非指禁绝一切欲望，而是指破除欲望中的自私执着。② 彭传华、张鹏伟同样强调应该从阳明与朱子的异处去理解阳明的理欲思想。他们辨析了王阳明对理和欲的定义，分析了阳明的存理去欲之修养方法，并在此基础上指出，应在宋明的儒学转向大背景下，重新审视王阳明理欲之辨的意义。③

（四）伦常论

人伦纲常同样是极具中国特色的伦理话题。2021年度关于伦常问题的讨论，依然注重对纲常的普遍意义和现实作用的核心追问，且关涉材料和人物不断扩展。此外，也有关于朋友之伦的讨论，有一定新意，值得关注。

丁四新考察了"三纲"的形成历程，认为其最早可追溯到郭店简《六德》篇提出的"三大法"或"六位"的位分伦理学说，董仲舒和《白虎通》则是三纲观念的论证完善者，而《礼纬·含文嘉》的"三纲说"则是对正统"三纲说"的异化。在此基础上，他认为三纲说对于现代社会的伦理建设仍然具有很大的积极作用。④ 延玥关注五伦思想对现代道德生活的指引问题。他梳理了五伦的形成历史，并着重介绍了五伦在解释社会关系上的普遍意义，进而认为五伦所依靠的人类内源性道德自觉没有变，依然可以作为现代道德生活的践履标准。⑤ 张亦辰关注了儒家德和位、亲亲和尊贤在公领域中的张力，指出，孔子主张"寓亲于德，修德称位"，但没有提出尊贤的问题；孟子主张以德定位，确立了尊贤在公领域中的地位。⑥ 王青认为扬雄对儒家纲常伦理合理性进行了宇宙论与本体论的论证。但扬雄的形

---

① 王文娟：《孝道实践的情理张力及其克服——以〈孟子〉"怨慕"的考察为中心》，《中国哲学史》2021年第3期。
② 龚晓康、王斯诗：《理欲的对立与统合——基于阳明心学的考察》，《贵州社会科学》2021年第6期。
③ 彭传华、张鹏伟：《王阳明理欲之辨探微》，《湖南社会科学》2021年第4期。
④ 丁四新：《三纲说的来源、形成与异化》，《衡水学院学报》2021年第3期。
⑤ 延玥：《关系与价值：五伦思想对现代道德生活的指引》，《黑龙江社会科学》2021年第5期。
⑥ 张亦辰：《论孔、孟德位观的异同：以亲亲与尊贤的张力为中心》，《安徽大学学报（哲学社会科学版）》2021年第5期。

上论证并不成功，因为其基于复杂的自然现象简化成阴阳二气的消长，无法与丰富的社会现象和人类行为之间建立密切的联系。①

在朋友之伦的讨论上，刘伟认为，如果将儒家的朋友之伦以及与之对应的"诚信"原则还原于传统社会生活中，则可以发现，由于朋友之间实际上没有共同生活的基础，所以其并非构成社会秩序的奠基性伦理。古代游侠群体是朋友现实化的最极致表现，但社会危害性更大。王阳明提出的新型朋友观，则至今仍具有借鉴意义。② 孙国柱则选取佛教的思想资源阐发朋友之伦的传统思想。他基于明清之际三教汇通的时代背景，反思佛教丛林对传统伦常观念，特别是君臣和朋友之伦的反思。他以高僧澹归今释为例，分析了其关于君臣、师友等伦常关系的思想，进而认为澹归借佛教的世界图景和修道境界，实现了对五伦的价值批判和最终消解，凸显了平等价值下的朋友之论，自具有其时代意义。③

此外，何怀宏的旧著《新纲常》再版，增订了几篇访谈和帮助理解此书要义的文章，体现了作者在现代社会伦理关系新考量下的深度思考，观点自成一家，读者可以加以关注。

二、基础范畴研究

对中国传统伦理思想史中包含的大量伦理概念和范畴的研究，亦是学界研究的主体内容之一。下面就选取较为基本的、学界论述较为集中的范畴，来介绍2021年度的研究成果。

（一）仁义

"仁"是儒家伦理思想中最核心的概念。2021年度对于"仁"的讨论，选取角度较为多样，诸多学者从"文明比较"、"孔老比较"、"易学"和"美德伦理"等不同侧面寻求对儒家之"仁"的把握。同时，在"仁"的词源考察、孔孟荀的仁学比较、宋明理学的仁学创新等相关重点问题和领域，也有力作涌现，值得关注。

在对孔子之仁的解读上，张广生意在通过"仁"来把握孔子和儒家在文明史上的地位与价值。他认为孔子将仁置于智德之上，并以感通人伦的仁德来辟通外在世界的礼乐，塑造了中国"政教相维"的"文明化成"传统，体现了"文明—国家"之间的良性互动。④ 陈晨捷、李琳重新考察了"仁"字的创制过程和含义的演变，认为其中体现了宗法制度的基

---

① 王青：《以天道明人事——扬雄对儒家伦理纲常的形而上学论证》，《天府新论》2021年第4期。
② 刘伟：《〈论语〉中的朋友观及其流衍》，载刘小枫主编《古典学研究》第7辑，华东师范大学出版社2021年版。
③ 孙国柱：《在君臣与师友之间——明清之际澹归今释的价值抉择》，《世界宗教研究》2021年第4期。
④ 张广生：《由仁即礼：孔子之道与中国"轴心时代突破"的特质》，《中国人民大学学报》2021年第3期。

本精神：一方面通过"爱"来增进血缘共同体意识，另一方面以"敬"来申明上下尊卑、远近亲疏。孔子对"仁"的新诠则一方面用"孝"来体现现世人伦的精神，另一方面用"爱人"定义仁，这在整体上体现了儒家的人文精神和人道思想。① 杨泽波认为儒家各派对"仁"的理解方式各有不同。孔孟之仁具有明显的先在性和逆觉性，荀子则未能把握仁的天生特性，因而只将仁看作善或道德的异名，未给予仁以本体的地位。后世对荀子的"大本已失"的批评，是有其根据的。②

一些学者寻求从不同角度把握"仁"思想的内涵。李煌明从"易"的视角把握"仁"的复杂意涵和演变过程。他认为仁在"易"中有"意、象、言"三层含义，整体体现着本体浑全流行的"生生"之义。而"义"是仁之感通，"礼"则是仁之事业。以"易"解"仁"可以帮助开解"仁"的内在结构，并对应着修养上的境界层级。③ 马越关注"仁"与"孝"的关系。孔子之前，"仁"与"孝"是各自独立的，而在孔子及其后学的体系中，孝是基于内在普遍道德性之仁而表现出的特殊之德，二者是普遍与特殊的关系。而近年来"仁孝悖论"的讨论，并未能正视先秦儒家在处理"仁""孝"关系时的真正措意。④ 张景、张海英关注老子孔子"仁"思想的异同，认为二人在赞美无任何个人功利诉求的"上仁""安仁"行为以及对仁的内涵认定上，都是一致的。而孔老的不同在于，孔子强调实践中"利仁"的社会意义，而老子则对"利仁"的弊端表示担忧。但在今天看来，孔子与老子的"仁"思想有互相补充的理论意义。⑤

在宋明理学的"仁"概念讨论中，张新国认为张载的"仁"论聚焦于这样一个问题：一个人应该培养什么样的品德才能成为一个好人。这显示了一种以美德论为中心而容纳道德情感与道德法则的规范论伦理学。而若以现代美德伦理学对之进行诠释，张载的"仁"体现了人的内在本性与共有的超越法则的贯通，具有极为丰富的理论意蕴。⑥

2021年度对"义"的概念辨析相对较少，值得关注的是陈乔见对孟子"义"的分析。他认为孟子对"义"价值的塑造具有重要的贡献。因为孟子对兄弟、君臣关系的重构是建立在其以"羞恶之心"来界说"义"的心性之学基础上。因此，孟子对"义"的判定标准

---

① 陈晨捷、李琳：《"仁"与祖先祭祀：论"仁"字古义及孔子对仁道之创发》，《东岳论丛》2021年第4期。
② 杨泽波：《先在性与逆觉性的缺失——儒家生生伦理学对荀子论仁的内在缺陷的分析》，《哲学研究》2021年第2期。
③ 李煌明：《儒家之"仁"的意象诠释——仁道的本体论建构》，《云南大学学报（社会科学版）》2021年第2期。
④ 马越：《先秦儒家仁孝关系再探》，《阴山学刊》2021年第1期。
⑤ 张景、张海英：《论老子孔子"仁"的同异》，《伦理学研究》2021年第1期。
⑥ 张新国：《张子仁论与美德伦理》，《人文杂志》2021年第12期。

始终关联着利益的考量，力求在个人生存、公私关系和国际关系等领域，贯彻道义的原则。①

（二）礼乐

"礼"和"乐"，前者构成中国古代伦理规范的主体内容，后者则是传统社会承担教化任务的重要载体，都极具中国特色，在中国传统伦理思想阐释中占据重要地位。但传统社会的瓦解使"礼""乐"失去了社会应用的根基土壤。此外，西方经典伦理学范式的冲击，也使"礼""乐"研究无法与现代伦理学科充分兼容。因此，"礼"和"乐"的伦理意义长期未能获得深入的研讨。近些年来，学界对"礼""乐"的研究逐渐重视起来。虽然在整体积累上依然薄弱，在研究范式上并不统一，但相关研究却呈现一种不落俗套、问题灵活、角度新颖的特色，颇具探索性和创新性。2021年度的"礼""乐"研究继续呈现繁荣态势，"礼"方面涉及出土文献、墨家礼论、礼法关系、宋明礼学、近代礼学等多个方面，新意十足。"乐"方面因文献匮乏，向来偏少，但也涌现出几篇值得关注的作品。

新书方面，有王晶的《先秦儒家礼教思想研究》（北京：中国社会科学出版社2021年版）。她认为先秦礼教从"礼以成圣""礼以安伦""礼以治世"等多方面构成了社会教化秩序的完备体系。同时她详细解读了孔孟荀的礼仁、礼心、礼法之教和"三礼"在礼仪、礼义、礼制上的三维一体结构，揭示了礼教的现实意义。

出土文献方面，台湾学者郭静云着重于出土文献《缁衣》中的第廿章（其基本上相当于《礼记·缁衣》版本之第廿二章）的分析，认为君臣间私行的恩惠这种方法不符合礼制国家的治理。因为只有符合礼制的公赐，才是遵守周礼的德政标准。② 这种讲法突破了今人在"礼"话语之下"公私"概念的传统理解，令人耳目一新。

在墨家礼论上，盖立涛认为墨家基于平民立场与功利原则，对周代礼制和儒家礼学进行了批判，建构起一个节用、节葬、非乐的"新礼学"。但墨家的"新礼学"忽视了人的情感诉求，削弱了礼的风俗教化作用，并未得到普遍的认同。③

在对具体礼仪的讨论中，郑静考察了"三年丧"之礼中"三年"所根据的社会和自然因由，以及其中蕴含的人文精神和教化意义。她的文章借鉴了汉学家的研究成果，论证角度多样，具有一定可读性。④ 张广生以"礼义"为核心，揭示了荀子政治伦理思想从理论基础、最终目标、规范体系到实现方法等多方面的理论系统，并肯定了礼义对儒家人伦社会建

---

① 陈乔见：《孟子"义"论：在心性中寻求普遍道义》，《国际儒学（中英文）》2021年第4期。
② 郭静云：《〈缁衣〉中儒家礼学的"德"概念》，《齐鲁学刊》2021年第1期。
③ 盖立涛：《礼的合理性的追问——墨家"新礼学"思想探赜》，《哲学分析》2021年第5期。
④ 郑静：《时间·过渡·伦理：三年丧的制礼依据及思想价值》，《浙江海洋大学学报（人文科学版）》2021年第3期。

构以及文明重建的意义。①

刘巍关注中华"以礼统法"的治体格局的形成过程,认为由周秦之际儒家"导德齐礼"与法家"重法任刑"两条路径,经过荀学"尊王贱霸"的过渡,形成了"汉改秦制"与"以礼统法"的局面。"三纲"的建立则为中国的"礼教"精神奠定了坚实的理论基础。②罗彩则认为汉末以降礼制走向空疏虚伪的趋向,直接逼显出魏晋玄学家以"自然"重构新礼教的思潮。郭象作为其中的集大成者,认为礼的形上基础来源于个体自性自生的结果,礼的教化应该依从于"安性守分"的原则,圣王应该在礼治过程中积极有为。③

在宋明礼学领域,刘丰试图对道学宗主周敦颐的礼学思想进行发掘。他认为周敦颐通过对《大易》的思考,提出"礼,理也"的礼学思想,将人的存在、人类社会的人伦秩序与宇宙万物的演化看作一体的,启动了宋代儒学复兴过程中礼学义理化的过程,激发了后来的理学家对礼作进一步本体论的证明。④张学炳认为张载的礼学具有重要的转型意义。张载以宗子之法、井田制度、祭祀之礼三个方面的礼学重构,向外突出了礼的功利作用,向内褪去情感色彩而突出理的意义,使传统的礼乐文化转向一种礼法制度。⑤孙德仁认为明代大儒吕柟突破了张载"礼本于天"的主张,认为"礼"的根源并不在形上本体之"天",而在于形下经验层面的创制,可谓一种去实体化的转向,而其背后的根源在于释理归气的新诠释进路。由此可见,吕柟的礼学是明代社会公共领域伦理规范重新建构的重要标志。⑥沈叶露指出朱熹礼学中有"礼者理也""缘情制礼"两大原则,认为朱熹在处理礼的道德绝对性与实践适用性时,自觉划分了"礼义"与"礼节"的区别,用"理一分殊"等思想促成了理和情二者在礼上的统一。⑦

在清代与近代的礼学研究领域,张攀利、殷慧关注清代《四库全书总目》中体现的礼学思想,认为其中具有"礼是郑学"、批评宋儒礼学的倾向,充分反映了乾隆时期的礼学观和学术转向。⑧刘增光关注乾嘉汉学在"礼让"问题上的新建构,认为其提出了以"让"

---

① 张广生:《"治治"之"礼义":荀子的儒学之道》,《孔子研究》2021年第5期。
② 刘巍:《以礼统法——晚周秦汉儒法竞合之归宿与中国政治文明精神之定格》,《齐鲁学刊》2021年第5期。
③ 罗彩:《郭象玄学的礼学特质》,《吉首大学学报(社会科学版)》2021年第2期。
④ 刘丰:《"吟风弄月"还是"得君行道"——周敦颐礼学思想新论》,《湖南大学学报(社会科学版)》2021年第6期。
⑤ 张学炳:《由礼乐到礼法——宋初理学转向中的张载礼法思想》,《中国政法大学学报》2021年第2期。
⑥ 孙德仁:《吕柟礼学的去实体化转向及其意义》,《人文杂志》2021年第12期。
⑦ 沈叶露:《"情""礼"之间:朱熹双重礼学观解析》,《中州学刊》2021年第7期。
⑧ 张攀利、殷慧:《论四库馆臣的礼学观及其学术史意义——基于汉、宋分野的视角》,《江海学刊》2021年第6期。

为核心的新四德等诸多观念，深刻揭示了理学天理论在道德修养、政治教化、经典解释等方面存在的理论和实践问题，并进行了全面的回应，展现了儒学义理与政治实践的一种新面向。[1] 邰喆关注近代礼学的发展，选取廖平的《伦理约编》，解析其中关于"礼"的原创性论述。他认为廖平从进化论和文明史的视角，创造从"奉一天"到"礼三本"的历时结构和文明发展历程，是近代文化保守主义的重要思想家。[2]

在"乐"的研究领域，桑东辉对《荀子·乐论》中音乐伦理的探索具有开拓意义。荀子的音乐伦理思想涵盖了音乐的内在本质、美学旨趣、教化功能、修养路径等几个方面，是对先秦儒家音乐伦理思想的综合与提升。从这也可以管窥先秦乐教思想的丰富与盛大。[3] 代云认为儒家的乐教与其对"情"的重视紧密相关。正是儒家人性论的差异导致情论的不同，而情论的不同则使儒家对乐教的重视和阐论产生区别。以生言性的经验主义人性论与以理言性的先验主义人性论，决定了荀孟在乐论上的根本差别。在先秦时期，前者是主流，后者是潜流。[4] 张盈盈认为嵇康的音乐审美对伦理具有建构作用，其独到之处在于抑制和引导相互结合的伦理人格塑造之法。嵇康关注人的自然本性，涉及对气质、意志、情感等多方面的伦理修养和规范建构。因此，嵇康无疑是中国传统乐教的一个重要人物。[5]

（三）忠恕

"忠""恕"是一对内涵较为丰富的概念。于超艺认为在《公羊传》及董仲舒与何休的诠释中，具体彰显了"恕"道适用的具体伦理与政治情境，以及在具体情境下如何考虑"恕"与其他原则之间的张力。"恕"在汉代具体表现为对别人恶行与过失的宽宥，体现的是尊重善恶评判基础上灵活的、顺人情的处置方略，以及儒家一贯的将心比心和宽柔态度。[6] 张义生回顾了"忠恕"的思想内涵和应用发展历史，认为"忠恕"在现代社会的转型应突破单向度的义务理解，而尊重平等的理念，并将其贯穿于实践之中。[7] 孙忠厚认为理解曾子"恕"道的钥匙，是"仁以为己任"一句。这反映了曾子"士志于道""为仁由己"的理想人格和德性践履。同时忠恕与行孝，则正是曾子落实"仁以为己任"的关键层面。[8]

---

[1] 刘增光：《礼让：乾嘉汉学的新建构》，《中国哲学史》2021年第5期。
[2] 邰喆：《"进化之理，文明之要，以礼为本"——廖平的"礼三本"文明进化论兼及对康有为"人为天生"说的商榷》，《孔子研究》2021年第4期。
[3] 桑东辉：《〈荀子·乐论〉的音乐伦理思想体系探赜》，《道德与文明》2021年第2期。
[4] 代云：《重情则重乐——兼论先秦儒家乐教与人性论的关系》，《中州学刊》2021年第9期。
[5] 张盈盈：《嵇康音乐审美与伦理人格的构建》，《江淮论坛》2021年第1期。
[6] 于超艺：《从董仲舒与何休的诠释看〈公羊传〉的恕道》，《衡水学院学报》2021年第5期。
[7] 张义生：《儒家思想的开展——以"忠恕"转型为中心的思考》，《黑龙江社会科学》2021年第5期。
[8] 孙忠厚：《忠恕与行孝：曾子"仁以为己任"发微》，《湖北工程学院学报》2021年第4期。

（四）勇

2021年度对"勇"的讨论出现三篇值得关注的论文。王晶认为孟子之"勇"以是否服从道德律令而有大小之别，以应用对象不同而分"道义之勇"与"成己之勇"。孟子之勇是根于"心"的，是主体心性之德的显现，使个体在履行道德行为时可以摆脱对现实功利的追求，在心理镜像中形成某种独立自足的强大力量。① 曾振宇、王晶则系统分析了荀子之"勇"的内涵和作用。荀子的特别之处在于强调"礼法"对于"勇"的指导意义和促进作用，并通过一套以"仁之为守，义之为行"为核心的道德形而上学，来解释"勇"的精神依托和内在动力。② 赵金刚认为儒家的"浩然之气"的重要表现就是"道德勇气"。而通过对孟子和朱子的诠释，可以看到浩气在"勇"的向度对治道德上知行不一、道德冷漠等问题上的重要作用。因此，今日社会所呼唤的有"道德勇气"的道德主体，需要一身浩气。③

（五）其他

付粉鸽认为"敬"在孔子看来，是谋事行事的关键德性。敬既是对待鬼神等不可知不可控之物时的畏惧之情，更是面向求仁为礼执政等生活世界的可知可行之事时的端肃态度。在具体的行事中，需要以"敬"思"事"、以"敬"谋"事"、以"敬"执"事"、以"敬"成"事"。④ 张文瀚则认为"敬"在荀子则是强调个体存在与自我价值的重要品质，渗透于荀子所建构的道德伦理体系的各个层面。他从荀子思想中的天道、人性修养、政治实践等方面对"敬"的论述是较为系统和全面的。⑤

张磊则关注了学界论述较少的"忍"，认为"忍"在儒道伦理实践过程中表现出一定的共通性，即"忍"是内心肯定下的否定性调控，是自我不断加强自我控制的过程，可以分为区隔、胜出和自如三个阶段。⑥

"权"是儒家提出行为主体解决价值冲突或伦理两难问题的重要概念之一。刘晓婷、黄朴民聚焦于"经权"问题，认为儒家整体存在汉、宋两条处理"经权"的理论路径。"权"的根本问题应当是：在生活实践中，道德的灵活性与道德的秩序性如何兼容。⑦ 彭鹏则关注

---

① 王晶：《"大勇"与"小勇"：孟子"勇"观念的哲学分析》，《孔子研究》2021年第2期。
② 曾振宇、王晶：《"仁义之勇"与"血气之勇"：荀子对儒家勇观念的诠释》，《安徽大学学报（哲学社会科学版）》2021年第1期。
③ 赵金刚：《朱熹浩然之气、道德认知与道德勇气述论》，《伦理学研究》2021年第2期。
④ 付粉鸽：《思敬严行敬笃：孔子"事"观的道德取向考察》，《学海》2021年第4期。
⑤ 张文瀚：《论荀子思想体系中的"敬"观念》，《河南师范大学学报（哲学社会科学版）》2021年第4期。
⑥ 张磊：《从"忍"的视角论儒、道伦理实践的共通性》，《同济大学学报（社会科学版）》2021年第1期。
⑦ 刘晓婷、黄朴民：《儒家"权"论的两种路径——兼论汉宋"经权"观的内在一致性》，《管子学刊》2021年第1期。

了程颐的经权思想，认为其在"尊王"思想的治道下，明确反对"反经合道为权"的观点，从而回归经典，提出"权亦是经也"的观点。但程颐的经权思想回避了《论语》和《孟子》中的行权事例，因而也存在理论缺陷。①

此外，邓力聚焦于"节"这一德目。他从价值哲学的角度，具体分析了士人之"节"德、穷达之"节"德和正义之"节"德，并对"节"德的现代转化与重新建构作出了诸多反思。②

---

① 彭鹏：《北宋〈春秋〉学"尊王"思潮下的程颐经权思想探析》，《浙江社会科学》2021 年第 11 期。
② 邓立：《儒家传统"节"德的价值向度论析》，《伦理学研究》2021 年第 3 期。

2021年中国伦理思想与现代问题研究报告

李艳平[*]

要推进中国传统伦理思想创造性转化与创新性发展,学界就不得不回应如何消解自身存在的矛盾以及其在解决现代问题中发挥什么作用的问题。2021年,学者们以中国伦理思想为武器,对社会各个领域中的现实问题进行了有力的反思与解读,主要集中在家庭伦理、政治伦理、乡村伦理、道德教育与道德修养、生命伦理、生态伦理和经济伦理等领域。

一、家庭伦理

家庭是社会结构中基本的单元与细胞,对于个体、社会与国家的发展具有十分重要的作用。家庭伦理是调整家庭成员关系的行为规范或准则,是社会伦理道德的组成部分。2021年国内学者对家庭伦理仍十分关注,主要涉及孝道、儒家与女性、家风家训以及其他。

(一)孝道

孝文化是中国传统文化特有现象,是儒家文化的起点。在家庭伦理规范中,孝是最基本的行为规范与价值导向。除关注孝含义与地位、具体人物的孝理论外,2021年国内学者着力讨论挖掘传统孝道的现代意义。

在儒家孝道面临的困境与现代意义的讨论中,杨杰认为孝道理论与实践有三种类型的道德困境,儒家试图对其进行消解。第一种是孝道与其他道德观念发生冲突,儒家主张权衡轻重;第二种是父母发生冲突时,子女一方在礼节与情感上的无从选择;第三种是孝道理念自身在生活实践中遇到的道德困境,儒家主张要通权达变。这些孝道困境及其解决尝试背后蕴含的血缘、情感、利益三者之间的张力,彰显了儒家道德伦理的人道精神与实践智慧。[①] 郭清香讨论了近代非孝论者的论点以及现代儒者对其批判的反驳。她认为双方的论争为当代讨论孝道问题提供了有益的启示:第一,个人德性之孝的重要作用可由家庭推扩向国家、社会;第二,孝的义务一定要建构在情感基础上;第三,孝可起到实现人生终极价值和不朽意

---

[*] 李艳平,1990年生,河南开封人,中国人民大学哲学院伦理学博士研究生,研究方向为中国传统伦理思想史。

① 杨杰:《儒家孝道困境的三种类型及其解决》,《江海学刊》2021年第4期。

义的作用。① 肖群忠也充分肯定了孝的意义与定位，并认为孝道应回归家庭子德的地位，在此基础上，孝在当代社会仍然能发挥其在家庭领域、社会基层社区以及培养中国人道德责任感等方面的重要价值。② 陈赟则认为韦伯将儒家孝道视为一种身份伦理或官僚哲学，是一种世俗化伦理，这一基本出发点就是错误的。同时韦伯关于儒家孝道的认识是基于现代性的西方文明起源的问题意识，在西方文明的他者中寻求旁证，未着眼于中国传统理论语境，从而未得儒家孝道之真义。③ 孙妮妮从南宋士阶层对儒家孝道的接受与践行的角度出发，着重考察其对父子关系处理方式，揭示其对价值观的弘扬与道德认同的方式的启发意义。④ 刘伯山、赵懿梅探讨了徽州人分家过程中务实地践行"孝"的理念。徽州人践行"孝"的理念主要体现在事亲、敬宗和有后等方面。他们将孝理念落到经济利益和日常生活的实处，并形成惯例，而这为今天的家庭伦理建设以及应对老龄化社会很有启发意义。⑤

在具体人物孝理论研究中，孔祥安讨论了孔子孝观念的要求与孝观念产生的内在逻辑。孔子的孝观念将赡养、孝敬、谏诤、承志等作为内涵要求，将"养心"作为子女尽孝的精神实质。同时把子女对父母的"亲爱"推到社会的"仁爱"，贯通了从孝到仁的内在理路，指明了个体道德自觉和境界提升的实践路向，从而探索出一条建构仁爱社会的途径。因此，科学辩证地认识孔子的孝观念，具有重要的现实借鉴意义。⑥ 冯兵则对朱子孝理论展开了探讨。他认为朱熹以"理—气"结构论证孝的合法性，以"理—礼"结构确定礼为孝的运行机制，由权而"得中"为孝的实践原则，并基于孝悌为"行仁之始"的理解，从心性与政治两个层面总结了孝的意义。朱熹的孝论体现出了兼该体用、会通公私领域的特点，并不是后世愚忠愚孝思想的理论来源。而"经由现代性的洗礼"，在当前的中国社会重建新的孝伦理体系，仍是一项重要和迫切的工作。⑦ 在冯兵与张晓丹合作的另一篇论文中，他们分析了朱子围绕《论语》关于"无违"的讨论，指出"无违"不仅是儒家"孝"得以实现的方法论基础，更体现出独有的实践智慧。⑧

关于孝的内涵与地位的研究，周飞舟认为中国传统社会结构的基础是"一体本位"而

---

① 郭清香：《近代非孝论争再审视》，《船山学刊》2021年第2期。
② 肖群忠：《传统孝道的百年境遇与当代价值》，《船山学刊》2021年第2期。
③ 陈赟：《儒家孝道伦理与超越性问题——重思马克斯·韦伯关于儒家孝道的论述》，《道德与文明》2021年第3期。
④ 孙妮妮：《孝与道：南宋诸儒对父子关系的典范书写》，《江汉论坛》2021年第8期。
⑤ 刘伯山、赵懿梅：《从分家阄书看明清以来徽州乡村"孝"的伦理实践》，《江淮论坛》2021年第1期。
⑥ 孔祥安：《孔子的孝观念及其内在理路》，《理论探索》2021年第6期。
⑦ 冯兵：《朱子论"孝"》，《哲学研究》2021年第1期。
⑧ 冯兵、张晓丹：《"无违"：儒家孝论的实践智慧——以朱熹为中心的探究》，《社会科学战线》2021年第10期。

非"个体本位"。"一本"和"一体"的社会意识构成了以"孝"为本的社会伦理体系，与家国同构的社会结构相互呼应。在这种社会结构下，孝并非一种私德，而是一种具有基础作用的"公德"，即孝是众德之本，一个真正的孝子也会是一个忠臣。[1] 马越着眼于先秦仁孝关系发展，祖述孝的含义与地位。他认为在孔子以前，"仁"与"孝"作为具体德目分别出现；在孔子及其后学的思想体系中，"仁"更多地体现为一种内在普遍道德性，"孝"则是一种伦理层面上的特殊。所以孝只是践仁的起点，而非全部。换言之，"孝"始终以"仁"为基础，被"仁"所统摄。因此，从属于"孝"概念下的"血亲伦理"绝不可能是儒家的唯一本根，真正的本根乃是天赋良善之普遍四端心性。[2]

（二）儒家与女性

2021年国内学者关于中国传统伦理学中的女性观讨论虽少但主题明确，主要集中于儒家与女性关系问题，探讨当代女性的地位与作用。

关于儒学与女性主义的关系研究，彭华通过对儒家女性观的考察，认为儒学一方面可以参照女性主义来研究、省思并去除自身歧视女性的成分；另一方面可以汲取女性主义的某些理论成果来拓展、完善自身的合理成分，以容纳性别平等思想，实现儒学女性观在当代的创造性转化。[3] 王晓辉不仅对儒家女性观与当代女性价值观冲突进行了分析，而且对儒家女性观的争论进行了省思。他认为必须扬弃儒家女性观自身内容，批判男尊女卑的本体论与宇宙生成论的解释，从而不仅在道德层面上肯定对妻子的敬重、对母性的肯定，而且在实践上应对"妇德"合理弘扬，使其转变为主动、平等、自主和独立为特征的现代文明型。[4]

关于具体意象物与女性的关系方面，袁晓晶讨论酒与女性的关系，认为其折射出儒家女性特殊化的伦理规范。首先，"饮酒"作为一种行为，不仅充斥着仪式性，同时也表现为一种具有权力象征的政治实践。饮酒是一种"被允许"的行为，女性在酒的场域中更多表现为一种"被塑造"的性别特征。其次，女性与酒的同时出现，就仿佛预示着某种可见的道德或政治危机即将出现，即女性与酒之间的紧张张力，这是切入儒家文化中女性道德特殊化的另一个有力例证。最后，在女性与酒的共同出场过程中，可以发现"女性"与"酒"之间存在着某些微妙的相似性。在被允许的前提之下，"酒"和"女性"的共同出场大部分是在"私"的领域之中。在"私"的领域之下，道德的规训显得更为具体和明晰，它不同于公共生活领域中带有某种"仁义"的普遍性价值，而是通过"怨恶"这种私人化的情感判

---

[1] 周飞舟：《一本与一体：中国社会理论的基础》，《社会》2021年第4期。
[2] 马越：《先秦儒家仁孝关系再探》，《阴山学刊》2021年第1期。
[3] 彭华：《儒学开展的女性主义向度》，《黑龙江社会科学》2021年第5期。
[4] 王晓辉：《新时代儒家女性观的涅槃重生》，《时代人物》2021年第34期。

断来进行评判的。① 李桂梅、柳柳讨论性与女性道德观的问题。他们以近代知识分子对封建性道德的批判为切入点,批判封建性道德对人性的压抑和扭曲,高扬健全人性尤其是人的自然性,认为人的性欲是人的自然性的一部分,性欲的实现具有合理性和正当性,主张性的自然,就如同人的其他生理欲望是自然的一样,应回归人性的自然。与此同时,近代知识分子将女性视为"人",发现了女性之"性",又彰显了女性的"人"的地位。②

(三)家风家训

2021 年学界对家风家训讨论不少,但主要集中在政治与思想政治教育专业领域,这里不再论述,现仅从伦理学角度讨论家风家训的文献研究状况。

在家训文化与理念的研究中,江雪莲考察了中国家训文化起源、确立与成文、衍化与传播的过程,认为"家"不仅限于狭义的亲缘组织,事实上已包括了"扩大的亲缘组织"。"训"则已不限于狭义的家庭教育,实际上已成为涵括广阔生活和职业领域的大教育和大文化,成为古人的一种社会化教育范式、社会文化类型和社会治理形式,具有现代社会单一家庭教育或学校教育、社会管理无可比拟的包容性和多维性。③ 陈姝瑾、陈延斌从积极因素与消极因素综合分析了中国传统家教(家训)的主要内容。他们认为传统家训教化具有感化与规约的统一、"型家"与"范世"的统一、晓喻与示范的统一等鲜明特色。因此,应本着承故拓新、古为今用的原则取优汰劣,扬弃传统家训教化的思想理念继承与发展中国家训文化。④

在家训内容的研究中,叶达强调子女德性教育为传统家训重要内容,具有明理与成人的德性期待,这对于当前子女教育具有借鉴意义。⑤ 鞠明库、邵倩倩认为清家训以其特殊的教育宗旨、教育方式和传播手段,在训教子孙行善修身、守业齐家的同时,寓灾教于家教之中,客观上承担了部分灾害教育的功能。⑥ 姜玉峰探讨了家训中的德政教育。他认为帝王、仕宦家训中的政德思想集中体现为君德、臣德、官德三个方面,而批判继承帝王、仕宦家训中的政德思想精华,是新时代开展领导干部政德教育的题中应有之义,也是坚定文化自信的重要途径。⑦

---

① 袁晓晶:《女性与酒——对儒家思想中女性伦理特殊化的观察》,《贵州大学学报(社会科学版)》2021 年第 6 期。
② 李桂梅、柳柳:《论近代中国知识分子性道德观的建构》,《伦理学研究》2021 年第 5 期。
③ 江雪莲:《中国家训文化源流论略》,《东南大学学报(哲学社会科学版)》2021 年第 1 期。
④ 陈姝瑾、陈延斌:《中国传统家训教化理念、特色及其时代价值》,《中州学刊》2021 年第 2 期。
⑤ 叶达:《望子成人:传统教训的德性期待》,《济南大学学报(社会科学版)》2021 年第 2 期。
⑥ 鞠明库、邵倩倩:《灾训齐家:明清家训中的灾害教育》,《江西社会科学》2021 年第 9 期。
⑦ 姜玉峰:《论传统家训政德思想的基本内涵——以帝王、仕宦家训为研究对象》,《浙江师范大学学报(社会科学版)》2021 年第 2 期。

在具体人物家训文本研究中,汤敏围绕《莫太夫人家训》中体现女无外事与夫人立训、不托空言与吾儒风味、提厮子孙与乡里楷式等相关内容,进而指出家训以现实关怀为底色,用儒家礼法教化子弟,规范家族伦理秩序,从而发挥其为世风薰化之补的重要作用。① 张迎春依托司马光家训主要文本,认为其家训中的美德教育内容以"治家莫如礼"为核心,极具教育特色,所以应挖掘其对当代家庭、社会与国家美德教育的意义。② 赵逵夫、王希则对崔氏家族的家训进行了探讨。崔氏家训以儒学为中心,而兼顾百家,在政治上维护国家统一,为官勤政爱民、清正廉洁;在家庭中恪守孝道、兄弟和睦,对亲友仗义执言,对邻里乐善好施。同时每一代都以读书明理为务,且有著作传世,这对后世产生了深远的影响。③ 此外,贾秀梅探讨了司马光家训源流、内容合理性以及历史局限性。④

(四)其他

在夫妇伦理的讨论中,潘忠伟考证了"夫妇为兄弟"的文献渊源,认为此说是对北朝时期现实的回应与调整。⑤ 刘青衢探讨了《诗》教视域下的夫妇伦理的特点。一方面,这是在男女对等的基础上强调两性和合,要求夫妇相保、相辅相成,并不偏重于男女某一方面的责任,这与后世异化了的男尊女卑、夫权独大颇为不同。另一方面,主张夫妇提高自身的德性涵养,适当克制私欲,遵守婚姻之礼,实现伦理境界的升华。⑥

在五伦思想的讨论中,延玥探讨了五伦思想对现代道德生活的合理性价值。她通过辨析孟子"不忍人之心"赋予人伦关系道德性与价值性、荀子论礼以及周敦颐明确礼与五伦的关系,论述了五伦与礼的内在价值性。同时指出,五伦总结了人的伦理关系和角色定位,明确了人应怎样扮演好这个角色,依此建立起伦理关系的结构模式比礼学更加接地气。⑦

二、政治伦理

政治是中国传统伦理思想重要的应用领域之一。基于丰富的中国传统资源和现代政治伦理建设的需要,2021年国内学者对政治伦理的研究大体可以分为政治合法性来源问题、政

---

① 汤敏:《论〈莫太夫人家训〉的儒学特色与传播》,《浙江社会科学》2021年第3期。
② 张迎春:《司马光家庭美德教育思想研究——以司马光家训为中心的考察》,《史志学刊》2021年第1期。
③ 赵逵夫、王希:《论汉代安平崔氏家族的学风与家风》,《江西社会科学》2021年第8期。
④ 贾秀梅:《解构与传承:司马光家风家训及其当代价值》,《中北大学学报(社会科学版)》2021年第4期。
⑤ 潘忠伟:《重情与非情:〈毛诗正义〉的"夫妇为兄弟"说》,《四川师范大学学报(社会科学版)》2021年第1期。
⑥ 刘青衢:《儒家〈诗〉教视域下的夫妇之道》,《天府新论》2021年第4期。
⑦ 延玥:《关系与价值:五伦思想对现代道德生活的指引》,《黑龙江社会科学》2021年第5期。

治制度伦理、政治治理伦理和政治主体伦理四个方面。

（一）政治合法性来源问题

在政治伦理讨论中，政权建立和运行的基本价值理念及其来源、合法性问题是重要议题。针对政治合法性来源问题，主要形成了"法天""法先王""民本"等三种不同内涵且彼此关联的解释模式，这也是现代中国政治伦理的研究中心。

1. 法天

天是中国传统政治伦理思想中最基础也是最核心的概念。方朝晖认为"天"有自然义、主宰义、法则义和道德义四种内涵。由"天"的观念发展出了"天下原理"以及道义、王道等文明理念。在此基础上，儒家治道表现出治人主义、统合主义和心理主义等特色。① 黄玉顺认为孟子继承了孔子"外在超越"的神圣之天，用以"规训权力"。同时孟子以"天爵"、"天吏"和"王者师"等思想来建构代表上天的规训者，实现相对于权力的价值优越性。此外，他也对规训者先天和后天资质进行了讨论，从而说明孟子天观念在天人、人性问题上展开。② 宫志翀认为在战国至两汉有重要发展的"人为天生"说，延伸出一系列具有政治哲学属性的意涵：首先是回答了人的存在意义问题，其次是表达了人性平等的信念，最后是重构了天子观念。而后"人为天生"学说发展成一种以"法天"为宗旨的仁政理想。③

2. 法先王

先王与先王之道是儒家基本政治价值建构中的核心话语之一。关于"法先王"的历史发展，张自慧认为儒家"法先王"的思想长期受到抨击与批判，这是不客观的现象。从伦理角度看，"法先王"是对典籍传说中的"先王之德""先王之道"的伦理性的萃取、凝练和形塑，是一种阐旧邦以开新命的政治实践智慧。此外，"法先王"思想同样起到了政治批判功能，体现了儒家的理想主义追求，是中国传统政治的灵魂。④ 孙伟认为儒家基于道德中心主义设计了理想的政制系统——王道。与古希腊哲人一样，这种设计都充满道德悲悯情怀。但在现实的政治实践上，王道政治有其局限，需要通过"霸政"才可能得以实现。⑤ 陈徽关注《洪范》中的"王道"思想，认为其中"建用皇极"的理解直接反映了"王道"中正无偏之旨，又体现了君臣之别与尊君之义。此后，儒家自觉地继承了本畴的王与王道的思

---

① 方朝晖：《儒家治道：预设与原理》，《衡水学院学报》2021年第6期。
② 黄玉顺：《天吏：孟子的超越观念及其政治关切——孟子思想的系统还原》，《文史哲》2021年第3期。
③ 宫志翀：《战国两汉"人为天生"学说的政治哲学意蕴》，《哲学研究》2021年第1期。
④ 张自慧：《先秦儒家"法先王"的伦理之维》，《伦理学研究》2021年第2期。
⑤ 孙伟：《"王"与"霸"——早期儒家与古希腊政制观之比较》，《江南大学学报（人文社会科学版）》2021年第4期。

想，提出了关于君德的圣、王合一论。①

在"王"与"道""德"的关系问题上，李洪卫关注儒家的"道—王"关系，认为孟子明确指出了二者之间的张力，荀子和董仲舒则将王与师结合，开启了王与后王一体并对现实的新的儒家王道给予肯定。此后，中国传统社会后期的理势之争构成早期道、王之辨的延续。②樊智宁认为儒家的圣王概念定型于宋代。因为宋代儒学一方面承认圣王的基本概念是"德性至善"，主张圣王可至；另一方面则又保留了圣王感通天地的神秘主义作用，具有一定的政治神学的特征。③

3. 民本

"民本"思想是具有普遍伦理意义的政治理念。通过"民本"思想，在政治伦理领域可以有效建立起传统与现代的价值关联。张分田反思了近代以来中国现代学术界的"民本思想"研究，认为传统理解对"民本"概念的定义存在逻辑缺陷。由于没有看到民本思想是君主制度的伴生政治思想，进而使整个中国学术界步入了误区，从而误导了全国人民的历史认识。因此，必须客观、全面、准确地认识和评说中国古代统治思想及帝王观念和民本思想。④王锐指出，嵇文甫从马克思主义的立场反思中国传统民本思想，通过对民本思想产生的社会历史根源进行剖析，进而揭示了相关政治言说的具体诉求。文章认为，嵇文甫的研究贯彻了历史唯物主义的方法，对今天的研究依然有重要的借鉴意义。⑤

（二）政治制度伦理

2021年国内学者对政治制度伦理的讨论主要集中于大一统、公天下和一些具体制度的分析。

1. 大一统

关于"大一统"的整体性把握问题，晁天义通过对"大一统"思想的历时性阐释，认为"大一统"的本义与引申义内涵不同，其转变表现了不同历史时期的政治诉求和理念辩证。元代及晚清以来关于"大一统"的探讨，逐步促其成为证明中华民族具有国家统一悠久传统和历史依据的标识性概念。⑥

---

① 陈徽：《〈尚书·洪范〉的道统观和王道思想》，《中州学刊》2021年第1期。
② 李洪卫：《早期儒家思想之道、王关系的变迁——从传统政治文化的"阴阳结构"论起》，《齐鲁学刊》2021年第2期。
③ 樊智宁：《论儒家圣王的概念及其流变——从先秦儒学至程朱理学》，《学术探索》2021年第8期。
④ 张分田：《"民本思想"研究的鉴戒和启示——关于构建逻辑自洽的学术概念体系的思考》，《天津师范大学学报（社会科学版）》2021年第4期。
⑤ 王锐：《马克思主义视域下的儒家民本思想——以嵇文甫为中心的探讨》，《福建论坛（人文社会科学版）》2021年第2期。
⑥ 晁天义：《"大一统"含义流变的历史阐释》，《陕西师范大学学报（哲学社会科学版）》2021年第3期。

关于大一统主题下具体人物思想的阐释讨论中，张松认为荀子思想中表现出法家因素，具有推动集权化统一国家建立的意图。但荀子并非着眼于政治运作和制度设计的问题，而是关注道德与礼制对统一国家的建设作用。这使其注定与法家的法治精神对立。然而从国家政治的自发性考虑，荀子的思想则难以提供真正有效的影响。① 干春松认为董仲舒的"天命""天道""元"等观念，促成了"大一统"政治原理和政治格局的形成。② 张晚林关注宋代的"正统"说，认为欧阳修是第一个自觉地对正统问题进行专门阐发的人。欧阳修认为传统的王者大一统思想是一种政治价值，不是历史事实，并提出"以德不足而据其迹论正统"的思想。这引起了后世长期的正统论之辩，牵扯出价值之"正"与现实之"统"的矛盾与张力。③

2. 公天下

关于"公天下"的理论建构与近代革新问题，段江波、张厉冰考察了中国古代以"公"为核心价值的政治伦理建构，认为由"天之公"确立了公的基础价值地位，由"公心"完成了伦理动机论证，由"公道"形成了治政行为的伦理准则，由"公制"建构了政治统治的制度伦理。④ 陈涛认为传统"公天下"理念在康有为处获得了激活。在《大同书》中，康有为通过拆解仁与孝的连带，把儒家在公天下与家天下之间所构建的统一拆解了。因此，康有为依靠公天下理念建构新的政治和社会制度，与历史中既有的国家和家族形态切割，具有激进的政治改革特征。⑤

家国关系是公天下思想中的重要问题。刘九勇认为传统的"家国同构"说失之笼统，历史上家国观呈现三个层次：一是西周春秋时期，家是宗法贵族之家，国是宗法封建之国；二是战国后家国分离，集权国家超然于私家之上；三是儒家的理想层面，儒家追求大共同体主义的"天下一家"。⑥ 赵炎认为中国古代的礼乐政治规则是先验性的，有公私一德、家国一体的特征，这使得个人成德、齐家与治国紧密关联。虽然这种理路使中国古代更强调治理者自身的学以成德以及由此对制度的灵活运用，但是更多的自主权也给了徇情枉法以可乘之机。⑦

---

① 张松：《荀子、法家与集权化统一国家的形成——荀子思想中的法家因素及其政治学实质》，《孔子研究》2021年第5期。
② 干春松：《从天道普遍性来建构大一统秩序的政治原则——董仲舒"天"观念疏解》，《哲学动态》2021年第1期。
③ 张晚林：《北宋中期正统论之辩及其牵涉到的儒家政治哲学问题》，《孔学堂》2021年第2期。
④ 段江波、张厉冰：《公心、公道与公制：传统中国以"公"为核心价值的政治伦理模式探析》，《社会科学研究》2021年第4期。
⑤ 陈涛：《中国近代思想中的"公天下"：以康有为著述为中心》，《广东社会科学》2021年第2期。
⑥ 刘九勇：《儒家家国观的三个层次》，《哲学研究》2021年第6期。
⑦ 赵炎：《儒家公私一德与家国一体的形而上学基础——从中西之争而非古今之变的角度看》，《文史哲》2021年第1期。

3. 具体制度分析

在一些具体政治制度的伦理解读上，盛珂分析了黄宗羲提出的"学校"制度，认为黄宗羲突破了传统理学在道德领域之内寻求解决政治问题的思路，通过新的方式，即制度的建构来尝试实现儒家美好的政治理想。由于"学校"制度赋予士人集团以独立性，同时也排斥民众参与政治，因此，黄宗羲的思想并不是现代民主的开端，而是传统儒家思想在处理国家政治问题上最富于创造性的探索。① 邹啸宇关注古代政权转移制度，认为上博简为我们展示了早期儒家本于仁道的政权转移思想——天命、民意与为政者的贤德贤能相互涵摄、相互作用，共同为政权的合法性奠基。他通过对禅让、世袭、革命这三大模式的分析，指出若以仁政观之，只有主张"尚德让贤"的禅让制才是可圆满实现仁道的理想政权模式。② 马飞、黄晗关注梁漱溟的乡农学校和乡学村学组织，认为其是一种寓政于教、政教合一的组织，体现了梁漱溟基于传统乡约和现实需要来更新礼俗的设计理念。但由于梁漱溟的政治构想缺乏更大的政治系统的支撑，内部设计也有缺陷，因此未能有效实现。③

（三）政治治理伦理

2021年，学界的政治治理伦理研究主要集中在"德治"、"人治"、"法治"与"礼治"的讨论。学者们在传统文本选取上有所扩宽，在核心问题意识上则继续贯彻了中国政治治理现代化的现实诉求。

1. 德治与人治

在传统"德治"与"人治"内涵和体系结构问题的分析上，黄兰兰、杨桂森认为中国传统实行"德政民主、贤能政治"的社会治理模式，不仅是基于人的道德权利而导出人的政治权利的方式完成的，而且也是天道、人道与公道的有机统一。在中国德治模式下，奉行敬天是立政之本、道义是施政之魂、安民是行政之基、强国是执政之纲。④ 刘余莉、张超认为《群书治要》体现了儒家圣贤政治的逻辑规律，即以道为体，以仁政为相，以修身为本，以教学为先、爱民而安、好士而荣为径，以明明德、亲民、止于至善为归，其效用是实现家齐、国治、天下平。⑤ 王格认为黄宗羲思想中并无"人治"与"法治"之争，而是力求论证"法"在任何社会政体中具有比"人"更重要和更根本的作用。因此，黄宗羲力求通过变革"法"来实现政治的改善。而在"治人"方面，则认为应在"群工"的社会分职结构

---

① 盛珂：《由〈明夷待访录·学校〉篇看儒家政治哲学的内在可能性》，《哲学动态》2021年第9期。
② 邹啸宇：《论早期儒家对政权转移问题的仁学阐释——基于上博简儒家文献的考察》，《伦理学研究》2021年第5期。
③ 马飞、黄晗：《梁漱溟的新礼俗思想：一种儒家式现代化治理模式》，《哈尔滨工业大学学报（社会科学版）》2021年第6期。
④ 黄兰兰、杨桂森：《中西方政治哲学的起点分析》，《江西社会科学》2021年第5期。
⑤ 刘余莉、张超：《从〈群书治要〉治道思想论儒家圣贤政治体系》，《孔子研究》2021年第4期。

中明确君臣上下，特别是区别君臣与父子。①

2. 礼治与法治

关于"礼治"的逻辑构成及原则体系问题，贾海鹏关注《晏子春秋》的相关回答，认为《晏子春秋》对礼治的合理性论证，体现在人禽之辨和礼治的社会效用上；对礼的原则论证，可以归纳为对等原则、崇实原则，表现出晏子开明的君臣思想和进步的历史观念。②杨慧、吕哲臻认为，孔子"礼治"思想建立在以"仁"为核心的情感结构之上，并体现在个人、家庭与社会三个层面，具有有效的治理效力。这在现代乡村治理的工作中同样具有应用前景，即可以促进建立适宜于群众的情感空间和参与机制。③刘巍从先秦儒家与法家的礼法之争论起，延及两汉的政治思想变革，重新厘定包括《荀子》《刑法志》《礼乐志》《白虎通》等文献中的礼法思想。在此基础上，他指出中国政治文明的传统精神，应该是"以礼统法"，而非一般的"儒法合流"等说法。④

3. 其他

刘志伟、李小白归纳了子产的治理思想。子产思想以"礼"为体，以"术"为用，因时设政而追求天下平治，不仅具有重要典范作用，而且具有"轴心时代"人文觉醒的特质。与此同时，其思想脉络既直追三代，又为孔子等儒家学派思想开导先路，具有重要的过渡意义。⑤王伟进则站在中国治理现代化的立场上，反思传统中国社会的治理。他指出中国古代社会治理以尊礼崇法构建社会规范，以民本思想保障民生，以教化思想引导人格养成，以孝悌作为社会治理的根本，对我国社会治理现代化具有重要的启示作用。⑥

（四）政治主体伦理

2021年，学界对政治主体伦理的讨论，主要集中于官德、君道、臣道等方面。君道、臣道相关研究则集中于"德位"问题、君臣关系、君臣职分规范等方面。

1. 官德

在传统官德的讨论中，刘单平认为孟子的官德体现在两个方面：仁是官德的核心内容，义、礼、智是官德的有机组成部分。⑦陈钟琪关注中国传统官德的考察制度。她认为传统官

---

① 王格：《黄宗羲论"治法"与"治人"》，《哲学动态》2021年第9期。
② 贾海鹏：《崇实尚简：〈晏子春秋〉礼治思想探析》，《殷都学刊》2021年第1期。
③ 杨慧、吕哲臻：《融情于礼：孔子"礼治"思想对乡村情感治理的启示》，《中国农业大学学报（社会科学版）》2021年第6期。
④ 刘巍：《以礼统法——晚周秦汉儒法竞合之归宿与中国政治文明精神之定格》，《齐鲁学刊》2021年第5期。
⑤ 刘志伟、李小白：《子产之道、术与原始儒家精神》，《中州学刊》2021年第2期。
⑥ 王伟进：《儒家社会治理思想及其当下意义》，《江淮论坛》2021年第2期。
⑦ 刘单平：《孟子的官德思想及当代启示》，《潍坊学院学报》2021年第3期。

德考察制度具有制度化、标准化和对象扩大化等特征,对当代官德考察制度具有重要的启示作用。①

在官德的哲学解读和价值分析上,王岩、李义在政治道德的整体层级的考辨基础上,指出官员官德是政治美德的微观呈现。首先,官德以廉洁为首要目标;其次,官德以勤政为民为目标追求;最后,官德呈现了官德的公共性、责任感以及示范性。②姜建忠则从清代官箴中提炼其"清廉"思想,进而在官员如何做到清廉的问题上提出了一些切实可行的建议,如倡导节俭、抵制贪渎、反对奢靡等,特别需要注意人际网络中保持清廉作风。③

2. 君臣之德

在君臣的"德位"之辨问题上,李畅然从君臣社会分工的角度,探寻传统《孟子》解读中以德抗位与以德副位两种说法的现代意义。④洪澄对儒家"君子执政"的政治理想进行了现代重构。他对"君子执政"的批评思路进行了分析,并着重阐述了"仁"在其中发挥的正反两方面作用,进而指出儒家"君子执政"思想在现代社会具有"信仰"和"可能性"的困难,因而需要进一步地现代解构。⑤

在君臣关系的讨论中,顾家宁认为《论语》中孔子对管仲的微妙评价体现了事君之义。孔子认为君臣之间的人身性效忠关系并不构成一种绝对理念,忠君之义并非颠扑不破的绝对理念,而须接受天下大义的检验与权衡。⑥东方朔认为荀子"从道不从君"思想有两方面的理解方式:一是为人臣说法,期待人臣以道正君;二是造就明君,防止"暗君"。这个命题虽支撑起儒家的"批评政治",但从"道"之"道"是"君道",人臣实际上缺乏政治实践中的绝对独立性,不能真正做到客观约束君权,因而只能是一种教化形态。⑦戴木茅关注到韩非君臣思想中的"悚惧",认为韩非强调君主对臣属的心理震慑,并为此力求将君主塑造为"神隐不测"的权威。这种思想被秦汉皇权所强化,逐渐显露出君主更加独断专行和悚惧泛化等异化问题。⑧贾琳、张秋山考察了二程的君臣论。二程一方面主张尊君,认为君主应该法先王、重民生、求贤才,另一方面认为臣应"从道不从君",君令臣行,自重其道,

---

① 陈钟琪:《我国古代官德考察制度的发展趋势及当代启示》,《重庆行政》2021年第1期。
② 王岩、李义:《政治道德及其存在空间》,《道德与文明》2021年第4期。
③ 姜建忠:《清代官箴中的"清廉"之道》,《杭州师范大学学报(社会科学版)》2021年第6期。
④ 李畅然:《以德抗位与以德副位——社会分工视角下〈孟子〉的君臣民关系论》,《国际儒学(中英文)》2021年第3期。
⑤ 洪澄:《儒家"君子执政"思想的现代政治哲学价值》,《哲学研究》2021年第7期。
⑥ 顾家宁:《事君与内外:〈论语〉管仲评价发微》,《孔子研究》2021年第6期。
⑦ 东方朔:《荀子的"从道不从君"析论》,《复旦学报(社会科学版)》2021年第5期。
⑧ 戴木茅:《论〈韩非子〉中"悚惧"的逻辑展开与异化——以君主对臣属的心理震慑为核心》,《江淮论坛》2021年第5期。

格君心之非。概言之,君臣应共治天下。但这种君臣关系在于二者合力完成儒家平治天下的政治目标,而非挑战皇帝的权威,所以具有局限性。①

关于君臣的职分与行为规范的讨论,苏鹏辉认为古代君道问题十分复杂。君主有渊源各异的不同名号:君主、皇帝与天子。这三者虽然分别代表了中国古代君道的不同价值取向和治政观念,但都更加凸显了君民一体的君主论要旨。② 金紫微认为方孝孺在政治伦理思想中重点讨论了君职、臣道和制度建构的问题。其政治伦理的逻辑起点是"为民立君",因此,君主身份的合法性在于为天养民。在臣道上,方孝孺反对无条件地忠君,主张以儒家人格理想对君主进行道德要求,体现了君臣权责对等的特色。③

三、乡村伦理

乡村振兴是中国新时期发展战略的重要一环,乡村伦理的研究逐渐成为近几年的研究热点。2021年,学界继续聚焦于反思现代化乡村建设之路的伦理之维,并提供了诸多新思路、新观点。

在如何认识乡村伦理与乡村振兴关系的讨论中,姜珂认为乡村振兴需要新型乡村德治的整体建构,因而应该依托中国共产党领导下的乡村基层组织和全体村民,建构一条合理吸收传统德治的成果并使其实现创造性转化和创新性发展的发展之路。④ 与此同时,文化贫困、精神贫困、乡风失调等种种伦理失格问题不仅是今时今日束缚乡村经济发展的桎梏,亦是未来横亘在乡村振兴道路上的软性羁绊。因此,需要理性兼合,乡贤示范的文化政策加以共同体的道德引导来推动乡村建设与发展。⑤ 刘昂分析了现代乡村治理的伦理困境,如村干部威权政治压制村民积极性、地方性道德知识缺失等问题,建议构建公共道德平台、提升乡村德治水平、完善乡村治理体系,以期实现美好生活的愿景。⑥ 刘婷婷、俞世伟认为现代乡村治理应该注重伦理话语,进而在这种治理思路引导下,以制度伦理、角色伦理和关系伦理等为着力点探究乡村治理的伦理之道,从而帮助推进乡村治理现代化的实现。⑦

在如何进行中国特色乡村伦理建设的问题上,王露璐指出应该在充分认识城乡关系发展

---

① 贾琳、张秋山:《"君臣共治"何以可能?——二程君臣论及其理论检视》,《海南大学学报(人文社会科学版)》2021年第1期。
② 苏鹏辉:《王何以尊:共同体构建中的君道与政制》,《学海》2021年第6期。
③ 金紫微:《论〈明夷待访录〉对方孝孺政治伦理的继承与突破》,《中国哲学史》2021年第3期。
④ 姜珂:《乡村振兴视域下新型乡村德治建构的若干问题》,《伦理学研究》2021年第5期。
⑤ 姜珂:《后脱贫时代乡村振兴的伦理审视与重构——以构建乡村伦理共同体为视角》,《河南社会科学》2021年第3期。
⑥ 刘昂:《中国乡村治理的伦理审视》,《道德与文明》2021年第1期。
⑦ 刘婷婷、俞世伟:《实现乡村治理现代化的伦理之道》,《行政论坛》2021年第4期。

趋势的基础上,把握中国乡村社会特有的道德图景以及相关的道德问题。同时,中国乡村伦理的现代重建,应该基于马克思主义唯物史观的基本历程和方法,以农民为本、注重发展多样性、重视"地方性道德知识"、推动建立"记得住乡愁"的道德文化之根。[1] 此外,她回顾了中国共产党百年乡村道德建设的历史演进与内在逻辑,指出始终坚持中国共产党的领导、始终坚持马克思主义唯物史观的基本立场和方法、始终坚持以农民为中心、始终坚持从乡村实际出发,是中国共产党百年乡村道德建设的内在逻辑和宝贵经验。[2] 潘坤也认为在建构新时代乡村治理的政治伦理体系时,应该立足于对既往的先进伦理经验进行全面反思,提炼其中的共性经验加以推广应用,同时也谨防政治伦理西方化的风险,沉着有效应对"去政治伦理"的挑战,实现乡村治理现代化的政治伦理实践优化。[3] 李冰认为新时期乡村伦理可以用乡村变迁的方式加以把握。在认识社会发展必然趋势的前提下,应紧扣乡村变迁来解释和回应各类伦理转型,在变与不变的辩证中建构新时期中国特色乡村伦理。[4] 吴青熹认为中国传统乡土伦理由农耕经济下的共同体形式所决定,深刻影响乡村社会的治理模式。为此,应该紧紧围绕国家权力下沉与市场经济改革两个方面的作用,促进现代性乡土伦理的转型与重构,并体现出中国特色社会主义的内在伦理精神。[5] 渠彦超、张晓东认为必须充分认识乡村伦理秩序建构在乡村振兴战略实施过程中的积极作用,但也要关注现行乡村伦理秩序的诸多困境,特别是经济发展带来的道德失序。为此,应该加强传统美德教育,完善乡村伦理保障,优化乡村道德环境。[6] 李皓、郭华鸿认为要注重乡村道德记忆的保护与建构,延续乡村道德文化传承,保存村民共同的精神家园。为此,应当打造乡村道德生活的叙事逻辑,保障道德记忆的载体。[7]

在以实证方法考察乡村伦理内在逻辑及具体表现的讨论中,潘峰以闽南地区"农二代"的互联网创业为例,分析传统伦理与市场理性碰撞融合的现实表现和内在冲突,总结"农二代"创业实践中融合二者的中介点,努力寻找一种乡村建设与市场发展平衡共赢的运营机制。[8] 陈琼则通过对湘南一个村落的考察,认为祭祖仪式为乡村日常道德叙事提供了一个

---

[1] 王露璐:《中国式现代化进程中的乡村振兴与伦理重建》,《中国社会科学》2021年第12期。
[2] 王露璐:《中国共产党百年乡村道德建设的历史演进与内在逻辑》,《道德与文明》2021年第6期。
[3] 潘坤:《乡村治理现代化的政治伦理建构》,《云南民族大学学报(哲学社会科学版)》2021年第1期。
[4] 李冰:《乡村变迁:新时期乡村伦理的一种解释与构建基础》,《齐鲁学刊》2021年第1期。
[5] 吴青熹:《乡村治理体系现代化与乡土伦理的重建》,《伦理学研究》2021年第6期。
[6] 渠彦超、张晓东:《新时代我国乡村振兴的伦理之维》,《长白学刊》2021年第1期。
[7] 李皓、郭华鸿:《乡村振兴战略背景下乡村道德记忆的保护与构建》,《学术交流》2021年第8期。
[8] 潘峰:《传统伦理与市场理性的融合——"农二代"创业实践的中介作用》,《东南学术》2021年第2期。

重要的形式载体。因此，应该正确认识仪式与传统之间的关系，挖掘乡村社会中的优秀传统并运用到新型文化秩序的建构实践中，助力乡村振兴战略工程。①

四、道德教育与道德修养

道德教育是道德教育主体依据一定的教育方法、手段、场所等介质对道德教育客体进行道德引导，以期达到一定的道德理想与境界。道德修养是道德主体通过一定的道德修养方法与方式提升道德境界。二者均是着眼于个体道德教育与修养，但前者偏重道德教育主体的引导作用，后者则强调道德主体的能动性。较之前两年，2021年国内学者侧重加强道德教育与道德修养理论、道德修养内容与方法以及理想人格等方面的研究。

（一）道德教育与道德修养理论

道德教育和道德修养理论是从义理层面对道德教育和道德修养内容、方法、手段等方面的合理性论证，是道德教育和道德修养的基础。

在道德教育与修养工夫理论研究中，匡钊通过经典考据，重新梳理了心得关系与身心关系在儒家思想谱系内的发展轨迹，以揭示儒家主流修养工夫如何从孔子较早时修身方式"博文"与"约礼"转向后来儒家主流偏重心术或者说精神修炼技术。②李景林、李转亭分析"旁通上达"的逻辑脉络，揭示了儒家君子人格的教化历程和修养功夫。"旁通"表示个体存在之横向范围上的展开和"超出"，其境域常带有空间性、平面性和实存的有限性，又蕴含着天人合一或"一天人"的维度。"上达"即上达于天、天命，是通过"超克"，即对每一当下具有时空范围限定之"旁通"进行转变升华，赋予其普遍性意义而达至的"超越"境界。"旁通"与"上达"并非有时间先后的两截。"旁通"涵蕴纵贯"上达"之一几，其上达天德之成就，同时又反哺于横向之"旁通"而为之奠基，二者相摄互成，本来一体。③任剑涛指出，当前对"家国天下"的解读大多脱离《大学》原本语境，这是扩展性的家国天下叙事。若要精准理解"家国天下"的内涵，应该回到经典文本，充分理解格致诚正修齐治平的递进与递归双向关联，理解八目的双向运行。同时修身作为关键环节，无论是从个体向国家天下递进还是国家天下向个体递归都发挥着重要作用。④

在具体人物修养理论的研究中，吴震讨论阳明良知学这一问题的由来，分析核心概念良

---

① 陈琼：《家祭仪式：乡村日常生活的道德叙事——基于一个湘南村落的考察》，《江汉论坛》2021年第2期。
② 匡钊：《早期儒家"为己之学"以"心术为主"的意义——以心观念的起源和身心关系为线索》，《湖北社会科学》2021年第9期。
③ 李景林、李转亭：《旁通而上达：儒家实现终极关怀的教化途径》，《道德与文明》2021年第5期。
④ 任剑涛：《"一是皆以修身为本"：家国天下的个体递归》，《国际儒学（中英文）》2021年第2期。

知独知、良知自知、良知自觉、良知一念、良知无知及其之间的系统关联，进而认为阳明良知学的理论建构凸显了良知自知理论在良知本体现实展现过程中的重要性。但良知自知等观念论述表明，良知不只是一种道德规范、判断标准，其本身作为道德反省意识更具有自反性、内在性、根源性等特质，从而使得阳明良知学极大地丰富了儒家心学传统及其修身传统的思想内涵。① 杨明、马洁讨论了王艮提出的身与天下国家的关系的思想，指出其视"身"为本、以"身"生为普遍原则，从个人之安身与百姓之安身两个层面构筑社会治理的理路。他们认为，由于治理效果最终落脚于个人修身层面，所以王艮从"身"本体出发向"身"本性的回归，由"身"思天下，以安身治社会、反己修身的治理思路超越了以往阳明学致思模式，这有别于传统儒家政治治理理念，具有十分重要的理论价值。②

在个体道德自觉研究中，陈金香基于郭店儒简文本，讨论儒家个体道德建构逻辑。郭店儒简立足于人，内以情感为"由中出者"的情感道德的建构依据，外以人伦为"由外入者"的理性道德的建构依据。这种基于人的内在情感与外在人伦建构个体道德的范式，既充分考虑到了个体生存、发展的需要，也充分考虑到了群体生活的秩序需要，使个人生命在和谐的群体生活中达到最佳状态。这对当代中国公民道德建设具有启示与借鉴意义。③ 余加宝认为先秦儒家个体道德自觉源于人性基础及个体与他人、社会、自然等相处的各种关系场域，受"君子""贤人""圣人"等理想人格范型的指引，同时也遵循着从"为人由己"的道德自我觉醒、"推己及人"的道德关系圆融到"内圣外王"的道德境界升华这一逻辑展开。这种道德自觉论有着深厚的历史文化根基和坚实的民族认同基础，深刻影响着民众的思想意识、价值取向和生活方式，更有利于强化人民的主体作用、重塑社会伦理秩序和增强文化自信，并对当前促进公民道德建设、推进国家治理体系和治理能力现代化以及提升国家文化软实力具有深远意义。④

（二）道德修养内容和方法

在道德修养内容研究中，曾振宇、王晶指出，荀子将勇观念划分为"仁义之勇"与"血气之勇"，明确"仁义之勇"以仁为形而上的道德支撑，以耻辱之心为道德"启动装置"，在经验世界中使道德主体护守德性生命的尊严。儒家的成人之"勇"已经成为塑造国人性格和气质不可或缺的文化要素。⑤ 王晶也对孟子的"勇"观念进行了分析。孟子将勇分

---

① 吴震：《王阳明的良知学系统建构》，《学术月刊》2021年第1期。
② 杨明、马洁：《王艮源于"身"的治理思想研究》，《伦理学研究》2021年第3期。
③ 陈金香：《儒家个体道德建构范式的初步确立及其当代启示——以郭店楚简儒家简为中心》，《江苏社会科学》2021年第5期。
④ 余加宝：《先秦儒家的道德自觉论及其现代价值》，《伦理学研究》2021年第2期。
⑤ 曾振宇、王晶：《"仁义之勇"与"血气之勇"：荀子对儒家勇观念的诠释》，《安徽大学学报（哲学社会科学版）》2021年第1期。

为"小勇"与"大勇":小勇作为"为己之勇"聚焦于外在目标,体现于生理、情绪的变化,着眼于个体实践行为的展开,可通过自身的修养加以调整;大勇则是"道义之勇"聚焦于内在目标,采取理性、道德的特殊形式,着眼于高尚的品格和人性的完善,是道德主体战胜困难、臻于理想人格的基础。孟子从心性论高度证明勇之为德的道德形上学基础,使得儒家的勇德观念呈现新内涵、新气象。① 邓立以"士"之"节"德为切入点,讨论儒家"节"德的价值是依"道""义"而生的,在主体的价值生成、超越境遇的价值彰显、跨越境界的价值建构等多维向度的表现,将其视为由传统价值观念衍生、拓展、凝练而成的一个具有历史文化特色的价值共同体。② 樊波成认为《孟子》"志士不忘在沟壑,勇士不忘丧其元"并非舍生取义之意。通过训诂解释及儒家思想的统一性,他认为句中"忘"字应当读作"妄",全句旨在强调重死守节,反对轻生妄死。基于此种解读,他批判了早期部分儒者被限定在"守官而死"的范畴内,并且守官思想的消亡使人们普遍讳言利己而高倡利他,从而影响了对"志士不忘在沟壑"的释读。③

在儒家道德修养方法的研究中,洪晓丽讨论早期儒家心与成德的关联路径。她指出从性到心不断探究人的道德本质,经由孟子以"心"论"性"与荀子"心"以知"道"得以心之明朗,进而形成各异的成德路径。④ 魏冰娥认为儒家成人视域中的"兴于诗"兴起"好善恶恶"、自信多样的真情主体,"立于礼"挺立含情节情、履言范行的文理主体,"成于乐"完成大气仁爱、自由和乐的情理主体,"兴于诗"→"立于礼"→"成于乐"属主体起情→守理→合情理之自我挺成与社会共生,三者一体而有分,交融互进,相须为用,圆融挺成主体之人格。⑤ 霍艳云讨论先秦"学"观念的三重含义以及变迁,指出前儒家时代学习内容由生活技能到伦理道德规范的演变,体现了学习践行活动由"野"到"文"的基本发展过程。⑥ 霍艳云、肖群忠又以"学"为视角,研究先秦儒家德性修养与践履躬行的特质。儒家言学具有三个阶段的价值导向:"学以为己"以主体自身的努力为起点,特别强调主体自身内在的反省、体验和感悟,以完善自己、提升自己的道德修养为价值依归;"学以成人"意味着人成了一个大写的人及人成熟、完全人格的实现,也意味着人达至了一种至全至粹的圣贤境界;"学以化俗"则主要是指在社会层面体现了先秦儒家化民成俗、经

---

① 王晶:《"大勇"与"小勇":孟子"勇"观念的哲学分析》,《孔子研究》2021年第2期。
② 邓立:《儒家传统"节"德的价值向度论析》,《伦理学研究》2021年第3期。
③ 樊波成:《志士不忘在沟壑:儒家的守官思想》,《浙江大学学报(人文社会科学版)》2021年第1期。
④ 洪晓丽:《心与成德:早期儒家心论模式的探索》,《道德与文明》2021年第5期。
⑤ 魏冰娥:《儒家成人视阈中的"兴于诗,立于礼,成于乐"》,《孔子研究》2021年第1期。
⑥ 霍艳云:《修身成德之学:先秦儒家"学"观念的起源及其思想演进》,《中原文化研究》2021年第5期。

邦济世的理想。①袁晓晶对比分析孟、荀"身教"的思想。孟子通过"知言养气"的修身办法，以志统摄气，强调气之浩然与清明；荀子通过"以礼治气"的礼教方法，以教治气，强调气之自然与可塑。孟子的养气说，注重以内在的意志力完成对血气的超越；荀子的治气论，强调以外在的礼义完成对血气的规范。二者合一，则形成早期儒家的身教思想，对后世儒学修养论起着奠基作用。②李振纲基于孔子仁学宗旨教人弘道，达到道德理性自觉的目的，讨论五个方面的内容。"礼"是"仁"的仪范尺度，"孝"是"仁"的心理基础，仁、智、勇是人的三种重要品格，知行合一、实践考验是人格完成的必要条件。由此可见，孔子仁学对于现代人的人格塑造、价值整合及社会关系的调整而言，具有重要的现实意义。③

在道家修养内容与方法研究中，涂可国从老庄道家的本体论与主体内多种角度来诠释人生问题，批判社会异化现象。他认为道家人生智慧有四大思想范式：一是为而不恃、无己虚己的无我忘我观；二是守柔谦下与反对自伐的自我克制观；三是自化自正、不为物驭、独立遗世和与世俗处的自为自由观；四是贵己贵身与保身全生的重生爱生观。④

（三）道德修养的目标

在儒家理想人格研究方面，廖海华批判了现代学者关于"君子小人"以位而言的一般性论述，并依托《周易》卦爻辞文本，考察卦爻辞"小人"的特殊意义以及君子小人既有位也言德的。在德的问题上，《周易》对贵族的要求十分严格，对无位庶民相当宽容。在"以德言"时，卦爻辞"君子"指有德有位者，"小人"指有位而无德者，对于此意义上的"小人"有相当严厉的批评与告诫。因此，"德"观念的具体内涵有着前诸子时期的思维特征，而君子小人观的思维模式与后来儒家道德思想基本一致。⑤王国雨从德与位的角度讨论了儒家君子人格内涵的流变。周礼文明时，君子既有位也有德；春秋时期，君子出现了"位"与"德"的疏离；春秋晚期，"君子"概念已经从"德""位"的自然缩合，过渡到"德""位"疏离背景下对君子道德人格的理性自觉。而自孔子起，君子人格已演变为以"德"求"位"的新君子。与此同时，"修己以安人"与"学而优则仕"勾勒出儒家新君子的基本面貌，这也深刻影响和塑造了后世君子人格的范型。⑥袁济喜论述了"君子人格"从

---

① 霍艳云、肖群忠：《为己、成人与化民成俗——先秦儒家为学目的论》，《齐鲁学刊》2021年第6期。
② 袁晓晶：《以气养身——孟荀"气"论中的儒家身教观》，《现代哲学》2021年第1期。
③ 李振纲：《孔子仁学五题——儒家的人道价值关怀》，《河北学刊》2021年第4期。
④ 涂可国：《老庄道家自我人生哲学的四大思想范式》，《山东师范大学学报（社会科学版）》2021年第5期。
⑤ 廖海华：《〈周易〉卦爻辞中的君子小人之辨》，《安徽大学学报（哲学社会科学版）》2021年第5期。
⑥ 王国雨：《君子的转身：论中华君子人格的早期嬗变》，《浙江社会科学》2021年第5期。

先秦至汉魏六朝的嬗变。他认为汉魏六朝时期，君子人格美的变化与文艺活动的特点，对今天道德人格的构建提供了深刻的启示。① 张舜清认为儒家"君子"具有等差意味，是源于儒家对天地及其创生的万物等差存在这一客观实然的认识。虽然儒家认为真正的平等只能存在于对万物先天的等差需求及后天努力造成的差异的区别对待之中，但是这并不意味着儒家君子观没有平等追求。因此，儒家的君子观蕴含着深刻的生命平等意识，也隐含着人格平等、起点和机会平等等法权形式的平等主张。② 涂可国认为儒家君子具备明显的伦理特质，这集中体现在四个方面。一是君子本质凸显伦理理性。儒家赋予君子更多优秀道德品质内涵，使之由侧重于表示身份、地位的称谓转化成为侧重于道德理想人格范式的称谓，并具有德性伦理与德行伦理的二重意蕴。二是君子致力于追求道德价值。儒家思想中的君子体现了对人类道德价值的共同愿望，不仅展现了自强不息的积极进取人生态度和厚德载物的博大宽容道德情怀，还彰显了重道与积德的道德至上精神品格。三是君子讲究道德理想。在儒家看来，一个有德有位的君子为人处世、治国理政要坚持善政以使民众向善、为善，要通过自己的道德示范作用对"有道社会"和"善治社会"进行建构。四是君子注重自我道德修养。儒家要求君子注重个人的自我道德修为，注重好学、修身、重行和改过，以此提高道德品质与道德境界。③

在道家理想人格研究中，李晓英依据道家经典文献，讨论道家理想人格"婴儿"概念的提出及特性。她认为"婴儿"不仅天性完满、活力充沛、蕴含勃勃生机，而且是超脱机心纷扰、解构分化芜杂的精神形态。同时作为一个可能性存在，它隐含着对可能性的肯定及未来的关注筹划。④ 孙明君讨论庄子的"畸人"。他指出庄子的"畸人"是赋予了全新的、正面的意义，用以指称那些合于天道而不同于流俗的人。在庄子眼里，畸人们不仅蔑视世俗之礼、追求逍遥无为，而且看破生死，认为大化才是人类安身立命的归宿。同时在生活中，他们"知其无可奈何而安之若命"。这种人格是庄子真人人格在现实中的落实，与儒家君子人格相对而立。⑤

（四）其他

王锴指出陈来新著《儒学美德论》借镜美德伦理学把握美德伦理研究中的中国问题，思考儒家伦理的现代意义，寻找中国道德思想的出路，促发了儒家伦理学的理论自觉，开辟了当代儒家伦理学发展的新路径。他沿着陈来先生的理路，论述了君子人格价值目标、修养

---

① 袁济喜：《君子豹变——汉魏六朝君子人格美的演变》，《孔学堂》2021年第5期。
② 张舜清：《儒家君子文化中的平等意蕴》，《北京大学学报（哲学社会科学版）》2021年第1期。
③ 涂可国：《儒家君子的伦理性特质论析》，《烟台大学学报（哲学社会科学版）》2021年第2期。
④ 李晓英：《"婴儿"：早期道家关于本真生活的隐喻》，《中州学刊》2021年第5期。
⑤ 孙明君：《庄子"畸人"说及其天命观》，《世界宗教文化》2021年第2期。

方法与实践等的内涵，认为儒家伦理学不同于以行动为中心的规则伦理学，其核心主题在于"应该成为什么样的人"及"如何成为这样的人"；同时儒家伦理学超越了"行为与品质""规则与人格"二元对立的伦理学范式，克服了当代西方美德伦理学美德观念的狭窄性和抽象性，是朝向一种整体性的理想人格。① 余达淮、甄学涛以美德伦理学为视角，讨论先秦德性伦理思想本质上是对"人伦德性"的不同认识，即儒家思想表现为美德与规范合一的理论倾向，道家思想表现为伦理自然主义的价值旨趣，墨家思想表现为"功利主义"的实际追求，法家思想则表现为"尚法轻德"的政治伦理。这一视角的探讨具有三重价值，即不仅有利于美德伦理学在当代的理论建构，而且为美德伦理学在当代面临的困境提供了思路，又有助于当代中国的道德建设。②

五、生命伦理

生命伦理学作为当代一门交叉学科，根植于当代生物学和医学的发展中，不仅与人类思想史有着一脉相承的关联，而且明确指向现实社会中关乎全人类生存的具体伦理问题。对这些问题加以梳理和提升，兼具理论性与实践性。2021 年，中国学界对这一主题的关注主要集中在生命观、生死观两个方面。

（一）生命观

1. 儒家生命观

关于儒家生命观的研究，可以从整体研究与个别研究两个角度来论述。

在整体研究的视角中，张槊、邓玉霞、刘博、郭斌认为器官移植领域面临很多伦理问题，而传统儒家生命伦理资源对当下解决该问题多有裨益。如可以利用儒家生命伦理学资源来构建"唯人为贵"人本观、"义利兼顾"利益观、"天人一本"自然观、"贵生爱物"生命观、"乐生顺死"生死观、"君子义为上"社会观，进而应对器官移植领域面临诸多伦理问题。③ 王培培指出四项伦理原则是生命伦理学提出解决伦理问题最基本的约束和依据，但其弊端一方面在于这不是从一个体系完备的道德理论出发经过推理得出的自成体系的程序规则，因而无法从道德理论的本源上给出合理性的解释；另一方面，原则主义与具体道德境遇相结合时出现了不融贯性。他认为，以"同心圆"关系伦理为主要特征的儒家伦理，通过

---

① 王楷：《君子上达：儒家人格伦理学的理论自觉——以陈来先生〈儒学美德论〉为中心》，《道德与文明》2021 年第 1 期。
② 余达淮、甄学涛：《美德伦理视域下先秦德性伦理及其当代价值探析》，《四川师范大学学报（社会科学版）》2021 年第 1 期。
③ 张槊、邓玉霞、刘博、郭斌：《传统儒家生命伦理视域下器官移植伦理观构建与实践研究》，《中国社会医学杂志》2021 年第 3 期。

日常生活中"仪式性"的道德教化,以不断内化的道德力量来驱动人们行为符合"礼"的德性规范,给原则主义困境的化解带来了新的尝试。① 王晓华指出文明冲突直接伤害的对象是生命,儒家身体哲学对解决此问题具有启发意义。与文明冲突相关的信仰体系都强调精神价值而忽略了身体性存在,认为伤害身体并不等于伤害人。从这种意义上说,文明冲突与人们所信奉的二元论具有因果关系,依此可以探索化解文明冲突的路径线索。孔子敬畏生命的伦理学落到了实处,这种理念不仅符合现代生命科学得出的结论,而且提供了"能够普遍言说道德"的依据。倘若能够进行必要的转型,这种话语也可以形成一种落到实处的主体间性理论、一种本体论层面的交往哲学、一种符合地球村时代的价值观。②

从个别方面研究中,蔡蓁以宋代儒家视角分析堕胎问题。从宋代的法律和儒医关于妇产医学的论著分析来看,在宋儒与宋医眼中胎儿的生命已经作为一个潜在的人类生命在法律上被加以重视和保护。尽管囿于当时系统而完整的胎儿发育及胎教学说,但是儒医仍普遍把胎儿时期看作人类生命的开始。因此,在复杂的现实中,儒医可以对堕胎所涉及的多方面价值提供考量、重视和权衡。③ 左金磊、尹梦曦讨论了李泽厚"情本体"三重维度的含义。第一,在先验与经验向度上,不同于宋明理学及现代新儒家,"情本体"以生存经验为主,拒斥将儒家超验化与形而上化;第二,在主体向度上,强调"情本体"学说下的人是具体的、活生生的人,而非康德、海德格尔主张的理性主体;第三,情理向度上,主张以情为本,情理交融,而非"存天理灭人欲"。三重维度突出体现了儒家哲学以"人的物质生存—生活—生命"为核心,重视生存经验、实践的特征。④

2. 道家生命观

在道家生命观研究中,2021 年,国内学者集中讨论了庄子生命观及其价值。丁庆社认为庄子对生命进行了系统思考,并回答了自然生命的形成、去向以及对待自然生命的态度,从而形成了庄子独有的自然生命观,即自然生命气聚散观、自然生命形式转换观、自然生命生死齐一观。这种自然生命观蕴含巨大价值,对社会精神文明建设、生态文明建设以及对树立人们积极乐观的人生态度有着积极、有效的价值。⑤ 孙建民以解"吾丧我"为起点,强调"丧"的路径是要通过"心斋""坐忘""朝彻"的方式抛除一切杂质所见之我,超越时空的束缚,达到真我的境界。"丧"之缘由,则是舍"我"去"吾",选择复归"吾"的生命

---

① 王培培:《生命伦理学原则主义困境与儒家伦理化解之道》,《中国医学伦理学》2021 年第 7 期。
② 王晓华:《儒家的身体哲学与化解文明冲突的可能路径》,《孔子研究》2021 年第 2 期。
③ 蔡蓁:《宋代儒家视野下的堕胎问题》,《文史哲》2021 年第 6 期。
④ 左金磊、尹梦曦:《生存、生命、生活——论李泽厚"情本体"的实践转向》,《河北大学学报(哲学社会科学版)》2021 年第 1 期。
⑤ 丁庆社:《庄子的自然生命观及其价值》,《内江师范学院学报》2021 年第 2 期。

状态，形成超越性的生死价值观。所以庄子的生死观是要求不为功名所负累，将死亡归结于客观的自然命理的死生一体，这对当前社会精神文明建设及人们的生死观教育大有裨益。①

（二）生死观

在儒家生死观研究中，张耀天以安顿当代人的生死之惑，作为儒家文化介入日常生活场景的切口。他分析了形而上哲学思辨与生活体验的现实需求之间的矛盾，倡导生命体验、哲学咨询的方法，引导当代人理性对待生死，同时借助儒家文化的生命智慧，超越自我。② 王国雨以儒家临终礼仪为切口，探讨儒家对生命的尊重与关怀。他认为临终礼仪是从迁居正寝开始的仪节，体现着对临终者身体照护、心理关怀和终极关切，蕴含着古人慎终、正终和善终的价值观念。现代人对传统临终礼仪及其临终关怀理念的重新审视，推动了当下临终关怀和安宁疗护事业。③ 刘伟讨论了陆九渊生死哲学，认为其包含了"血气"与"德气"的生命本质论、"人爵"与"天爵"的生命价值论、"大命"与"顺天休命"的命运论、"贵生恶死"与"生死合道"的生死态度论四个层面。陆九渊的生死哲学极富儒家特色，不仅力图排斥佛家、道家的生死哲学，而且将对生死的认识运用到社会实践中，可行性极强。④

道家生死观研究，本身数量不多，值得一提的是，闫伟探讨了《列子·杨朱》文本中的生死理念。一方面，《杨朱》篇强调生异死同、死生自然的生死本质观，主张"乐生""逸身"的养生之道，是对传统道家思想的继承与改造；另一方面，《杨朱》篇遮蔽生存个体的死亡价值与永恒追求，坚持"为我""命定"思想，在生死观上具有虚无主义、悲观主义的特质。此外，《杨朱》篇将道家的"自然"狭义理解为人的生理欲求，以感官层面的纵欲享乐作为人生终极意义，偏离了老庄适欲节性的人生之路。这种价值观虽彰显了生命个体原则，但也存在否定人的社会性、缺乏超越意识、过于理想化等弊端。⑤

六、生态伦理

生态伦理是指人类处理自身及其周围的动物、环境和大自然等生态环境的关系中所生成的规范。2021年，国内学者着眼于儒家、道家与佛教中生态伦理思想，凸显出比较研究的特色。

---

① 孙建民：《由"吾丧我"看庄子之生死观》，《河南科技大学学报（社会科学版）》2021年第1期。
② 张耀天：《生命体验与生死关怀：儒家文化生死救赎的另一种视角》，《湖北理工学院学报（人文社会科学版）》2021年第4期。
③ 王国雨：《从养疾到招魂：论儒家临终礼仪中的理念》，《世界宗教文化》2021年第2期。
④ 刘伟：《陆九渊的生死哲学钩沉》，《船山学刊》2021年第5期。
⑤ 闫伟：《"生相怜"与"死相捐"——〈列子·杨朱〉篇生死哲学论析》，《吉林师范大学学报（人文社会科学版）》2021年第2期。

（一）儒家生态伦理思想

在比较视域的研究中，李营营指出西方生态伦理学无法走出主客二分的逻辑困境，而中国传统生态伦理思想的整体性视角恰恰可以弥补西学的不足。她认为《诗经》中"顺应天时、合乎地宜"的"时禁"生态敬畏观，"仁及草木、德及昆虫"的"同情"生态保护观，"乐山乐水、师法自然"的"自然"生态审美观，不仅是"天人合一"思想的肇端，也是中国传统儒家生态思想的起点，对当代中国生态伦理学的建构具有重要意义。[①] 洪修平指出儒释道三家相异互补的生态思想是当代生态文明建设的重要文化资源，为当代生态文明建设提供了借鉴和启迪。儒家仁爱为本的生态思想，以成人成己、中正和谐、天人合一为追求的目标，"天地人一体同仁"充分体现出儒家"仁民而爱物"的社会伦理与生态伦理相融的人文精神。道家道教自然和谐共生的生态智慧，提倡"因天地之自然"，以实现"人与天合""神与道合"，"天地人一体同道"表达了与天地自然和谐相处的理念和追求。中国佛教圆融慈悲的生态精神，以缘起论阐发了心与物、理与事、天地与人之间的圆融互具、相即相融的整体关系，提倡对万物众生的慈爱和悲悯。儒佛道分别从人的本性、道法自然、缘起净心出发，异辙同归地指向了天地人的同体与和谐共存。[②]

在儒家生态理论与现代化意义的研究中，管宗昌指出在"仁"的早期文学书写中，生命内涵是其重要内容，具体表现为从珍爱生命到仁生万物、从仁者寿到道德养生、早期孝道书写三个方面。而这都是基于儒家天人合一的生态观。天人统筹是推进书写的基本路径，而"天"所具有的"生育""生命力""好生"（爱生）三大属性，保证了早期"仁"书写的深层贯通，标榜着早期儒家内涵丰富而独具特色的天人合一生态观。[③] 冯留建、孙海星认为新时代生态文明建设是对儒家生态文化的继承与创新，这主要体现在：从"天人合一"到"人与自然和谐共生"；从"牛山事件"到"绿水青山就是金山银山"；从"使民以时"到"良好生态环境是最普惠的民生福祉"；从"仁民爱物"到"山水林田湖草是生命共同体"；从"时禁"到"用最严格制度最严密法治保护生态环境"；从"顺水之道"到"共谋全球生态文明建设"。[④]

（二）佛道生态思想

在比较视域的研究中，陈红兵、冯俊岐认为僧肇佛学，一方面吸收、融合传统儒家

[①] 李营营：《〈诗经〉生态伦理思想对当代中国生态伦理学的建构意义》，《社会科学研究》2021年第6期。
[②] 洪修平：《论儒佛道三教的生态思想及其异辙同归》，《世界宗教研究》2021年第3期。
[③] 管宗昌：《试论"仁"的早期文学书写——以天人合一的生态观为视角》，《江西社会科学》2021年第3期。
[④] 冯留建、孙海星：《新时代生态文明建设对儒家生态文化的继承与创新》，《毛泽东研究》2021年第4期。

"崇德广业"的价值观念,提出了"触事而真""即物顺通"的解脱观;另一方面,僧肇佛学缘起论又吸收融合传统道家"道物"关系论、"天地与我同根、万物与我为一"的整体论世界观。同时,僧肇《般若无知论》中批判反思对象性、实体性思维,消解人类中心主义观念以及调整人与环境万物实践关系等方面的理论对现实生态问题解决具有深刻启迪意义。① 黄越泓从深层生态学、自然价值和大地伦理学三个视角对道家思想中蕴含的环境伦理思想进行了审视。他认为道通为一与生态的自我实现、万物皆有道性与自然价值论、三才相盗与大地伦理学的整体主义之间都具有关联性。因此,道家对建构人类需要的生态理念具有优越性,而且对科学技术的积极态度更加契合现代社会的需要。② 罗彩认为习近平生态思想是对道家生态思想的创造性转化。首先,"人与自然和谐共生"的主张是对道家"道法自然"生态化思维方式的继承与转化;其次,"尊重自然、顺应自然、保护自然"的思想是对道家"因循无为"生态化行为原则的改造与超越;最后,"人与自然生命共同体"的理念是对道家"道通为一"生态化格局理念的延续与发展。③

在学派与人物生态思想研究中,姚海涛探讨了稷下道家生态哲学思想,认为其围绕"道"展开。从道论逻辑来看,稷下道家在某种意义上实现了老子自然之道与庄子身心之道的统一,显现积极入世的特点;从道论总纲来看,稷下道家思想有着推天道以明人事的思维模式和天地万物一体、宇宙万变一橐的整体自然观;从道论细目来看,稷下道家以精气、阴阳论道,比较合理地定义了人与自然万物的平等关系。其"因"论具有因顺自然之视角,"时"论主张遵循自然生物之时则,"度"论提倡恪守适度法则与环境保护法规。④ 殷文明指出老庄道家在构建和谐自然生态中具有关键作用。因此,应以自然中心主义代替人类中心主义,建立平等自由的自然主义价值观。分言之,人类遵循自然无为的原则处理社会和自然界各种关系,可达万物自化的"无不为"之境;以无我之心将自身从物欲中解放出来,体现了对包括人类自身在内的天地万物自我价值的尊重和观照;摒弃世俗功利主义价值观,可以创造性探求事物的多元价值和无限潜能。此外,对身外之物的理性舍弃、对弱势群体的悲悯包容,则有助于形成和平的自然和社会生态。⑤

七、经济伦理

经济生活是现代伦理学关注和应用的重点领域,现代经济和商业蓬勃发展,但也涌现出

---

① 陈红兵、冯俊岐:《僧肇佛学的生态思想意蕴》,《五台山研究》2021年第2期。
② 黄越泓:《生态中心主义与道家生态伦理思想之比较研究》,《洛阳师范学院学报》2021年第4期。
③ 罗彩:《习近平生态文明思想对道家生态哲学的吸纳与转化》,《毛泽东研究》2021年第5期。
④ 姚海涛:《稷下道家生态哲学思想论纲》,《鄱阳湖学刊》2021年第5期。
⑤ 殷文明:《各正性命、各适其天:老庄道家的自然主义价值观》,《江苏社会科学》2021年第6期。

诸多伦理挑战。虽然经过几十年的发展，但中国传统经济伦理思想的研究依然相对薄弱。2021年，学界涌现出一系列关于儒商伦理及具体商业活动的研究。同时，对传统思想的系统整理、中西比较等方面也在进一步推进与创新。

（一）儒商伦理

近些年来儒商伦理的蓬勃发展，代表着中国传统伦理对现代商业社会的自觉回应和积极融入。2021年，这方面涌现出可观的研究成果。

在儒商伦理的系统整理和整体把握方面，涂可国认为传统儒商精神包括仁者爱人、以人为本；财自道生、以义取财；尚礼贵和、合作共赢；守经达权、创新求变；遵纪守法、诚信为本等伦理精神，具有重要的文化功能和经济功能。新时代儒商应该进一步更新人生理想、人格境界和人生责任，将个人发展与创新精神、社会责任以及家国情怀结合起来。[1] 徐国利具体分析了儒商的"仁道观"，认为仁作为古代儒商所秉持的核心价值，与商业活动进行了积极互动，最终彰显出一个以德为本的儒商文化。当代社会以价值理性为价值导向、融价值理性和工具理性为一体，是重建中国当代儒商文化的正确模式和必由之路。[2] 陈茂泽认为杜维明基于"精神人文主义"的儒商伦理探索，不仅推动了儒家人文精神在商业社会的重构，而且实现了中西深层对话的实现。杜维明的儒商伦理，拒绝对儒家文化进行工具理性式的理解，为当代商业社会良性发展提供了有益资源，是儒家传统现代转化的重要体现。[3]

在近代儒商的发展特征方面，徐国利回顾了中国近代儒商的形成过程，从七个方面总结了近代儒商文化的内涵及特征。[4] 闫瑞峰详细考察了中国近代历史中的政商关系，以及背后的商业伦理政治化的整体特征，并分析了这一特征的形成原因和历史影响，特别强调了商业伦理异化发展的危害。进而提出新时代的政商关系应该建立在公正制度和责权一致的互动规则之上。[5]

（二）儒家经济伦理思想与现代商业活动的互动

2021年，学界对儒家经济伦理的内涵及其现代影响的发掘，表现出较强的跨学科特性。中西比较、实证研究和个案分析占据研究主流，相关成果呈现角度多元、论证灵活的特征。

孔祥来从中西比较的视角出发，认为儒家思想曾对西方"自由放任主义"产生了重要

---

[1] 涂可国：《儒商精神与新儒商的责任担当》，《山东省社会主义学院学报》2021年第5期。
[2] 徐国利：《传统儒商仁道观及其现代价值》，《社会科学战线》2021年第6期。
[3] 陈茂泽：《杜维明对当代儒家商业伦理的建构——一个精神人文主义的视角》，《石河子大学学报（哲学社会科学版）》2021年第5期。
[4] 徐国利：《中国近代儒商的形成和近代儒商文化的内涵及特征》，《安庆师范大学学报（社会科学版）》2021年第1期。
[5] 闫瑞峰：《晚清政商关系的三维伦理透视》，《广西社会科学》2021年第12期。

影响，因而其内部也具有"自由放任"的经济思想倾向。具体来讲，儒家承认人的"自利心"，尊重劳动分工，反对限制商品流通的任何税收政策，反对政府直接参与生产活动。①徐伟认为中国社会主义市场经济背后有丰富的传统文化底蕴，"家孝"文化、诚信文化和以天下为己任的责任伦理，在其中发挥着突出的作用。因此，面对西方经典市场理论下的价值困境，我国的市场经济更应该实现对中国传统文化资源的创造性转换，以期获得精神和物质的协同跃升。②赵丽涛比较了中西方商业诚信伦理的异同，认为中国传统的商业诚信更加注重个体的德性叙事，并统合于"义利"观之下。而西方的商业诚信则表现出道义、功利、契约和宗教等特性，两者各有悠长，应辩证地看待。③

在实证性的、个案性的研究方面，曾晓霞、韦立新聚焦儒家思想助力日本经济建设这一事实，具体分析了儒家经济伦理思想如何在日本的经济发展中发挥作用，这对我国挖掘传统经济伦理思想的当代价值，具有重要的启示作用。④陈海鹏、沈倩岭、李后建通过实证手段分析了安土重迁的伦理观念对农民工务工的内在影响。他们指出儒家文化对农民外出务工具有显著的负向影响，即受儒家文化影响越大的农民，外出务工的意愿越低，但这种抑制作用在自身和父母不同的年龄阶段有显著的差异。因此，要从文化和思维方式转变的角度根本性解决农民外出务工的问题，促进农民工的良性流动。⑤淦未宇基于第十次全国私企抽样调查，分析了儒家文化对企业社会责任的影响。他认为企业受儒家文化影响越高，其社会责任履行质量越好，同时企业家主观社会经济地位也会促进儒家文化的影响力，这是儒家文化对现代经济影响的一例有益探索。⑥

---

① 孔祥来：《儒家经济思想的"自由放任"倾向》，《孔子研究》2021年第3期。
② 徐伟：《社会主义市场经济的传统底蕴及其伦理提升》，《东华大学学报（社会科学版）》2021年第1期。
③ 赵丽涛：《中西方商业诚信伦理传统的差异与比较研究》，《中共南宁市委党校学报》2021年第1期。
④ 曾晓霞、韦立新：《儒家经济思想"走出去"之近现代实践——以对日本经济思想形成作用为例》，《商业经济研究》2021年第23期。
⑤ 陈海鹏、沈倩岭、李后建：《安土重迁，黎民之性：儒家文化对农民外出务工的影响》，《当代经济科学》2021年第6期。
⑥ 淦未宇：《儒家文化对企业社会责任的影响：基于第十次全国私营企业抽样调查的实证检验》，《暨南学报（哲学社会科学版）》2021年第1期。

2021年古希腊至文艺复兴时期伦理政治思想研究报告

刘 玮*

2021年国内学界有关古希腊至文艺复兴时期伦理和政治思想的研究成果,虽然在整体数量上较过去两年似乎有所下降(特别是柏拉图研究和亚里士多德研究这两个每年成果数量庞大的研究领域),但是质量有所提高,并且出现了一些可喜的新突破,特别是对德性政治学的关注;对希腊古风时代荷马史诗伦理政治思想的研究;对希腊古典时代品达和悲剧诗人的研究;对罗马诗人贺拉斯与奥维德的翻译与研究;等等。下面将按照大体上的时间顺序概述这一年的主要研究成果。

一、关于古希腊罗马伦理政治思想的整体研究

在关于古希腊伦理政治思想的整体研究方面,刘小枫的《昭告幽微:古希腊诗文品读》收录了他过去十几年间发表在各处的关于古希腊诗歌的研究成果,这些成果涉及从希腊古风时代到古典时期的诸多诗人和散文作家(荷马、赫西俄德、品达、阿尔凯俄斯、特奥格尼斯、梭伦、希罗多德、智者、苏格拉底、柏拉图等),从他们的写作笔法到重要的伦理政治主题,如教化、政治神学、城邦统治者的品质、政体、自由、节制等均有涉猎。[①] 包利民出版的《希腊伦理思想史》一书,在1996年出版的《生命与逻各斯——希腊伦理思想史》的基础上进行了一定幅度的修订和增写。[②]

在论文方面,王晓朝继续使用发生学的方法讨论古希腊罗马伦理思想中的三个重要主题:德性、正当与快乐。在《论德性观念之源起与"四主德"学说之成型》中,他讨论了希腊道德观念从对具体道德现象的认识到概念化、抽象化的过程。德性观念在荷马时代萌芽和发生,原初含义是卓越、优秀、高尚、出众,希腊"七贤"和早期自然哲学家留下的道德箴言已提及四种具体德性;苏格拉底和柏拉图通过定义努力界定勇敢、智慧、正义、节制

---

* 刘玮,1980年生,北京人,中国人民大学教授,教育部伦理学与道德建设研究中心研究员,研究方向为古希腊哲学、西方伦理学和政治哲学。
① 刘小枫:《昭告幽微:古希腊诗文品读》,华夏出版社2021年版。
② 包利民:《希腊伦理思想史》,中国社会科学出版社2021年版。

这些主要德性,揭示一般德性与具体德性的关系;而"四主德"的学说则在柏拉图的对话中发轫,在亚里士多德的伦理学著作中成型。① 在《论正当观念的源起与道义论的生成》中,他讨论了荷马时代处于萌芽状态的正当观念中包含着应当、合宜、合法、合理的含义;赫拉克利特、德谟克利特、柏拉图、亚里士多德等哲学家使用过一些表示正当观念的语词,但没有深入阐发正当的伦理意义;斯多亚学派创始人芝诺提出了"义务"概念,而西塞罗的《论义务》在借鉴斯多亚学派思想的基础上讨论道德生活的基本准则以及人在社会生活中应当履行的各种义务,强调义务先于利益,揭示了道义论伦理学的基本特点。② 在《论快乐观念的源起与快乐理论的生成》中,他指出作为观念的快乐与人类文明同时存在,作为伦理概念和伦理理论则要经过哲学家的提炼,可以分为感性快乐论与理性快乐论,前者由阿里斯提波首先提出,伊壁鸠鲁将快乐主义发扬光大;在理性快乐论一方,则以柏拉图和亚里士多德为代表。③

2021年,《道德与文明》推出了"德性政治"专题,该专题比较细致地梳理了从古希腊到文艺复兴时期的德性政治传统。刘玮考察了从荷马到西塞罗的德性政治观念的发展过程,概括了两条主要线索:一条是强调勇敢和战争德性的主线,在荷马和各个城邦的政治实践中体现得非常明显;另一条是强调理智和智慧的线索,这条线索也可以在荷马史诗中看到端倪,经历了从智者到斯多亚学派的演进过程。整体而言,古代德性政治体现了用理智和智慧驯化勇敢,把勇敢纳入智慧轨道的特征。刘训练讨论了以"德性"为核心的一组概念如何构成了罗马的政治伦理观念和政治价值体系。"德性"揭示了罗马共和国占据统治地位的贵族阶级借以对内宣示特权、罗马国家借以对外宣示霸权的意识形态及其心理—动力机制与社会—政治供给机制,它也是理解罗马历史上贵族竞争与贵族展示的锁钥。郭琳则讨论了文艺复兴时期的政治思想家如何用德性驯化政治。文艺复兴时期的人文主义者倡导的"德性"不仅包括古希腊的四主德与中世纪的宗教德性,还涉及个人能力、专业知识等现代性的概念范畴。他们主张真正的高贵只能源于德性,希冀通过提升统治阶层的德性以实现政治改革。④

在关于古希腊伦理思想的整体研究中,还有两篇比较研究值得关注。姚新中的《智慧的三重品格——古希腊、儒学、希伯来智慧思想的特征与共性》一文,讨论了古希腊传统、

---

① 王晓朝:《论德性观念之源起与"四主德"学说之成型》,《河北学刊》2021年第5期。
② 王晓朝:《论正当观念的源起与道义论的生成》,《云南大学学报(社会科学版)》2021年第2期。
③ 王晓朝:《论快乐观念的源起与快乐理论的生成》,《武汉科技大学学报(社会科学版)》2021年第6期。
④ 刘玮:《用智慧驯化勇敢:古希腊德性政治的演进》;刘训练:《德性政治:罗马政治文化的观念构造》;郭琳:《用德性驯化政治:意大利文艺复兴时期的德性政治》。以上三篇论文均发表在《道德与文明》2021年第1期。

儒学传统、希伯来宗教传统中智慧思想体系的不同特征，认为它们分别揭示了智慧的哲学含义、道德蕴涵和宗教意指，代表着智慧所具有的理智性、伦理性和超越性，也表现了理论与实践、伦理与精神、现世与超越之间的张力与和谐；同时三者之间虽然有这些不同，但是也有深层的和谐与一致。[1] 姚卫群的《古印度和古希腊善恶观念比较》探讨了古印度和古希腊善恶观三方面的一致性及差别。一致性是指都受到主要思想家的影响、都有多重区分标准、都强调人的自然本性；差别则体现为古印度的善恶观与种姓制度有关，区分出了更多高低层次，有更强的宗教性，而古希腊没有那么多等级的区分，宗教性也相对淡化。[2]

二、早期希腊思想中的伦理政治问题

2021年国内的荷马研究相当繁荣。程志敏的《缪斯之灵：荷马史诗导读》介绍了"荷马问题"，《伊利亚特》与《奥德赛》两部史诗的创作背景、成书时间、主要研究、篇章结构，特别讨论了《伊利亚特》中的愤怒、神明和英雄三个主题，以及《奥德赛》中的政治哲学问题。[3] 陈斯一的著作《荷马史诗与英雄悲剧》由八篇各自独立而又相互贯通的文章组成，前三篇带有总论性质，研究了荷马史诗的文本性质和艺术统一性、荷马道德的历史基础、荷马史诗的文学批评方法等；后五篇则聚焦于赫克托尔和阿基琉斯的悲剧，展现了荷马诗歌世界的人性图景，揭示出古希腊英雄的独有气质和思想意义，深入思考了诗歌与历史、自然与习俗、神性与兽性、战争与友谊、英雄与悲剧等重大问题。[4] 陈斯一还在《荷马的独眼巨人与西方共和政治传统》一文中讨论了荷马用政治的语言描述的独眼巨人的生活状态："他们没有议事的集会，也没有法律……各人向自己的妻子儿女立法，不关心他人的事情。"他指出这段描述反映了一个根本的政治哲学原则：严格意义上的政治必须超越家庭的共同体模式和家父长的统治模式。换句话说，家国同构的君主制和帝国专制都不是真正的政治体制，而只有共和政治才是真正的政治。[5] 何祥迪的《海伦的罪与罚——论荷马史诗中的伦理观念》通过荷马史诗中的海伦形象来讨论史诗中的伦理观。荷马笔下的海伦并非后世学者阐发的非黑即白，她追求美、荣誉和不朽的爱欲，但是在这些追求中却犯下了三宗罪行：背叛丈夫、损害城邦、自我沉沦。这些过失被看作人性的普遍限度，虽可以通过海伦的忏悔而

---

[1] 姚新中：《智慧的三重品格——古希腊、儒学、希伯来智慧思想的特性与共性》，《道德与文明》2021年第3期。
[2] 姚卫群：《古印度和古希腊的善恶观念比较》，《伦理学研究》2021年第3期。
[3] 程志敏：《缪斯之灵：荷马史诗导读》，华夏出版社2021年版。
[4] 陈斯一：《荷马史诗与英雄悲剧》，华东师范大学出版社2021年版。
[5] 陈斯一：《荷马的独眼巨人与西方共和政治传统》，载洪涛主编《复旦政治哲学评论》第13辑，上海人民出版社2021年版。

化解，但是最终还是会落到全人类的肩上。① 吴明波的《修辞、自我与正义——〈奥德赛〉克里特故事中的奥德修斯》讨论了奥德修斯在返回伊塔卡后用克里特人的身份向牧羊人、牧猪奴、妻子讲述自己的故事，由此形成了"克里特故事组合"。通过这三个不同的故事，奥德修斯不仅展示了不同的形象，而且为自己恢复真实身份铺平了道路，也体现了他对"正义"的理解和他的自我认识。② 潘亦婷的论文《〈奥德赛〉中的daimôn》讨论了daimôn这个对于古代伦理思想很重要的概念在荷马史诗中的含义，细致地考察了从《伊利亚特》到《奥德赛》这个词的含义变化，比如在《奥德赛》中这个词变得更缺乏确指性、有更强的负面色彩，总的来讲，这个词表示"神明"和"个人命运"的含义可以上溯到《伊利亚特》，而"魔鬼"和"内在精神"的含义则可以追溯到《奥德赛》。③

品达是希腊诗人中最难解读和翻译的一位，被称为"西方抒情诗第一诗人"，诗歌中有着丰富的伦理政治意涵，西方古典学家对品达的解读成果浩如烟海，但是在中国只有极少研究。刘浩明采用希中对照的方式翻译了品达的全部赞歌，包括《奥林匹亚赞歌》十四首、《匹透竞技赛庆胜赞歌》十二首、《涅墨亚竞技赛庆胜赞歌》十一首、《地峡竞技赛庆胜赞歌》八首，并附有专名注释。与此同时，他还承诺将会另外撰写笺注解读品达的作品。希望这个译本的出版可以推动中国的品达研究。④

古希腊悲剧研究也在2021年出现了很多有分量的研究。刘小枫主编的《古典学研究》辑刊，推出一期名为"肃剧中的自然与习俗"的专题，收录了三篇中国学者的论文和一篇外国学者的论文。其中三篇中国学者的论文分别讨论了三大悲剧作家的各一部作品。龙卓婷的论文讨论了埃斯库罗斯的《和善女神》（又译《复仇女神》）中的第一场辩论，展示了以复仇女神为代表的古老神祇与以阿波罗为代表的奥林匹斯新神之间的冲突，也就是宗法正义与城邦正义之间的冲突，包含了男性与女性、传统与变革、婚姻与血缘、新秩序与旧秩序等多组冲突。陈斯一的《〈安提戈涅〉中的自然与习俗》讨论了亚里士多德与黑格尔对《安提戈涅》的经典解读，他反对讲安提戈涅和克瑞翁分别看作自然与习俗、家庭伦理与城邦伦理的化身，而是认为他们都体现了希腊英雄的自然强力，这种人格力量与他们捍卫的共同规范之间形成了强烈的张力。换句话说，超群个人与共同体秩序之间的张力，才是《安提戈涅》中的最核心的自然与习俗张力。颜荻认为要提高《伊翁》作为古希腊悲剧经典的地位。

---

① 何祥迪：《海伦的罪与罚——论荷马史诗中的伦理观念》，载刘小枫主编《古典学研究》第8辑，华东师范大学出版社2021年版。
② 吴明波：《修辞、自我与正义——〈奥德赛〉克里特故事中的奥德修斯》，载刘小枫主编《古典学研究》第8辑，上海：华东师范大学出版社2021年版。
③ 潘亦婷：《〈奥德赛〉中的daimôn》，载刘小枫主编《古典学研究》第7辑，华东师范大学出版社2021年版。
④ 品达：《竞技赛会庆胜赞歌集》，刘浩明译，北京大学出版社2021年版。

因为本剧处理了一个对雅典非常重要的主题——公民身份的确立,从这一角度,我们可以看到欧里庇得斯以反讽手法用一个看似完美的结局实则展现了重要的人间悲剧(新城邦建立在克瑞乌莎保守伊翁作为私生子秘密的基础上),甚至展现了作者想要为雅典城邦的命运最后一搏的努力。① 除了这个专辑收录的论文之外,罗峰的《欧里庇得斯的新悲剧艺术与现代精神》从整体上讨论了欧里庇得斯在悲剧创作上的革新,主要体现在他把大量说理和论辩融入悲剧,由此开启了文学的启蒙思想,这标志着悲剧的"现代转向",从而对我们创作文艺作品形塑公民品质的问题有所启发。罗峰的《自爱与慷慨:欧里庇得斯〈阿尔刻斯提斯〉中的道德困境》讨论了欧里庇得斯的《阿尔刻斯提斯》中主人公替夫而死面临的道德困境:这一行为既出于自愿又不自愿,女主人公身上既有传统德性的烙印,又因含混的自爱而带上了鲜明的个人主义色彩。替死行为虽显示出英雄式的勇敢,但又因替死者要求回报和忽略公共维度而与传统德性发生断裂。而她丈夫阿德墨托斯的选择也凸显了自爱和个人主义特征:他不仅要求他人替自己赴死、坦然接受妻子替死,还责骂父亲不愿替死,并在对妻子的背叛中消弭了慷慨德性。欧里庇得斯由此展现了传统宗教的内在限度,及其给人世政治和伦理带来的困境。② 王瑞雪的《重审雅典的"启蒙时代":欧里庇得斯〈特洛伊妇女〉中的修辞实验》讨论了欧里庇得斯在《特洛伊妇女》中引入时兴的智者修辞,揭示了神圣正义失落后自然的必然与人的理智之间的矛盾,演绎了裁判人间事务时人的理智的有限性及言辞工具的限度,也提示人们洞察语言表象背后的强力阴影。这样的修辞实验表明,智者的"启蒙"难以解决属于人的权力关系及其必然性问题。③ 包帅的《希腊悲剧中的否定的辩证法——一个基于欧里庇得斯〈赫卡柏〉的分析》讨论了欧里庇得斯的《赫卡柏》中展现的"否定的辩证法"(从而区别于黑格尔概括的悲剧中的"肯定的辩证法"),对立双方未必都具有道德正当性,而且对立面的相互反转会一再进行,难以达到圆满的结局,从而更体现了生活中的悲剧性;但是同时,积极的反抗和高贵的人性在这种永恒轮回中依然有发挥的空间。④

在古希腊喜剧研究方面,最值得关注的作品是刘小枫的《城邦人的自由向往:阿里斯托芬〈鸟〉绎读》。他细致梳理了阿里斯托芬的喜剧《鸟》的主要情节和其中的政治哲学意

---

① 龙卓婷:《宗法正义与城邦正义——埃斯库罗斯〈和善女神〉中的第一场论辩》;陈斯一:《〈安提戈涅〉中的自然与习俗》;颜荻:《欧里庇得斯〈伊翁〉中的公民身份问题》。以上三篇论文均发表在刘小枫主编《古典学研究》第8辑,华东师范大学出版社2021年版。

② 罗峰:《欧里庇得斯的新悲剧艺术与现代精神》,《浙江学刊》2021年第5期;《自爱与慷慨:欧里庇得斯〈阿尔刻斯提斯〉中的道德困境》,《外国文学评论》2021年第4期。

③ 王瑞雪:《重审雅典的"启蒙时代":欧里庇得斯〈特洛伊妇女〉中的修辞实验》,《外国文学评论》2021年第4期。

④ 包帅:《希腊悲剧中的否定的辩证法——一个基于欧里庇得斯〈赫卡柏〉的分析》,《浙江学刊》2021年第3期。

涵，特别强调了《鸟》中看似戏份不大的普罗米修斯形象，由此将阿里斯托芬的《鸟》与埃斯库罗斯的普罗米修斯三联剧和柏拉图的《普罗塔戈拉》联系了起来，构成了"隐藏的普罗米修斯线索"，并且认为这一线索对于思考当今民主制的问题大有裨益。① 同时，刘小枫也在主持"阿里斯托芬全集"的翻译工作，这个新的全集系列出版的第一部是黄薇薇翻译的阿里斯托芬的最后一部喜剧《财神》。②

吕厚量的专著《古希腊史学中帝国形象的演变研究》以丰富的资料、翔实的考证和分析，讨论了希罗多德、泰西阿斯、色诺芬三位希腊史学家对波斯帝国的不同描绘，以及波利比乌斯、约瑟福斯、波桑尼阿斯这三位希腊史学家对罗马帝国的不同描绘，展现了希腊历史学家如何理解与他们形成对照的"他者"。该书虽然是史学著作，但是对于我们理解古希腊和古罗马的政治思想有着重要的价值。③

三、苏格拉底与柏拉图的伦理政治思想

在苏格拉底研究方面，学界主要关注的是苏格拉底的德性问题。田书峰有四篇论文探讨苏格拉底的德性问题。在《苏格拉底论德性的双重本性》中，田书峰列举了幸福与德性关系的四种观点，认为其中德性工具论不足取，而部分整体说实则属于亚里士多德和柏拉图，只有德福同一论和德性充足论更符合苏格拉底想法。该文也指出了这两种解释路径所遇到的困难和受到的反驳，并从德性与幸福的关系视角说明了德性的双重本性：德性既因为促进幸福而有价值，也具有内在价值。在《苏格拉底论德性即知识》中，田书峰通过对柏拉图诸早期对话的研究，探讨了《游叙弗伦》中关于虔敬的知识、《卡尔米德》中关于节制的知识、《拉克斯》中关于勇敢的知识，以及《普罗泰戈拉》中快乐主义对德性即知识的论证，从而展现了德性即知识命题的丰富内涵。在《苏格拉底论德性是否可教》中，田书峰指出苏格拉底的德性教育不同于智者的知识兜售，德性是可教的，与知识源于人的内在本性并不冲突，并行不悖。德性的可教性在于教育者通过与学徒的活生生的问答式对话和交流帮助他回忆起已然存在于自己心灵中的德性知识，让学徒能够从游移不定的模糊意见状态进入稳固不动的明晰知识的状态中。在《苏格拉底论无人自愿为恶或对不自制的否定》中，田书峰指出，在不自制问题上厄尔文忽略了非理性的成分对人的影响和作用，佩内的历时性不自制分析缺少对可能性条件的讨论。在此文中，作者为这一讨论补充了三个条件：（1）真信念有一种内在的不稳定性；（2）人所拥有的非理性的欲望和激情具有动机性作用；（3）人的

---

① 刘小枫：《城邦人的自由向往：阿里斯托芬〈鸟〉绎读》，华夏出版社2021年版。
② 阿里斯托芬：《财神》，黄薇薇译，华夏出版社2021年版。
③ 吕厚量：《古希腊史学中帝国形象的演变研究》，中国社会科学出版社2021年版。

真信念容易受感觉印象和想象图像的作用而屈服于显像的能力之下。①

易刚的论文也探讨了无人有意作恶的问题。他指出《普罗塔戈拉》中快乐主义的二阶结构：在快乐主义的第一阶段，受显像力量影响的行动者，在对当下和未来的快乐和痛苦进行大小估值时，就已经考虑了当下快乐所产生的诱惑；而有快乐测量技艺的行动者，则在两个阶段都不受当下快乐之诱惑的影响。对二阶结构的分析表明，学者们从当下快乐所产生的诱惑角度反驳苏格拉底对不自制的否认是不成立的，苏格拉底所持有的是一种能够容纳当下快乐之诱惑等非理性因素的道德心理学。② 薛期灿、柴琳的论文也讨论了德性是否可教的问题，在《普罗泰戈拉》中，普罗泰戈拉主张美德可教，并且作为美德部分的各种具体美德也各不相同；而苏格拉底要证明各种具体美德在本质上是统一的，普罗泰戈拉公开宣称的美德可教不过是为了迎合民主政治的需要以博取智慧的名声。③ 王志强的论文探讨了《卡尔米德篇》中的"节制"德性，他指出在柏拉图作品的表述中"节制"有从欲望的节制、灵魂的节制到城邦的节制的阐释路径。《卡尔米德篇》批驳了"统治所有知识的知识"的理性狂妄，以"知所知且知无知"给出了"节制"的最高定义：理性自我设限的"理性节制"，以及由此引出的对"哲学王"的"政治节制"。④ 常永强的论文关注苏格拉底从自然哲学转向伦理学的原因和意义，认为这一转向一方面扭转了真理探究的方向，另一方面赋予了伦理学以坚实的本体论基础。⑤ 在此基础上，他将"善"理念理解为苏格拉底的形而上学，把伦理学理解为通达这一形而上学真理的方法论。但是根据学界通论，善的理念是柏拉图的核心学说，用来解释苏格拉底的转向非常奇怪。

在柏拉图的翻译与研究方面，溥林（熊林）开始了一项令人肃然起敬的翻译计划——从希腊文重新翻译柏拉图全集，以希汉对照的方式呈现。2021年这项计划推出了前四卷《欧悌弗戎》（欧叙弗伦）、《苏格拉底的申辩》、《克里同》、《斐洞》（《斐多》）。溥林的译文贴近希腊文，并增加了很多注释解释希腊词汇的含义和哲学意义，对读者学习希腊文和了解柏拉图的著作都有较大帮助。⑥ 李致远的《修辞与正义：柏拉图〈高尔吉亚〉译述》比

---

① 田书峰：《苏格拉底论德性的双重本性》，《现代哲学》2021年第6期；《苏格拉底论德性即知识》，《云南大学学报（社会科学版）》2021年第3期；《苏格拉底论德性是否可教》，《伦理学研究》2021年第6期；《苏格拉底论无人自愿为恶以及对不自制的否定》，《世界哲学》2021年第5期。

② 易刚：《苏格拉底对不自制的否认——论〈普罗泰戈拉〉中快乐主义的二阶结构》，《哲学研究》2021年第10期。

③ 薛期灿、柴琳：《苏格拉底论美德的统一性与智者教育的本质——柏拉图〈普罗泰戈拉〉328e-334c解析》，《延边大学学报（社会科学版）》2021年第4期。

④ 王志强：《柏拉图的"节制"——基于〈卡尔米德篇〉的解读》，《伦理学研究》2021年第5期。

⑤ 常永强：《从苏格拉底转向看伦理学的性质与功能》，《伦理学研究》2021年第5期。

⑥ 柏拉图：《欧悌弗戎》《苏格拉底的申辩》《克里同》《斐洞》，溥林（熊林）译，商务印书馆2021年版。

较忠实地翻译了柏拉图的重要对话《高尔吉亚》，并用随译随注的方式详细疏解了这部作品（主要的研究进路是施特劳斯式的），对于读者对这部对话更进一步的研究打下了一定的基础。① 柳孟盛的论文《哲学与修辞术之争：柏拉图〈高尔吉亚〉序幕的戏剧式解读》用文学和历史性的分析讨论了《高尔吉亚》的序幕部分，讨论修辞、政治、哲学这几个主题之间的复杂关系，斗争欲十足的修辞术注重享乐的感官满足，但是因为关注斗争会导致个体的痛苦和集体的政治衰退，哲学既要利用修辞术——因为它的力量，又要批判修辞术——因为它缺乏知识。② 覃万历的论文从修辞批评的角度探讨了柏拉图为什么没有形成一种实践哲学，从《高尔吉亚》和《斐德罗》中可以看到柏拉图修辞批评的根本在于他断定当时的社会病灶是逻各斯出了问题。他试图净化逻各斯，把哲学逻各斯与修辞逻各斯完全区分开，在此基础上提炼出哲学思维，作为解决社会问题的良方。但这种哲学思维本身的封闭性质却会阻碍实践哲学的形成。③

在对柏拉图的其他研究中，《理想国》研究依然占据了核心位置，正义问题又是《理想国》研究的中心。盛传捷的论文在古今关系的视野下考察了柏拉图的正义观。他指出霍布斯和休谟试图使用"间接利己主义"论证策略来回应"盖吉斯之戒"的问题。霍布斯承认在某些情况下通过违背正义原则可以获取额外好处，但这最终会有损违背正义原则的人自身的利益。休谟反对霍布斯有关人性完全自私的假设，但同样认为损害正义原则最终会有损包括不正义之人自身利益在内的"共同利益"。柏拉图在其回应方案中考虑了与霍布斯、休谟"间接利己主义"类似的论证策略，但认为其存在缺陷，即它不能否认违背正义原则在某些情况下确实会获得额外的利益。于是他采用了"直接利己主义"的论证策略来说明捍卫正义原则的人会得到直接的好处。④ 龚群的论文探讨了柏拉图的正义观存在的问题，认为柏拉图的正义过于理智主义，没能回应智者提出的问题（行事正义使人不幸，行事不正义使人幸福）。⑤ 纪晓程的论文也比较了智者和苏格拉底对正义的理解，指出色拉叙马霍斯所认为的"利"为物质上带给人的利益，而苏格拉底认为的"利"为精神上、心灵上的快乐。龚群认为对一个事物的比较要在同一个层面上比对才是有效比较，因此二人的说法在属于各自的领域范围内是正确的，但在不同层面的比较不能得出满意的结果。⑥ 聂敏里探讨了《理想

---

① 李致远：《修辞与正义：柏拉图〈高尔吉亚〉译述》，四川人民出版社2021年版。
② 柳孟盛：《哲学与修辞之争：柏拉图〈高尔吉亚〉序幕的戏剧式解读》，载刘小枫主编《古典学研究》第7辑，华东师范大学出版社2021年版。
③ 覃万历：《柏拉图为什么没有形成一种实践哲学？——以〈高尔吉亚篇〉与〈斐德罗篇〉的修辞批评为视角》，《天津社会科学》2021年第4期。
④ 盛传捷：《捍卫正义——基于柏拉图、霍布斯和休谟的考察》，《伦理学研究》2021年第6期。
⑤ 龚群：《柏拉图〈国家篇〉中的正义与问题》，《社会科学辑刊》2021年第5期。
⑥ 纪晓程：《论柏拉图〈理想国〉第一卷中的善恶观》，《法制与经济》2021年第8期。

国》第五卷到第七卷的哲学家论证的内在结构和困难。他认为追求真理时的各种美德与统治城邦所需要的各种美德不相关，即便是在理想城邦中哲学家也不愿意，而只能通过外在强迫成为城邦的统治者。这进一步彰显了柏拉图哲学家论证的内在逻辑困难。①

除此之外，得到关注的主题还有哲学的本性、公民教育、柏拉图的诗学等问题。樊黎的论文比较了《斐德罗》和《理想国》中的灵魂学说，批评了纳斯鲍姆认为《斐德罗》将哲学看作一种神圣的疯狂，从而修正了《理想国》等对话将哲学视为理性统治的立场。作者认为，神圣的疯狂是灵魂向上接触真实存在时的剧烈动荡，灵魂政体则是灵魂向下在可见世界中建立的生活秩序。因此，《斐德罗》对神圣疯狂的赞美并非旨在修正《理想国》所推崇的理性统治。哲学生活源于神圣疯狂，但并不等同于神圣疯狂，它仍需建基于一种由理性安排的稳定有序的内在秩序。②李静含的论文指出，在《法篇》（《礼法》《法义》）中，柏拉图系统讨论了《理想国》中提出但没有展开的公民教育问题并对其进行详细定义，其主要原理在于通过使心灵中的情感秩序化，一方面控制情感，另一方面培养与正确信念相和谐的情感，从而产生公民德性。③叶然探讨了《理想国》卷十中的"严肃的模仿"，即哲人王以美的城邦中的德性之"相"为范本，在诗中模仿出哲人王自己这类人。由此，哲人王与柏拉图所谓"好诗人"这两个角色重合。④周飞的论文探讨了柏拉图诗学思想中的技艺概念，他指出柏拉图正是通过对具体技艺活动及其产品静态的对象化处理，获得了认识事物的普遍模型。柏拉图从技艺生产和器物使用的角度去描述和评价诗：首先，他将有关诗歌的讨论纳入技艺语境之中，区分了制作者的生产实践活动与使用者的知识生产活动；其次，他有意无意地置换了诗人创作与读者阐释之间的地位与作用，继而在颠倒二者的基础上，达成哲学对诗的长期占有。自此，诗歌作为使用者阐释的物质对象也在其哲学体系中获得了合法位置。⑤

还有两篇论文探讨了《伊翁》中的诗学问题。王跃博的论文指出《伊翁》和《理想国》的第二、第三卷关于诗学问题看似存在着矛盾，但引入"苏格拉底诗学观"可以解决这个矛盾。《伊翁》所代表的苏格拉底诗学观，其实与《苏格拉底的申辩》构成互文性，是苏格拉底哲学活动的重要一环。不仅如此，《伊翁》中所体现出的反讽性与苏格拉底哲学的反讽性是完全一致的。⑥孔许友的论文指出柏拉图对话中出现的悖谬不能仅从辩证术方面理解，

---

① 聂敏里：《〈理想国〉中哲学家论证的内在结构和困难》，《道德与文明》2021年第6期。
② 樊黎：《哲学是一种神圣的疯狂吗——柏拉图〈斐德罗〉与〈理想国〉中的灵魂学说》，《哲学动态》2021年第12期。
③ 李静含：《德性与情感秩序——论柏拉图〈法义〉中的公民教育》，《道德与文明》2021年第1期。
④ 叶然：《柏拉图〈理想国〉卷十的"严肃的模仿"再探》，《艺术学研究》2021年第3期。
⑤ 周飞：《论柏拉图诗学思想中的技艺概念》，《社会科学论坛》2021年第6期。
⑥ 王跃博：《反讽之真——论〈伊安篇〉作为苏格拉底诗学》，《宁夏大学学报（人文社会科学版）》2021年第3期。

而应同时考虑基于修辞的意图和笔法，这需要深入对话的戏剧性文脉和论辩的修辞细节之中。从修辞术的方面理解，《伊翁》中苏格拉底言辞的五个主要悖谬很大程度上应视为佯谬或反讽，因此其中的学说也远比单纯的文艺灵感说复杂。①

对柏拉图其他作品的关注相对比较分散，值得关注的研究不多。万昊的论文《智术师教诲中的死亡与谎言——柏拉图〈欧蒂德谟〉》试图解释《欧蒂德谟》（或译《欧叙德谟》）中苏格拉底为什么会对智者持正面的评价甚至对他们多有保护。作者分析了对话中两位智者颇为惊人地说到爱智慧就意味着死亡的问题，由此论证智者与哲人的距离其实并不遥远，他们甚至对自己的限度也有所认识，苏格拉底也并不认为他们是爱智慧或哲人的敌人。②陈斯一讨论了《会饮篇》中阿里斯托芬神话的要旨在于挖掘城邦政治的人性根据，从而在自然层面为习俗作出辩护。在这个意义上，代表诗人的阿里斯托芬与代表哲学家的苏格拉底形成尖锐冲突，前者认为爱欲追求的是属己的整全，后者认为爱欲追求的是善好，而对此的最高展现是超越政治的"美本身"，双方的冲突展现了"诗歌与哲学的古老争执"。③郭昊航的论文讨论了《泰阿泰德》中的两段"离题话"中两种典型的哲人形象，认为这两种哲人形象作为两种范式，其背后存在着对于哲人的两种理解（驻留在理念世界的哲人和返回洞穴的哲人），而这不同的理解当中，更是潜藏着对于哲学史的现实关切。④

在中西比较方面，孙伟的两篇论文值得关注。在《"通观"与"虚壹而静"——柏拉图灵魂说与荀子"神明"观之比较》中，作者比较了柏拉图的灵魂说与荀子的"神明"观，指出柏拉图所努力追求的是将人的灵魂摆脱肉体情感和欲望的束缚，重新获得灵魂所本有的最高理念和个别具体认知间的平衡结构。在这一最高诉求下，柏拉图提出了"通观"和辩证法的方式来达到这一最终目的。对于荀子来说，心之"神明"的实现首先需要内在的道德坚守诉诸外在实践，而在最后阶段则需要通过"虚壹而静"的方式来实现永恒理性知识与个别感性认知之间的平衡。孙伟的另一篇论文《"王"与"霸"——早期儒家与古希腊政制观之比较》对古希腊和儒家的政制观念进行了比较研究。对于早期儒家而言，这种理想的政制就是"王道"；而对于古希腊的哲人来说，这种理想的政制就是"哲学王"。无论是"王道"还是"哲学王"，都是在充满道德悲悯情怀的哲人那里所寄托的政治实践理想。然而，现实的政治和社会形势使得这些充满理想的哲人不得不考虑这种政治理想如何在现实的

---

① 孔许友：《苏格拉底的佯谬修辞——再释柏拉图〈伊翁〉》，《江苏第二师范学院学报》2021年第3期。
② 万昊：《智术师教诲中的死亡与谎言——柏拉图〈欧蒂德谟〉》，载刘小枫主编《古典学研究》第7辑，华东师范大学出版社2021年版。
③ 陈斯一：《爱欲与政治——〈会饮篇〉中阿里斯托芬的神话》，《现代哲学》2021年第4期。
④ 郭昊航：《〈泰阿泰德〉中的两种哲人——关于对话中两次"离题话"的一种解读》，《云南大学学报（社会科学版）》2021年第6期。

层面上实现。这样,"王道"或许要通过"霸政"才有可能得以实现,而"哲学王"如果在现实中难以实现,也必须通过强调法治的制度才能实现稳定和谐的城邦。①晏玉荣的论文比较了柏拉图的节制德性与孟子的以"心"治"欲"的思想。由于柏拉图与孟子的形而上学基础不同,在解释节制美德的规范性时,前者将理性对"善的理念"的认知作为自我克制的根本保证,使得欲望与理性之间的和谐成为不可能;后者则将主体的志向或意志作为以"心"治"欲"的关键,"本心"在扩充自己的同时会提升、转化体气,从而真正地实现身心之间的和谐。②

四、亚里士多德的伦理和政治思想

2021年,在亚里士多德的伦理和政治思想领域没有专著出版,这种情况似乎是笔者自从撰写年鉴综述以来第一次出现,论文的数量也少于往年。主要的讨论集中在幸福与德性的问题上。廖申白讨论了亚里士多德对幸福原理所作的"实践"论证。文章认为论证包含如下三个核心要点:构成一个人"灵魂实现"基础的是他作为一个实践者出于选择地追求某种善的、包含着他/她的灵魂能力的一个"实现"的活动;这样的实践最终指向以他整个一生来看是那个最终的东西的一个"蕴含的善",由这样的实践造成的灵魂的"实现"也最终指向那个善所包含的灵魂的最充分的"实现",那个善或所包含的那个最充分的"实现"就是幸福;它对于一个"认真的人",也对于一个认真的实践者,是善,并且也对于他显得善。③李涛的论文讨论了何种因素造就幸福的问题,在该问题上,学界形成了美德伦理学和道德运气论两种流行的解释。他赞同幸福伦理学的解释,幸福不仅停留在美德层次,还需上升到美德的成全活动,且须增添由运气决定的外在善。同时,个人美德的培养离不开良好的政治秩序,城邦的美德与幸福最终落在政治家的美德行为之上。④刘玮的论文回应了亚里士多德伦理德性对象是情感还是行动的争论。他指出,亚里士多德的伦理德性关注的首要对象是情感,而行动只是相应情感的产物,伦理德性作为"中道状态"并非首先旨在命中具体

---

① 孙伟:《"通观"与"虚壹而静"——柏拉图灵魂说与荀子"神明"观之比较》,《哲学研究》2021年第3期;《"王"与"霸"——早期儒家与古希腊政制观之比较》,《江南大学学报(人文社会科学版)》2021年第4期。

② 晏玉荣:《节制美德与以"心"治"欲"——对柏拉图和孟子的一个比较》,《济宁学院学报》2021年第1期。

③ 廖申白:《亚里士多德关于"幸福"原理的"实践"论证》,《上海师范大学学报(哲学社会科学版)》2021年第4期。

④ 李涛:《从美德伦理学到幸福伦理学——亚里士多德论幸福、美德与运气》,《道德与文明》2021年第3期。

的行动，而是将情感调整到恰当的状态。①陈庆超的《公正何以为"一切德性的总括"——亚里士多德公正观的内在理路探析》分析了亚里士多德的正义观（公正观）。他指出总体的公正通过对法的遵守在规范的来源方面统领着诸道德德性，具体的公正通过对外在善的适度标准的把握从判断标准和目标追求两个方面统领着诸道德德性，两者具有内在的逻辑一致性，贯穿其中的是以幸福生活为目的的德性统一性原则。②黄家诚、田广兰的论文分析了亚里士多德伦理学体系中的道德责任问题。文章指出亚里士多德的道德责任理论在更精确的意义上是一种道德评价理论，关乎行为主体的活动与品质。意愿是引出行为的一种潜能，包含对行为环境的了解；选择是意愿能力的成熟与发展，包含对达成目的所需手段的考虑。意愿考察的对象侧重于行为，选择考察的对象侧重于行为者的品质。③魏奕昕的论文旨在说明在亚里士多德那里实践智慧为何是统一的。文章指出理解实践智慧统一性的关键在于两个方面：一是亚里士多德的中道原则，二是诸道德德性领域的高度交叉融合。④聂敏里认为美德伦理学的基础是古典实践概念，而它在本质上是自然主义的，而从格劳秀斯到洛克的近代自然法传统则通过对财产权起源的探讨，最终将劳动确立为财产权的基础。由此，古典实践概念在近代自然法传统中便获得了根本的拓展，由一个局限在道德领域的人类活动概念转化为一个普遍的生产劳动概念。⑤

在政治哲学领域，黄梦晓、郭峻赫的《亚里士多德的政治友爱论：共和主义的解释》讨论了围绕政治友爱问题的争论。学界的两种主要观点是德性友爱或利益友爱。而他们认为，政治友爱的前提是公民享有自由和平等身份地位的政治统治这一制度性境况，指向的是共和政体，一种将冲突和分歧中的人们带到良性和审议的政治生活的制度性安排，从而成为不同于前两者的第三种友爱观。⑥崔嵬的论文《亚里士多德〈政治学〉与古今政治教育的分野》中讨论了以柏拉图和亚里士多德为代表的古典教育方案。文章认为以"哲人王"为目标的理想教育是柏拉图与亚里士多德内在一致性的落脚点，也是现代政治教育与古典政治教育最大的差别。⑦

---

① 刘玮：《亚里士多德论伦理德性、情感与行动》，《晋阳学刊》2021年第4期。
② 陈庆超：《公正何以为"一切德性的总括"——亚里士多德公正观的内在理路探析》，《道德与文明》2021年第2期。
③ 黄家诚、田广兰：《意愿与选择：亚里士多德道德责任理论的两个条件》，《江苏科技大学学报（社会科学版）》2021年第1期。
④ 魏奕昕：《亚里士多德论实践智慧的统一和道德德性的统一》，《哲学动态》2021年第12期。
⑤ 聂敏里：《古典实践概念与近代自然法传统——对古典美德伦理学的一个批评性考察》，《中国人民大学学报》2021年第1期。
⑥ 黄梦晓、郭峻赫：《亚里士多德的政治友爱论：共和主义的解释》，《学习与探索》2021年第4期。
⑦ 崔嵬：《亚里士多德〈政治学〉与古今政治教育的分野》，载刘小枫主编《古典学研究》第7辑，华东师范大学出版社2021年版。

此外，孙伟从情一理关系的视角对亚里士多德和荀子的伦理学进行了比较研究。对亚里士多德来说，伦理德性是社会习俗和价值观对一个人情感和欲望塑造的结果，它使得人们具有相应的道德情感和欲望，也成为理性思考的起点；实践智慧是针对具体情境而进行的道德理性判断。荀子认为礼义制度通过熏陶而逐渐引导人的情感和欲望，使之趋向道德的结果。"义"是一种人类独有的理性能力，它为道德的起源和发展提供了内在的根据和框架。亚里士多德的伦理德性与实践智慧融合互生发展，荀子的"情"与"义"也相互融合发展，共同促进了人的完善德性的实现。①

五、晚期希腊和罗马的伦理政治思想

在石敏敏、章雪富2009年出版两卷本《斯多亚主义》12年后，国内终于又有一部关于斯多亚学派的专著出版，并且研究的问题更加具体细致。于江霞的《技艺与身体：斯多亚派修身哲学研究》以技艺与身体两个概念的演变、发展为主线，对斯多亚派的修身学说的哲学根基、基本方法以及思想遗产进行系统研究，试图透过哲学与医学、德性与技艺之间的可类比性与潜在张力，论证借助一种伦理化的技艺和一个可训练的身体，斯多亚派提供了一种面向双重意义上的"修身"的生活技艺观念。② 陶涛的论文研究了斯多亚派的核心概念"合宜行为"。他首先依据斯多亚派的"自然"与"属己之爱"的概念，在广义上将"合宜行为"界定为"符合自然/本性的行为"；其次，依据斯多亚派对善/恶、中性事物的界定，指出广义的合宜行为又可以区分为狭义的"合宜行为"与"完美行为/正确行为"。通过对合宜行为的讨论，斯多亚派建议人们以一种宁静的态度对待世事无常，并在理性处理中性事物的过程中，追求美德的卓越与幸福。③ 溥林、黄琬璐的论文研究了塞涅卡著作中的"前激情"概念。前激情是未经心灵同意单独由印象激起的灵魂的非自愿运动，它既不受意志控制，又不受理性管束。由于无人能豁免它的攻击，它也是脆弱的人性之明证。此外，通过阐明抑制激情的关键就在于泰然自若地面对外部世界的诸变化，该概念也是激情的终结者。④

许欢的论文讨论了伊壁鸠鲁学说中的道德责任问题。伊壁鸠鲁反对德谟克利特的决定论，虽然他接受必然性的存在，将必然性理解成我们的先天构成（原子结构）、影响着我们的环境，但是依然强调我们自身的主体作用，认为我们性格的生成和对环境的回应都取决于我们自己。从伊壁鸠鲁对欲望的分类中，我们找到了伊壁鸠鲁关于三种原因的对应物。其

---

① 孙伟：《"情""理"之间：一种对荀子与亚里士多德伦理学的比较考察》，《道德与文明》2021年第4期。
② 于江霞：《技艺与身体：斯多亚派修身哲学研究》，北京大学出版社2021年版。
③ 陶涛：《论斯多亚派的"合宜行为"》，《哲学研究》2021年第2期。
④ 溥林、黄琬璐：《论斯多亚学派的前激情概念及其作用》，《社会科学研究》2021年第4期。

中，必然欲望是必然性的体现，特殊情境对于自然但非必要欲望的影响是偶然性的体现，而我们对于自身生活方式的可能的选择成为道德责任的来源。①

石敏敏、章雪富翻译和注释了普罗提诺《九章集》第一卷的前四章（"论德性"）②，这个译本借鉴了现有的研究成果，提供了各章的导言、摘要和简单的疏解，但是翻译部分体例非常奇怪，两位译者用注释的形式把中文里面的每个词对应的希腊文都列了出来，所以全书的注释多达 2471 个。其中只有一些重点词语作了较多解释，其他都是简单注明了希腊文，这样的编排方式显然不如直接出一个希中对照版只对关键概念加注清楚。

张琦、苏振兴的论文关注盖伦的医学伦理思想，指出盖伦的医学伦理思想来源于希波克拉底的医德思想，延续了柏拉图的灵魂观，继承了亚里士多德的经验主义和逻辑演绎。盖伦的医德思想丰富，他主张医生应具备注重实践、逻辑训练、利他主义、保持节制、追求平等、追求真理等医德品质；还应注重构建良好的医患关系，认为患者应与医生结为同盟，医生应关注患者的内心和兴趣。③

在罗马伦理和政治思想方面，最值得关注的是刘津瑜主编的《全球视野下的古罗马诗人奥维德研究前沿》（上下卷）。奥维德是从罗马共和国到罗马帝国过渡时期最重要的诗人，他广受希腊和罗马诗人的影响（荷马，希腊悲剧作家、罗马诗人卡利马科斯，维吉尔等），又对后世的罗马诗歌和西方文化产生了深远影响，他作品中的一些主题，比如帝国、爱情、两性关系，也有着重要的伦理和政治内涵。但是国内学界极少有人深入研究，最多也只是译介工作。《全球视野下的古罗马诗人奥维德研究前沿》是国内关于奥维德研究的第一部著作。此书在 2017 年召开的会议基础上，收录了来自 12 个国家的作者的 27 篇研究奥维德的论文，并且提供了一些奥维德作品的全新翻译，论文中不乏中国学者的佳作。希望这本论文集的出版能够不仅给中国的奥维德研究，而且给中国的罗马诗歌研究注入新的动力。④

此外，西塞罗和贺拉斯的作品出版了两个新译本。西塞罗的《图斯库兰论辩集》既有重要的哲学史价值，又涉及西塞罗对死亡、痛苦、悲伤、灵魂的纷扰、德性与幸福生活的重要思考，是研究西塞罗伦理思想的重要文献，但是国内一直没有中译本问世。李蜀人出版了这部作品的第一个中译本（从英文版移译）⑤，确实有开创之功，但是这个译本中错漏较多，其中让人啼笑皆非的一个是在列举西塞罗的作品目录时，将他的《竞选手册》翻译成了

---

① 许欢：《伊壁鸠鲁伦理学中的必然性、偶然性和道德责任》，《哲学动态》2021 年第 12 期。
② 普罗提诺：《论德性：〈九章集〉第 1 卷第 1—4 章集释》，石敏敏译，石敏敏、章雪富注疏，中国社会科学出版社 2021 年版。
③ 张琦、苏振兴：《盖伦的医学伦理思想及其当代价值》，《中国医学伦理学》2021 年第 7 期。
④ 刘津瑜主编：《全球视野下的古罗马诗人奥维德研究前沿》（上下卷），北京大学出版社 2021 年版。
⑤ 西塞罗：《图斯库兰论辩集》，李蜀人译，中国社会科学出版社 2021 年版。

《电子手册》!刘浩明以拉丁文—中文对照的方式出版了贺拉斯《赞歌集》的前两卷的中译本,并且参考了国际贺拉斯研究的成果,给这一译本附上了格律、系年、词语会笺、全篇点评、后世传承与中西比较等内容,对这些作品作了详细的注释。① 相信这部作品的出版也将给国内的贺拉斯研究提供重要的基础。

六、基督教和中世纪伦理政治思想

2021 年在基督教和中世纪伦理政治思想领域值得关注的论文非常少,笔者只看到四篇论文。高源的论文讨论了奥古斯丁对"怡情"的看法。怡情是希腊古典哲学特别是斯多亚学派所追崇的圣哲情感境界,也曾对早年奥古斯丁产生了深刻影响。然而,奥古斯丁晚年却将这种境界与凡夫的情绪波动相混同,宣称两者并无实质区别。对此,传统批判性观点认为,奥古斯丁误读了古典哲学流派;相反的观点则强调奥古斯丁准确把握了怡情理论的实质。高源认为,奥古斯丁的诠释是远离古典哲学范式进行的价值重构,即把神圣慈爱扭转下的意志作为评估圣凡情感品质好坏的新标准和原则。② 肖剑的《奥古斯丁〈忏悔录〉与古典修辞学》指出奥古斯丁融合西塞罗的哲学修辞、罗马第二智术师派的智术修辞与技术修辞以及早期基督教的布道传统,进一步发展了基督教修辞学。③ 江璐的论文讨论了古希腊流传下来的决定论难题在奥卡姆那里的解决办法,即以自由意志的内在偶然因果性为核心的解决方案。奥卡姆认为自由意志是一种理性行动所拥有的以偶然方式进行运作的能力。他关于自由意志的这一观点,可以追溯到亚里士多德、古代的亚里士多德诠释传统、中世纪方济各哲学家们对奥古斯丁关于自由意志学说的进一步发展,以及司各脱关于自由意志的针对相反事件的能力的学说。④ 董修元的论文研究了迈蒙尼德《迷途指津》中的目的论思想。通过分别考察基于"世界永恒"与"有始前提"的各种目的论或反目的论观点(包括亚里士多德式自然主义、人类中心论和唯意志论等),迈蒙尼德最终得出结论:一切存在物都有内在目的,即维持和延续自身的存在、实现所属物种的形式;在此基础上,一部分存在物具有最终目的,即服务于比这些存在物更完善同时又需要由它们提供物质条件的事物;人不是世界的目的,世界作为一个整体没有外在目的。⑤

---

① 刘浩明注疏、翻译:《贺拉斯〈赞歌集〉会笺义证》,华东师范大学出版社 2021 年版。
② 高源:《圣哲之境:反思奥古斯丁对希腊古典哲学怡情理论的障碍性理解》,《四川大学学报(哲学社会科学版)》2021 年第 3 期。
③ 肖剑:《奥古斯丁〈忏悔录〉与古典修辞学》,《国外文学》2021 年第 4 期。
④ 江璐:《奥卡姆对决定论难题之解决——其自由意志论之探源》,《现代哲学》2021 年第 2 期。
⑤ 董修元:《迈蒙尼德〈迷途指津〉中的目的论思想研究》,《哲学动态》2021 年第 7 期。

七、文艺复兴伦理政治思想

在文艺复兴的伦理政治思想研究方面，李婧敬的专著《以"人"的名义：洛伦佐·瓦拉与〈论快乐〉》开辟了一个国内很少有人涉足的领域。作者细致阐释了人文主义者瓦拉如何运用语文学、修辞学和逻辑学等研究手段，从理论层面上为"快乐"一词注入全新的含义，从而构建起一种将人、上帝和自然兼容并包的全新伦理体系。该书从自然观、人性观、义利观、快乐观、女性观、行动观等诸多角度剖析了瓦拉的人文主义思想的具体内涵，梳理了瓦拉的伦理思想来源，同时对《论快乐》的学术价值、历史反响、传播历程及其在不同时期和不同地域产生的社会影响进行了探讨。①

除此之外的主要研究依然集中在马基雅维利和莎士比亚身上。刘训练的论文讨论了马基雅维利的慷慨观念，指出马基雅维利关于慷慨的论述与亚里士多德、西塞罗等古典思想家以及早期人文主义者有着根本性的差异。马基雅维利在慷慨等议题上的论证思路既不是传统的"中庸之道"，又不是斯金纳所认为的"叠转修辞"，也超出了所谓的"决疑术"范畴，这是一种"善与恶的辩证法"。②谢惠媛的论文《共和主义歧路：剑桥学派对马基雅维利政治德性的解读》讨论了以波考克和斯金纳为代表的剑桥学派学者将马基雅维利阐释为共和主义者的努力，而这需要将马基雅维利作品中离经叛道的学说纳入共和主义的框架，而这个出发点歪曲了马基雅维利将德性政治化的真实含义，未能完整呈现其思想的新颖性和冲击力，也遮蔽了马基雅维利思想的国家主义性质。③唐吉意、陈琳的论文指出《君主论》的核心是"政治去道德化"，虽然这一思想在历史上饱受争议，但无论如何，该思想触及了政治的本质，即关于"政治"在应然与实然上的属性问题，并对后世政治理论与实践的发展产生了深刻影响。④陈浩宇发表了两篇关于《佛罗伦萨史》的论文。在《如何书写政治冲突：马基雅维利〈佛罗伦萨史〉序言对布鲁尼的三重批评》中，陈浩宇讨论了《佛罗伦萨史》的序言里马基雅维利对前辈人文主义者布鲁尼的三重批评，他首先指责布鲁尼的《佛罗伦萨人民史》对内部冲突问题完全噤声，继而将这一沉默归结到布鲁尼和15世纪初佛罗伦萨寡头政权的亲缘关系，以及两者共享的保守政治理念，最后则认为布鲁尼错失了历史撰述最应关注的在政治冲突中表现出来的人的野心和欲望，由此展示了马基雅维利和以布鲁尼为代表的公民人文主义者在政治思想和历史观念等方面的差异，挑战此前思想史研究中将两者等量齐

---

① 李婧敬：《以"人"的名义：洛伦佐·瓦拉与〈论快乐〉》，人民出版社2021年版。
② 刘训练：《马基雅维利论慷慨》，《学海》2021年第3期。
③ 谢惠媛：《共和主义歧路：剑桥学派对马基雅维利政治德性的解读》，载邓安庆主编《伦理学术》第10卷（2021年春季号），上海教育出版社2021年版。
④ 唐吉意、陈琳：《论马基雅维利之"政治去道德化"》，《社会科学动态》2021年第8期。

观的惯常做法，并尝试重新判定文艺复兴时期不同共和理论的性质。在《派系、庇护与共和政治：马基雅维利〈佛罗伦萨史〉中的美第奇家族》中，作者讨论了马基雅维利对美第奇家族的呈现，特别是他们如何在派系斗争中展现自己的超常德性，同时也让佛罗伦萨远离了共和政治的原则和实践，而这揭示了美第奇家族统治的内在困境。[①] 雷勇、曾馨的论文对马基雅维利和霍布斯各自的国家观作了比较，他们的相同点在于拒斥古希腊以来的伦理政治传统、注重从人性的角度研究国家的产生、政体形式的选择、批判基督教和教会、重视财产和法律的作用等方面；不同之处在于思想的系统性、研究方法、思想的现代性程度、是否包含自由主义思想成分等方面。[②]

在莎士比亚剧作研究方面，彭磊对莎士比亚研究的范式进行了考察，指出当代莎士比亚的"政治批评"有四种主要的进路，一度占有主流地位的是政治历史的进路，其后又衍生出文化唯物主义、共和主义、政治哲学等解释范式。这四种范式在研究方法、理论预设上有较大差异，但可以归结为历史主义与政治哲学两种进路。[③] 王化学的论文围绕多部莎士比亚戏剧开展分析，指出莎士比亚的英伦史剧借古喻今，将围绕王位争夺与捍卫的血腥国史以典型化手法搬演舞台，振聋发聩；而其罗马题材悲剧，则于展现古代强国伟大业绩的同时，揭示出灿烂文明中的暗斑，启人深思。[④] 李向云、何萍的论文分析了《李尔王》之中"恶人式"的结局，看来缺乏"道德公正性"，但《李尔王》在推动道德教化、维护社会秩序方面却有着非凡功能，这是在艺术自律前提下实现的一种艺术伦理，是审美正义性的诉求，故其结局能经受时间的考验，审美正义性可以使作品中所隐含的或缺席的道德被读者的共情能力唤醒，从而实现道德的教化。[⑤] 姚啸宇的《虚妄的帝国——莎士比亚〈亨利五世〉中的马基雅维利式"新君主"》聚焦莎士比亚的《亨利五世》，认为该剧中的英国国王并非基督教君王的典范，而是一名马基雅维利式的新君主。为了掩盖兰开斯特家族统治的非法根基，亨利积极地发动针对法国的对外战争。在此过程中，他竭力地营造自己在臣民心目中的光辉形象，并且让别人来为他所做的残酷行径承担责任。遵循马基雅维利教导的亨利创造了夺目的

[①] 陈浩宇：《如何书写政治冲突：马基雅维利〈佛罗伦萨史〉序言对布鲁尼的三重批评》，《学海》2021年第3期；《派系、庇护与共和政治：马基雅维利〈佛罗伦萨史〉中的美第奇家族》，载邓安庆主编《伦理学术》第10卷（2021年春季号），上海教育出版社2021年版。

[②] 雷勇、曾馨：《现代国家的建构：马基雅维利与霍布斯》，《四川师范大学学报（社会科学版）》，2021年第6期。

[③] 彭磊：《何谓莎士比亚的政治——论当代莎士比亚政治批评的四种范式》，《戏剧》2021年第6期。

[④] 王化学：《莎士比亚戏剧里的政治学——以英伦史剧和罗马悲剧例之》，《山东社会科学》2021年第5期。

[⑤] 李向云、何萍：《道德公正性与审美正义性——析〈李尔王〉结局的不可更改性》，《江苏科技大学学报（社会科学版）》2021年第3期。

政治功业，但是无法获得人民对他的信任，还失去了良心的安宁。亨利通过暴力征伐缔造了一个虚妄的帝国，却未能建立稳固的秩序，王权合法性的问题也没有得到解决。在他死后，英国便再次被内战所吞噬。①

文艺复兴时期其他方面的研究值得关注的成果比较有限。在但丁研究领域，吴飞发表了《但丁的双重二元论》，论证但丁思想中其实有两组二元，因而其政治哲学中有并行的四座城。善恶二元论与心物二元论，是西方思想传统中既有关联又不完全相同的两种二元论。《神曲》中天堂（含炼狱）与地狱的二元区分，是善恶二元论的体现，代表着心灵秩序中的二分。然而，在尘世政治中，还有罗马帝国与堕落的尘世政治的区分，后者以古代的忒拜和当时的佛罗伦萨为代表，这是世界历史中的二分。两种二分之间的差异，即心灵秩序与世界历史之间的差异，构成了心物二元。并行的两组二城之分有交叉，但并不完全相同。作者认为通过对但丁这四座城的分析，可以对西方思想中这两组二元论有更深入的理解。② 张培均的论文考察了莫尔《乌托邦》中的战争观。乌托邦人表面反战，却不仅有一套自己的正义战争理由，还有一套高度理性的战争行为。作者同意沃格林的判断，认为这些论述并不严肃，莫尔的戏谑背后是文艺复兴时期的人文主义者共有的那种贪婪特质。③ 杨晓强通过蒙田集中表达自己怀疑主义的作品《雷蒙·塞邦赞》讨论了蒙田的政治思想。蒙田认为人就是动物，取消了自然与人为的差别，把人的语言、知识、理性都看作自然的产物。人只是因为骄傲自大才认为自己与众不同，实际上这只是虚妄的知识，只有破除虚妄才能获得幸福，由此为政治享乐主义扫除了障碍。④ 赵立行的《信与欲：文艺复兴早期人文主义者的爱情意象》讨论了文艺复兴早期人文主义者的爱情意象，认为由于无法摆脱宗教思维的影响，文艺复兴早期演化出两种截然不同的爱情观，即"精神之爱"和"肉欲之爱"。前者试图在宗教的框架里确立爱情的正当性依据，后者则试图从对抗宗教的角度阐释爱情本质。最后两者都没有能够触及爱情的本质，一方在万般纠结中回归宗教，另一方因为宗教和社会所不容而改弦易辙。但是，这两种爱情观都代表着对中世纪禁欲主义的挑战，提出了爱情正当性这一重要命题，体现了人文主义者对人性的思考。⑤

---

① 姚啸宇：《虚妄的帝国——莎士比亚〈亨利五世〉中的马基雅维利式"新君主"》，《国外文学》2021年第1期。

② 吴飞：《但丁的双重二元论》，《北京大学学报（哲学社会科学版）》2021年第5期。

③ 张培均：《乌托邦战争论——莫尔〈乌托邦〉中的战争观》，《海南大学学报（人文社会科学版）》2021年第1期。

④ 杨晓强：《人与动物的"同一个自然"——〈雷蒙·塞邦赞〉中的政治哲学》，载刘小枫主编《古典学研究》第7辑，华东师范大学出版社2021年版。

⑤ 赵立行：《信与欲：文艺复兴早期人文主义者的爱情意象》，《上海师范大学学报（哲学社会科学版）》2021年第1期。

2021年近代西方伦理思想研究报告

杨伟清[*]

就既有的研究文献来看,近代西方伦理思想研究主要包括近代英国伦理思想研究和近代德国伦理思想研究。近代英国伦理思想研究又可以分为三部分内容,即霍布斯与洛克的社会契约思想研究,从沙夫茨伯里到亚当·斯密的道德感学派研究,以及以边沁和密尔为代表的古典功利主义研究。近代德国伦理思想研究则主要围绕康德和黑格尔展开。此外,卢梭的伦理思想也备受关注。考虑到卢梭从属于契约论思想的脉络,且经常被拿来与霍布斯和洛克的思想比较,我们可以把这三个人放在一起处理。如此一来,近代西方伦理思想研究就由四大块组成,即古典功利主义研究,从沙夫茨伯里到亚当·斯密的道德感学派研究,霍布斯、洛克与卢梭的社会契约思想研究,康德和黑格尔伦理思想研究。

一、古典功利主义

古典功利主义的代表人物为边沁、密尔与西季威克。相对而言,密尔受到的关注较多,边沁次之,西季威克最少。但综合来说,古典功利主义在当前学界并没有受到足够的重视,相关的研究文献数量很少,质量也很不理想。

2021年度对边沁的研究不仅数量少,而且质量低,在此无须提及。2021年度对密尔的研究并没有围绕特定的主题进行,论文数量较少。有学者考察了密尔的道德评价理论。作者认为,后果、动机与意图是理解密尔道德评价理论的三个关键词。在密尔那里,后果指的是实施行为时所能带来的结果如何,动机指的是行为背后的根本驱动力,而意图指的是行为者想要做什么。行为的动机是意图产生的原因。密尔把道德评价明确区分为对行为和行为者的评价。在对行为进行评价时,他是根据行为的可能后果来进行的。当他说行为的对错取决于行为的意图时,鉴于他所理解的意图就是对行为结果的预测,这一表述就与说行为的对错取决于其可能后果是一回事,两者并不矛盾。他认为行为的动机无关于行为的道德性。这一说法值得商榷。行为的动机的确不能决定其对错,但会影响到其道德价值。在对行为者作评价

---

[*] 杨伟清,1978年生,河南人,中国人民大学伦理学与道德建设研究中心研究员暨哲学院副教授,研究方向为伦理学与政治哲学。

时,他潜在地区分了短时的和长时的评价。就短时的评价而言,动机发挥着至关重要的作用,因为它特别有助于认知行为者的内在自我。当然,同时也需要考虑行为的可能后果。就长时的评价来说,动机并非关键因素,真正重要的是行为的实际结果怎么样。①

有学者考察了密尔的功利主义式的正义理论,认为在当代政治哲学研究中,功利主义通常被认为在正义这一领域内遭遇了困境。随着关于约翰·密尔修正解释的兴起,密尔的正义理论被认为可以走出这一困境。在密尔那里,功利原理并不是一种狭隘的道德原理,而是作为整体生活技艺的第一原理。与生活技艺相对应,密尔提出了生活技艺得以实现之基础的性格学。性格学主要关心如何培育人的自主性,自主性成为密尔规定功利这一概念的核心要义。同时,密尔将权利视为正义区别于其他道德技艺的关键要素。权利被密尔重新定义为对人而言最为重要的功利,而自主性就是作为人之为人的本质性功利。结合密尔对功利原理和正义的讨论,自主性成了搭建功利与权利的概念桥梁,一种功利主义的正义理论得以可能。②

有学者从自由和民主的紧张关系的视角考察了密尔的政治思想,认为面对启蒙和革命年代遗留下来的思想困局,约翰·密尔将问题之肯綮锁定在自由与民主的话语竞争上,并着力应对由人民主权理念之多数原则造成的对个人自由的威胁。为此,密尔以经验论、科学主义和进步主义为基础,通过功利原则论证了对个性自由和少数人权利加以保护的必要性,并将粗糙含混的自由理念阐发为明确规则化的自由原则,用以规范个人行为同政府或社会约束之间的界限。最后,密尔设计出以精英原则为制约的代议民主制以取代人民主权所属意的平民政府。经此,以主权问题为核心的民主理念渐为自由所驯服,开始走向以竞争性选举为主要表征的自由民主理念。③

2021年度有一篇研讨西季威克的文献,以快乐的性质为主题。作者认为,边沁和密尔分别提出快乐能够在"量"上与在"质"上相比较的观点。西季威克通过澄清"快乐"概念的定义来支持边沁在快乐的量上的区分,否定密尔提出的"快乐的质"的合理性,并指出密尔的举措是对直觉主义的误用。西季威克认为,合理使用的直觉主义方法能够为功利主义提供正确的基础。西季威克对快乐不可公度性的批判,一开始就是基于他对直觉主义的理解。④

---

① 杨伟清:《后果、动机与意图——论密尔的道德评价理论》,《人文杂志》2021年第4期。
② 邵风:《一种功利主义的正义理论何以可能?——以约翰·密尔为中心的考察》,《天府新论》2021年第1期。
③ 黎宇清:《以自由驯服民主:约翰·密尔政治思想的使命》,《阴山学刊》2021年第1期。
④ 谢声远:《快乐的量与质:西季威克对边沁和密尔的批判》,《理论界》2021年第4期。

二、道德感学派

在道德感学派中，休谟受到的关注最多，亚当·斯密次之，其他思想家则很少有学者问津。

2021年度对休谟的研究数量不多，比较散乱，未形成集中的话题。有学者考察了休谟在近代政治哲学从契约论向功利论转向过程中扮演的角色，认为通过对契约论的质疑和解构，基于自然主义立场，休谟从"利益"和"需要"的角度解释了人类政治建构的起源与基础，为后来19世纪功利主义政治哲学的兴起提供了直接性的理论框架。休谟在"契约论"向"功利论"政治哲学的转向中扮演了极为重要的过渡性角色，但他既不是一名契约论者，也不是任何形式的功利主义者。[1] 有学者探讨了休谟和社会契约理论的关系，认为休谟在哲学层次的理性主义批判一直是学界关注的重点，但他对社会契约论理性主义的批判却没有得到深入的研究。导致这个状态的一个关键因素是休谟政治思想里有强调理性的利益权衡的论述。如果不能明确这个利益论述的性质与地位，就无法确切理解休谟如何应对契约论的理性主义。基于英美政治哲学对契约论的复兴，当代学者深入揭示了休谟这个利益论述的特质，但也夸大了其理性化的程度。事实上，休谟对社会契约论理性主义有一个系统批判，而这个批判的关键是对自觉的利益推演在人类政治实践中的地位予以严格限制。[2] 有学者考察了休谟的道德判断理论，尤其是同情与仁爱的相互关系。由于休谟在《道德原则研究》中淡化了对同情的刻画并强调仁爱在道德中的作用，所以他在后期是否以仁爱取代了《人性论》中的同情作为道德判断的基础，并由此退回传统的道德感理论的问题，引起了学界的激烈争论。但通过考察可以发现，休谟始终将同情，尤其是广泛的同情作为道德判断的基础，仁爱并未取代同情的这种基础作用。相反，无论是在《人性论》还是在《道德原则研究》中，仁爱都对同情具有依赖性。此外，休谟之所以在《道德原则研究》中对同情和仁爱作了部分调整，恰恰是为了更好地维护同情对道德判断的基础作用。[3]

有学者讨论了休谟的正义理论。休谟的正义理论是克服现代个体自爱与社会性之间系统张力的重要理论努力，但这一理论一直面临一项质疑：正义作为人为德性，其"德性"面相与"人为"面相存在内在矛盾。针对道德心理机制和人为秩序构建过程的细致分析表明，一方面，休谟的德性理论重视行动后果，主张对行动后果的同情是道德评价的出发点，能够

---

[1] 汶红涛：《从契约到功利：休谟与近代政治哲学的转向》，《南昌大学学报（人文社会科学版）》2021年第1期。

[2] 程农：《休谟与社会契约论的理性主义》，《社会科学》2021年第1期。

[3] 曾允：《道德判断的基础：同情抑或仁爱——论休谟的第二〈研究〉之谜》，《道德与文明》2021年第5期。

为服务于功利后果的人为制作赋予道德尊严；另一方面，休谟的人为秩序构建理论强调动态过程，在小型社会到大型文明社会的演化中，开明自利的自然动机和正义感的道德动机相互配合发挥作用。"德性论"与"人为论"彼此支持，共同奠定了大型文明社会的正义秩序。①

有学者考察了休谟对遵守规则的动机的论述。在现代社会里，如何确保人们普遍与稳定地遵守规则是一个重要的问题。现代主流思想，特别是自由主义思想，由于其内在理路却容易忽略这个问题。休谟在这个方面是一个明显的例外，他的制度演化与"人为德性"的理论为理解如何塑造遵守规则的动机提供了重要的依据。不过，在论述上休谟侧重揭示演化的理性逻辑，对演化过程进行了逻辑重构，因而对动机塑造过程的描述不够系统明确。由于研究者一直试图把握他的确切观点，探讨了各种可能的理解，却囿于现代主流思想的框架局限，因而没有认真对待最自然的一种解读。这个解读，就是休谟直接从人们基于自利动机而遵守规则的长期实践来理解"人为德性"或动机倾向的衍生。而要理解这个从"自利"到"人为德性"的演化过程，关键是区分休谟论述中对制度演化的逻辑模拟与对实际演化过程的具体描述，进而区分开休谟所说的"自利"动机与他的"利益感"概念。②

2021年度对亚当·斯密的研究文献相当稀少，也没有围绕特定的主题来对谈。有研究者考察了亚当·斯密和斯多葛伦理思想的关系。亚当·斯密在第六版《道德情操论》中对斯多葛派的处理具有相当的矛盾性。一方面，亚当·斯密在人性预设和道德观等方面的确采用了斯多葛派的观点；另一方面，亚当·斯密在该书第七卷中对斯多葛学派进行了猛烈而彻底的批判。从自然论的角度来回应这一矛盾，同时拒绝将亚当·斯密理解为一个纯粹的自然神论者，能够相对完善地解决该矛盾。具体来说，亚当·斯密与斯多葛派的一致性在于两者都将"自然"看作人类社会的前提条件，该前提性体现在其"设计论"与"目的论"两个意义上。但在此基础上，亚当·斯密为人的能动性留下了空间。③

有学者研究了亚当·斯密的正义理论。亚当·斯密的道德理论秉承苏格兰学派以情感作为道德判断依据的传统，区分了合宜性和德性两个判断标准，体现在正义论上，表现为自然正义与德性正义的二重奏。亚当·斯密虽然把基于交换正义的社会秩序理论视为最重要的工作，但他从未忽视德性之于一个美好社会的重要性，并一直以此来指引自己构建社会理

---

① 赵雨淘：《人为德性与文明社会的秩序构建——对休谟正义理论的辩护性阐释》，《道德与文明》2021年第4期。
② 程农：《如何塑造遵守规则的动机？——休谟观点的新解读》，《人文杂志》2021年第5期。
③ 吕湛春：《经过"自然"确证的"合宜感"——从斯多葛派到斯密的一种理解进路》，《政治思想史》2021年第4期。

论。① 有学者考察了亚当·斯密对政治和情感关系的论述。亚当·斯密将人类日常情感互动中所蕴含的道德和价值视为政治的出发点，政治最多只能对之作出少量的限定和修正。然而，他也看到人类和少数政治精英都可能表现出极端的政治情感，进而试图对社会加以乌托邦式的改造。针对前者，亚当·斯密认为，我们的道德情感与现实世界之间的隔阂是不能完全以现实的政治手段加以消除的，而只能通过个人的宗教信念纾解。针对后者，亚当·斯密认为，只有始终将人民的日常情感纳入政治家的视野，才能避免乌托邦式的政治计划。②

有学者考察了哈奇森在苏格兰启蒙运动中扮演的角色，认为18世纪苏格兰启蒙思想运动是由哈奇森的道德哲学开启的。为什么苏格兰启蒙思想会走向一条不同于欧洲理性主义的情感主义之路，即首先在道德领域而不是在政治和经济领域掀起一场思想的革新，并赋予道德情感以如此关键的地位，这是哈奇森的思想洞见和问题意识所决定的。哈奇森承前启后，对于人的主观情感给予了深入而独特的研究，提出了一系列富有创建的观点，他的感性主义美德伦理学开创了苏格兰思想的道路，对于大卫·休谟和亚当·斯密等苏格兰启蒙思想家影响深远。③

三、霍布斯、洛克与卢梭

这一部分既有对这三位思想家的单独研究，也有对他们的比较研究。但就已阅读的文献来看，比较研究大多流于表面，主要是对三者不同观点的简单复述，故在此不论。我们主要考察对霍布斯、洛克和卢梭的单独研究。

2021年度对霍布斯的研究比较散乱，没有形成集中讨论的主题，高质量的文献也不多见。

有学者考察了霍布斯的自然法学说。霍布斯对自然法的阐释是从自然人性的"平等"特征入手的。霍布斯一方面把自然权益与自然状态融为一体，另一方面又主张自然法要求人们放弃自然权益以在利维坦中实现自我保全，结果生成了自然权益与自然法的严峻张力，并体现了西方自然法传统的两个严重缺陷：不仅扭曲了自然人性的本来面目，而且从实然性"自然"直接推出了应然性之"法"。这种自然主义谬误的致命伤害决定了自然法理论必然走向自我否定，将自身裂解为两个不同的部分：揭示实然性人性逻辑的人文科学与阐发应然性人生理念的人文理论。④

---

① 范良聪：《亚当·斯密的自然正义与德性正义》，《伦理学研究》2021年第1期。
② 张江伟：《亚当·斯密论情感、政治与乌托邦》，《政治思想史》2021年第4期。
③ 高全喜：《哈奇森道德哲学》，《学海》2021年第5期。
④ 刘清平：《两种"自然"的严峻张力——霍布斯自然法学说的内在悖论》，《天津社会科学》2021年第3期。

有学者检讨了霍布斯与心理利己主义的关系。许多评论者认为霍布斯信奉心理利己主义。心理利己主义是一种人类心理学理论，它声称所有的人类行为最终都完全由他自己的个人利益所驱动。但有理由认为，霍布斯并不信奉任何一种言之有理的心理利己主义。①

有学者讨论了霍布斯的代表理论。与代表论的其他奠基人物相比，非常重视代表问题的霍布斯则由于其绝对主义倾向以及保王派立场而往往被忽视了。但如果从霍布斯的整个理论体系来观照其代表论，就可以发现霍布斯的代表论不仅是其政治建构中必要的理论环节，同时也被视为其为现代政治留下的理论成果。霍布斯的代表论通过"授权"取代"相似"对代表关系进行了历史性变革，其核心要素归结起来就是"代表者对被代表者的翻转"。通过霍布斯的代表论，人们能够揭示出现代代议制所存在的根本性问题。②

有学者论及了霍布斯的法律合法性思想。霍布斯不仅为现代法治奠定了坚实的政治哲学基础，而且在此基础上发展出一整套逻辑严密、概念精巧，既包括形式合法性又包括道德合法性的法律合法性思想。该思想的精髓在于，借助"衡平"的概念，既拟制出一种对主权进行制衡的法律解释方法，又拟制出一种作为主权统一机制的衡平法院，这两者之间的张力在一定意义上决定了霍布斯的法理学定位。霍布斯既不是一个现代法律实证主义者，也不是一个传统的自然法思想家，并且也不同于以富勒为代表的当代程序自然法学派，其法律思想介于自然法与法律实证主义、普通法法学与罗马法法学之间，因而走出了现代法治发展的第三条道路。③

有学者试图化解霍布斯思想中公民服从与臣民自由之间的紧张关系。在证成公民对主权权威承担绝对服从义务的同时，霍布斯适当保留了公民的相对服从义务，意即承认他们还享有"真正的臣民自由"。然而，学界却普遍认为霍布斯此举使其理论陷入了逻辑不自洽的困境。通过对其绝对主权权威的有限性和自由的层次性进行辨析，可以发现，霍布斯所作的保留，事实上始终与其对主权绝对权威的证成有着理论上的一致性。如果能够清晰地辨明霍布斯对自由的分层以及他的契约—授权理论，那么我们就可以看出，霍布斯为现代社会自由的开拓预留特定空间时，并没有从根本上破坏他对主权权威之绝对性的证成。④

2021年度对洛克的研究数量极为有限。有学者讨论了洛克政治哲学思想中的领土权问题。什么是领土权？一个国家如何拥有对一块土地的领土权？当代政治哲学家已经发展了诸种领土权理论以回答上述问题，而洛克式领土权理论大概是最早最有影响力的一种。经典的

---

① 郑熹等：《心理利己主义与霍布斯》，《哲学分析》2021年第2期。
② 孙嘉琪：《代表者对被代表者的翻转——霍布斯论代表、人格与三位一体》，《政治思想史》2021年第2期。
③ 唐学亮：《霍布斯的法律合法性思想研究——以法律拟制为中心》，《学海》2021年第4期。
④ 蒋小杰：《论霍布斯公民服从与臣民自由难题的证成逻辑》，《国外社会科学前沿》2021年第10期。

洛克式领土权理论是个人主义的，强调国家的领土权是个体土地所有者在社会契约中通过转让部分土地所有权而奠定的。当代洛克式政治哲学家约翰·西蒙斯和海勒·斯戴纳均持这一立场。但卡拉·奈恩在《全球正义与领土》一书中挑战了这种个人主义的进路，进而提出一个集体主义的洛克式领土权理论。通过梳理、考察当代洛克式领土权理论内部的个人主义与集体主义进路的纷争，可以发现这两种理论各有其内在困境：个人主义洛克式领土权理论的两难是它要么是不切实际的（斯戴纳的立场），要么是依赖于一个不可辩护的权利代际不平等立场（西蒙斯的立场）；与之相对，奈恩的集体主义洛克式领土权理论的困境是她既想借鉴洛克证成自然所有权的功能主义思路，但为了避开政治自愿主义，在其理论中又完全抛弃自然所有权。[1]

2021年度对卢梭的研究围绕诸多不同的问题展开，文献数量很可观。有学者探讨了卢梭的自由观念。卢梭的自由思想似乎一开始就是一个悖论，比如他在《社会契约论》开篇就说："人是生而自由的，但却无往不在枷锁之中。"针对这个悖论，作者考虑了对卢梭的自由观念的三种解释，即民粹主义解释、共和主义解释和社会自律的解释。但前两种解释都没有抓住卢梭的自由观念的核心，即对压迫和奴役的反抗。只有社会自律的解释把卢梭的自由观念解读为"不被自己之外的意志所支配"或者"服从自己为自己制定的法律"，这种解释抓住了卢梭自由思想中反奴役、非支配的内涵，把卢梭的著作解读为前后一致的整体，并且为佩蒂特的问题——民主自治带来暴政和专制，提供了独特的解答。[2]

有学者论述了卢梭的自尊学说。自尊学说为理解卢梭著作的统一性和现代自我的社会性提供了一种新思路。与自爱不同，自尊是基于人际比较的社会性、反思性的产物，其形成与自然人交往的加深及理性能力的发展有关。自尊是不平等不断深化的心理原因，是自然状态成为战争状态的心理原因，也是人类进入文明社会后苦难和不幸的根源。即使如此，卢梭仍然承认自尊不可消除，只能加以引导。在对骄傲与虚荣的有意区分中，卢梭以古代公民对峙现代资产者，认为正确引导后指向公共大我的骄傲是公民美德塑造的重要动力。对爱弥儿的教育表现出向自然复归的取向，它仍然可被视为解决自尊问题的另一种方案，而在这里发挥主要治疗作用的激情是怜悯。[3]

有学者论及了卢梭的自然法思想。在施特劳斯看来，卢梭同霍布斯一样，拒斥古典的自然目的论，并试图返回自然状态以寻求自然法，因此，卢梭才深入研究自然状态，并最终得出自然人乃不具备理性、道德与语言能力的"次人"。这一结论被施特劳斯解读为卢梭彻底否认了自然法的存在，并且正是由于拒斥了自然法，卢梭才会将公意确定为人类道德与政治

---

[1] 朱佳峰：《洛克式政治哲学中的领土问题——对当代争论的反思》，《现代哲学》2021年第5期。
[2] 王幸华：《作为社会自律的自由——对卢梭的自由观念的阐释》，《晋阳学刊》2021年第6期。
[3] 曹帅：《社会性的扭曲与重塑：卢梭的自尊学说》，《社会》2021年第4期。

生活的终极规范。据此，施特劳斯断定卢梭终结了古典自然法传统，并开启了以普遍理性为人类立法的现代性思潮。然而，施特劳斯的解读并不符合卢梭本人的主张。实际上，卢梭并没有否认自然法的存在，也没有让公意全盘取代它的地位。相反他构建了一套基于自然情感和自然宗教的自然法学说，并保留了它作为个人道德生活规范的可能性。尽管如此，施特劳斯的解读意义在于，他对于霍布斯与卢梭的自然法学说的比较有助于我们理解古今自然法的演变历程，而他对于公意如何取代自然法的分析则有助于我们理解现代性的特征及兴起。①

有学者从思想史的角度论述了卢梭对意志概念的贡献。从社会契约理论的普遍意志到康德的自由意志，意志概念的内涵发生了重要变化，其不再与个体意愿的选择相关联，而是由理性来规定自身，并由此获得意志概念的实践内涵。在这一转化过程中，卢梭对意志概念两层内涵的阐发功不可没。断然摆脱与自然状态的关联之后，卢梭通过公意概念，不仅实现了由个体层面到普遍性层面的视角转换，使意志成为普遍意志，而且以立法身份出现于共同体之中，并与以转让的方式进入共同体中的个体结合为统一体。由此，意志在其与法则的内在关系中呈现自由的本色。从康德哲学的视角反观，卢梭对意志概念的贡献在于：通过意志的自由让康德看到了意志与理性相结合的可能性，而正是经由这一结合，自由意志显露出立法内涵中的道德底蕴。②

有学者考察了卢梭的代表理论。在构想契约社会时，卢梭完全排斥了实质代表的存在，仅有限度地接受代理人意义上的代表。他的这一态度大体占据了政治理论中批评代表制的一端，因而此前的研究常将其与柏克等的论述进行对比。我们可以尝试抛开这组经典的对照，转而从卢梭理论的两个维度重新考察他对代表的排斥。一方面，卢梭提出了"主权是无法代表的"这一论断涉及主权背后的"普遍意志"，而对"普遍意志"概念史的梳理能够为我们理解其反对代表的立场提供新的路径。另一方面，卢梭反对代表的立场深植于他对政治的理解之中，而要洞悉前者，就无法绕开对后者的考察。③

四、康德与黑格尔

2021年度对康德的研究文献依然数量惊人，几乎关涉康德伦理学的每个问题和领域。

康德关于说谎的禁令引起了一些学者的关注，有学者试图为之辩护，有学者则提出批评。有学者认为不能撒谎的义务在康德伦理学中有特殊地位。因为不能撒谎既是一种具体的

---

① 黄琼璇：《论卢梭自然法学说的内在理路——以施特劳斯对卢梭的解读与误读为线索》，《世界哲学》2021年第3期。
② 卢春红：《公意：从普遍意志到立法意志——论卢梭对"意志"概念的贡献》，《西南民族大学学报（人文社会科学版）》2021年第5期。
③ 党成孝：《代表制与普遍意志的政治学——再思卢梭的贡献》，《国外理论动态》2021年第5期。

义务，又是实现人格的统一性的条件。而人格的统一性也是理性的统一性，即理性的原则得到贯彻落实。就此而言，不撒谎意味着人切实地遵守理性的原则，维护自身的人格的统一性。同时，理性的原则也是系统性的，涉及自我、他人与世界之间的关系。正是出于对这一原则的维护，康德否定撒谎救人的道德性。① 有学者试图在与自我义务的关联中解释康德何以对说谎毫不容情的态度。康德没有区分第二和第一序列的自我义务。而这一区分将有助于我们理解康德何以在其后期德性论中赋予自我义务以一种奠基意义上的优先性。唯有将说谎归结为道德自欺，并将其与根本恶相联结，说谎才可能被看作恶的根源，而真诚的义务或者说对自身道德意念的认识也才能被视为自我义务的第一原则。② 有学者指出，谎言的道德价值与说谎者的情境地位有本质关联：主动的、以骗取信任来获取利益的谎言是积极谎言，是谎言禁令所严格禁止的；被动的、避免伤害的谎言是消极谎言，而消极谎言可以分为面对灾祸与面对邪恶的两种情境。其中面对灾祸的谎言是善意谎言，出自避免伤害的动机；面对邪恶的被迫谎言不属于"蓄意的不真实"，而是严格意义的"被迫的不真实"；这不是为谎言辩护，而是为处于邪恶的逼迫之情境中弱者或受害者的生存权辩护。③

  一些学者关注了康德的定言命令公式。有学者解读了康德的自然法则公式，认为这个公式首先是为一个系统性的分析论证服务的，在其中起到从普通道德知识向道德形而上学的过渡作用。这种作用既体现在其本质定义中的"好像"，也体现在其具体应用。只有首先从方法论上采取康德所主张的这种自上而下的整体论视角，解读才有望在理论上与之相符。④ 有学者对康德的定言命令公式提出了新的建构主义的解释。一方面，普遍法则公式包含在自然法则公式和目的公式之中，它在建构程序中是用于保证符合法则的准则的道德价值；另一方面，强调自律公式是作为自我立法的普遍法则公式，它限制了普遍法则公式道德价值的来源是其他任何形式的外在对象。⑤ 有学者研究了定言命令式中的第三者问题，认为第三者问题必须经由一种非逻辑化的路径才能得到正确解释，并且必须落实到一个理想人格的纯粹道德榜样的概念。⑥ 还有学者考察了定言命令式的关系，提出辩证模式的解释。普遍法则公式、目的公式和自律公式不过是同一个定言命令的三个环节，它们从空洞的形式一步步丰富，到自律公式这里达到完备规定。这种解读在解决定言命令的同一性难题的同时，还具有更好的

---

  ① 刘作：《不能撒谎与人格的统一性——基于康德哲学的思考》，《哲学动态》2021年第4期。
  ② 孙小玲：《说谎与自我义务——康德在说谎问题上的偏误》，《哲学动态》2021年第4期。
  ③ 郁乐：《消极的与积极的：谎言的区分及其道德意义——兼论如何理解康德的谎言禁令》，《伦理学研究》2021年第2期。
  ④ 潘文哲：《康德的自然法则公式》，《现代哲学》2021年第3期。
  ⑤ 唐思浩：《康德定言命令公式的建构主义修正性阐释》，《萍乡学院学报》2021年第5期。
  ⑥ 刘凤娟：《作为纯粹榜样的第三者——定言命令式何以可能的非逻辑化路径》，《道德与文明》2021年第3期。

外部一致性，因而是一种更具优势的新解读。①

一些学人关注到了康德伦理学中的自我义务问题。有学者试图解释对自我的完全的义务何以是德性义务，认为问题的关键在于"完全的义务"拥有两种不同的含义，它首先是指法则对自由抉意的外在强制且抉意不存在自由回旋余地，其次是指不完全的德性义务中消极的、不作为的、限制性的义务。因此，当康德将对自己的完全义务视为消极的、不作为的、限制性的义务时，它可以按照第二种含义被归属于德性义务。② 有学者考察了康德对自我义务的论证。针对来自密尔关于自我义务的反驳，在康德哲学中存在如下两种回应策略：准存在论的策略和道德—实践的策略。其中，前一种与他对主体之"智性的品格"和"经验性品格"的区分有关，后一种与人的内在的自由或人格性有关。第一条策略容易陷入独断论或非批判的指责，第二条路径才真正展示了自我义务证成所要指向的内容。因此，如果这两种策略是康德提出的"先验观念论"的内容的话，那么从前者转向后者则昭示着康德"先验观念论"本身意涵的转变。唯有依据意义转变之后的"先验观念论"，我们才能解决康德所谓的关于自我义务的"二律背反"问题，由此，才能证成存在自我义务。③

一些人注意到了康德的意志概念。有学者认为，意志概念不仅是康德道德哲学的基石，也是理解其形而上学的一把钥匙。康德在《纯粹理性批判》第一版"序言"中开宗明义：人类理性本性和人类理性能力之间的角力，构筑了形而上学这一战场。"战场"比喻揭示了理性与形而上学的本质关联。理性是一体两面的，包括本性与能力。本性即意愿，更确切地说，理性本性实指作为实践理性的意志；而理性能力就是思辨的理论理性或认识能力。关于二者的关系，康德在《实践理性批判》中明确指出实践理性优先。这是道德形而上学奠基何以可能的根据。若要考察康德的意志概念，就必须探寻"实践理性优先"的思想渊源。中世纪的意志主义，尤其是奥古斯丁的自由决断思想对康德产生了巨大影响，促使康德提出"实践理性优先"的主张。④ 有学者通过梳理康德的意志概念来回应情感主义者对康德动机理论的批评。因为康德并未将理性与情感简单地对立起来，而是将二者结合于更加具有统一性意义的"意志"或者"理性"概念之中，或可将其称为意志Ⅱ或者理性Ⅱ，与仅仅包含纯粹理性及其法则的意志Ⅰ和仅仅具备认知能力的理性Ⅰ不同，它们已经蕴含了以"敬重"为核心的情感要素，即康德所说的"实践性情感"。同时，在围绕康德的"道德动机"问题

---

① 胡好、唐思浩：《康德定言命令关系的辩证模式解读》，《贵州大学学报（社会科学版）》2021年第4期。
② 王大钊：《对自己的完全的义务何以是德性义务——对康德义务体系中一个结构性矛盾的回答》，《道德与文明》2021年第3期。
③ 柳康：《论康德对自我义务的论证——以"先验观念论"意涵之变化为线索》，《延边大学学报（社会科学版）》2021年第6期。
④ 张荣：《论康德的意志概念——兼论"实践理性优先"的思想来源》，《哲学动态》2021年第4期。

上，两种相互对立的理解——理性主义与情感主义，其真实的分歧并不那么大。纯粹理性以及对法则的意识是理论意义上的根本性动机，而作为"尊重"的道德情感是其现象性反映，在现实运作中理性与情感是同时发生的，但在逻辑意义上，纯粹理性以及对法则的意识确实是在先的。①

有学者探讨了康德的敬重概念，认为这一概念不仅涉及诸多对象，而且其自身还包含一个三层次的先验结构，即对他人的敬重是以对法则的敬重为前提的；对法则的敬重是以对人格理念的敬重为前提的；对人格理念的敬重是以审美判断中的崇高感为前提的。由于敬重在各层次上的作用机制并不完全相同，所以康德在表述时变化较多，这也给我们造成了理解上的困难。② 有学者探讨了康德哲学中的归责问题。从康德作为自律的自由概念出发，一些批评者引出了"不道德的行为是不自由的，因而不可归责"这个康德哲学中的"归责问题"。以往为康德辩护的研究者大多试图运用意志自由与任意自由的区分，强调任意的自由选择，说明违背道德法则的不道德的行为是人的任意自由选择的结果，以解决这个"归责问题"。然而，这种策略是成问题的，意志自律才是合理解决"归责问题"的关键。通过对康德哲学中两种意义的意志自律概念——客观自律与主观自律——的区分，"归责问题"可以得到更合理的解决：一个没有实现主观自律，做出了不道德行为的人，其意志仍然处于道德法则之下、受道德法则的支配，仍然是客观上自律的。因为他本来应当也能够按照道德法则的要求而行动，因而他仍然是自由的，其不道德的行为可以归责于他。③

有学者论及康德正义理论的两个层次。康德实践哲学中包含着一个比较独特的"正义论"，即一个由人类的正义和上帝的正义两个层级构成的完整体系。康德正义论的两个核心要素是分配的正义和惩罚的正义，它们贯穿于人类的正义与上帝的正义这两个层级中。分配正义的原则是合法性，惩罚正义的原则是平等性。上帝的正义和人类的正义之间虽然存在着原型与摹本的关系，但我们对这种关系的理解不能立足于传统神学，而是必须立足于康德的先验哲学：一方面，上帝的正义可为人类的正义提供一种绝对神圣性的保障；另一方面，这种神圣性只具有主观的、实践的实在性。康德的正义论对于康德道德哲学具有重要意义，即在正义的驱使下，道德法则从"应当"走向现实。④

有学者谈到了康德的激情理论。康德将激情放置在道德视域下探察，不仅批判了僭越道

---

① 董滨宇：《理性与情感的统一：康德意志理论疏解》，《中山大学学报（社会科学版）》2021年第4期。
② 王建军：《康德"敬重"概念中的先验结构》，《哲学研究》2021年第2期。
③ 胡学源：《康德哲学中的"归责问题"及其解决——以两种意义的意志自律概念为基础》，《世界哲学》2021年第6期。
④ 王建军：《论康德正义论的两个层次》，《道德与文明》2021年第2期。

德法则的激情,还尝试提出了合乎道德愿景的激情,倡导激情应摆脱主观任性的情绪宣泄,充分融入理性意志,进而成为一种激荡心灵的崇高力量。在康德那里,道德对激情的调适须借助勇气。勇气一方面被视为英勇的激情,能够激励人们超越日常惯有的恐惧与懦弱;另一方面,又被看作某种道德品格,常态化地进驻于主体的人格偏好中,以之促成高尚的内心状态。不同于追求个人荣誉的胆气之勇,康德所激赏的勇气是一种道德之勇,它要求真诚且必然走向真诚。真诚是敬爱的先在,遵循道德法则首先即是出自主体对道德法则真诚的敬爱。同时融合了道德勇气的激情者,即是推崇"真诚之心"的道德英雄。①

与康德的研究相比,2021年度对黑格尔的研究文献要少很多。对黑格尔伦理思想的研究主要围绕其《法哲学原理》展开。

有学者试图从黑格尔的哲学体系的角度去把握其伦理学。大多数人或者像张颐先生那样,以黑格尔主要哲学著作为线索,把其涉及伦理的思想抽取出来,加以系统化阐述和评论;或者像阿伦·伍德教授那样先主观地构造一个黑格尔的伦理理论以表达其哲学立场,再重点评述其在客观精神中所表达的伦理思想。虽然这些研究中不乏创新性洞见,但终究不能令人满意,因为不从黑格尔的哲学体系出发就不可能真正地理解黑格尔伦理学在其哲学体系中的地位和意义。而黑格尔成熟的哲学体系包括了逻辑学、自然哲学和精神哲学,这个体系最终是要论证世界是一个向着自在自为的自由演成的结构。因此,"伦理"虽然集中地体现在精神哲学,但只有从这个通往自由的世界结构出发,我们才能理解"伦理"的世界使命,即以精神的提升促成自由的实现,也才能理解自然与伦理之间的辩证关系。同时未建立在"自然"基础上的"伦理",不仅使"伦理"失去自然法的根基,而且也无法阐明"伦理"作为"第二自然"究竟是如何从自然界之"自然"进化为作为本性、本质之"自然"的。唯有从具有本性、本质之"自然"中才能从自身生长出"自由"之精神。而"自由"作为"自然"之真相/真理才是"伦理"之本质。同时"自由"从"自然"中演成的这一必然性才能说明"道义"为何具有绝对的义务约束力或命令性;而唯有"自由"在他在/他物中依然还"在自身处安家",才能阐明伦理性的自由在各种伦理生活的实体关系中"由自"主宰的存在论特征。由此可以证明,黑格尔的哲学体系作为自由演成的体系,其主观精神、客观精神和绝对精神都是伦理学的一个不可或缺的部分,都是自由演成的一个存在论环节。②

有学者探讨了黑格尔法哲学的逻辑结构和历史内涵。黑格尔的国家理念是对启蒙运动和"法国大革命"的超越,其现实原型是"后拿破仑时代"新教北欧日耳曼国家;其"伦理"阶段的三个逻辑环节"家庭"、"市民社会"和"国家"指个体与共同体关系的三种类型及

---

① 吴红涛:《真心英雄:康德对激情的道德调适》,《哲学动态》2021年第9期。
② 邓安庆:《自然、精神与伦理——进入黑格尔伦理学哲学体系之路径》,《同济大学学报(社会科学版)》2021年第5期。

三种类型的国家,三者的逻辑关系与历史顺序高度统一。黑格尔的历史感表现在对国家理念的哲学把握与历史发展趋向的内在一致性,而不是严格按照历史顺序来安排法哲学的论证体系。其法哲学拒绝英法的现代化模式,而推崇在现代北欧新教日耳曼世界已经呈现轮廓的现代化模式。这一模式承认个体的解放和进步,并在此基础上重建整体与个体的统一,将启蒙运动和"法国大革命"所开启的社会个体化进程引向另一方向。它使整体具有吸纳和消化个体的巨大优势,偏重国家权力的理性化和高效化,却疏于对个人权利的保障、对国家权力的规范,以及公众的深度参与。这一模式的缺陷后来继续发展,便导致德国现代化的歧途和灾难。①

有学者试图强调黑格尔法哲学的形而上学内涵,认为当下学界对于黑格尔法哲学的阐释倾向于将之与民主社会的制度规范联系起来,而其原本具有的形而上学内涵则被有意去除了。事实上,精神的自我运动演绎了法秩序的形成。黑格尔自始至终都将自己的思想视为一个自足的体系,这就意味着其典型的逻辑学思维必然以法哲学与伦理学的形式介入人类生活中。同时从黑格尔早期对于自然法的批判就可看出,他在绝对者也即"精神"的视域下理解了人类的"伦理",并且将之设定为自然法的新基础。尽管到了《哲学全书》出版后,黑格尔更新了对于伦理概念的理解,但它依旧被认为是法哲学领域的基础内容。这是因为伦理相较于道德与抽象法,更为根本地关涉到了精神的现实化。②

有学者论及了黑格尔法哲学与自然法的关系,认为黑格尔法哲学与近代自然法的关系经历了一个由批判到重构的过程。他批判的是近代自然法以契约形式建立国家的经验化或主观化处理方式,重构的是从意志自由的立法能力来构建国家伦理,从而为近代自然法传统寻求更为科学的正当性基础,其实质是对近代自然法学说的真正完成,进而成为最完备的自然法。因为在黑格尔那里,意志自由的理性化进程就是它的制度化过程,也是将个人自由纳入普遍伦理的辩证运动过程,最终发展出一套兼具实体性自由的国家学说。因此,黑格尔的法哲学并没有抛弃近代的自然法传统,而是将其转换为自由意志辩证运动所展现的法之理念的自我实现过程。③ 有学者则考察了黑格尔对伦理和道德的区分,认为黑格尔克服了康德将伦理和道德混为一谈的局限,对法和道德、伦理三者的自由意志基础的揭示从理论上厘清了三者与自由概念的三个层次的对应关系,对伦理道德在人的现实生活中所体现的"法(权利)"的关系进行了特别细致的思考,并以逻辑和历史相一致的方法论眼光对这种关系的历

---

① 丛日云:《黑格尔法哲学的逻辑结构与历史内涵——兼与韩水法教授商榷》,《文史哲》2021年第6期。
② 孙飞:《精神的现实:黑格尔法哲学的形而上学内涵》,《世界哲学》2021年第2期。
③ 马成昌、赵丽君:《论黑格尔法哲学对近代自然法的批判与重构》,《理论与现代化》2021年第3期。

史必然性作了透彻的解剖。但黑格尔法哲学把人类的道德伦理都理解为绝对精神的自我分解和辩证进展，将人的自由意志的异化即国家形态视为人的本质的最高形式，最终人的主观道德和客观现实生活都失落在这个"地上的神"给人所规定的必然命运之中。[①]

有学者通过黑格尔对国家与宗教关系的讨论来论述黑格尔国家理念的精神性地位。黑格尔处理国家与宗教关系的思路有别于启蒙理性或政教权力划分的思路，因为黑格尔重在通过处理国家与宗教关系问题进入精神哲学体系之中论证国家的精神性地位。在此意义上，启蒙理性或权力划分的思路无法准确把握黑格尔讨论国家与宗教关系的深意。黑格尔赋予国家以精神性地位，主张国家是精神的外化、要承担教化职责，这些主张直接针对契约论学说对国家伦理性内容的忽视，而其目的在于依靠国家的实体性力量来应对主观性的泛滥，而非制造所谓的国家崇拜。这一思路看到了现代精神困境之所在，总体上值得肯定，但也须注意防范其潜藏的极权风险。[②]

有学者阐述了《法哲学原理》"国家"章中包含的公民自由思想。黑格尔在《法哲学原理》"国家"章中，不仅论述了亲自由主义立场、不受政治权力干预的"个体自由"，而且强调了亲共同体主义立场、将国家权力视为自由之体现的"伦理自由"。不过值得关注的是，除了上述两种自由，黑格尔还构想了一种以公民对公共事务和政治生活的积极参与为关注点的"公民自由"，并且为了保障这种自由的实现，黑格尔在国家理论中为其专门配备了相应的政治建制。相比个体自由和伦理自由，公民自由以及作为实现公民自由之保障的政治建制，强调公民积极主动参与公共事务的必要性，重视公共舆论权利的不可褫夺性，在某种意义上更能体现黑格尔政治立场的现代性，这理应引起我们的关注。同时，黑格尔在论证公民自由时，既未诉诸公民所可能具有的专业治理能力，亦未诉诸公民所可能持有的善好意图，而仅仅基于公民作为主体所保有的不可剥夺的无限权利本身，这一点对认识黑格尔思想也非常有启发性。[③]

[①] 邓晓芒：《黑格尔论道德与伦理的关系》，《哲学分析》2021年第3期。
[②] 李育书：《论黑格尔国家理念的精神性地位——基于〈法哲学原理〉中国家与宗教关系的考察》，《世界哲学》2021年第1期。
[③] 陈浩：《作为无限权利的"主观性"——试析黑格尔〈法哲学原理〉"国家"章中的公民自由》，《复旦学报（社会科学版）》2021年第2期。

2021年现代西方伦理思想研究报告

魏犇群* 刘蒙露**

现代西方伦理学研究对象包括19世纪中下叶以后，在西方思想界产生过重大影响的伦理学思潮、流派和人物。总体来说，国内学界对现代西方伦理学的研究呈现"二阶反思与一阶问题并重，思想澄清与问题辨析兼顾"的特点。具体来说，2021年国内的研究专著与论文中，既有对元伦理学问题的追问与思索，也有对规范伦理学理论的辩护与驳正；既关注了重要的伦理学家，又考察了关键的伦理学范畴。下面将2021年现代西方伦理学的研究分为"元伦理学""规范伦理学""重要哲学家""重点伦理范畴"四个主题，并以此进行梳理与分析。

一、元伦理学相关研究

一般来说，元伦理学旨在通过探究道德话语的意义及预设来理解道德实践的本质。要建构一种合理的元伦理学理论，哲学家需要处理两类考虑。第一类考虑来自道德行动者所拥有的道德经验，第二类考虑则来自哲学的其他部门，比如形而上学、知识论和语言哲学。合理的元伦理学理论一方面要解释各种道德现象，包括道德概念与道德陈述的意义、道德在经验中所具备的显著特征，以及与道德相关的社会现象；另一方面，这些解释还要与形而上学、知识论、语言哲学，乃至自然和社会科学中相关的理论相容。在这个意义上，元伦理学是道德哲学与其他学科的交叉领域。此外，当代元伦理学研究所关注的对象实际上已经超出了道德或者伦理话语的范围，而扩展到几乎所有具有规范性的话语。一个典型的标志便是，不少元伦理学家把研究的重点转向了"理由"（reason）以及关于"理由"的判断。在他们看来，理由是规范领域中最基本的元素，就好像原子是物理世界的基本元素一样。基于此，2021年度元伦理学研究取得了一些值得关注的成果。

规范判断有两个彼此之间存在张力的特征。一方面，规范判断在语法形式上与一般的事

---

* 魏犇群，1985年生，江苏人，中国人民大学伦理学与道德建设研究中心研究员暨哲学院讲师，研究方向为伦理学与心灵哲学。

** 刘蒙露，1995年生，山东人，中国人民大学哲学院中国哲学专业博士研究生，研究方向为中国哲学与伦理学。

实判断无异,似乎都旨在描述独立于判断者而存在的客观事实,因而有真假可言;另一方面,规范判断似乎总是能让真诚作出判断的行动者产生(一定程度的)相应的动机,即规范判断与行为动机之间似乎存在内在的关联。但若规范判断只是描述了某些外在的事实,那么行动者并不必然关心这些事实,因而为什么一定会有动机来服从这些判断?概言之,规范判断似乎同时拥有描述事实和指导行动的内容,但这两种内容如何能够同时相互关联地存在于规范判断之中,这是个问题。

陈真试图为拥有如此特征的规范判断提供一种本体论上的说明。他首先肯定规范判断的事实性特征,并认为规范判断依赖于非规范性的自然事实,因为任何有意义的规范性判断一定是基于这个世界的自然事实或关于这个世界的事实性判断。同时他认为规范判断所描述的自然之所以会具有规范性,是因为它让我们的自然事实不仅包括物理事实,还包括人类社会的各种制度性事实(institutional facts)。但由于制度性事实对于生活于制度之中的人本来就具有指导行动的功能,所以他似乎否定了客观规范事实的存在,从而承诺了某种形式的道德相对主义。与此同时,他对规范事实与非规范事实之间的关系进行了探讨,进而认为规范事实与非规范事实之间不是一种还原或者同一的关系,而是一种随附关系(Supervenience),并且这一点是通过先天的方式得知的。① 李萍、卢俊豪则在承认理由作为基本规范事实的前提下,试图为传统的游叙弗伦问题找到新的表达方式,同时引入实践哲学的视角提供解答。他们认为在理由转向的框架下,游叙弗伦问题应被表达为"理由与价值何者优先"的问题。进而总结出元伦理学家对于此问题的三种解决方式:一、"否定理由与价值之间的奠基关系,(认为)两者毫无关联,谈不上何者优先,因此,(争论)何者优先的游叙弗伦难题是一个伪命(问)题";二、"主张理由奠基于价值(或所谓理由其实就是价值)";三、"认为价值奠基于理由,甚至认为所谓价值只是作为'持有理由'的一种高阶性质"。他们认为这三种思路是把规范性视为彼岸世界的抽象真理。但理由不是一种先于价值的规范事实,而是理想生活与人类解放在实践方面的呈现,而价值则来源于实践过程中具体的"事实",同时也通过实践作用于事实,是主体创造性实践的产物。因此,只有在实践中超越理由与价值孰先孰后的玄思,才能最终解决游叙弗伦问题。但究竟如何解决,仍然不是很清楚。② 王东华则援引沃伦·奎恩对于理由主观主义的批评,认为,即使威廉斯引入了理想状态下的欲望,其内在理由理论也会取消行动理由的规范性。同时需要注意威廉斯的内在理由理论只是给出了一个人有理由做某事的必要条件,而非充分条件。严格来讲,威廉斯的想法并不能表述为:A 有理由去做 φ,当且仅当作 φ 有助于满足 A 的主观动机集合中的某个元素,即内在

---

① 陈真:《关于规范性判断的本体论基础的几点思考》,《道德与文明》2021 年第 5 期。
② 李萍、卢俊豪:《理由与价值何者优先?——从实践哲学维度探寻游叙弗伦难题之解》,《中国人民大学学报》2021 年第 4 期。

理由理论的支持者并不一定认为，A 在合理慎思的前提下想要做什么就有理由做什么。因此，奎恩的收音机例子并不能直接威胁到内在理由理论。此外，威廉斯对于其他理性概念，尤其是康德式的理性概念有诸多批评，只是其批评没有全面地呈现于关于内在理由的论文中。更为重要的是，内在理由理论能够清楚地保证，某个行动者的行动理由可以理性地激发他行动，虽然外在理由理论如何能够保证这一点是不清楚的。①

一般认为，元伦理学中的客观主义分为道德实在论（moral realism）和道德建构主义（moral constructivism）两种。前者认为道德真理因为独立于任何视角的客观道德事实而为真；后者则认为道德真理由特定理想状态下行动者的反应决定。建构主义的优势在于，既可以解释道德判断的真假为什么可以独立于行动者事实上的看法，又能够解释道德判断为什么能够具有激发行动的实践效力。基于此，范志均试图理解道德建构主义，尤其是康德式的道德建构主义，进而把康德建构主义理解成一种"内在的认知主义"，亦即实践理性自身的法则"不仅是实践的法则，也是被认知的行动法则，并且它不是独立于表象者而被直接给予的，那么它只有通过表象者的认知建构而被给予，而这就可以实现道德认知性与实践性的同一"。②

郑畅、任丑对帕菲特的元伦理学思想进行了分析和批判。他们认为帕菲特辩护了一种独特的规范客观主义，该立场以客观理由和认知合理性为支撑，试图整合道德哲学领域中的三大流派，即康德主义、契约主义和后果主义。然而帕菲特的道德形而上学存在两个问题。第一，他并没有为不可化约的道德规范性真理的非本体论存在提供令人信服的解释。他提出的仅仅是一种可能性原则，而这种原则具有相当大的不确定性，并且与常规的认知不相符合。第二，非本体论领域关于"存在"的概念无法与普遍认同的具有本体论意义的自然事物相联系。③

魏犇群对帕菲特的道德本体论在斯坎伦的"理由基础主义"（reasons fundamentalism）立场中得到了比较充分的表达和论证进行批判。首先，他将斯坎伦的理由基础主义定位为"寂静主义实在论"（quietist realism）。这一立场属于道德非自然主义阵营，但与其他版本的非自然主义不同，该立场认为，道德实在论根本无须应对上面所说的形而上学挑战，因为道德的客观性并不要求我们作出任何额外的本体论承诺。而作为理由转向中的领导人物，斯坎伦把理由作为规范领域的最基本事实。同时斯坎伦认为规范领域是一个不与其他领域相冲突的自主领域，规范领域自身的标准便可以决定规范事实的存在与否。因此，理由是否存在的

---

① 王东华：《理想状态和规范性——对威廉斯内在理由论的批评》，《道德与文明》2021 年第 3 期。
② 范志均：《非认知主义的建构主义——兼论一种认知主义的康德建构主义》，《哲学动态》2021 年第 10 期。
③ 郑畅、任丑：《帕菲特的客观道德哲学思想》，《世界哲学》2021 年第 5 期。

问题是规范领域内部的问题，由规范领域的内部推理决定，而并不要求这个世界额外存在什么规范实体或者属性。在此基础上，他对这一看法发起了挑战。他通过一个思想实验提出了一个被称为"对称性问题"的挑战。此一挑战的要点在于，指出包括斯坎伦在内的寂静主义实在论者难以打破两套内部融贯的道德话语的对称性，这意味着，为了保证道德的客观性，他们需要在规范领域的内部推理之外承诺道德事实或者规范事实的存在。① 与此同时，他还借助"内在解释"和"外在解释"的区分，梳理了托马斯·内格尔和伯纳德·威廉斯关于道德辩护的客观性的一场辩论，并在此基础上提出"历史错误论证"。因为我们很难相信，生活于古希腊、古罗马等社会中的人，要么在思考奴隶制时集体偷懒，要么集体被私利所蒙蔽，就连柏拉图和亚里士多德这样的人类文明最杰出的人物也不例外，而这便是"历史错误论证"要表达的东西。②

刘佳宝也关注威廉斯的伦理思想。威廉斯对于"个人完整性"（integrity）的强调招致了"道德上的自我沉溺"的批评。因此，他首先重述了威廉斯对于此批评的回应，并在此基础上提出一种反身性的实践审思方式的辩护。他认为使得"道德上的自我沉溺"这一指责成立的充分必要条件是某行动的二阶动机中带有某种自我关注与自欺，但威廉斯对此前提条件的定位并不够精确。所以应该通过分析反身性的不同呈现方式，把引起指责的根源定位在自我关注的虚伪性上。③

二、规范伦理学相关研究

2021年国内学者对于规范伦理学领域的研究较为全面，覆盖美德伦理学、后果主义、义务论、情感主义及其他规范理论各个领域，致力于探索规范伦理学诸流派在当代的新发展。其中，关于美德伦理学与义务论的讨论较多，对情感主义的研究热度同样不减。

（一）美德伦理学

2021年国内学界关于当代美德伦理的研究数量颇丰，包括对人物思想的分析、对他方质疑的回应与对重点问题的探讨。

1. 当代美德伦理学代表人物思想研究

作为在美德伦理学领域颇有建树的哲学家，麦金太尔、赫斯特豪斯与迈克尔·斯洛特的思想受到学界的重点关注。而在对美德伦理学家的观点进行探究时，国内学者大多从具体伦

---

① 魏犇群：《道德实在论可以没有本体论承诺吗——论斯坎伦的寂静主义实在论》，《道德与文明》2021年第5期。
② 魏犇群：《历史与道德辩护的限度——内格尔和威廉斯之争》，《哲学研究》2021年第3期。
③ 刘佳宝：《道德上的自我沉溺与反躬自省——对威廉斯实践审思观念的反思与超越》，《哲学动态》2021年第4期。

理学问题入手,且研究的议题相对较为集中。

对麦金太尔道德分歧思想的批判性反思,成为2021年麦金太尔研究的核心话题。有学者研究了麦金太尔解决道德分歧问题的思路,并探索、分析其解决方案中的洞见与困境,最终考察这一方案对于当今社会道德分歧问题是否具有借鉴意义。[①] 该学者还梳理了麦金太尔在《追寻美德》一书中对现代社会道德分歧的描述及其背后根源的分析,进而认为麦金太尔所提出的解决思路并不为当代人们所信服,他所诉诸的特殊主义进路不但不能解决普遍性问题,还会导致不同传统之间的道德分歧变得更加严重,因而也陷入了道德相对主义的指责之中。尽管其中亦有可借鉴之处,但麦金太尔所提出的解决方案在当今社会面临很多困难和挑战。[②] 有学者则从三方面总结了麦金太尔判定"启蒙计划"寻求道德问题上的理性共识并为道德进行辩护时失败的原因,认为麦金太尔的论据或者站不住脚,或者缺少事实依据,所以其对西方启蒙计划批判难以成立。启蒙时期以来的理性,依然是我们解决道德分歧与问题时难以取代的研究方法。[③]

与此同时,有学者研究了麦金太尔叙事的伦理学研究方法,介绍了麦金太尔伦理叙事的历史背景与历史渊源,分析了其伦理叙事的主要内容及四点特征,并考察对麦金太尔叙事探究观的相关批评与辩护。[④] 也有学者关注麦金泰(太)尔对道德基础的追索,认为麦金泰尔在批判现代情感主义伦理学的同时重新对道德的基础进行了审视。因此,麦金泰尔的道德的基础不能从代表现代道德话语的休谟、康德和克尔凯郭尔那里寻找,也不能从代表后现代道德话语的尼采那里寻找,而只能返回前现代,返回到亚里士多德那里,以历史主义的视角和方法重新建立目的论的德性伦理学。[⑤]

在关于赫斯特豪斯的研究中,其对于亚里士多德美德伦理传统的创造性继承成为重点。李义天主要基于"美德伦理学如何回应相对主义或主观主义责难"这一问题,考察赫斯特豪斯所倡导的新亚里士多德主义的"新进"之处。他认为赫斯特豪斯通过诉诸"有美德的行为者"以及"美德品质"来说明行为的正确性,着实符合亚里士多德主义的基本特征。同时,面对回应康德主义和功利主义挑战的新人物,赫斯特豪斯发展了美德伦理学的新任

[①] 张言亮:《麦金太尔解决道德分歧的方案及其困境探究》,《学习与探索》2021年第10期。
[②] 张言亮:《论麦金太尔对道德分歧的解决——基于〈追寻美德〉的分析》,《伦理学研究》2021年第2期。
[③] 陈真:《麦金太尔的"启蒙计划"批判之批判》,《南京师大学报(社会科学版)》2021年第6期。
[④] 宋薇:《麦金太尔伦理叙事研究》,中国社会科学出版社2021年版。
[⑤] 杜宇鹏、李含阳:《道德的基础何以可能——兼论麦金泰尔德性伦理思想》,《黑龙江社会科学》2021年第6期。

务。① 有学者考察了赫斯特豪斯对亚里士多德的思想资源的承续与创新，指出，赫斯特豪斯在继承了亚里士多德有关幸福、美德和目的论的基本思想以及经验主义辩证法的方法的同时，在吸收现代科学的基础上发展了自己的道德心理学和伦理自然主义。②

迈克尔·斯洛特基于"自我—他人"对称性观念所提出的"常识美德伦理学"，得到了学者们的讨论。有学者认为，斯洛特指出无论是功利主义、康德主义还是常识道德皆具有"自我—他人不对称"缺陷，不符合日常生活的道德观念。反之，他所提出的常识美德伦理学则能够实现"涉己"和"涉他"的对称与平衡。然而建立在"常识"基础上的"自我—他人对称"观念同样面临论证严密性和实践有效性的质疑，进而导致斯洛特试图构建的常识美德伦理学遭遇了巨大的挑战。③ 也有学者突出迈克尔·斯洛特对于传统美德进行修正，认为其关于美德对称性的观点为美德伦理学提供了新的发展路径，但仍需要进一步思考、完善。④

2. 美德伦理学面临的质疑与回应

回应功利主义、康德主义、契约论等其他学说的具体挑战，时常成为美德伦理学研究者们的重点关切。在不断质疑、回应、再质疑中，美德伦理学的普遍规范性、行为指导性、现实可能性、理论延展性皆得到了进一步的发展。

2021 年，国内有多学者尝试处理"美德伦理学无法为正确行为提供规范性说明、无法指导道德实践"这一经典质疑，而美德伦理学家赫斯特豪斯的思想是研究者们回应质疑的主要理论资源。李义天关注了赫斯特豪斯针对美德伦理学在行为问题上所遭遇的误解并作出的回应与澄清。他认为根据赫斯特豪斯的论证，美德伦理学不仅同样重视行为，而且同样给出关于正确行为的具体规定。而通过将正确的行为奠基于有美德的行为者及其美德品质，美德伦理学提供了一种与规则伦理学的行为理论之间具有逻辑同构性的说明。⑤ 文贤庆总结了当代美德伦理学家的三种回应方式，并认为这些方式不仅补充发展了美德伦理学在评价、指导行动方面的规范性、有效性，使美德伦理学能够为正确行为提供一般性标准，而且同时保

---

① 李义天：《美德伦理学的行为理论：误解与回应——重访罗莎琳德·赫斯特豪斯的新亚里士多德主义论证》，《学术研究》2021 年第 5 期。

② 文贤庆、李仁杰：《新亚里士多德主义"新"在何处？——赫斯特豪斯对亚里士多德伦理学的继承与发展》，《学习与探索》2021 年第 10 期。

③ 李义天、丁珏：《美德伦理视域中的自我与他人——对迈克尔·斯洛特"自我—他人对称"观念的分析与批评》，《学习与探索》2021 年第 10 期。

④ 边疆：《美德的对称性研究》，《沈阳工程学院学报（社会科学版）》2021 年第 1 期。

⑤ 李义天：《美德伦理学的行为理论：误解与回应——重访罗莎琳德·赫斯特豪斯的新亚里士多德主义论证》，《学术研究》2021 年第 5 期。

留了说明正确行为的独立空间,从而捍卫了美德伦理学作为一种独特的规范伦理学的立场。① 韩燕丽也认为对于美德伦理学之应用问题的诘难,不仅主要基于误解,且其实质是以法典化道德要求美德伦理而犯了方向性的错误。因此,以罗伯特·罗伯茨、赫斯特豪斯、麦克道维尔为代表的三种回应方案对于美德自身指导行动合理性作出说明,极大地推动了美德伦理学规范性问题与应用问题的解决。由此也表明,美德伦理学通过援引美德自身的合理性,可以给出一种不可法典化应用道德规则的模式,能够对美德伦理学的应用作出很好的说明。② 此外,毛华威也基于美德伦理学的实践维度,试图回应功利主义与规范伦理学各方的诘难。③

"美德特质或性格特征本身不存在"是美德伦理学面临的又一经典挑战。情境主义通过社会心理学实验等方式,试图证明是外在情境而非内在美德对于人的行为有重要影响,从而质疑美德特质的存在。宫睿站在情境主义的立场上,考察了拉查纳·特卡、阿塔纳苏利斯、克里斯蒂安·米勒等人为美德伦理学所作的辩护,并认为上述各种回应均难以成立。在此基础上,他认为在解释跨情境行为的一致性以及个性间的行为差异时,可以尝试借助"内隐情境"这一概念而无须借助德性概念。④

针对美德伦理学无法容纳"超义务"概念的质疑,张霄、冉越认为"超义务"是一个与美德相关的概念,实际上表现了一种真正的德性上的坚毅与卓越。他们将对"超义务"的质疑概括为三个方面:第一,义务本身不是美德伦理学框架内的概念;第二,美德追求中道,与意味着超越与过度"超义务"不符;第三,美德伦理学关于正确行为的标准太高,难以为通常意义上的"超义务"留有空间。同时认为以布朗和布莱马克为代表的降低正确行动标准的消极回应方式并不成功,而赫斯特豪斯提出的"考验美德"的超义务标准,既符合日常道德直觉又更好地解释了日常道德现象与行动者的道德心理,属于目前最有力的辩护。⑤

3. 与美德相关的其他问题

除了总结美德伦理学家的主张与回应其他学派思想家的挑战之外,也有学者致力于考察与美德相关的其他问题,如美德与移情的关系、德福一致等问题。蔡蓁考察了当代西方伦理

---

① 文贤庆:《作为规范理论的美德伦理学——基于正确行为的说明》,《现代哲学》2021年第3期。
② 韩燕丽:《无法成立的诘难:论规范伦理学对美德伦理学之应用问题的批评》,《河南师范大学学报(哲学社会科学版)》2021年第3期。
③ 毛华威:《美德实践智慧:美德伦理学的伦理实践立场》,《贵州师范大学学报(社会科学版)》2021年第3期。
④ 宫睿:《为情境主义辩护》,《道德与文明》2021年第4期。
⑤ 张霄、冉越:《容纳"超义务"概念的美德伦理学进路:从降低标准到考验美德》,《江苏行政学院学报》2021年第3期。

学家在移情概念上的论争,并在此基础上根据对情绪要素和认知要素的不同要求,归纳出了广义与狭义两种移情概念。同时以一种亚里士多德式的美德概念作为参照,得出移情本身并不适于被看作一种美德的结论。因为鉴于移情在概念上并不蕴含对生发移情的动机,以及移情所发生的场合、针对的对象和程度上的恰当性要求,所以试图把对他人关切的移情理解为美德的尝试同样存在问题。[1] 毛华威关注了德福是否一致的问题,并给出肯定的答案。他认为美德伦理品质既能够为拥有者提供评判伦理行为的标准,又可以为其做出伦理行为提供动力,特别是在实际的伦理生活中美德伦理品质能够帮助拥有者获得幸福生活。[2]

(二)后果主义

1. 功利主义

功利主义作为后果主义的早期形式,为规范伦理学领域贡献了重要的理论资源。2021年对于当代功利主义思想的研究数量有限,主要从传统功利主义所面临的挑战出发,考察、分析在此基础上发展出的各种新型功利主义。

忽略完整性(integrity)是对功利主义的一个有趣挑战。完整性意味着人们大部分时间都坚定持有但需要在特定时刻作出修正的本源性承诺或计划;而功利主义所秉持的功利最大化诉求会要求人们放弃体现人们完整性的承诺或计划。张继亮将功利主义的辩护者及同情者回应完整性质疑的方式总结为:"受以行为者为中心限制式功利主义""精致式功利主义""完整性式功利主义""功利主义居优"等角度。[3] 面对传统功利主义"违反道德直觉"和"无法指导行为"等理论困难,当代的功利主义者大都抛弃了传统功利主义对功利的直接诉诸,而试图把正义、平等和权利等观念纳入自己的理论体系之内。因此,以布兰德为代表的哲学家所提出的"规则功利主义"进入学者们的研究视野。姚大志梳理、澄清了规则功利主义的具体主张,并且深入探讨其相比与传统功利主义的合理性与进步性,同时指出规则功利主义目前存在的局限性。[4]

此外,也有学者研究了分析功利主义与其他规范理论之间的关系。姚大志、马治文分析高西尔式的契约主义之中的功利主义成分,并对高西尔对契约主义论证的三个方面进行了考察。第一,基于"内在合理性"的观念,论证了人们是如何达成协议的;第二,基于"外在合理性"的观念,论证了人们是如何遵守协议的;第三,通过"洛克式限制条款",论证了协议本身是公平的。在高西尔的这些论证中有两种因素在发挥作用,一种是契约主义的合

---

[1] 蔡蓁:《移情是一种亚里士多德式的美德吗?》,《哲学研究》2021年第3期。
[2] 毛华威:《美德伦理品质有利于其拥有者》,《重庆交通大学学报(社会科学版)》2021年第4期。
[3] 张继亮:《功利主义与完整性是否相容?——对西方功利主义式完整性辩护路径的述评》,载李佃来主编《哲学评论》第27辑,岳麓书社2021年版。
[4] 姚大志:《规则功利主义》,《南开学报(哲学社会科学版)》2021年第2期。

理性，另外一种是功利主义的合理性，而且这两种合理性之间存在着紧张。①

2. 其他后果主义研究

《当代后果主义伦理思想研究》作为国内伦理学界首部以后果主义为研究对象的专著于2021年出版。该书系统梳理、分析了后果主义的多个面向与维度，在辨析"后果"概念的基础上探究其内在价值，对后果最大化进行考量，考察德性后果主义、规则后果主义、客观与主观后果主义等不同流派。②

有研究试图借助某种后果主义的主张解决道德难题。黄益民从苏珊·沃尔夫提出的"道德圣人难题"出发，首先检验和批评沃尔夫为这个难题提出的解答，进而指出道德圣人难题与众所周知的反对后果主义的道德苛求难题之间有一种内在的关联，最后提出一种整体的后果主义观点，并展示这种理论可以同时解答道德苛求难题和道德圣人难题。③ 程府关注约纳斯伦理学对于康德确立的伦理传统的回应，认为约纳斯通过对海德格尔生存论与布洛赫"希望原理"的分析，使"忧惧"在技术时代具有了伦理功能。虽然约纳斯至少从"人"的概念的嬗变、新律令的时间性和空间性，以及"希望—忧惧—适度"的辩证伦理这三个维度补充了康德伦理学，但是作为后果论伦理也必将面对更多规范性的挑战。④

（三）义务论

2021年国内以义务论为核心议题的研究中，一方面不乏关于当代西方思想家对康德思想、康德主义的新发展与新批判，另一方面也涉及对于其他义务理论的探讨。

1. 对康德义务论的发展与批判

康德主义是义务论的代表，考察当代思想家如何继承、发展、质疑、反思及修正康德主义，是国内义务论研究的重要关切。

在提供道德动机方面的薄弱性，一直是康德主义面临的一大质疑。反对者认为康德无法说明人类之所以要将自己置于纯粹先天道德法则的约束之下的自然动机。钱康对这一问题进行了关注与探讨。首先，他以一种作为动机性质疑之回应的当下在英美学界流行的自然化康德伦理学解释，即一些英美康德学者试图将康德在《道德形而上学的奠基》中提到的人性作为理性本性的绝对价值自然化，以提供一种我们将自己视为理性存在者从而自律地遵守道德法则的自然动机。在此基础上，他试图通过分析康德所使用的概念和论证结构来反驳这种

---

① 姚大志、马治文：《高西尔的道德理论：契约主义与功利主义之间?》，《社会科学战线》2021年第9期。
② 龚群：《当代后果主义伦理思想研究》，中国社会科学出版社2021年版。
③ 黄益民：《道德圣人与后果主义》，《云南大学学报（社会科学版）》2021年第6期。
④ 程府：《从"勇气"到"忧惧"——论康德与约纳斯德性观的张力》，《自然辩证法研究》2021年第6期。

广为流传的解释，认为这种自然化的解释不仅违背了康德原文的论证结构，而且也否定了先验哲学的某些根本立场；同时进一步证明康德实际上是将理性本性的绝对价值当作其"存在普遍道德原则"这一预设理念的推论，而不是当作其原因。因为义务性和道德法则的可能性并不是通过引入自然动机的方式，而是在先验哲学整体性视角之下通过对人类认知能力和行动能力的一种批判和演绎被确证的。①

也有学者探讨了康德思想中存在的"定言命令式何以可能，使其得以可能的第三者究竟是什么"这一问题。刘凤娟分析了当代思想家盖耶尔和阿利森的解决路径，考察其异同，并探究其局限性。② 武小西则关注克里斯汀·科斯戈尔德的能动性理论对于康德道德哲学和柏拉图灵魂学说的双重运用。在解释人成为能动者的规范性机制时，科斯戈尔德以并行的方式，运用了康德的道德哲学和柏拉图《理想国》里的灵魂学说。③

此外，肖根牛探讨了杜威基于情境伦理学的义务论对于康德的形式主义义务论的反思。杜威认为康德义务论无法解决"如何让纯粹形式的义务形成具体的义务意识"和"如何让纯粹的义务变成行动者的道德实践动力"这两个关键问题，并指出康德义务论的症结所在。④

2. 其他义务理论

在其他与"义务"概念相关的理论与思想中，"预期义务"与"守诺义务"得到了国内学者的关注。

2018 年奇亚拉·科尔代利挑战了"我们无法要求一个人做他在道德上做不到的事"的一般看法，提出行动者存在一种"预期义务"，即行动者不能够因为自己行善能力有限或者行善代价太大，拒绝履行行善义务。刘永春围绕"不能够"行善的两种常见情况（行善能力有限与行善代价太大），批判性地考察科尔代利的观点与论证，解释了她如何通过"预期义务"说明不能以"不能够"的这两种情况拒绝行善并指出该观点及其论证的问题所在。而后基于自由意志与道德责任的关系为这一问题作出新的解释，并对预期义务的适用范围作出适度限定，从而使预期义务的论证更具合理性。⑤

---

① 钱康：《人性的绝对价值能否成为道德动机——对自然化康德伦理学解释的批判》，《道德与文明》2021 年第 6 期。

② 刘凤娟：《作为纯粹榜样的第三者——定言命令式何以可能的非逻辑化路径》，《道德与文明》2021 年第 3 期。

③ 武小西：《科斯戈尔德能动性理论的双重思想脉络——康德主义和柏拉图主义》，《道德与文明》2021 年第 1 期。

④ 肖根牛：《论杜威对康德义务论的批判》，《伦理学研究》2021 年第 2 期。

⑤ 刘永春：《"我不能"能够成为拒绝行善的道德理由吗？——基于科尔代利"预期义务"的考察》，《伦理学研究》2021 年第 1 期。

有研究致力于解决守诺义务的"自然主义谬误"（即从"作出了承诺"这一事实判断直接得出"有义务遵守承诺"的价值判断）。戴廷明尝试通过对守诺义务道德基础的规范阐释，来消除自然主义谬误。他分析了三种当前西方对守诺义务道德基础主要阐释：以休谟、罗尔斯为代表的习俗论，以斯坎伦为代表的期望论，拉兹自愿论。进而指出：由于习俗论与期望论只能阐释部分守诺义务的道德基础，因此利用它们并不能完全消除守诺义务推导过程中的自然主义谬误；同时也只有自愿论能以反自然主义的方式清楚地说明守诺义务的道德基础，因而利用自愿论能够有效地消除自然主义谬误。[1]

（四）情感主义

情感主义旨在通过某种情感为道德寻找基础，而情感的规范性问题时常成为反对者们质疑情感主义立场的肯綮。

"移情"（或译为"共情""同感"）这一概念近年来得到了学者们的广泛关注，"移情"之中的规范性、正当性引发了诸多讨论。方德志以"共情"为主线，借鉴了诸多西方情感主义流派思想家的思想对关爱伦理思想进行了探讨。[2] 有学者探究移情与社会主义之间的关系。黄伟韬持"仅靠移情关爱自身难以为社会正义奠基"的立场，试图阐明斯洛特的情感主义正义论，并讨论该理论对社会正义诸议题的解决方案，进而指出移情关爱进路存在的理论困境。他认为移情关爱正义论不仅在处理适应性偏好的问题上存在困难，还会导致对移民和子孙后代不义的理论后果，并且移情关爱由于自身的不确定性而不能独立作为社会正义的可靠指引。[3] 作为同样关注移情的研究，郦平则持相对乐观的立场，认为移情在一定程度上能够回答利他之爱的可能性。他基于道德情感主义哲学家关于移情的最新诠释，从移情范畴、移情类型、移情水平等维度勾画出一种哲学上的移情类型学，以此回应利他之爱是否存在、为何可能、如何实现三大伦理难题，试图为利他之爱的可能性提供一种自然主义情感论的解释。[4]

另有研究基于情感与认知的关系研究情感主义者的思想。陈艳波、陈漠考察了赫尔德的情感主义伦理学。他们认为赫尔德以心灵能力的有机统一性为基础，建构了一套主张将认知与情感、事实与价值有机统一的伦理学，其理论对我们重新理解启蒙时代的伦理学具有重要意义。因为在赫尔德看来，不管是当时的认知主义伦理学，还是情感主义伦理学，都以对人

---

[1] 戴廷明：《阐释守诺义务的三种理论——基于反自然主义视角的评析》，《伦理学研究》2021年第4期。
[2] 方德志：《共情、关爱与正义：当代西方关爱情感主义伦理思想研究》，中国社会科学出版社2021年版。
[3] 黄伟韬：《基于移情关爱的社会正义可行吗——论斯洛特的情感主义正义论》，《哲学动态》2021年第5期。
[4] 郦平：《利他之爱何以可能——来自道德情感主义的回应》，《中州学刊》2021年第8期。

类心灵能力的抽象划分和截然分别为前提，所以导致了认知与情感、事实与价值的分离。但是，这种对心灵能力的理解是不完整的。它肢解了心灵能力，破坏了其本身的有机性与整体性。①

（五）其他规范理论

崔微试图表明功利主义和义务论在容纳偏爱性关系方面的局限性，进而尝试建构一种相对合理的、在平等与偏爱之间保持恰当平衡的道德理论。同时在描绘道德不偏不倚理论与偏爱性关系冲突的基础上，剖析了以功利主义者和义务论者为代表的道德不偏不倚理论支持者的几种回应方式，并论证这些回应方式存在的问题。②

公正作为重要的规范价值也得到了学者的关注。蒋婷燕、何齐宗认为公正是公正美德伦理与公正规范伦理的统一，并将公正的反应性和相互性特征归为核心特征，进而可以从核心特征、中道特征、时代特征与实践特征四个方面来探究公正的实质和特点。③

部分研究试图超越伦理规范，而探索规范性本身的建立问题，在此简单提及。胡瑞娜、杜海涛反思传统规范性理论的预设及其问题，分析基于非概念论的规范性理论的优势，并主张建构一种基于非概念内容的规范性理论。④崔微则试图表明功利主义和义务论在容纳偏爱性关系方面的局限性，进而尝试一种相对合理的、在平等与偏爱之间保持恰当平衡的道德理论。⑤

此外，也有研究关注斯坎伦契约主义所给出的论证人类道德地位平等性的方案。李亚明认为，斯坎伦以人们彼此之间相互认可的关系定义道德地位，对道德义务及道德规范性的来源均给出了清楚说明，避免了其他有关人类道德地位平等性论证导致的困境，扩大了道德地位拥有者的范围并论证了人类拥有平等的道德地位，从而为应对科技发展带来的伦理难题提供了可以依据的原则。⑥

三、重要哲学家研究

在当代英美与欧陆两系的道德哲学研究中，曾出现大批卓越的思想家。他们的思想本身以及彼此之间的争鸣，为解决伦理领域的诸多问题提供资源，因而受到了国内学者的关注。

---

① 陈艳波、陈漠：《走出认知与情感、事实与价值的分离——赫尔德情感主义伦理学探赜》，《哲学动态》2021年第5期。
② 崔微：《平等与偏爱：道德不偏不倚理论与偏爱性关系研究》，山东大学出版社2021年版。
③ 蒋婷燕、何齐宗：《论公正的四个特征》，《伦理学研究》2021年第3期。
④ 胡瑞娜、杜海涛：《规范性的神话——基于非概念内容的规范性理论何以可能》，《科学技术哲学研究》2021年第1期。
⑤ 崔微：《平等与偏爱：道德不偏不倚理论与偏爱性关系研究》，山东大学出版社2021年版。
⑥ 李亚明：《斯坎伦对于人类道德地位平等性的论证》，《世界哲学》2021年第1期。

对于在梳理元伦理学与规范伦理学研究时已经提及的哲学家，此处不再作专门综述。

（一）英美哲学家

1. 罗尔斯

2021年为罗尔斯诞辰一百周年及《正义论》发表五十周年，国内学界涌现出大批与罗尔斯相关的问题与思想研究。罗尔斯伦理思想的诸多方面皆得到了较为充分的讨论，其中正义、平等等议题一如既往获得了更多关注。

（1）进一步探究正义理论

有学者对罗尔斯的哲学遗产进行总结，从六个方面总结了罗尔斯的重大贡献，从五个方面分析了其思想面临的挑战，其中贯穿着对正义问题的考量。[①] 有研究讨论了"社会基本制度的正义"这一罗尔斯正义论的中心议题，对"社会制度正义原则的选择"与"正义制度的稳定性与政治变革"等内容展开分析。[②]

也有学者关注罗尔斯正义原则中的稳定性，认为一种正义理论必须包含对它所阐述的正义观是否具有稳定性这一问题的解决。[③] 也有学者结合罗尔斯以及汉娜·阿伦特、约翰·西蒙斯、哈贝马斯的观点，从概念分析的角度区分了正当性与证成性，进而在政治义务与政治责任之间勾勒出一幅清晰的概念地图。[④]

有学者通过辨析程序正义与形式正义对罗尔斯正义观进行了探索。李石、杨刚认为，罗尔斯在"原理"和"制度"两个不同的层面使用"程序正义"与"形式正义"两个概念。"程序正义"被用于"原初状态"之中与正义原则的建构相关，"形式正义"则被用于"无知之幕"开启之后的现实政治中与正义原则的具体应用相关。因此，"程序正义"能保证推导出的正义原则的"实质正义"，而"形式正义"与"实质正义"却是相互独立的概念并不能保证"实质正义"。[⑤] 杨君武、向谨汝基于比较的方法从正义理论的派别、正义理论的论证方式、正义的实现途径、正义理论焦点的转换四个方面对罗尔斯与德沃金的正义思想进行比较。[⑥] 孙逸凡则着重探究罗尔斯正义观念的实践功能，考察其正义观念是否能够真正实

[①] 姚大志：《罗尔斯的哲学遗产》，《哲学动态》2021年第2期。
[②] 龚群：《正义之首：罗尔斯的社会制度正义》，《湖北大学学报（哲学社会科学版）》2021年第6期。
[③] 董伟伟：《罗尔斯正义理论中的稳定性问题研究》，人民出版社2021年版。
[④] 周濂：《现代政治的正当性基础》，上海三联书店，2021年。
[⑤] 李石、杨刚：《程序正义与形式正义之辨——以罗尔斯〈正义论〉为中心的考察》，《天津社会科学》2021年第3期。
[⑥] 杨君武、向谨汝：《从罗尔斯到德沃金：正义理论的比较》，《湖南师范大学社会科学学报》2021年第3期。

现这一功能，并得出了相对否定的结论。①

在罗尔斯思想基础上延伸出的对分配正义的探讨，也是学界的热点问题之一。唐英英详细考察了优先主义、契约主义和充足主义三种当代西方具有平等主义倾向的分配理论。他认为其在具有反对效用主义与反对内在平等主义的共同特征的同时，也存在难以克服的理论问题，但效用的平等分配可以在内在平等主义的框架中得到辩护。② 范震亚在与优先正义的交锋中，着重考察了充足主义的分配正义理论。他以克里斯普作为主要反思与诊断对象，认为从其论述来看充足主义不是一种优于优先主义的分配正义理论。③ 李文关注平等主义者对于反平等主义者"向下拉平异议"挑战的反驳与回应。他分析了特姆金对于"向下拉平异议"的三个挑战，并认为其挑战成功表明了"向下拉平异议"本身存在严重缺陷并且不能成为对平等主义的致命反驳。④

有学者尝试将罗尔斯的正义及相关理论置于一个更长的历史范畴里进行反思，认为生命原则需要被置于一般正义原则的首位，保护生命的法律正义也应该放在分配正义之前来考虑，而这些方面的内容在罗尔斯的正义理论中是相对薄弱的。何怀宏认为罗尔斯的正义理论符合西方社会时代"进步"的方向，但今天这种"进步"的持续乃至极端化正在日益导致社会的分裂，而且一些有关生命原则和法律正义的问题也在社会中凸显，人们更需要各种对更广阔的及真实世界的正义原则和准则的理论探讨。⑤

（2）分析或回应西方学界对于罗尔斯正义理论的批评

许多学者关注阿玛蒂亚·森对于罗尔斯的反思。在《权利、正义与责任》一书中，反驳包括阿玛蒂亚·森、杰里·柯亨以及玛莎·努斯鲍姆等当代重要的理论家对罗尔斯的正义理论提出的批评是一个重要部分。在此基础上，徐向东捍卫和发展了一种罗尔斯式的社会正义和全球正义学说，并在此基础上阐明了政治哲学作为一种"现实主义乌托邦"的本质以及一种语境主义的或整体论的政治辩护概念。⑥ 与此同时，徐向东也试图证明阿玛蒂亚·森将罗尔斯理论理解为超验制度并对其作出的批评基本上是出于对罗尔斯理论的某些重要误解。⑦ 李娴静通过解析罗尔斯与阿马蒂亚·森有关正义问题信息焦点的论辩，尝试证明基本

---

① 孙逸凡：《正义与共识——对罗尔斯正义观念实践功能的批判性考察》，《道德与文明》2021年第6期。
② 唐英英：《当代西方平等主义分配理论辨析》，《世界哲学》2021年第1期。
③ 范震亚：《优先还是充足——论克里斯普的充足主义》，《哲学动态》2021年第10期。
④ 李文：《"向下拉平异议"及其局限性：试析特姆金是如何捍卫平等主义的》，《世界哲学》2021年第2期。
⑤ 何怀宏：《生命原则与法律正义——从长时段看罗尔斯的正义理论》，《哲学动态》2021年第2期。
⑥ 徐向东：《权利、正义与责任》，浙江大学出版社2021年版。
⑦ 徐向东：《制度、不偏不倚与正义的要求——回应阿玛蒂亚·森对罗尔斯的批评》，《政治思想史》2021年第4期。

善作为人际比较的尺度面临诸多问题。[1] 侯杰耀则关注阿马蒂亚·森对罗尔斯建构方法的批判。[2]

也有研究者分析并驳正了杰里·柯亨按照"激励论证"对罗尔斯的正义理论提出的批评。徐向东认为柯亨的批评不仅涉及罗尔斯理论的总体恰当性，实际上也体现了柯亨与罗尔斯在平等主义正义的本质和目的方面的根本分歧。徐向东反驳柯亨对于罗尔斯"基本结构"概念的攻击，认为柯亨的批评基本上是出于对罗尔斯的某些核心主张的误解，罗尔斯完全有理由拒斥柯亨对其理论的那种"纠正"或"改造"。因此，要恰当地了解罗尔斯对其正义理论的建构及其对基本结构和背景正义的重要性。[3] 李义天、刘畅则考察了来自左翼思想阵营的尼尔森对于罗尔斯的观点的批判。他们认为尼尔森不仅剖析了罗尔斯差别原则的内在矛盾，更反驳了差别原则的外在前提，从而揭示出差别原则的意识形态化特征及非历史主义方法，而这些批判凸显了马克思主义平等观念与自由主义平等立场之间的根本差异与分歧。[4]

（3）与平等相关的思想

王立关注了罗尔斯为公平的机会平等原则辩护的三个理由，分析其广义、狭义、实质三种内涵，并进一步从对正义制度的思考和划分入手，来考察"公平的机会平等原则"之三种制度架构，进而探究这一原则的地位与作用。他认为公平的机会平等原则存在着诸多理论问题，而其产生根源在于受"平等"与"应得"两种不同规范原则的约束，而规范原则的对立使其陷入两种理论框架和理论逻辑构成的解释张力中。[5] 朱慧玲则对"民主的平等"进行重新梳理和说明。她认为尽管"民主的平等"是值得欲求的分配理想，但由于它不够重视性别自然分工及其造成的蔓延性影响会遭遇来自内部与外部的障碍；所以通过考察批评意见，可为"民主的平等"提出几种矫正性的进路。[6]

（4）罗尔斯思想中的其他伦理议题

有研究关注罗尔斯对于个体与共同体的讨论，考察罗尔斯在不同时期理解的自我观，并认为罗尔斯从未主张过任何形式的个体主义，但其对于引申性批评意见的回应则表明个体主

---

[1] 李娴静:《论人际比较的标尺——以约翰·罗尔斯与阿马蒂亚·森为中心》,《道德与文明》2021年第2期。
[2] 侯杰耀:《社会选择思维与〈正义论〉的建构方法》,《道德与文明》2021年第6期。
[3] 徐向东:《基本结构与背景正义——反驳柯亨对罗尔斯的批评》,《中国人民大学学报》2021年第5期。
[4] 李义天、刘畅:《超越差别原则——凯·尼尔森对罗尔斯正义理论的批判》,《湖北大学学报（哲学社会科学版）》2021年第3期。
[5] 王立:《平等还是应得：罗尔斯"公平的机会平等原则"解释新探》,《哲学研究》2021年第1期。
[6] 朱慧玲:《罗尔斯的"民主的平等"及其隐性屏障——从性别分工的角度看》,《道德与文明》2021年第3期。

义的理解方式仍旧潜藏其中。① 有学者致力于考察罗尔斯的道德人格，选取了罗尔斯正义理论中的三组核心理念（权利与善、"理性的"与"合理的"、充分自律与合理自律）进行阐释，并尝试说明正义感能力与善观念能力在这三组理念的互动关系中相互配合、相互依存，认为罗尔斯通过复杂精密、环环相扣的理论结构将道德人格内嵌于其理论体系中。②

有学者探究"基本自由的优先性"这一罗尔斯政治哲学中的重要论题，分析罗尔斯在《正义论》中提出的"平等自由论证""自尊论证""最高级利益论证"，并考察了它们面临的问题与挑战以及泰勒对于基本自由的优先性的有力辩护。③ 有学者关注罗尔斯在《万民法》中建构的宽容议题，并认为罗尔斯的宽容观至少面临三大困难而并不容易证成。④ 另有研究者归纳了迈克尔·桑德尔对约翰·罗尔斯的契约论的批判，并指出其误读之处。⑤

此外，也有研究聚焦"自尊"这一《正义论》中的核心概念，对罗尔斯长期混用的"自尊""自尊的社会基础""自重"等概念作出辨析。周濂尝试在语用学、道德心理学以及规范理论三个层面上区分上述概念，以此重构罗尔斯的自尊解释，进而阐明"平等待人"的真正内涵以及政治哲学的伦理学承诺。⑥ 王炜也关注罗尔斯的"自尊"概念。他在对罗尔斯道德心理学体系整体把握的基础上，对罗尔斯的自尊主题进行梳理、补充和修正，以期建构一个相对完整的罗尔斯式的自尊主题。⑦

2. 努斯鲍姆

张容南关注了努斯鲍姆对于康德式尊严概念的挑战。她从康德的尊严观入手，阐释努斯鲍姆对康德的批评及其基于亚里士多德的立场对尊严观的重构，并认为尽管努斯鲍姆重构的尊严观可以避免康德的尊严观面临的一些问题，但其自身也存在难以克服的困境。⑧ 另有研究聚焦努斯鲍姆基于内在本质主义作出的伦理真理客观性的论证。左稀认为努斯鲍姆突出了关注伦理真理的必要性和重要性，不同于外在主义的伦理真理观而主张按照人类最深层次欲望和需求来定义伦理真理，并从亚里士多德美德理论中发现一种通往客观性的内在主义研究

---

① 龙涛：《罗尔斯在何种意义上主张个体主义？——基于罗尔斯自我观的历史性考察》，《政治思想史》2021年第4期。
② 李牧今：《良序社会与道德人格的建构——论罗尔斯关于道德人格的"三个统一"》，《浙江学刊》2021年第2期。
③ 冯秀岐：《罗尔斯论基本自由的优先性》，《伦理学研究》2021年第1期。
④ 杨睿轩：《论罗尔斯〈万民法〉中的宽容观》，《世界哲学》2021年第3期。
⑤ 高景柱：《论桑德尔对罗尔斯契约论的三点误读》，《安徽师范大学学报（人文社会科学版）》2021年第4期。
⑥ 周濂：《自尊与自重——罗尔斯正义理论的伦理学承诺》，《伦理学研究》2021年第1期。
⑦ 王炜：《论罗尔斯正义理论中的公民自尊主题》，《世界哲学》2021年第4期。
⑧ 张容南：《基于能力的政治的尊严观可能吗——重审努斯鲍姆对康德的批评》，《哲学动态》2021年第10期。

路径。努斯鲍姆的这一工作既有其局限性与模糊性但同时为我们认识伦理真理提供助益。①另外，努斯鲍姆所作《美德伦理学：一个令人误入歧途的范畴？》一文也被翻译为中文并出版。②

3. 其他人物

张子夏立足于诺齐克所提出的"体验机"思想实验，试图反驳既有研究者对于诺齐克思想作出的"虚拟世界是没有价值的"这一解读。他以新近研究为基础，给出三种可能的方案：第一，基于韦杰斯的研究结果而得出的"安于现状"的心理偏误；第二，通过查尔莫斯的虚拟数字主义主张虚拟对象的实在性；第三，根据沃尔顿的虚构理论说明虚拟世界与实在世界一样具有交互性和客观性。进而他最终得出结论：没有充分的理由说明虚拟世界是没有价值的。③

王薛时以"人数问题"引入，批评了卡夫卡的可传递性论证，认为其论证是无效的。因为卡夫卡在反驳陶雷克"简单的人数相加对于道德而言没有重要性"的观点时，依赖于"道德无差别的关系是可传递的"这一习惯性的假设。④

张瑞臣关注了查尔斯·泰勒提出的"无求于外的人文主义"。由于无求于外的人文主义替代了上帝的完满性，改变了人们的信仰与道德的基础，使人专注于自身的内在性，倡导互利秩序与普遍仁慈的观念。因此，需要通过考察无求于外的人文主义的出场的思想、历史前提，分析无求于外的人文主义的界定与双重特征，进而研究这一主义所产生的包括"道德、政治领域个人主义观念的流行"在内的效应。⑤

（二）欧陆哲学家

2021年国内学界的研究主要涉及胡塞尔、舍勒、海德格尔、列维纳斯、哈贝马斯等人的哲学思想。虽然上述哲学家中，有的不能被严格界定为伦理学家，然而他们的哲学主张中富含对伦理思考的启迪因素，因而也得到了国内伦理学研究者们的关注。在现象学视域下关注伦理问题、进行伦理思考，成为2021年度相关研究的一大重心。

1. 胡塞尔

2021年度有关胡塞尔的研究中，伦理人格得到了相对集中的探讨。曾云借助胡塞尔的发生现象学方法，围绕其建立现象学的精神科学这一主题，展示伦理人格如何由习性而来。

---

① 左稀：《纳斯鲍姆论伦理真理的客观性及其政治哲学涵义》，《世界哲学》2021年第6期。
② 玛莎·C.努斯鲍姆著，陈晓曦译：《美德伦理学：一个令人误入歧途的范畴？》，载邓安庆主编《伦理学术》第10卷，上海教育出版社2021年版。
③ 张子夏：《虚拟世界是没有价值的吗？》，《世界哲学》2021年第3期。
④ 王薛时：《道德无差别是否存在可传递性——评卡夫卡对陶雷克的批评》，《哲学动态》2021年第3期。
⑤ 张瑞臣：《论查尔斯·泰勒"无求于外的人文主义"》，《哲学动态》2021年第5期。

他的主要论点有三：第一，根据胡塞尔的《现象学的构成研究》，习性自我仍然属于纯粹自我，二者并不相对立；第二，习性并非后天经验的构成物，虽然习性人格具有获得性的质料内容，但它仍然具有先天的自身统一性；第三，对胡塞尔来说，习性人格在向伦理人格的转变中意志扮演了关键角色，伦理人格是意志塑造的积极的习性人格。① 周振权则基于"胡塞尔伦理学的情感主义因素"，反思西方学者对于这一问题的认识，试图分析情感因素在胡塞尔后期伦理学中的位置。他指出部分学者认为胡塞尔的晚期伦理学具有"以情感为基础"的倾向，并认为这一倾向在舍勒、列维纳斯、马里翁等人的伦理学思想中得到了呼应和加强。但是若基于胡塞尔的文献及其思想的内在理路，这些分析是值得怀疑的。因为尽管胡塞尔后期探讨了爱和人格伦理学的话题，但他仍然没有肯定伦理学应当以情感为基础。因此，胡塞尔伦理学中的情感因素与伦理主体的构成相关而非与伦理学的规则相关。②

2. 舍勒

舍勒的伦理学说常常成为中西比较研究的思想资源，而其对于情感与爱欲的思考成为他伦理思考的特色。王欢欢认为舍勒早期哲学已经开启了"扭转"伦理学构建基础的"按钮"。因为舍勒批判理性主义伦理学以及情感经验主义，论证伦理学的独立性，力图让伦理学从理性主义走向情感主义；而他接触胡塞尔和现象学之后构建的伦理学，无一不是继续沿着早期的道路，继续深入地构建一种情感主义伦理学。③ 有学者试图从爱的观念、爱和欲望、爱和理性等方面进行分析，以对舍勒的爱欲观和佛教的爱欲观进行比较。李革新对舍勒爱欲观与佛教爱欲观进行分析比较。文章指出舍勒认为人的精神人格的核心是爱而不是理性，同时由于他的爱是发现新价值的一种精神位格的行为，因此，舍勒把欲望和爱区分开。虽然佛教也认为爱欲是一切生命有情的核心，但佛教认为爱和欲望是一回事，同时佛教区分了染污爱和非染污爱，强调慈悲心和菩提心的培养。此外，舍勒认为爱优先于理性和认识，而佛教认为理性或者智慧更重要的同时，也强调智悲双运，不能偏废。④

3. 海德格尔

海德格尔哲学中有没有一种伦理学是学者们时常争论的问题。伦理学界尝试从不同角度来探讨海德格尔思想与伦理学传统之间的微妙关系。张志伟认为伦理学以形而上学为基础无法解释人的自由和独立性，不以之为基础学则面临着主观主义和相对主义的困境。面对这一

---

① 曾云：《从习性自我到伦理人格——论胡塞尔精神科学中人格的构造》，《现代哲学》2021年第5期。

② 周振权：《人格伦理学与爱的意向性——对胡塞尔晚期伦理学基础的澄清》，《哲学动态》2021年第5期。

③ 王欢欢：《伦理学的"扭转"：从理性主义走向情感主义——对舍勒早期哲学思想的考察》，《东南学术》2021年第6期。

④ 李革新：《情深而文明——舍勒爱欲观与佛教爱欲观的比较》，《现代哲学》2021年第2期。

困境，海德格尔没有允诺为伦理学重建基础，甚至以存在论作为"源始的伦理学"，这实际上取消了通常意义上的伦理学。虽然海德格尔方式本身的成功性是不成立的，却可以将其视为思考伦理学与形而上学之间关系问题的一个视角以及作为反思当代伦理学的有益镜鉴。① 海德格尔轻视伦理学传统理论，并认为自己的本体论分析是"原初伦理"，而其后继研究者大多反对其"原初伦理"的理论构想，另辟蹊径弥合伦理学传统与海德格尔存在论思想之间的裂痕。其中，金天鸿从海德格尔技术之思的伦理意蕴入手，以生存处境视角提出"原初伦理处境"概念，试图阐明海德格尔"原初伦理"之思的真正目的是说明人在技术时代思考伦理问题的可能性。②

4. 列维纳斯

列维纳斯的思想中蕴含较为丰富的伦理学矿藏，因而受到较多关注。他对于"主体"与"他人"之间的关系的独特思考，在伦理学探讨中亦占据核心位置。文晗比较了胡塞尔与列维纳斯关于现象学的伦理学的考察的异同。她认为二人虽均将道德意识作为伦理学研究的核心，但与胡塞尔从主体出发的研究不同，列维纳斯对于道德意识的研究以"他人"为优先。而且与胡塞尔将道德意识奠基于意识表象行为基础不同，列维纳斯在批判表象优先性的同时将道德意识视为奠基性的。同时，列维纳斯进一步将道德意识视为被他人触发的感性行为，并将这种主体与他人之间的伦理关系规定为"倾听"。"观看"和"倾听"两种模式能够分别对应列维纳斯对表象的批判和对道德意识的阐释。因此，可以从这两个意象入手，检讨列维纳斯对于意识表象活动的批判，进而推动对道德意识的阐发。③

林华敏关注列维纳斯伦理学中描述的一种我和他人之间原初的"面对面"关系，认为这是一种封闭的、原初的、超越的形而上关系。并在此基础上探究在与他人之根本关系中诸多不可摒除、叠加其中的第三方与正义。她认为第三方的介入激发了意识，随之而来的是对面容（责任）的识别、比较、计算与权衡，在这基础上，组织、规则和制度成为必需且合理的。因此，既要看到列维纳斯在第三方正义问题上的重要论述，又要注意其政治理论的不足与面临的批评。④ 此外，另有研究将列维纳斯的哲学思想整体性地理解为一门欲望发生学，考察三种不同的欲望，涉及主体与他者之间的关系。具体而言，"需要"相关于致力于自我保存与提高的自我中心式的权能主体，建立起的是自我与相对他者之间的占有与享受式

---

① 张志伟：《重思伦理学与形而上学之间的关系——以海德格尔哲学为"视阈"》，《道德与文明》2021年第1期。
② 金天鸿：《试论海德格尔的"原初伦理处境"构想》，《世界哲学》2021年第2期。
③ 文晗：《从观看到倾听——列维纳斯论道德意识》，《现代哲学》2021年第1期。
④ 林华敏：《从邻人到第三方政治——论列维纳斯的"伦理—正义"的同构性与困境》，《现代哲学》2021年第2期。

的关联;"形而上学的欲望"相关于围绕他者进行离心式旋转的伦理主体,建立起的是自我与绝对他者之间的呼唤—回应式的伦理关联;"爱欲性的欲望"相关于与他者交互感通、亲密关联着的爱欲主体,建立起的是自我与爱欲对象之间的具身化的爱欲关联。①

5. 哈贝马斯

晏扩明、李义天探讨了哈贝马斯的商谈伦理学,认为其本质是以普遍语用学和交往行为理论为核心而建构的规范伦理学,是一种基于交往理性的社会伦理原则。他们尝试归纳出其伦理思想的特征,即试图将生活世界的合理结构奠基于交往主体及其交往理性之上,主张以普遍化原则和商谈原则来规范人的行为,建立人与人之间的关系,乃至整个社会实践的准则,从而形成一套反权威的、平等互尊的社会秩序。② 应奇则聚焦人类尊严问题,在梳理人类尊严概念重新进入人权理论的线索时,并进一步考察了包括哈贝马斯、罗曼和约阿斯在内的三位重要的德国哲学家和社会学家曼的相关思想工作,以期把握人权理论的最新进展以及普遍主义问题面临的错综复杂的困难。③ 殷全正关注了"交往行为理论"这一哈贝马斯对法兰克福学派关于社会批判理论的创造性转变和创新性发展。他认为交往理性思想是哈贝马斯交往伦理思想的核心,是推动其合理交往模式建立和重建历史唯物主义的重要理论来源。④

6. 其他人物

张浩军研究利普斯的"同感"概念。他认为其"同感"概念涉及了同感伦理学的层面。利普斯把同感分为审美同感和实践同感,前者导向的是同感美学,后者导向的则是同感心理学和同感伦理学。无论是同感心理学,还是同感伦理学都有一个共同的指向:他人。因此,利普斯把同感理解为自我的投射或移置,从根本上否认了他人的存在,从而也使其利他主义的伦理学陷入了悖论。⑤ 张能针对"德勒兹区分伦理学与道德哲学的最终依据是什么"这一具体问题,尝试通过讨论给出答案。他在考察了德勒兹激进的"问题"本体论、对事件的理解及基于先验的经验主义立场的哲学理论后,认为这些都与德勒兹区分伦理学与道德哲学的思想努力有着直接的关联。⑥

---

① 王光耀:《论作为一门欲望发生学的列维纳斯哲学》,《现代哲学》2021年第2期。
② 晏扩明、李义天:《话语、交往与政治转向:哈贝马斯商谈伦理学的思想历程及其反思》,《国外理论动态》2021年第6期。
③ 应奇:《人类尊严、人权谱系学与普遍主义问题》,《道德与文明》2021年第5期。
④ 殷全正:《论哈贝马斯交往伦理思想中的交往理性》,《黄河科技学院学报》2021年第1期。
⑤ 张浩军:《理解"Einfühlung"的四条进路——以利普斯为核心的考察》,《哲学研究》2021年第10期。
⑥ 张能:《问题、事件与先验的经验主义——试论德勒兹划分伦理学与道德哲学的根据》,《道德与文明》2021年第5期。

四、重点伦理范畴研究

这类研究旨在探索重要的伦理概念、范畴与问题,而在思考伦理议题的过程中不免会以当代西方伦理思想作为必要理论资源,进而对各学说或流派有所运用、借鉴、发展或评论。对人物的探讨侧重以问题引出思想,研究重点在于哲学家思想本身;而对伦理范畴的探讨则是以思想辅助问题,研究重点在于伦理问题如何解决、伦理范畴如何理解。

(一)道德责任

自由意志、决定论与道德责任的关系是西方伦理思想中的经典问题,也是2021年国内研究中的一个热点。

田昶奇在分析近年来学者刘清平与苏德超关于"道德责任如何与决定论相容"问题的争鸣的同时,考察了法兰克福与费舍尔等当代西方思想家对于道德责任问题的思考。[1] 随后,刘清平撰文对此作出回应。他认为,田昶奇基于自由与必然的二元对立架构,试图诉诸推论主义改进了的因果响应机制,把道德责任的根据归结为理性而不是自由意志。其实,自由意志与因果必然既不是对立的,也不是相容的,而是在两位一体的直接关联中构成了道德责任的根据;理性作为工具,只有依据这种关联,才能在实然性认知维度上发挥因果解释功能的同时,展开应然性价值维度上的道德辩护功能。所以,离开了自由意志,推论主义改进了的因果响应机制不可能有说服力地解释日常生活中有关道德责任的具体案例。[2] 尹孟杰同样关切"自由意志与道德责任之间的关系"在中西方引发的讨论,并涉及如英瓦根、法兰克福等一些将自由意志作为道德责任的最终承担者的哲学家,和一些如费舍尔、丹尼特等认为可以在不诉诸自由意志的前提下进行道德追责的哲学家。[3]

(二)道德主体

道德主体作为道德行动与道德判断的发出者,经常能够引起伦理学家与伦理学研究者们的探索兴趣。如何认识道德主体以及道德主体如何认识自身、道德主体的个人同一性、道德主体之间的关系等问题,组成了这一领域研究的重要内容。而融合当代思想家的哲学分析与生物学、心理学、神经科学知识和实验的研究进路,逐渐在道德主体研究中占据一席之地。

---

[1] 田昶奇:《理由响应机制、因果机制与道德责任——兼评刘清平与苏德超的争论》,《四川师范大学学报(社会科学版)》2021年第5期。

[2] 刘清平:《道德责任的根据不在理性而在自由意志——回应田昶奇》,《四川师范大学学报(社会科学版)》2021年第6期。

[3] 尹孟杰:《基于因果律的自由——从激进意志论与无意志论之争谈起》,《江汉学术》2021年第5期。

肖根牛关注了通过直接干预生理的方式来增强道德主体道德水平的"道德增强"对道德主体个人同一性的威胁，并在分析过程中运用了当代西方思想家帕菲特、哈里斯等人的伦理学思想。他认为当代对个人同一性标准的讨论逐渐从实在论转向了功能主义，动态的自我叙事时刻在构建个人同一性，能够被自我所体验、理解和认可的新意识内容都会通过意识的解释机制被整合进个人的叙事同一性之中。① 甘绍平聚焦现代性所导致的道德主体的个体性问题。他指出现代性语境下的成熟的理性个体，能够通过自立规则和自守规则。同时通过从外在强制向理性的自我强制的进化，以及从一位自由的个体到道德的主体的文明状态的转变，证成了将自由与道德统一于一身的逻辑必然性。② 梅剑华则关注了道德主体的反思与其道德行为之间的关系，融合心理学研究，运用了韦伯、威廉斯等人的伦理学思想，从而基于伦理知识的特性对主体的反思和道德行为之间的关系给出一种新解。③

（三）伦理生活

越来越多的思想家与研究者认识到以"哲学"的方式分析、反思伦理问题的局限性，而主张一种面向真实伦理生活本身的伦理思考。庞俊来倡导一种从"伦理理论"到"伦理生活"的实践哲学复兴，进而使伦理研究从"伦理学"回归"伦理"。他指出当代伦理道德实践就是从古典伦理学的"德福一致"至善追求，经过现代道德哲学的"自由意志与道德责任"的科学理性，以实践智慧回归到生活世界本身。④ 姚城认为伦理生活中存在一种较为常见的现象，即伦理主体置身事外地进行道德评价、提出道德要求、被激发起道德情感等活动，然而一旦伦理主体亲身介入某个伦理场景中，上述评价、要求和情感就失效了。而通过考察，这种现象是由真实的伦理生活被分割并从中按目的分离出各种"置身事外的空间"造成的，这导致了伦理生活被扭曲。因此，可以通过现象学的方法，伦理主体在真实伦理场景中具身应对的模式和源初伦理经验的可能性将被揭示出来。这项工作表明了伦理生活的复杂性和丰富性，并指明了一门伦理现象学对理解伦理生活的必要性。⑤

（四）美学伦理

该类研究重视伦理学与美学的交叉，呈现两种不同进路。金惠敏、陈晓彤关注当代美学伦理多元路径中的英美一系。她们认为与欧陆进路侧重他者伦理不同，英美进路强调共在生活的伦理。具体而言，英美进路聚焦于美学与伦理学的跨学科融合，审美伦理问题涉及风格

---

① 肖根牛：《道德增强中的个人同一性》，《自然辩证法研究》2021年第5期。
② 甘绍平：《个体的崛起与道德的主体》，《哲学动态》2021年第8期。
③ 梅剑华：《反思与道德行为关系的两个面向》，《伦理学研究》2021年第1期。
④ 庞俊来：《"伦理学"回到"伦理"的实践哲学概念》，《哲学研究》2021年第8期。
⑤ 姚城：《伦理生活中的置身事外与具身应对——朝向一门伦理现象学》，《哲学动态》2021年第4期。

伦理和感知平衡，表现的伦理揭橥经由艺术与审美建构良好生活的可能性。① 毕晓对欧陆进路给予关注。她考察了巴赫金与列维纳斯的思想的互通，即一种他者伦理学。巴赫金对他者伦理学进行了一种审美化改写，将伦理学中的"自我—他者"关系转化为美学思想中的"作者—主人公"关系，创建了一种内含伦理维度的美学。与此同时，这种伦理性美学又与列维纳斯的文艺思想产生了互文关联。②

---

① 金惠敏、陈晓彤：《当代美学伦理转向中的英美进路——以伯纳德·威廉斯和玛莎·努斯鲍姆为中心的考察》，《南通大学学报（社会科学版）》2021年第3期。
② 毕晓：《巴赫金与列维纳斯他者伦理学比较及其美学意义》，《文艺理论研究》2021年第6期。

2021年生命伦理学研究报告

朱 雷*

2021年关于生命伦理学的研究与过去的几年相比，所关注的领域、聚焦的话题、引发的争论等呈现较为显著的转向。除了增强技术、基因编辑、辅助生殖等"常规议题"，由2020年的"疫情专题式"探讨过渡到对公共卫生体系的全方位思考。在医疗大数据、人工智能的"冲击"下，生命伦理学的"应用"特征也迈向了新高度，并且这一水平线延伸至医疗生活里更广的领域。更为欣喜的是，由理论框架、原则、方法等展开的多维对话日臻成熟和完善。

一、生命伦理学的新发展

2021年度，邱仁宗提出建设公共卫生体系及防控疫病大流行中的伦理问题，指出公共卫生的公益性是明确的，其目的是确保一个社会有足够的健康的劳动力。因此，在增加中央政府对公共卫生的投入基础上，明确疾控中心的使命和职权，如疫情的控制必须依靠现有的公立医疗体系，疾控中心必须与公立医疗体系紧密合作。[①] 肖巍、孔舒认为人类在新冠肺炎疫情之下所体现的脆弱性和依赖性，使得构建"人类卫生健康共同体"成为人性的召唤。这一理念折射了生命至上、追求公平正义，以及维护人类健康安全等伦理意蕴。[②]

随着近几年数字化浪潮和信息现代化的发展，健康医疗大数据的应用愈加广泛。但伴随而来的敏感性、隐私性等伦理问题也成为影响大数据科技发展的关键。陈琪等基于2015年英国生命伦理研究机构纳菲尔德生命伦理委员会提出的"公众参与原则"作为数据治理活动的核心要求，提出了几种参与模式，包括公开征询、公开听证会、公民共识会议等。[③]

继2020年的研究，关健对医学科学数据共享问题保持了持续的关注。他分别介绍了

---

* 朱雷，1981年生，北京人，中国人民大学哲学院伦理学专业博士研究生，研究方向为应用伦理学。
① 邱仁宗：《建设公共卫生体系及防控疫病大流行中的伦理问题》，《决策与信息》2021年第2期。
② 肖巍、孔舒：《构建人类卫生健康共同体的伦理蕴涵》，《人民论坛》2021年第29期。
③ 陈琪、弓孟春、马永慧：《健康医疗大数据研究的公众参与及其模式探析》，《中国医学伦理学》2021年第4期。

"医学科学数据共享与使用的伦理要求和管理规范"领域的大数据产权认定解决方案问题[1]、重大传染病数据共享应用挑战和潜在审核方案[2]、通用伦理准则要点的建议[3]。至此,从2020年的"前言"开始的医学科学数据共享与使用的伦理要求的解读基本完成,这也为制定医学科学、数据共享应用遵循的通用伦理准则提供参考依据。雷瑞鹏、白超也对数据共享伦理学给予关注。通过论证数据共享作为一项道德律令,进而指出利用和共享数据是一项必须做的义务。与此同时,数据共享的治理也需要在确立指导原则基础上,建立伦理审查委员会审查每次共享行为,并尽可能获取数据主体的知情同意。[4]

李诗悦认为大数据为多元治理主体参与突发性公共卫生事件跨界治理提供技术支撑的同时,也导致道德责任缺失、诚信意识错位、主体道德冲突等伦理失范现象。但从德性伦理、责任伦理和制度伦理视角出发,可以构建以人为本、协同合作、共享发展的治理伦理新秩序,以消弭多元治理主体带来的伦理价值观冲突风险。[5] 陶应时、王国豫围绕大数据时代数据在生命组学、临床医学及生物样本库等领域的广泛应用,认为存在大数据分析结果与真实生命伦理问题的偏离问题,这容易导致生命伦理研究的数据主义。同时,生命伦理研究方法应朝向多学科融合集成化研究的转向,生命伦理论域则应向公共善的拓展,这些需要受到学者们的广泛关注与重视。[6]

李晓洁、丛亚丽从个体权益与共同善的张力下,探讨了健康医疗大数据面临的机遇(受益)公正分配问题。而这则需要为不同社会群体进行理性互动的提供条件,使其在价值和观念层面形成共识,继而在数据流动和共享以及使用方面在全球正义的框架下开展。[7] 杨晓征、丛亚丽则以新冠肺炎疫情为引,梳理了若干国家和地区卫生资源分配的伦理原则。根据世界卫生组织提供的核心理念,在确定分配的优先性时要考虑平等、效用、弱势群体优先、对他人有利者等原则,在决策中也需考量透明度、包容性、一致性、可解释性。因此,在分配过程中社群能够扮演关键角色。而从社群内部到全球合作,是解决稀缺卫生资源分配

---

[1] 关健:《医学科学数据共享与使用的伦理要求和管理规范(十)大数据产权认定解决方案的建议》,《中国医学伦理学》2021年第1期。
[2] 关健:《医学科学数据共享与使用的伦理要求和管理规范(十一)重大传染病数据共享应用挑战和潜在审核方案》,《中国医学伦理学》2021年第2期。
[3] 关健:《医学科学数据共享与使用的伦理要求和管理规范(十二)通用伦理准则要点建议及其注释》,《中国医学伦理学》2021年第3期。
[4] 雷瑞鹏、白超:《数据保护与数据共享的平衡——数据共享伦理学》,《医学与哲学》2021年第7期。
[5] 李诗悦:《大数据背景下突发性公共卫生事件跨界治理的伦理意蕴》,《河海大学学报(哲学社会科学版)》2021年第6期。
[6] 陶应时、王国豫:《大数据时代生命伦理研究的机遇与挑战》,《自然辩证法研究》2021年第4期。
[7] 李晓洁、丛亚丽:《健康医疗大数据公平问题研究》,《自然辩证法通讯》2021年第8期。

公平的重要路径之一。①

目前，人工智能技术在医学领域中不断深化发展，涵盖疾病筛查、病例分析、医学影像和医院管理等方面。人工智能医疗器械在高度迭代的同时，引发了医疗安全、数据安全、算法偏见、个体自主等伦理问题。刘星、吴影、李洋、王晓敏在肯定这一高新技术的基础上，建议通过实施严格的监管和质量控制、减少算法偏见并不断增加透明度、完善技术适应价值多样性、尊重患者和医生的自主权等措施，为其监管注入伦理和管控思路。② 此外，刘星、陈祖名、张欣也分别从安全性、知情同意、隐私保护、个体自主性等方面分析神经干预伦理问题。他们认为尽管个体大脑与行为之间存在紧密关联，但并不能被简单同一。因为个体是否能自控，由其精神能力评判、由其客观行为体现，而非仅由精神能力评估的部分因素决定。因此，需要建构一种符合伦理的科学研究和技术应用规范，如是科技发展才能更好保障我们的健康生活。③

张悦悦、丛亚丽以人体挑战试验为背景，聚焦新冠肺炎疫情下的HCT试验，即"志愿感染试验"，探讨什么才是真正"伦理的"符合患者利益的试验思路。文章指出HCT试验是遵循科研伦理理念和本质的基础，因而科研伦理的形式有所变迁，继而从个体为主到个体和社群同等重要。在此基础上，研究队伍从某个国家或地区扩展为全球范围，使得公平理念也扩展到全球公平的视野。④

李亚明则围绕"生命伦理学语境中的道德地位一问"，尝试借助斯坎伦的契约主义理论，确立人类在科技应用中所负的道德责任。他认为该理论以人们彼此之间相互认可的关系定义道德地位，避免了其他有关人类道德地位平等性的论证曾导致的困境，不仅论证了道德地位的拥有者都在相同程度上拥有道德地位，而且论证了道德地位拥有者的范围可以从具有典型人类能力的个体扩展到人类物种的全体成员。而通过有关人类道德地位平等性的论证，该理论对道德义务及道德规范性的来源均给出了清楚说明，为应对科技发展带来的伦理难题提供了可依据的原则。⑤

---

① 杨晓征、丛亚丽：《新冠疫情中卫生资源分配的伦理原则概述》，《医学与哲学》2021年第9期。
② 刘星、吴影、李洋、王晓敏：《人工智能医疗器械应用中的伦理问题分析》，《中国临床药理学与治疗学》2021年第6期。
③ 刘星、陈祖名、张欣：《神经干预中的伦理问题》，《大连理工大学学报（社会科学版）》2021年第1期。
④ 张悦悦、丛亚丽：《新冠疫苗人体挑战试验相关伦理思考——基于英国的经验和视角》，《医学与哲学》2021年第9期。
⑤ 李亚明：《斯坎伦对于人类道德地位平等性的论证》，《世界哲学》2021年第1期。

二、关于生命伦理学理论范畴、基础、原则和研究路径方法问题

全球生命伦理学不是一个可以简单应用于解决全球问题的现成工具,而是地方实践与全球话语相互作用和交流的长期产物,同时它把对差异的认可、对文化多样性的尊重与对共同观点、共同价值观的趋同结合起来。亨克·哈弗阐释了全球生命伦理学的概念、内涵和框架,将传统生命伦理学赋予全球性的视野。而在生命医学之外,他主张将社会、经济、政治环境等因素考虑在内,并将与医疗保健、社会包容和环境保护有关的主题纳入全球生命伦理学的框架中,从而重塑了生命伦理学的维度,前瞻性地探究了生命伦理学的深度,以及丰富了生命伦理学原有的内容和框架,从而实现生命伦理学重新审视及为解决全球性问题提供了途径。①

与此相对,当代中国生命伦理学话语体系在建构中呈现原则主义与反原则主义、普遍主义与特殊主义、全球化与本土化、西方话语与中国话语四重争论。李红文指出只有解决这一系列争论,才能抵达生命伦理学问题的核心,才能构建具有中国特色的中国生命伦理学话语体系,才能提升中国生命伦理学中国际学术体系中的地位和影响力。② 郑文清、高小莲也介绍了生命伦理学的由来以及学科发展概况,比较详细地论述了生命伦理学的基本原则与理论,着重探讨了生命伦理学的诸多实践课题,涉及器官移植、生殖技术、基因工程、脑科学、临终关怀、安乐死与行为控制等现代医学实践领域,提出了一些基本观点与看法,进行了多视角的但以生命伦理学为主线的讨论。③

一般而言,伦理学主要推崇人的坚忍性,其理论形态主要是乐观性伦理学。随着环境危机、人造生命等新的伦理问题出现,对脆弱性的思考逐渐在伦理学尤其是生命伦理学领域形成一股思潮。任丑主张把祛弱权作为生命伦理学的根本原则,将自然生命的延续、生存和死亡过程中四个层面的生命伦理问题,以及人造生命伦理问题融为一体,从而建构生命伦理学体系。④ 陈化、马永慧受到比彻姆以常识道德的进路建构生命伦理学框架体系的启迪,认为探讨生命伦理学基础问题需要融合两种进路,即常识道德提供形式元素、专业伦理提供质料范畴。但对于开展生命伦理教育的启迪,则需要回到医学专业本身寻找建构解释现代医学专业道德的理论进路。⑤

---

① 亨克·哈弗:《全球生命伦理学导论》,马文译,人民卫生出版社2021年版。
② 李红文:《当代中国生命伦理学的话语体系反思》,《医学与哲学》2021年第23期。
③ 郑文清、高小莲:《生命伦理学的理论与实践》,武汉大学出版社2021年版。
④ 任丑:《生命伦理学体系》,社会科学文献出版社2021年版。
⑤ 陈化、马永慧:《从常识道德到专业伦理:生命伦理学理论进路的变迁》,《中州学刊》2021年第10期。

范瑞平等围绕以四原则为中心的"共同道德理论"展开对话。其对话涵盖以下重要问题。第一，共同道德理论的来源及能否普遍化；第二，基于共同道德理论和具体道德理论，将如何看待不同国家之间生命伦理政策的关系问题；第三，共同道德理论如何看待儒家伦理与自由主义伦理之间对于养老道德责任的分歧；第四，共同道德理论可否成为一种实质性的道德理论；第五，规范性学科与科学性学科或实践性学科是否对于生命伦理学研究同样重要。针对以上问题，学者们普遍认为，四原则作为指引规则，可为具体道德提供伦理框架。同时以道德行为为主的规范伦理和与道德主体为主的美德伦理可以并行。因为任何的原则、规则或法条都需要基于具体情境进行判断，所以在技术统治的世界需要为人的美德的实现争取空间。①

随着生命科学科技的不断发展，其干预身体引起的伦理问题日益凸显。在许多问题中，争论各方都不断诉诸人的尊严。程新宇对人的尊严理论进行了探讨。首先，他对西方历史上"尊严"概念的内涵及变化作了系统梳理；其次，他较为深入地分析了学界关于人的尊严争论的现状，以及探讨若要"有尊严地活"，对个人与社会的要求；再次，他阐释生命伦理学视域中的人及其尊严的内涵，并结合尊严与身体的关系，论证重构身体理论的必要性等；最后，他就人工辅助生殖、整形美容、基因干预、死亡判定和安乐死等实践活动进行了分析。② 黄媛媛、丛亚丽回顾了生命伦理学领域内人格标准建构的若干尝试，提出儒家式双层人格标准的建构。现有的西方生命伦理学领域对人格概念及标准的界定存在争议，一方面是对理性与认知能力的强调难以保障某些弱势人类个体的基本权利，另一方面是基于个人主义的人格建构忽略了个体的关系特性。因此，若主张一种双层人格，同时包含个体内在特性与外在关系，则可以既确保更多弱势群体所能享有的基本权利，也能结合更多与道德判断相关事实，进而有利于在更多权利冲突中提供更为具体的解决方案。③

此外，医学术语研究的热点从单纯的医学语言学研究转变为文献数据的挖掘。崇雨田以医学伦理学为试验对象，对中美文献进行挖掘、分析、对比，筛选出1000余条医学伦理学中英对照术语，并以半自动的方式进行范畴概念分析。在范畴概念系统中，对伦理学的研究分支进行细分，大致涵盖了中美医学伦理学术语的共性和个性。与此同时，他在中美文献对比研究中，也吸收了世界卫生组织、英国和其他英语国家的文献资料。④

---

① 范瑞平、蔡昱、丛亚丽、蒋辉、张颖、区结成、徐汉辉、王珏、刘佳宝、刘俊荣：《关于生命伦理学四原则理论的新讨论》，《中国医学伦理学》2021年第4期。
② 程新宇：《人的尊严和生命伦理》，华中科技大学出版社2021年版。
③ 黄媛媛、丛亚丽：《从个体内在特性与外在关系属性思考儒家式人格标准建构》，《国学学刊》2021年第2期。
④ 崇雨田主编：《医学伦理学术语集——基于中美文献对比的概念范畴分析》，中山大学出版社2021年版。

三、关于生命伦理学的优生与优逝问题

哈贝马斯曾疑惑科技的发展对人类自主性是否存在侵蚀,同理,人类增强技术的应用是否也会侵害了个人的自主。对这一问题,计海庆区分出个人选择对自身实施增强,以及父母选择对未出生的孩子进行增强两种情境。自主若被解读成人对自己拥有的财产权,增强自身是行使自己财产权的行为,因而就是不受任何外力干扰的。而涉及怀孕妇女对胎儿进行的增强问题,如果依然以自主作为一种对身体的财产权立场进行考虑,那么母亲出于避免重大疾病的目的,对胎儿实施某种预防性的增强干预是可以得到辩护的,也可以被视为获得了胎儿"知情同意"的授权。[1] 在德性向德行转化的路径研究中,刘俊荣、赵丽霞认为需要通过身体规训机制来实现增进道德习惯的形成,达到规范德行的目的。这有助于从控制身体中创造出一种具有单元性、可控可测性、组合性的个体,并通过时间的积累形成自我控制习惯,进而达到规范德行的目的。[2]

杨庆峰从增强技术背后弥漫的傲慢情绪表达了对人类增强的担忧。他认为人类增强技术具有"特殊到一般""'泛增强'现象""伦理性讨论与人文性讨论"的三个特点,并在此基础上提出"当代增强技术发展导致了怎样的人类普遍情绪"这一问题。进而他通过回顾柏拉图、亚里士多德、胡塞尔、利科与斯蒂格勒等人关于记忆的观点,提出将记忆作为克服反思理性傲慢的思路。[3]

虽然基因编辑所伴随的技术难题可能是暂时的,但是其中的道德挑战却是一个动态、长期的问题。因此,我们需要及时反思,为技术发展及其对社会的影响提供伦理基础。陈高华认为技术改变人类行为,也为人类使用这些技术开辟了新的责任。因此,应保持技术发展相适应的道德准则,建立广泛有效的利益相关者参与的对话机制,以保障与基因编辑技术相关的道德行为准则建构的民主化和科学化。[4]

在更为具体的问题层面,梁晶晶等回顾了 ROPA 生育模式在我国引发的争夺子女抚养权案例,认为 ROPA,即女性同性伴侣中的"A 卵 B 怀"生育模式的实施必须建立在同性婚姻合法基础上,相关利益才能得到充分保障。同时,依照我国目前对辅助生殖技术的管理规范,应严格禁止该模式的开展。[5] 田海平继续关注了人类增强的话题。他指出基于技术功能

---

[1] 计海庆:《人类增强技术的应用侵害了个人自主吗——基于身体财产权的分析》,《哲学分析》2021年第4期。
[2] 刘俊荣、赵丽霞:《身体理论视域下的医者德性之养成》,《医学与哲学》2021年第13期。
[3] 杨庆峰:《人类增强的傲慢后果及其记忆之药》,《社会科学》2021年第9期。
[4] 陈高华:《基因编辑技术的现实道德困境及其消解路径》,《医学与哲学》2021年第2期。
[5] 梁晶晶、李友筑、马永慧:《ROPA 生育模式的伦理问题及其对策探究》,《医学与哲学》2021年第15期。

展现的"制造完美"总是伴随着基于人性道德根据的"反对完美"。所以寻求共识框架下人类增强的伦理安全,需要通过对"科技—人性"相互生成、开放融合进行探讨,进而寻找出一条"中道"之路。①

冯龙飞等通过分析身体及器官的属性、死亡等重要概念,讨论了公民逝世后人体器官捐献的三个核心伦理原则,即非商业化、知情同意和共济原则。通过对这项技术带来的道德难题进行反思,能为我国器官移植事业提供规范性的参考和价值指引。②

四、关于医疗生活与医学人文教育中的伦理问题

生命科学与医学技术的快速发展在给人类带来福音的同时,也存在很多潜在的法律风险和伦理困境,若不能给予正确的引导与约束,将会造成不可逆转的后果与影响。郭自力等梳理了我国现代医疗技术中具有代表性的器官移植、辅助生殖技术、基因与遗传技术、脑死亡标准、人体试验、医疗过错鉴定、医疗器械七个领域的相关伦理和法律问题,并在此基础上给出了解决路径和完善模式。他们希望通过对这些问题的研究,为现代医疗技术的发展与规制提供重要参考,进而探讨出如何实现医学进步和规范治理的平衡发展。③ 构建和谐医患关系是政府、医学界和社会公众的共同目标。临床伦理咨询是解决关乎患者疗护价值不确定性或道德冲突等伦理问题的临床机制。梁立智认为这是构建和谐医患关系的一种新进路,不仅具有事先防范医患冲突、多学科专家合力会诊、应对负载价值的医患矛盾等特点,而且有助于提高医疗服务质量,避免医患矛盾,减少医疗诉讼。④

医疗决策包括提出医疗问题、明确诊疗目标、制订诊疗方案、确定最佳方案的全过程。赵嘉林、刘俊荣探讨了医师人格特征对伦理困境下医疗决策的影响,提出必须考虑人格特征、人口社会学特征与医疗决策的相关性,采取有针对性的培训、调整人员搭配等方案,并充分发挥医学伦理委员会的作用。⑤ 廖绮霞等发现,当前临床研究项目的伦理审查实践中,知情同意不仅存在受益、风险、补偿等事项的告知说明不充分、不准确等问题,而且也存在明确同意执行不到位、知情告知不及时等问题。因此,在临床研究实践中,不仅应细化告知说明事项、切实履行知情权,而且需要在知情同意过程中切实保障受试者真正理解、明确同

---

① 田海平:《人类增强的完美悖论及其伦理旨趣》,《江苏行政学院学报》2021 年第 2 期。
② 冯龙飞、王继超、臧建成、谢宜静、陈昭、翟晓梅:《论公民逝世后人体器官捐献的核心伦理原则》,《自然辩证法研究》2021 年第 11 期。
③ 郭自力等:《现代医疗技术中的生命伦理和法律问题研究》,中国社会科学出版社 2021 年版。
④ 梁立智:《临床伦理咨询:构建和谐医患关系的新进路》,法律出版社 2021 年版。
⑤ 赵嘉林、刘俊荣:《医师人格特征对伦理困境下医疗决策的影响研究》,《医学与哲学》2021 年第 6 期。

意，同时也更应该提高研究者的伦理意识、强化多个部门的监管责任。[①] 张海洪等则回顾了伦理审查质量考虑的核心问题，提出需要在保护受试者和促进研究规范开展之间取得较好的平衡，方能确保伦理审查的高质量。同时，他们以真实世界研究伦理审查的质量改进为例，呼吁伦理委员会应关注透明化、开放性等核心问题。[②]

长期以来，医务人员是否将癌症的坏消息告知患者一直是巨大的实践挑战。其中涉及的伦理困境有生命健康权与知情同意权的平衡、个人自主与家庭自主的冲突、风险评估与患者最佳利益的权衡等。钟瑜琼等希望借鉴国外常用的坏消息告知沟通模式，建立符合我国家庭参与习惯的告知模式。同时可以在医学院开设癌症病情告知技能的针对性教育，使医学生早日面对并接受临床沟通的难点问题考验。[③] 王晓敏等也根据新医科建设的要求，对医学伦理学的教学现状、存在问题及应对措施进行积极思考与探索。他们提出为了顺应医学伦理学和临床医学的交叉融合发展，应在新医科和新文科知识体系构建、多媒体创新融合新技术引入、伦理决策能力提升以及职业精神和人文素养的思考方面着力。[④] 龙杰、刘俊荣通过问卷调查形式，探讨推进医患共享决策的策略。推进医患共享决策，既要考虑年龄、学历对患者参与决策意愿的影响，又要注重鼓励患者积极参与决策、发挥家庭参与的积极作用、厘清决策权的配置和行使边界，更要强化医生共情能力和情感投入。[⑤] 陈化、刘珊则认为知情同意至今仍是一个开放性范畴，在临床实践中表现出家庭主义模式与现代异化的双重特征。然而随着医学健康的社会化，知情同意在走向公共生活的趋势下，需要不断完善其制度安排，才能不偏离知情同意的原初理念设计。[⑥]

蔡昱从"畏死的恐惧"寻找"跨主体性的能力"的可能性，并结合"参与式教育"探索医患共同决策问题。只有当个体具备了"跨主体性的能力"，包括独立能力、通达能力、公共能力和超越畏死的恐惧的勇气，个体的跨主体性及其前提的主体间性方可能实现。[⑦] 而在医患共同决策中，医患的"跨主体性的能力"也成为共同决策的前提条件。如医生以通

[①] 廖绮霞、赖永洪、刘俊荣：《临床研究项目伦理审查中的知情同意问题》，《医学与哲学》2021年第19期。

[②] 张海洪、熊保权、丛亚丽：《伦理审查质量：以真实世界研究的伦理审查质量改进为例》，《医学与哲学》2021年第21期。

[③] 钟瑜琼、王晓敏、刘星：《癌症坏消息告知中的伦理困境及其对策探讨》，《中国医学伦理学》2021年第9期。

[④] 王晓敏、刘星、周岚、虢毅、袁秀洪、李凌、袁腊梅、邓昊：《新医科视域下医学伦理学教学改革思考》，《中国医学伦理学》2021年第10期。

[⑤] 龙杰、刘俊荣：《基于患者视角的共享决策参与现况及策略研究》，《中国医学伦理学》2021年第1期。

[⑥] 陈化、刘珊：《知情同意的价值转向与制度建构》，《医学与哲学》2021年第23期。

[⑦] 蔡昱：《跨主体性的能力——从"畏死的恐惧"看跨主体性何以可能》，《学术界》2021年第2期。

俗易懂的语言和方式传递医学知识与诊疗信息，将患者作为"整体的人"从而筛选需要告知的医疗信息等。同时结合"参与式教育"，培养医患共同决策能力。① 此外，蔡昱继续以"畏死的恐惧"继续发问，将研究拓展到与"道德现实化的内在条件"和"道德现实化的动力、阻力和能力"的相关领域，提出医德教育的关键是培养"超越畏死的恐惧的勇气"。②

在医院与高校或科研院所关于生命科学的合作研究项目中，如何在确保受试者权益的基础上提高伦理审查效率，一直没有更为有效的方案。对此，赵励彦提出四种主要的审查模式：第一种为由牵头单位和参与单位均需要完成伦理审查，伦理审查的形式根据研究的风险判断；第二种为由项目牵头单位完成伦理审查，参与单位以简易审查程序认可牵头单位的伦理审查结论，所有参与单位各自负责后续的跟踪审查；第三种指由项目牵头单位负责整个项目的伦理审查，牵头单位与各参与单位签署协议，各单位按照协议规定实施获批方案中本单位承担的研究任务，各参与单位认可牵头单位的审查决定，在各机构伦理委员会备案；第四种是由负责受试者招募、采集受试者样本和数据的单位进行伦理审查，并与其他机构签署协议。③ 此外，赵励彦等结合国内外伦理审查相关法规及具体的案例，对采供血机构使用不合格或残余血液等血液样本和相关献血者信息进行科学研究可能涉及的伦理问题进行了探讨，指出利用这些遗传资源要遵循基本的伦理原则，获益和风险合理分配，伦理委员会需要明确知情同意、隐私保护、二次使用等要求。④

蔡昱认为当前的医德教育主要以医学伦理学课程和医学伦理学原则为核心，来培养学生的道德认知能力、道德判断能力和道德反思能力，却忽略了"践行性的道德实践能力"的养成。因此，知识化形态的医德教育需要增加对"践行性的道德实践能力"的培养，即实现马克思主义道德哲学问题式的视域下医德教育范式的转型。⑤ 此外，他也提出以生死教育作为践行性医德培养的有效路径。这一路径的主要内容包括反思死亡并接受有死性从而觉醒到人之终极需要，摆脱"不朽"的陷阱，以及获得与当下永恒相关的生命意义以彻底超越生存性恐惧。⑥

---

① 蔡昱：《医患共同决策何以可能——兼论"跨主体性的能力"与"参与式教育"》，《医学与哲学》2021年第12期。
② 蔡昱：《当代美德伦理学的缺陷和医德培养的关键》，《医学与哲学》2021年第13期。
③ 赵励彦：《医疗卫生机构与高校或科研院所合作项目的伦理审查和互认探讨》，《中国医学伦理学》2021年第10期。
④ 赵励彦、姜东兰、邱艳：《我国采供血机构利用血液样本开展科学研究的伦理考量》，《医学与哲学》2021年第9期。
⑤ 蔡昱：《发展的马克思主义道德哲学问题式下医德教育范式的转型——医德的现实化与"践行性的道德实践能力"》，《中国医学伦理学》2021年第5期。
⑥ 蔡昱：《有死性与当下永恒的统一对生存性恐惧的超越——作为践行性医德培养路径的生死教育》，《中国医学伦理学》2021年第12期。

曹永福尝试解读当代医学伦理学的不同理论面向，认为不能局限于医务人员的职业道德和行业道德，要关注生命医学科技引发的伦理问题，更要思考现代人的健康伦理问题和公共健康伦理问题。① 作为一门理论性、实践性、科学性很强的特殊学科，医学伦理学是医学人文社会科学中的重要课程。伍蓉、王国豫主编的《医学伦理学》一书，不仅积极利用中国传统的医学伦理学资源，而且汲取国外原版教材的优秀成分，特别开设"案例与分析"板块，对医学伦理学进行了较为详细准确的阐释。该书对医学伦理学概论、常规诊治与临床决策伦理、生物医学研究伦理、儿科人群临床诊疗与医学研究伦理、精神医学临床诊疗与临床研究伦理、人类辅助生殖技术伦理、人体器官移植伦理、公共卫生伦理以及前沿新技术和热点问题伦理等相关内容进行了介绍，整体上呈现教育性、启发性、科学性和时代性相结合的特点。② 李红文、陈化对医学伦理学课程如何成为"课程思政"就行了探讨。他们提出医学伦理学的"课程思政"的建设应着眼于课程本身的专业特色，在此基础上打造全方位的立德树人目标体系。首先，在内容上要避免教条主义陷阱；其次，在实践上要避免形式主义的弊端；最后，在方法上要避免灌输说教的窠臼。③ 而为了避免课程思政"两张皮"的现象，则需要理顺课程思政与医学伦理学课程的内在联系，明确二者的边界及职责，提升学生参与度。④

此外，随着国家中医药战略的实施，中医药领域医学伦理学专项建设和体系发展需要日益凸显。訾明杰等提出中医药领域医学伦理学发展既要建立立足本土伦理规范、建立中医药行业伦理审查体，又要高效整合多维伦理学资源，更要培养跨学科伦理人才队伍。⑤

---

① 曹永福：《当代医学伦理学视野中的医疗职业伦理、生命伦理与健康伦理》，《医学与哲学》2021年第19期。
② 伍蓉、王国豫主编：《医学伦理学》，复旦大学出版社2021年版。
③ 李红文、陈化：《医学伦理学的"课程思政"模式探索》，《中国医学伦理学》2021年第5期。
④ 陈化、李红文：《课程思政背景下医学伦理教学之实践探究》，《中国医学伦理学》2021年第4期。
⑤ 訾明杰、乔洁、李磊、霍蕊利、荆志伟、杨美菊、赵秋影、顾浩、杨硕、支英杰、赵海誉、于林勇、杨洪军、周智豪：《中医药领域存在的医学伦理学问题及发展建议》，《中医杂志》2021年第16期。

2021 年生态伦理学研究报告

杨 琳[*]

2021 年是"两个一百年"奋斗目标的历史交汇点,在党的领导下,全国人民共启全面建设社会主义现代化国家全新征程,共担实现中华民族伟大复兴的历史使命。在这一年的最后一天,习近平总书记在 2022 年新年贺词中,强调了黄河安澜、南水北调、"绿色地图"……人与青山互不相负。生态伦理学如何回应人与自然互不相负的时代之问,实践之问?2021 年度的中国答案,既有生态哲学的精深思考、马克思主义中国化的生态面向、传统伦理思想的时代互动、生态伦理的新知灼见,亦有交叉学科的相映生辉、少数民族文化生态伦理意涵的持续发掘,还有对实践问题的理论考量等。生态伦理学者们踔厉奋发、笃行不怠,深度洞察时代,智慧引领时代。

一、生态哲学:"九层之台,起于累土"

2021 年度,学者们对中国特色生态哲学研究成果进行了系统梳理,并将中国传统哲学思想引入当代生态哲学或环境伦理学语境中。肖显静认为生态哲学是时代的产物,凝聚时代的精神,是指导生态文明的重要理论基础。中国特色生态哲学研究开始于 20 世纪 80 年代,发展于 90 年代,繁荣于 21 世纪,形成了较为系统的生态哲学知识体系,取得了一定成就,形成了马克思主义生态哲学理论体系。同时又发掘中国古代哲学中的生态哲学思想,跟进国外生态哲学的研究,建构有别于西方的生态伦理思想体系,形成中国化的宗教生态哲学,并且创立了深度和广度并重的中国生态美学,开展了科学技术与生态哲学交叉学科研究。与此同时,我国生态哲学的研究也存在一些问题和不足,如学科定位未有共识,跨学科研究的共同体没有形成,理论基础不够坚固,生态学思想根基缺乏,面向中西理论基点差异出现思维偏差,对生态保护实践的指导作用发挥不足,等等。因此,为了更好地推进中国特色生态哲学研究,我国生态哲学研究必须明确研究范式,加强生态哲学学科建设,夯实理论基础,加强中国理论生态科学(包括自然生态学以及人文社会生态学)哲学研究,同时也应修正思

---

[*] 杨琳,1984 年生,湖南人,中国人民大学党委学生工作部讲师,伦理学博士,学生学业中心主任,研究方向为法伦理学、生态伦理、教育伦理。

维偏向，进而提升对生态保护实践的指导水平。[①] 路强提出不加分析地将一些中国传统哲学与生态哲学和环境伦理学类似的概念与判断进行勾连，以此进路来建构一种中国哲学的生态演绎，不仅容易引发人们对中国传统哲学的误解，而且会埋没中国传统哲学对生态环境真正有效的启示。因而需要回到概念原点，理解其含义与指向，再进行理论的延伸，并将这些延伸的思想要素相互贯穿，形成属于中国自身的、独特的生态哲学思想或环境伦理思想。同时，在这一过程中，既要对理论运用和论证逻辑有明确的边界意识，又要在符合基本阐释规则的基础上进行相应的思想发掘与演绎。[②]

二、马克思主义生态伦理意涵：秉轴持钧，双重彰显

生态伦理学的发展离不开马克思主义思想的指导，同时其发展也是对马克思主义理论开放性和时代性的双重彰显。卫建国、王樊积极探寻恩格斯辩证法中的生态伦理思想，充分挖掘其当代价值，探讨恩格斯自然辩证法规律中蕴含深厚的生态伦理意蕴的原因。恩格斯认为在人与自然辩证关系中，自然界的物质具有先在性和辩证性的性质，劳动实践是人与自然关系的必然中介，科学技术则是该关系的重要手段，同时，由于人兼具自然属性与社会属性，所以人在自然面前兼具受动性和主动性。恩格斯还从资本批判、异化劳动批判和"自然—历史"这三个维度深度剖析了人—自然关系异化的原因。恩格斯的这些思想含有未来生态向度，具有重要当代价值，不仅指导着我们搭建人与自然生命共同体平台，实现对人类中心主义和生态中心主义的超越；而且也要摒弃资本逻辑，发挥社会主义生态文明的制度优势；积极应对生态危机的全球扩展，共建"万物和谐"的美丽世界。[③] 孙全胜提出马克思考察空间生产引起的社会异化现象的目的，是揭示资本运作机制的新形式，阐释社会空间演化过程的内在机制，革新僵化的社会空间形态，肯定空间革命的作用，推动空间生产的有序进行。马克思也重视社会实践，注重考察现实社会空间中的生产，特别分析了资本支配下的空间生产的运行机制，指出了空间生产背后的资本增殖冲动，在此基础上，马克思构建了"空间生产"资本现象形态、社会现象形态、生态现象形态批判的三大伦理形态。而马克思揭示了资本主义空间生产成为资本增殖和维护统治的工具，引发各类空间异化现象，号召实现空间生产的生态化，启发中国空间生产规范化，运行模式创新化。[④] 王妍认为环境伦理突破传统二元对立思维方式，以整体辩证的理论品性揭示了与人的本质联系，使环境伦理与人的存在本性之间的耦合关系与人的辩证本性互相融通，彰显对人的现实生命的关切。文章以环境

---

① 肖显静：《中国特色生态哲学研究的概况及其推进》，《云南社会科学》2021年第1期。
② 路强：《边界与阐释：中国传统哲学思想生态演绎的反思》，《学术研究》2021年第1期。
③ 卫建国、王樊：《恩格斯自然辩证法的生态伦理意蕴》，《湖南社会科学》2021年第3期。
④ 孙全胜：《论马克思"空间生产"的伦理形态》，《江西社会科学》2021年第5期。

伦理与人的辩证本性相互耦合的内在理论关系为视角，为论证环境伦理存在的合理性提供新进路，展现其理论的应然状态，敞开一种面向未来发展境遇的理论本性，进而进一步发展了马克思主义环境伦理学。[①] 崔伊霞认为马克思从历史唯物主义立场出发，深刻反思了人与自然关系紧张对立的深层原因，提出要实现生态文明伦理之善，必须依赖于人与自然欲求境界的和谐统一，以及与道德境界的和谐共生的辩证统一关系。在欲求层次上，伦理之善的完成依赖于人与自然和谐统一的生命共同体的构建。而在道德境界层次上，伦理之善的完成依赖于人与自然和谐共生的命运共同体的构建。资本至上和指标至上的双重遮蔽，造成了人与自然的冲突和疏离，而要改变这种现状则需要满怀生态道德情感，还需要变革人与自然之间物质变换的方式以及与之联系的整个社会制度，进而实现人与自然的和谐发展，这既是马克思实现人与自然和谐发展的终极伦理关怀，也是构建的生态伦理至善图景。[②] 马瑞科、袁祖社认为制度在人类社会发展过程中，发挥了协调、规制与教化的作用。马克思认为以资本逻辑为本位价值的资本主义制度性危机是生态危机的本质，并对资本主义的"反生态"机制进行深刻批判，进而提出"生态理性"的制度性批判与建构逻辑。这对于我国生态文明制度建设具有重要启示作用。[③] 陈倩倩对习近平关于"两山理论"的生态伦理理论进行探析。一方面，"两山理论"在新的历史实践中升华了马克思自然主义与人道主义的辩证统一思想，内含自然主义和人道主义的双重维度。另一方面，"两山理论"三个层次关系的把握在理论层面体现了唯物辩证法否定之否定的逻辑理路，亦在现实层面指出了生产发展、生活富裕、生态良好三者之间有机统一的中国特色社会主义绿色发展道路。[④]

三、中国传统生态伦理智慧：源远流长，历久弥新

儒释道的思想智慧，穿越时空，照亮当下。第一，在儒家思想智慧方面，柴旭达、薛勇民认为仁学理论体系以"仁、义、礼、智"的伦理价值谱系为核心，能够回应基于人学路线的环境伦理学何以可能。因为用"以爱言仁"作为仁学环境价值的基础，通过"一体之仁"的同理心论证具体的环境责任之"义"，以"克己"与"复礼"涵盖个体道德生活与公共伦理生活规范，以"博施济众"作为实现善业的责任伦理要求。而这为仁学环境责任伦理的价值基础、行动准则、践行维度、伦理方法提供了以仁爱情感为线索的系统化说明。因此，仁学环境责任伦理具有独特价值，首先，基础性消解对自然目的的依赖；其次，等差

[①] 王妍：《论环境伦理与人的辩证本性之耦合关系》，《自然辩证法研究》2021年第4期。
[②] 崔伊霞：《马克思生态文明思想的伦理之善》，《道德与文明》2021年第6期。
[③] 马瑞科、袁祖社：《现代社会"绿色生存"的制度理性逻辑及价值构序实践》，《广西社会科学》2021年第2期。
[④] 陈倩倩：《习近平"两山理论"的生态伦理内涵探析》，《学校党建与思想教育》2021年第14期。

性补充生态整体主义的不足;再次,指向性超越人类中心主义;最后,积极性建构圆融责任观。① 刘怡探索了先秦儒家如何认识动物、如何处理人与动物的关系,进而把握其对动物的基本认识,探求动物在人类的社会生活、政治、经济、道德、信仰等各领域的作用和地位。先秦儒家对动物的基本认识集中于动物的起源和特征两个方面。动物与人类的关系主要表现在社会生活、道德世界和信仰世界中。在两者的生活联系方面,动物保障人类社会的基本物质条件;在两者的道德联系方面,主要体现在动物的道德形象、道德地位及其道德教化等方面;在两者的信仰联系方面,涉及动物神灵、动物献祭与动物占卜等方面。由此可见,动物在先秦儒家政治、经济、道德、宗教等领域有着重要的功能,是先秦儒家思想体系中的重要元素。因此,先秦儒家的动物观,以及对人与动物伦理关系的思考对于后世有重要影响。②

第二,在佛教思想智慧方面,周湘雁翔认为中国佛教伦理在引导思想、转变观念和生活方式等方面,能够为生态环境问题的解决提供独有的视角和价值立场。一方面,佛教以缘起论为基础的非二元性的佛教整体主义世界观,有利于为人与自然存在的一体性寻找依据,形成道德共同体。另一方面,时间性因果关系和业力法则可能更具理论与实践意义。与此同时,佛教伦理对环境伦理的贡献还体现在作为道德实践主体所追求的人间净土价值理想,少欲知足和戒杀护生的道德意识和道德行为。③ 兰俊丽、刘利民论述了我国佛教有自己独特的生态理论和实践体系,具有参与新时代生态文明建设的重要性和必要性。因为其理论启示在于缘起性空的中国佛教生态伦理之基础、众生平等之核心、和谐共生之内涵、慈悲护生之路径、佛国净土之理想、心灵环保之至高境界,能够引导正确处理人与自然的关系,正确看待人与社会的关系,正确调节人与自我的关系。在新时代生态文明建设中,佛教的实践探索主要表现在积极倡导并开展文明敬香、文明礼佛,科学合理开展放生活动,积极加强生态寺院建设,投身佛教生态环保慈善活动。④

第三,在道家思想智慧方面,孙晓喜、吕洋认为传统发展模式与价值观念无法适应工业社会以来人类生产生活的新模式,是现代社会产生生态问题的根本原因。对传统社会发展模式与思维模式的批判反思是当代生态伦理理念构建的立足点。老子对待"天下""万物"的思想与态度契合当今生态伦理的问题域和关注中心,"处无为之事",不作虚妄的价值判断,"知止知足""去奢"等生态伦理实践原则,对生态文明建设有重要启示。⑤

---

① 柴旭达、薛勇民:《论儒家仁学思想的环境责任伦理意蕴》,《科学技术哲学研究》2021年第4期。
② 刘怡:《先秦儒家动物观探究》,博士学位论文,西北大学,2021年。
③ 周湘雁翔:《佛教伦理对构建中国环境伦理体系的启示》,《中国宗教》2021年第6期。
④ 兰俊丽、刘利民:《中国佛教助力新时代生态文明建设浅议》,《中国宗教》2021年第11期。
⑤ 孙晓喜、吕洋:《老子哲学思想语境下当代生态伦理理念的构建》,《社会科学战线》2021年第11期。

四、西方生态伦理思想审思：憬然有悟，新知灼见

2021 年度反思西方伦理思想的主题，主要围绕理论合法性、自然价值、人的价值、自然观、生态理性、动物伦理等开展研究。吴国林、曾云珍认为当前生态伦理的证成研究还存在囿于西方范式的现象，甚至错误地以西方人类中心主义与生态中心主义的立场去理解习近平总书记关于"人与自然生命共同体"的重要论述。因为基于主客二分思想的人类中心主义和生态中心主义针锋相对已久，但都面临难以论证困境。然而"人与自然生命共同体"生态价值观在实践唯物主义视野下蕴含了人与自然、人与自身、人与社会和谐共生的三重内涵，并且以实践为中介，进而完成了从"事实→价值→义务"的论证，最终从根本上超越了人类中心主义和生态中心主义的抽象对立，打破了西方生态伦理学的话语霸权，有助于形成中国生态伦理学的话语权。[1] 郁乐将人类中心主义与非人类中心主义的对立理解为价值冲突，并认为自然的价值问题是环境伦理的核心问题。因此，从价值哲学出发，探析环境问题中的价值冲突及其排序与选择的原则、方法与限制，具有重要的理论意义与实践价值。她指出应该将价值理解为"合目的性"，而人类中心主义与非人类中心主义的价值排序是抽象的、脱离具体情境的，在真实情境中往往难以成立。然而引入博弈排序，以生产性价值为桥梁与中介，通过生产性价值的通约置换与快速增长的特点，能够为解决与相关价值的冲突提供三种有效路径。因为在价值冲突的排序中，其边界是权利，也需要对价值思维中常见的二元对立思维方式进行审慎反思，强调诸善并存。[2] 刘希刚、刘颖提出人的价值及其范畴内涵的变化因新时代生态文明而引发，深刻准确地把握人的价值的新内涵，对人们理解生态文明与人的价值关系，构建起人与自然和谐共生的价值观，引导人们切实承担促进共生的主体责任具有重要意义。而建设生态文明，则要求人类价值追求实现三个转变：在人与人的关系上，由个人主义走向集体主义；在人的价值追求的具体内容上，从物质主义转向生态主义；在人与自然的关系方面，从人类中心主义走向非人类中心主义。[3] 胡翌霖、唐兴华对拉图尔的自然观进行了探析。拉图尔基于行动者网络理论，聚焦环境危机中行动者如何协作的问题，并且反对任何立场的中心主义，认为"自然"只是一个虚构概念而不是一个现成实体，"回归自然"之类的口号无益于促成积极行动。拉图尔引入并阐发了洛夫洛克的"盖亚"学说，而后以盖亚视角取代自然观。因为盖亚理论的核心并不是把地球看作什么，而是以何种方式观看。此外，拉图尔批判了同时贯穿在西方科学与宗教传统中的隐匿的上帝视

---

[1] 吴国林、曾云珍：《生态伦理的证成难题及其超越》，《哈尔滨工业大学学报（社会科学版）》2021年第2期。

[2] 郁乐：《环境伦理中的价值排序及其方法论》，《吉首大学学报（社会科学版）》2021年第5期。

[3] 刘希刚、刘颖：《新时代生态文明建设中人的价值内涵变化新释》，《长白学刊》2021年第4期。

角,努力建构一种"非整体论的联结性",号召每一个行动者从自身出发,并以循环的方式不断返回自身,从而自下而上建构新的共同体秩序。① 韩璞庚、陈瑶认为人与自然的道德关系是生态伦理的重要研究内容,而以主客二分思想为基础的人类中心主义与非人类中心主义都存在局限性。基于万物一体思维的生态理性以"我—你"定义人与自然的关系,为生态伦理开辟了新的内容——生态规范与生态美德的相互融通。生态理性是生存意义与生活意义的现实和合,是对自律与他律辩证关系的合理阐明,是爱自我与爱自然的内在统一。生态规范为人与自然的相处提供指导,生态美德则以促进人的善行、完善人的品德为目的。人与自然的和谐共生是从以伦理原则为指南的"合乎道德"的行动,到以美德为追寻的"出于自然"的行动过程。② 汤明洁将非人类动物在人类社会的处境类比于福柯所关注的边缘人群。他并不介入库切与辛格的方法论争论,而是从福柯的权力技术运行机制分析角度,重新审视动物伦理研究者所提出的一系列动物福利论、动物权利论和环境伦理论存在的深层理论和现实困境。在此基础上提出动物伦理应建立在维持共有生存空间的前提之下,也就是接受共生这一存在论条件。③ 王茜考察了列维纳斯的面容理论,认为基于面容的他者伦理不再以"我思"的先验自我为起点,而是强调首先在与他者的主体间性关系中展现"我"作为一个具体生命在场的含义,这将解构具有理性中心主义、自我中心主义甚至人类中心主义倾向的伦理观。因而由他者面容可以推出"汝勿杀"的道德律令,进而也可以推出动物面容。以面容为基础的生态伦理是"他者—自我",即从动物指向人,指向人作为一个伦理主体的权能边界的思考,将转向一种人最小限度地干预非人类他者,最大限度地保持它们的他者性的消解主义式生态伦理以及与之相关的生态美学。④

五、生态伦理与其他学科:共话共论,相映生辉

2021年度生态伦理学的学科交叉研究主要集中于法学、文学、美学。面对环境刑事司法不张的现状,谢玲分析其重要原因在于社会民众和能够影响环境刑事司法适用的公权力主体,对以刑罚手段打击环境犯罪的认可度不足。建议要审视环境刑法存在的正当性依据,以澄清认识误区,夯实环境刑法的道义根基,增强人们的认同感和忠诚度。她反对以简单附会

---

① 胡翌霖、唐兴华:《取代上帝视角——环境伦理视域下的拉图尔盖亚观》,《自然辩证法通讯》2021年第7期。
② 韩璞庚、陈瑶:《生态理性的出场语境、本质内涵及当代价值——基于生态伦理学视角》,《学术界》2021年第11期。
③ 汤明洁:《从权力技术反思动物伦理困境——从人类中心主义到生态中心主义》,《浙江学刊》2021年第6期。
④ 王茜:《动物的"面容":列维纳斯的面容理论与生态伦理批判》,《上海大学学报(社会科学版)》2021年第6期。

环境伦理相关理论来论证环境刑法正当性，也不赞同仅通过传统刑法理论来寻求环境刑法正当性的充分根据，而是强调环境刑法之正当性同时存在于环境伦理和传统刑法理论。她提出"道德之恶"是环境刑法正当性前提之追问，环境伦理价值共识的凝聚为环境刑法的变革提供价值指引。变革中的环境刑法体现出对环境伦理价值取向的认同，主要表现为生态法日益成为环境刑法的核心保护客体，以人与自然的和谐为价值导向，环境正义则成为环境刑法应然的价值追求。传统刑法的正当性根据主要有报应论、预防论和折中论，谢玲分析了前两种理论的局限性，选取折中论作为环境刑法的传统刑法正当性根据，一般预防和特殊预防均是环境刑罚的目的。① 陈悦分析了地球生命共同体的生态伦理内涵，即地球所有生命是相互依存关系，地球生命具有自然价值和自然权利，人类对其他地球生命负有保护和延续发展的义务，因此，应由地球伦理走向地球法治。与此同时，地球共同体理念中的生态整体主义价值观，人与自然主客体一体化的研究范式，综合生态系统管理方法将在法理学上有所体现。在此基础上总结我国对地球生命共同体理念的法律表达和法律实践，体现了为回应生物多样性保护的现实需要，我国环境法典应该将人与自然关系生命共同体作为基本原则，将人与自然关系纳入调整对象，保护自然生态完整性，进而在世界环境法治中树立典范。② 彭璞认为人类中心主义和非人类中心主义伦理观都存在内生缺陷，无法为环境法律提供有效的伦理支撑。因此，不仅需要通过分析环境立法理念及其背后的伦理冲突，而且应在习近平总书记关于共同体重要论述指导下，发展人与自然整体为本位、人与自然生命共同体为中心、人类命运共同体为目标的生态观、伦理观、发展观，进而才能妥善解决人与自然、人与人之间关系问题的环境伦理，并以助环境法典成为良法之治，最终实现生态文明和美丽中国的建设目标。③

赖清波对钟理和的著作《笠山农场》中的生态伦理思想进行了探析，认为其在20世纪50年代已经前瞻性地书写了人与自然的共生。钟理和以生态批评的角度从人与自然、人与土地互动的关系层面批判了改变本地种植习性、放弃传统畜养牲口的山林改种咖啡等外来经济作物的种种做法。因为这些做法没有遵循土地的休耕和利用，违背正确的生态伦理观，所以失败也是其必然结局。因此，他倡导建立与土地共生共荣的"土地伦理"。④ 黄佳佳、谭琼琳分析了当代美国作家唐·德里罗的著作《白噪音》。这部作品以"声音"为切入点，通

---

① 谢玲：《论环境刑法的正当性根据——基于环境伦理和传统刑法理论之考察》，《湖南师范大学社会科学学报》2021年第4期。
② 陈悦：《地球生命共同体理念的法理内涵与法律表达：以生物多样性保护为对象》，《学术探索》2021年第8期。
③ 彭璞：《环境法律立法理念及内部伦理解构分析》，《世界经济与政治论坛》2021年第6期。
④ 赖清波：《地景、生态与宰制性社会——钟理和〈笠山农场〉再考察》，《文学评论》2021年第2期。

过人们听到各式各样的"白噪音",来表现他们在生态灾难前的惶恐、无措和绝望,进而批判声音背后人们的消费理念与环境意识。在此基础上,提倡树立生态整体观意识,营造积极健康的社会生态环境,如是才能更好地实现人与人、人与自然、人与社会、社会与自然之间和谐的多层次立体交叉关系,从根本上实现人类的可持续发展。① 陈佳冀从"生态—伦理"向度、"意向—类型"向度、"文化—审美"向度、"叙事—形式"向度四个方面,对中国当代动物叙事的研究现状进行述评。② 从"生态—伦理"向度而言,生态文学内的"动物叙事"相关研究成果最集中,其研究重心是以生态批评的研究视野和方法论为依托对动物叙事领域进行学术考察。这一维度的研究在思考深度和理论视野上,以及整体研究格局、进入路径、问题指向和研究范式上仍需继续深化。从"意向—类型"向度而言,主要以动物叙事中以狼和狗为代表的具体动物意向作为研究对象,探讨这种叙事意向及其所构成的意象序列组合,以类型化的研究视野进入有关动物叙事的整体研究。这一向度的研究成果一直占有重要的地位,具有叙事深度,日趋受到学界重视。"文化—审美"向度拓宽了动物叙事研究的理论视域,研究范畴包括生命意识观照、文化人类学考察视野、民族主体性建构、神话历史根源发掘等,是领会当代动物叙事丰富意旨空间和人文情怀的重要向度和研究重镇。"叙事—形式"向度则是目前学界最为关注的研究领域,最新研究指向人类学、哲学与民族学等更为广阔的背景下开展相关研究,中国本土化独特民族叙事的书写经验研究凸显。

廖建荣从美学视角入手,探讨了环境审美、科学和伦理之间的内在联系。他认为环境美学与传统美学的根本区别在于生态科学是环境审美的基础和起点,环境伦理观是环境审美的目标和终点。因此,环境美学也同样肩负保护环境的时代使命。环境审美离不开科学知识,环境审美与环境伦理的融合是"从美到责任"。环境批评既是美学研究,也是生态理念与环境保护观念的宣传活动,同时也是融合环境审美、科学与伦理的重要途径。环境美学则包含形而上的理论研究与形而下的规划设计两个阵营,后一个阵营更关注环境审美与科学、伦理的关系。而前一个阵营应当不脱离实践,发挥自身优势,综合环境审美与科学、伦理,对环境美展开环境批评。③

六、少数民族文化生态伦理:荧荧之光,自有其芒

对于少数民族文化生态伦理的研究,2021 年度,研究成果主要集中于藏族生态文化研

---

① 黄佳佳、谭琼琳:《〈白噪音〉中后现代声景的环境伦理思考》,《东北大学学报(社会科学版)》2021 年第 2 期。
② 陈佳冀:《叙事伦理、文化想象与民族性书写——中国当代动物叙事的研究现状述评(1979—2020)》,《贵阳师范大学学报(社会科学版)》2021 年第 5 期。
③ 廖建荣:《环境审美与科学、伦理的融合》,《郑州大学学报(哲学社会科学版)》2021 年第 6 期。

究，兼有贵州少数民族生态文化的研究，另有少数民族生态伦理档案文献的探究。拉先、多杰扎西认为藏族生态文化本就含有人与自然和谐共存的生态价值理念，以此为基础构建青藏高原整体人文生态系统，在一定程度上推动了青藏高原生态建设。他们对藏族传统文化、自然崇拜、生产习俗、文学艺术中的生态知识进行梳理研究。在此基础上，指出藏族生态文化在本土生态知识的理论建构和提升，跨学科交叉研究、多学科研究方法应用，以及科学的有效决策，供给制度、搭建保护运行机制等方面都需要进一步地加强与提升。[①] 顿珠卓玛以若尔盖及其牧人群体为研究对象，分析"鲁"文化中的生态伦理意涵，进而从朴素的生态哲学思想导出自然价值论，从价值论导出道德义务。他认为"鲁"文化中的观念和情感，构成了牧人对待自然的一种规则，即支持传统社会秩序，构成实体化的生态道德力。同时对自然敬畏，则形成对自然的禁忌。因此，这样的生态伦理思想及其生态实践观，对于实现人与自然和谐共生，走生态优先和绿色发展之路，实现生态可持续发展具有重要意义。[②] 李桃认为生态文化是我国生态文明建设的思想根基，包含人与自然的和谐发展、共存共荣的生态意识、价值取向和社会适应。少数民族生态文化中具备丰富的生态伦理思想资源与制度文化内涵，蕴含着尊重、顺应和保护自然的生态伦理观、价值观等生态文化意蕴和取向，与当代生态文明社会建设有着相通相济的价值追求。所以应深入探究少数民族生态文化的特征、内涵和价值，如尊重和敬畏自然的生态意识、适度取用的生态伦理观念等精神文化，兼顾自然与人自身发展的物质文化，为自然资源保护提供文化认同和保障的制度文化等，应充分发挥其在当代社会对公民现代生态意识的培养、行为的指引以及发展模式改变等方面的积极作用。[③] 华林、陈燕、董慧囡主张藏传佛教中万物有灵和众生平等的生态思想以及相应的对待自然万物的态度和行为。藏族民间传统文化，包括部落法规、生活禁忌、乡规民约、丧葬风俗、民间文学等蕴含了丰富的藏族生态伦理文化。因此要充分重视涉藏地区，以及少数民族生态伦理资源档案文献资源的建设和开发。同时华林、董慧囡、李莉以日本学者野中郁次郎提出隐性知识显性化SECI模型理论为基础，从藏族生态伦理文化遗产档案化整理发掘主体、依据、对象、内容及目标等几个维度，设计方案实施路径，完善保障，解决好档案化管理意识问题，工作繁重、工作力量有限等客观困难问题及档案化主体多元问题，保护和传承藏族生态伦理文化，为涉藏地区生态治理和生态文明建设工

[①] 拉先、多杰扎西：《藏族本土生态知识研究述论》，《西藏大学学报（社会科学版）》2021年第1期。

[②] 顿珠卓玛：《试析藏族"鲁"文化中的生态伦理传统——以若尔盖牧区为例》，《中国藏学》2021年第4期。

[③] 李桃：《生态文明视阈下贵州少数民族生态文化研究——以新形势下"努力建设人与自然和谐共生的现代化"理念为指引》，《贵州社会科学》2021年第9期。

作发展提供档案支持。[1]

七、实践问题的理论考量：聚焦现实，深度关切

2021年度，受到学者们关注的实践问题主要是城乡融合发展、农村生态补偿、学校生态教育等。王芳、毛渲提出生态环境层面的城乡融合是实现城乡全面融合的关键，而环境公平则是城乡融合的价值规范。但实际城乡环境公平存在权力偏斜与环境制度公平的张力、要素集聚与环境分配公平的张力、参与落差与环境程序公平的张力、身份分殊与环境承认公平的张力等现实困境。因此，需要以环境公平为价值导向，突破从城或乡某个单极局部配置生态资源形成的不平衡路径锁定，借由其交融共生、互动协同，完成生态要素的流动与重组，激活城与乡各自内生性发展动力，才能真正缩小城乡生态环境落差，实现城乡生命共同体的理想图景。[2] 龚建伟、李若昌主张生态补偿兼具特殊性与一般性，它的理论基础之一是伦理学，所以应有正义性的要求。农村生态补偿含有尊重自然的生态伦理价值和体现"治理平等"的行政伦理价值，为了这些伦理价值得以实现，取得生态治理实效，需要达成三个伦理要求，即实现权责均等的环境正义、实现分配适当的社会正义，以及实现贯彻落实的生态正义。[3] 曹峻冰、郦沄则关注美食短视频，分析其叙事转向自然田园、生态美食和生态伦理文化，不仅凸显自然主体性的复归，而且讲求自我实现和生态主义的平等，同时也挖掘中华文化的内在机理、优良特性和生态文化内涵，进而弘扬中华优秀传统文化。[4]

徐新洲认为生态教育是高校德育的重要组成部分，对这一主题的探析，才能更好回答"培养什么人、怎么培养人"的时代使命。他回顾了高校生态德育发展历程，提出新时代高校生态德育价值取向应是坚持绿色低碳发展观指导地位，倡导人与自然生命共同体理念，把握以学生为中心的价值取向，践行绿色生产生活方式和文化。同时，他指出实践维度应为强化生态德育顶层设计，构建绿色发展价值体系，树立生命共同体理念，自觉培养生态德育意识。坚持学生主体价值取向，促进学生全面自由发展，营造绿色生态德育文化，创建一种全

---

[1] 华林、陈燕、董慧囡：《生态治理视域下藏族生态伦理文化遗产档案化整理发掘研究》，《青海民族研究》2021年第3期；华林、董慧囡、李莉：《少数民族生态伦理档案文献馆藏资源建设研究》，《北京档案》2021年第11期。

[2] 王芳、毛渲：《环境公平视角下的城乡融合发展：价值审视与路向选择》，《农林经济管理学报》2021年第5期。

[3] 龚建伟、李若昌：《农村生态补偿的伦理考量》，《东南大学学报（哲学社会科学版）》2021年第S1期。

[4] 曹峻冰、郦沄：《自然生态与行为主义的重新修好——生态伦理视阈美食短视频的叙事转向与文化蕴涵》，《文艺论坛》2021年第6期。

新生活方式。① 董维维阐述了大学生生态文明责任意识培育的重要意义。他指出当代大学生的生态认知不足、生态文明责任意识较为淡薄，学校的生态文明责任教育机制也尚不完善，而且家庭对生态文明责任意识培育的参与不足。围绕这些现实问题，高校应遵循这样的培养路径：树立正确的生态文明责任意识教育观，推动多元的生态文明责任意识教育改革，促进学校、家庭与社会全方位生态文明教育作用的发挥。② 谢延淘关注了近些年度高考思想政治试题，提出可以通过设置试题情境，引导学生树立良好的生态伦理观，形成正确的生态文明认知，促进生态友好行为习惯养成。③ 张悦、高德胜从对新冠肺炎疫情进行环境伦理反思入手，并对小学统编《道德与法治》教科书进行文本分析，提出可以从生命共同体的角度加强自然内在价值教育，从道德责任的角度提升学生对自然责任的理性自觉，从文化审美的角度培养学生与自然的交往关系。④

---

① 徐新洲：《新时代高校生态德育的价值取向与实践维度》，《江苏高教》2021年第10期。
② 董维维：《大学生生态文明责任意识培育研究》，《思想教育研究》2021年第11期。
③ 谢延淘：《高考思想政治试题对生态文明素养的考查及教学启示》，《中国考试》2021年第9期。
④ 张悦、高德胜：《新冠肺炎疫情与环境伦理反思——基于小学统编〈道德与法治〉教科书的文本分析》，《中国教育学刊》2021年第3期。

2021 年法律伦理学研究报告

杨茜茜*

中国法律伦理学作为应用伦理学研究的重要引擎和学术增长点，深深根植于源远流长的中国法律伦理思想，同时汲取借鉴国外法律伦理思想的营养，结合依法治国和中国特色社会主义法治建设的现实需要。2021 年学界围绕法律伦理学学科构建基本问题、中西法律伦理思想的历史探索、法律实践和法律制度的伦理研究、社会现实问题的法伦理分析和马克思主义法伦理思想等方面进行了深入的研究和探讨，取得了大量学术研究成果。

一、法律伦理学学科构建基本问题

关于法律伦理学学科关涉的本体论问题，学者们的研究和探索主要集中在学科研究对象和内容方面。关于法律伦理学的研究对象和主要内容，有学者提出了新的观点。法律和道德的关系问题是法律伦理学研究的核心范畴和理论体系建构的基石，也几乎是贯穿中外法学史和伦理思想史的论题。文扬通过追溯清末新刑律制定的过程，走进清末"西潮又东风"的历史情境，从礼教派与法理派相持抗衡中，发现法律与道德发生着深刻的语义变化。礼教派因循中学旧识，持守理学视域下的德刑观，强调"刑律本于礼教"、失礼则入刑；而法理派援引西学新知，接受了伦理学视域下的道德观，区别个人道德与社会道德，并以"伤害原则"作为法律制裁的依据。随着礼的隐退和伦理学学科的建立，德礼与刑罚本用、主辅、合一的关系，最终转向法律与道德对等、互补、分离的关系。① 王小章认为从"道德代替法律"的礼治秩序到"道德的律则化"的法治秩序的转变，是社会现代化转型过程中一系列技术性和社会性因素变化的产物。我们经历了并正在经历着一个从黄仁宇所说的"以道德代替法律"到"道德的律则化"的转变过程。② 王小章认为转变并不一定意味着国家（政府）权力对于社会的过度干预或宰制，而只意味着，传统上那种以"社会无意识"的形态

---

* 杨茜茜，1981 年生，重庆人，副教授，上海师范大学 21 世纪马克思主义研究中心研究员，研究方向为法律伦理学。

① 文扬：《礼法之争是简单的道德与法律之争吗?》，《河南财经政法大学学报》2021 年第 5 期。

② 王小章：《从"道德代替法律"到"道德的律则化"——走向反思性的社会秩序》，《浙江学刊》2021 年第 1 期。

存在和维系的社会秩序，转变为现代反思性的社会秩序；而形成和维系这种反思性秩序的关键，是通过理性的公共讨论，即通过国家和公民之间有效的沟通而形成共识的机制。

长期以来，西方分析实证主义法学流派就极力主张"法德分离论"，他们否认法律与道德之间的必然联系，强调法就是纯粹的法，其概念中毫无道德之含义，进而要求将道德从法律中完全分离出来。但实证主义本质上还是在抽象地谈论法律与道德的关系。哈特针对分析法学前辈、英国著名法学家约翰·奥斯丁（John Austin）的"法律命令说"的本质缺陷，提出了"法律规则说"。其中，他对法律与道德的关系进行了阐释，既看到了道德和法律在本质上的不同，又看到了两者之间存在着的千丝万缕的联系，堪称从法律视角透视道德的典范，对西方法理学和政治哲学产生了持续的影响。[1] 实际上，任何一个社会的法律都是彰显统治阶级意志的意识形态的一种具体表现，它无法孤立于统治阶级的道德意志与道德理想而存在。美国学者奥特弗利德·赫费把"法律意识"看作"第一项公民美德"；而道德社会学的奠基者涂尔干则在《职业伦理与公民道德》中，将道德与法律联系起来并称"道德和法律事实"，进而又将"道德和法律事实"简单合称为"道德事实"，并指出道德事实乃是"由具有制裁作用的行为规范构成的"。现代工商技术文明带来了物质崇拜卑污庸俗、制度规范枯燥乏味、科学理性淡漠无情等不足，导致人们迷恋消费和功利，而忽视了生活的本真价值。建构理性主义主张人的认识来自理性而无须立足于经验。关于建构理性影响下的法律价值问题，主要体现为自由追求的异化、功利主义倾向、民意来源的不足，以及分析法学忽视意义追问等。道德情感可以理解为一种与公益和道德相关的心理情感。休谟的正义观等为依据道德情感确立法律价值提供了理论依据。依据道德情感确立法律价值，有助于法律观照民众生活经验和情感，预防以建构理性确立法律价值之不足。[2] 综上可见，辨析法律与道德之间的关系是讨论法律道德化、法律伦理学等话题的前置条件。法律与道德存在冲突，需要借助法律道德化、法律伦理学等相关概念使法律兼具法律特征和道德属性，实现两者的相互融合。同时，通过在立法与司法过程中的道德植入，以道德来约束法律，使法律具有明显的价值优先性，以此来实现法律与道德的一脉相承，进而实现法律与道德的互动，减少两者间冲突，从而有助于强化依法治国战略推进以及和谐社会构建。[3]

道德与法律的关系反映在国家治理的层面表现为德治与法治的关系。人们通常认为，依

---

[1] 聂越超、陈力铭：《道德问题的法律透视——哈特的思考及其论证辨析》，《岭南学刊》2021年第4期。

[2] 连赛君：《法律价值的确立方式：从建构理性主义到道德情感主义》，《浙江社会科学》2021年第4期。

[3] 娄丙录、姜鹏飞：《试析法律价值内涵及与道德的逻辑关系协调》，《商丘师范学院学报》2021年第5期。

法治国（法治）与以德治国（德治）相结合就是把二者并列起来，通过对比道德与法律各自的不同功用，以阐明法律的限度和道德的重要性，进而论证以德治国的必要性。我国传统德法相济方略是在自然经济和宗法伦理社会的基础上逐渐形成和发展的，其对"德"与"法"的理解也打上了时代烙印。蒋先福、于鑫认为将社会主义核心价值观融入法治建设及其立法修法规划，重新阐释了人类道德价值的内容、形式与机制，一方面，为传统德主刑辅思想注入新的伦理思想，刷新了"德"与"法"的内涵与外延；另一方面，实现了德与法的深度融合，确立了将伦理价值与法律价值相结合的评价机制，激活了"德治"软实力与"法治"硬实力共同发力的动力机制。① 还有学者认为社会主义核心价值观入法入规是以法治方式培育和践行社会主义核心价值观的重要手段，是推进国家治理体系和治理能力现代化的重要支撑，也是坚持依法治国和以德治国相结合的必然要求。高其才则从走向乡村善治的角度，探讨了健全党组织领导的自治、法治、德治相结合的乡村治理体系的构成要素、内在特质、关键议题、实践路径。②

二、中西法律伦理思想的历史探索

对中西法律伦理思想的探索是法律伦理学研究的重要部分，学者们在进行理论挖掘的同时，更关注其对当代中国社会的启发和意义，注重反思与融合，研究重点主要集中在中国传统法律伦理思想、外国法律伦理思想和中西法律伦理思想比较研究三个方面。

一是中国传统法伦理思想研究方面。在中华法律文化中，最能体现其特色和亮点的成果，就是一个法学学派即法家、一部著名律典即《唐律疏议》、一个庞大法系即中华法系、一门原创学科即法医学、一部经典判例集即《刑案汇览》、一个法律家群体即律家。③ 中国传统司法具有情理与法律相融合的特点，通常以义、利与欲三者来诠释正义与利益的关系。④ 古代法官运用道德话语进行释法说理，情理、礼义等在司法中发挥了解释、发现法律的作用。以平衡利益为主要目的，以"平""抵""均""折中"为具体原则，昭示着一种整体和相对的秩序观，注重直观的利益平衡。⑤ 有观点认为中国传统刑律中并无罪刑法定观念，依法裁判对于古代的司法官员来说仅是个人选择而非制度约束。但事实上，《唐律疏

---

① 蒋先福、于鑫：《社会主义核心价值观入法入规的伦理意蕴——以德法相济的运行为视野》，《伦理学研究》2021年第2期。
② 高其才：《走向乡村善治——健全党组织领导的自治、法治、德治相结合的乡村治理体系研究》，《山东大学学报（哲学社会科学版）》2021年第5期。
③ 何勤华、周小凡：《弘扬中华法律文化，共铸世界法律文明》，《政治与法律》2021年第5期。
④ 郑政、常安：《新时代背景下法的价值重解及其治理启示》，《浙江工商大学学报》2021年第3期。
⑤ 汪雄涛：《"平"：中国传统法律的深层理念》，《四川大学学报（哲学社会科学版）》2021年第6期。

议》明确规定了官员在裁判案件时必须正确征引法律，违者将被处以刑罚。而且《唐律疏义·断狱律》中就规定了官员审理案件不引用律令正条的罚则："诸断罪皆须引律、令、格、式正文，违者笞三十。"李德嘉通过对《文苑英华》收录的为科举铨选而作的唐代拟判约1033 道为例证，说明唐律为我国古代立法史上"礼法合一"的典范。① 唐代铨选官员为命制的判词最能反映传统司法礼法融合的裁判说理方式。唐代判词不仅文辞优美、辞藻华丽，而且蕴含了丰富的法律推理和论证过程，绝非"堆垛故事之浮词"。而且制判者虽不直接援引律令正文，但所作判决不仅符合"律意"要求，还以华丽言辞进行了道德论证与说教，阐明了判决所据律令背后的礼法、情理依据。显然，在古代的法官心中，法律背后的情理价值和人伦秩序才是更高的法律。法律的目的原本也在于以国家的力量维护人伦秩序，司法的意义也主要在于使受到破坏的人伦秩序得到恢复。故而，法不外乎人情，运用人情解释法律不仅有助于增强释法说理的社会效果，也可以发挥疑难案件处理中的法律"续造"作用。

瞿同祖在《中国法律与中国社会》中，深入探讨了儒家对中国传统法律的影响，开拓了法律社会学的视野，并开始涉及"法律儒家化"的内容。近年来法律儒家化也屡遭挑战（诸如：孙家洲、若江贤三、崔永东、杨振红、堀毅、何永军、杨一凡等的论述）。学者李勤通系统分析了儒法融合下的嵌入式结构生成，反思法律儒家化的中国传统司法模式。首先，随着引礼入法的逐步实现，儒家能够支持适用有儒家色彩的法律进行裁判。其次，追求伦理法的嵌入式结构使得司法适用具有不确定性，韦伯所谓卡迪司法的判断有其合理性。最后，嵌入式规范结构意味着形式法律在中国传统司法中并非绝对权威，法律对司法官员没有绝对拘束力，这与今天的法治观念截然相反。② 20 世纪上半叶，梁启超、胡适、林语堂在理论层面为法治建设摇旗呐喊、声援助威。其中批判与建构并行不悖，一方面揭示出中国社会法治建构的历史因袭与重负及所处时代关于法治在实然层面的种种真相，表现出现实主义精神与批判性；另一方面，又旗帜鲜明地指出了法治在应然层面所应具有的品质，在此基础上对法治的推崇与想象，带有理想主义情怀。当然，这些法治理论和实践的探讨都存在不足，主要是对传统法律文化的功利主义解读及其内在矛盾，以及对开明专制的矛盾态度。③ 也有学者提出重述中国法律思想史，需要突破"以刑为主"和"法律儒家化"论的局限，实事求是地进行理论创新。而这主要包括以下内容："明刑弼教"思想的发展变化、律学是儒法诸家思想融合的结晶、先秦诸子各家法律思想的区别与会通、西汉以后的社会思潮和法律思

---

① 李德嘉：《传统司法裁判中的法律发现与道德话语——以唐代判词为中心的考察》，《学习与探索》2021 年第 1 期。
② 李勤通：《法律儒家化、卡迪司法与礼法融合的嵌入式规范结构》，《社会》2021 年第 2 期。
③ 董燕：《20 世纪上半叶中国作家的法治观及其局限性——以梁启超、胡适、林语堂为中心》，《华中师范大学学报（人文社会科学版）》2021 年第 5 期。

想、区分古人法律思想的精华与糟粕等重要命题需要充分进行论证。与此同时，如"大经大法"思想、"律例关系"思想、"食货法律思想"、"立法思想"及"大法""常发""权变之法"关系思想等也需要进一步陈述建言。①

二是外国法律伦理思想研究方面。学者们主要围绕西方著名法学家和法学流派进行法伦理学的研究。在人物思想上，学者们重点关注霍布斯、哈特、菲尼斯、霍耐特、弗斯特等人的法伦理思想。如有学者对霍布斯的法律合法性思想展开研究，认为霍布斯既不是一个现代法律实证主义者，也不是一个传统的自然法思想家，并且也不同于以富勒为代表的当代程序自然法学派，其法律思想介于自然法与法律实证主义、普通法法学与罗马法法学之间，因之走出了现代法治发展的第三条道路。②与霍布斯不同，洛克把自然状态看作一种完备无缺的足有状态。自然状态缺乏公共的裁判者，以至于一切权利得不到保障，因此需要结成社会。③传统法语义学致力于阐明词语与所指外在事物之间的"指称"（reference）关系。法律凭借语言获得权威与权力，但也会因为民间道德差评引致语义连接错位或丧失，失去权威与权力，甚或严重偏离原有道德语义场，最终引致法律确立的制度语义场与民间道德语义场的尖锐对立。刘云生借鉴格尔茨"道德互动"理论，以"衣冠禽兽"成语为实验文本，解释法律与语言道德互动的共时表象与历时脉络，求证法律语言与纯粹语言学之间的本质区别，说明法律语言并非纯粹的"符号系统"和"普遍交往"，而是一种象征性权力工具，进而主张道德羼入既是法律与语言互动的前提，也是促使法律语义发生歧变、改写的动因和扭力。④

哈特成功地从法律视角对道德进行了透视。他从整体意义上分析了道德区别于法律和其他非法律规则的四个特征，从而厘清了道德的外延。它们分别是：一是以"重要性"为根本存在条件；二是不可被"立法性程序"直接改变；三是在违反道德规则行为的归责中，主观因素总是起决定性作用；四是道德压力具有独特的形式，道德在本质上是一种"自律"。⑤菲尼斯试图通过事实描述与价值评判的密切关联，阐释人类行为为什么会遵循某些永恒正当的普遍法则，从而赋予自然法的悠久传统以崭新的生命力。然而，这些论述与菲尼斯在事实与价值问题上的二元对立态度是无法兼容的。⑥格里塞—菲尼斯自然法理论的基本

---

① 杨一凡：《重述中国法律思想史》，《华东政法大学学报》2021年第4期。
② 唐学亮：《霍布斯的法律合法性思想研究——以法律拟制为中心》，《学海》2021年第4期。
③ 黄芳：《自然法：作为社会秩序主张的解析》，《社会科学家》2021年第3期。
④ 刘云生：《法语义学：道德羼入与语义歧变》，《学术研究》2021年第10期。
⑤ 聂越超、陈力铭：《道德问题的法律透视——哈特的思考及其论证辨析》，《岭南学刊》2021年第4期。
⑥ 刘清平：《怎样走出事实与价值的迷宫？——析菲尼斯自然法观念的内在悖论》，《贵州社会科学》2021年第2期。

哲学预设涵盖以下四个方面。第一，从知识类型学的角度看，菲尼斯学派所拒斥的是各种类型的还原论，既包括把法律还原为逻辑的康德主义，也包括把法律还原为技术的法律实证主义，还包括把法律还原为纯粹伦理的现代自然法学说。在菲尼斯看来，法律的真正本性在于它拥有双重生命，即它既属于道德秩序，又属于技艺秩序。第二，从人的形象的角度来看，格里塞—菲尼斯学派既拒斥以个人为中心的个人主义，也拒斥以集体为中心的集体主义，在他们看来，任何正确的政治学说都必须超越这样一种二元对立，进而寻求一种更为基本的社会本体论。第三，从他们所抱持的自然法的历史观和自然法的基础来看，他们既拒斥苏亚雷斯以降的经院派的自然法学说，也拒斥脱胎于苏亚雷斯立场的现代自然法学说，在他们看来，自然法的基础不能从意志中寻找，而只能在追求目的的实践理性中来寻找。第四，从本体论的层面上看，自然法根植于人类本性，但是对于人类本性的考察，绝不能从任何思辨哲学的角度予以探讨，而必须从人类活动，尤其是人类实践理性活动所理解和把握的目的中来加以考察。①

霍耐特与弗斯特围绕正义批判理论发生了一场关于"承认还是辩护"的争论。这场争论在三个方面展开：一是在规范问题的理论传统方面，霍耐特延续了黑格尔传统，弗斯特赓续了康德传统；二是在不正义的内容解释方面，霍耐特认为不正义问题主要是指人们遭遇错误承认，弗斯特认为不正义问题首先是权力问题；三是在解放目标的指向方面，霍耐特追求一种伦理生活方式，弗斯特提倡获得辩护的社会基本结构。②霍耐特以"美好生活"的形式伦理概念为出发点，建构爱、法律与团结三种承认形式，强调基于社会敬重的承认。共同价值域是其承认理论的核心概念，它由个体的伦理价值观构成，是衡量个体成就的标准。在文化斗争中，共同体的"身份认同"由这种价值域所主导，从而建立起社会文化秩序，个体的承认也通过贡献原则得以实现。弗斯特则划分出伦理、法律、政治和道德四种不同的承认语境。道德语境通过互惠性与普遍性原则介入其他承认语境，并在各语境中建构道德承认。作为"承认"的最终维度，道德承认超越所有特定的伦理价值观，将基本的道德原则付诸实践。尽管两种承认构想都是在哈贝马斯的主体间性和话语伦理框架下建构的，但存在着较大差异。③

三是中西法律伦理思想的比较研究方面，虽然没有形成专门的研究成果，但在学者们关于中西法律思想的比较研究中，多有涉及中国和西方在法律与道德问题上的区别和统一。中

---

① 吴彦：《格里塞—菲尼斯自然法学说的哲学预设——一个批判性的考察》，《复旦学报（社会科学版）》2021年第1期。
② 刘光斌、罗婷：《论霍耐特与弗斯特的正义批判理论之争》，《南京社会科学》2021年第9期。
③ 蒋颖：《伦理抑或道德——霍耐特与弗斯特承认构想比较研究》，《马克思主义与现实》2021年第2期。

外文明史上对于合法性问题早就进行了深入的探讨,并提出了各自不同的理论和论证。古希腊罗马时期的政治学、哲学、伦理学中已经开始广泛使用合法性的概念。柏拉图的《政治家》篇中已经提出可以按照"政治活动是否符合法律"把政体分为"依法治理的政体"和"不依法治理的政体"。西塞罗在司法、政治领域广泛使用合法性的概念。近代之前的中国虽然没有使用过合法性这一概念,但这绝不能解释为古代中国没有对政治合法性进行过思考和论证。在先秦文献中,"法"字具有法则、规矩、法度以及常理、合法的意思。如《尚书·盘庚上》记载,盘庚为获得民众对其迁都的支持,"教于民,由乃在位,以常旧服,正法度";伪古文尚书《大禹谟》中告诫君主"儆戒无虞,罔失法度;罔游于逸,罔淫于乐",以此作为天下太平、"四夷来王"的先决条件,而"失法度"就会导致王朝混乱及合法性的丧失。综合来看,政治核心价值是一个逐渐得到丰富、更为理性化、从传统向现代过渡的过程,其表现形式和内涵不仅具有人类文明的共性,而且具有文化的特殊性,而后者的差异决定着论证政治合法性的路径、方法、依据和标准。姚新中教授认为,讨论政治合法性问题就是一个价值重新确定或重构的过程,为理解政治理念、为实现国家治理体系和治理能力现代化、为全面深化改革与发展释放出新的空间。而伦理学对现实政治合法性挑战的回应集中体现在倡导实现以下三个价值统一上,即民主与法治的统一、富强与公正的统一、自由与平等的统一。①

三、法律实践和法律制度的伦理研究

对法律实践活动和法律制度的伦理审视是法律伦理学研究的重要组成部分。有众多的学者围绕这两个方面进行了相关探索。

其一,对法律实践活动的伦理思考。2021年度法律伦理学的研究不仅涵盖了法律实践中立法、司法、守法、执法等各环节,而且对立法伦理、司法伦理、执法伦理、守法伦理等方面的思考也成为学者研究的热点。学界对促进型立法的关注足以成为一种法律现象加以研究。曹刚教授提出了"立法促德如何可能"的命题。他认为文明行为促进条例是关于道德的专门、系统的立法,在国家治理和道德建设中发挥着越来越重要的作用。同时文明行为促进条例中文明行为的规范应包括倡导性规范、禁止性规范和重点治理三个部分,而文明行为促进工作的开展应遵循以人为本、德法兼治和社会共治三个原则。② 就具体实践领域,戚耀琪提出文明行为促进工作应当构建党委统一领导、政府组织实施、部门各负其责、社会共同

---

① 姚新中:《中外文明视域下政治合法性的伦理向度》,《武汉大学学报(哲学社会科学版)》2021年第4期。
② 曹刚:《立法促德如何可能——关于文明行为促进条例的伦理学思考》,《湖北大学学报(哲学社会科学版)》2021年第2期。

参与的工作机制,坚持法治和德治相结合、倡导和治理相结合、自律和他律相结合。文明行为促进工作按照国家和省的规定纳入文明城市、文明村镇、文明单位、文明家庭、文明校园考评体系。① 综合分析来看,以上学者观点涉及社会主义核心价值观全面融入法治建设的问题,即把社会主义核心价值观融入科学立法、严格执法、公正司法、全民守法各环节,而这又集中体现在以下几个方面:一是注重"加强道德领域突出问题专项立法,把基本道德要求及时上升为法律规范";二是"推动文明行为、社会诚信、见义勇为、尊崇英雄、志愿服务、勤劳节俭、孝亲敬老等方面的立法工作";三是提高执法公信力,实现规范文明执法和全面推动核心价值观的有机统一;四是把全民普法和守法作为依法治国的基础性持续性工作来抓,把法制教育纳入国民教育体系和精神文明创建内容,使法治观念成为人们"日用而不觉"的价值观念。② 现有国家干预论、政府主导论、体系补充论,作为解释和支撑促进型立法的立法定位、立法原则、立法价值。③ 针对当前人类正处于不确定性极高的"风险社会",丁建峰认为由于人们对风险的态度差异和利益冲突,导致风险社会的立法难题。风险社会的立法不能完全委之于专家之手。专家、公众和立法机构必须合理分工,专家给出初步方案,公众参与必须贯穿立法的全过程,以协商民主的方式收集和汇总信息,改善风险防控方案。立法机构在程序正义的前提下,整合多数意见作出抉择,这是风险社会立法的一个有效途径。④

关于法律职业伦理,陈景辉教授提出为什么它是一种"职业伦理",而非一种日常道德的问题。通过对主要问题的梳理,我们注意到职业伦理是一种"规则允许但道德不允许"的情形,并且这种情形必然涉及"规则的实践"的理解,这是一种以主要社会制度实现社会基本善的实践。⑤ 法律人通过职业伦理进行自我约束、自我管理,从而使法律职业被社会认可和信任。法律职业伦理的主要价值在于确保法律人能够献身法治、捍卫法律,信守自己是享有特殊权利的同时也应承担特殊责任的专业群体,承担起法律守护人的使命。法律人的商人化、法律职业的趋利化、正义理想的贬值等是当代社会法律职业伦理面临的重大挑战,也是影响民众对法治和法律职业观感的重要因素。⑥ 在现代法律中,职业尊严的权利语境的

---

① 咸耀琪:《文明行为促进工作步入法治轨道》,《人民之声》2021年第8期。
② 王娜、金昕:《社会主义核心价值观入法入规探讨》,《学校党建与思想教育》2021年第7期。
③ 江国华、童丽:《反思、拨正与建构:促进型立法之法理阐释》,《华侨大学学报(哲学社会科学版)》2021年第5期。
④ 丁建峰:《风险社会的立法法理学——不确定性、社会选择与程序正义》,《中山大学学报(社会科学版)》2021年第4期。
⑤ 陈景辉:《法律的"职业"伦理:一个补强论证》,《浙江社会科学》2021年第1期。
⑥ 苏新建:《法律职业伦理:历史、价值与挑战》,《河南财经政法大学学报》2021年第6期。

重要内容便在于对职业群体专业性的尊重。[1] 有学者就辩护律师的忠诚义务进行论述,并且在比较法的视野下,就美国、德国和日本三国的律师职业伦理中呈现三种不同的忠诚义务模式进行分析。[2] 同时就刑事律师的利益冲突如何规制问题作进一步探讨。[3] 有学者则以司法改革为背景,讨论了法官的道德责任[4]、法官绩效考核、法官责任豁免[5]以及法官思维行政化等问题。对于法官考核制度的路径设计需要确立"法官—委员会共治"的考核模式,保证考核结果真实性与考核活动可行性并举,实现奖惩机制与提升能力的双重考核功能,并保证相应的归责程序与信息化工具与之配套,最终重塑司法系统内部法官的职业主体性。[6] 法官思维方式的行政化表现为依赖集体决策与请示汇报、偏好法定证据、把司法解释当作行政命令加以执行等。因此,法官程序思维的培养就是通过内设机构改革与法官员额制,着力打造扁平化、同等型司法,为法官思维方式去行政化创造客观环境。[7] 而欲帮助法官实现思维方式的去行政化,一个有效的途径是培养法官的程序思维。对于女性经验与柔性司法改革问题,王新宇向国内学者翻译并介绍了梅·奎恩教授的新作,并以20世纪初女法律人科沃斯的经验脉络展开史料挖掘,内容既包括如何进行性别经验的法律理论建构,也包括进行女子法庭、家暴案等审判方式的改革。并从性别视角来看这些改革对于女当事人法律地位、女法律从业者职业发展的实质影响,都具有女性主义法律现实主义的开创性地位。[8]

学者们对习近平总书记关于培养德法兼修高素质法治人才思想的科学内涵、时代意蕴、目标定位、实现机制以及教学体系等展开探讨。[9] 有学者认为高等院校法学教育要始终"坚持建设德才兼备的高素质法治工作队伍",加强理想信念教育,深入开展社会主义核心价值观和社会主义法治理念教育。[10] 文章认为习近平总书记指出了新时代法治人才培养的新使

---

[1] 孙秋玉:《职业尊严的法理证成及其法律保护》,《苏州大学学报(法学版)》2021年第1期。
[2] 刘译矾:《辩护律师忠诚义务的三种模式》,《当代法学》2021年第3期。
[3] 刘译矾:《论刑事律师的利益冲突规制》,《比较法研究》2021年第2期。
[4] 黄伟文:《自由意志与法官的道德责任》,《浙江社会科学》2021年第1期;邱昭继:《法官职业道德的批判与重构——基于马克思恩格斯文本的考察》,《浙江社会科学》2021年第1期。
[5] 陆幸福:《我国法官责任豁免制度之改进——从错案责任到司法裁判行为》,《浙江社会科学》2021年第1期。
[6] 阴建峰、袁方:《司法改革背景下法官绩效考核制度的回溯、困局与路径抉择——兼论法官主体性的重塑》,《河南社会科学》2021年第3期。
[7] 龙乙方、吴英姿:《论法官程序思维的培养——从法官思维行政化问题切入》,《湘潭大学学报(哲学社会科学版)》2021年第5期。
[8] 梅·奎恩、王新宇:《女性经验与柔性司法改革——科沃斯与女性主义法律现实主义的源起》,《中国政法大学学报》2021年第2期。
[9] 吴岩:《培养卓越法治师资 推进习近平法治思想纳入高校法治理论教学体系》,《中国大学教育》2021年第6期。
[10] 杨宗科:《习近平德法兼修高素质法治人才培养思想的科学内涵》,《法学》2021年第1期。

命、新目标、新模式、新机制、新格局,科学地回答了新时代法学教育为谁培养人、培养什么人、怎样培养人、谁来培养人、培养得怎么样等基础性问题。近年来,虽然有学者开始认可情感因素在法律思维中的地位,但理性与情感的二元对立仍然是法律思维的隐性桎梏,情感思维在法律思维研究中的普遍失语。杨贝认为法律人的情感思维有着三重含义:一是基于情感作出直觉判断;二是基于情感证成法律判断;三是通过调动情感来进行说服。[1] 刘仁海针对刑法教义学、纯粹刑法理性导致的刑法司法内卷化、法条主义等弊端,提出"正义直觉"的养成与刑法教学的改进建议,一方面有助于实现刑法教学的"立德树人、德法兼修",另一方面有助于实现执法司法伦理与技巧的完美结合。[2] 在价值判断日益多元的现代社会,情感思维的运用对于夯实法律决定的正当性基础、弥合认知裂缝、促进社会认同、强化法律权威有着重要意义。徐祥民认为"德法兼修"人才培养思想是不同于"治理方式法治论"的"目标法治论"。"目标法治论"中的法治人才培养是一项重大理论创新,具体落实措施包括完善法治人才培养机制,推动中国特色社会主义法治理论进教材、进课堂、进头脑和优化法治人才培养方案等。[3] 也有学者对此提出不同见解。梁平认为虽然高校有责任落实"德法兼修"法治人才培养目标,但不应限于法学专业人才,而应涵盖所有专业的学生。只有全民法治素养的全面提升,才能使人才成为全面依法治国的"第一资源"。[4]

其二,对法律制度的伦理研究,包括对法律本身正当性的探索和对宪法、民法典、刑法等部门法或某一具体法律规定的伦理反思。有学者指出,我国当前通过修正案的方式推动刑事立法体现了立法规范性和科学性的要求,但频繁地修法过程也一直伴随着诸多争议,即该如何看待回应型的积极性立法的问题。因此,提出在刑事立法领域应遵循规范保护为主的原则。一方面,立法的合理性包含着外在道德评价和内在道德评价;另一方面,刑事立法首先要遵循规范伦理,要受到法律内在道德的制约与立法良知的制约,这是刑法成为良法的基本前提。[5] 学者们对《民法典》的编纂和实施也进行了讨论。譬如有学者关注人格权何以成为民事权利问题。因为人格权作为权利,包含了指向性义务,因而具有独立的规范力,它来源于权利人对指向性义务的控制,这种独立于个人利益的个人自治,作为法律权利的人格权必须诉诸来自人的尊严的道德权利,法律权利的实在化赋予了人格权以法律力量,但道德权利

---

[1] 杨贝:《论法律人的情感思维》,《浙江社会科学》2021年第11期。
[2] 刘仁海:《"正义直觉"的养成与刑法教学的改进》2021年第5期。
[3] 徐祥民、王斐:《习近平"目标法治论"中的法治人才培养理论研究》,《河南财经政法大学学报》2021年第6期。
[4] 梁平:《新时代"德法兼修"法治人才培养——基于习近平法治思想的时代意蕴》,《湖北社会科学》2021年第2期。
[5] 孙万怀:《刑法修正的道德诉求》,《东方法学》2021年第1期。

凸显了作为法律权利的人格权的规范限度。① 在传统民法语境中，公序良俗被视为一项基本原则。公序良俗的塑造，在原初意义上，应为维系社会共同体底线性的一般利益而由大家所公认的准则。民法中的公序良俗规定是在这些准则中鉴别、选择和认证而形成。只有那些被法律认定为"公共"秩序和"善良"风俗的准则才能最终成为裁判的依据。陈林林、严崴认为在司法实践中，民法理论以关于公序良俗的立场为其设置了运用前提。但是只有站在公序良俗的立场上对其正确定性和分型，才能为涉及公序良俗的案件提供有效的裁判方法。② 有学者探讨了民法典中"离婚冷静期"制度，认为这一方面反映出我国的家庭实践和家庭理论研究普遍以个人主义为预设，放弃了从"家"出发来理解法律和整个中国社会；另一方面，映射出面对当前的家庭危机，我们需要立足于自己的本土文化视域去思考婚姻和家庭，进而构建符合中国人精神伦理世界的家庭法哲学。③ 还有学者探讨了"数字人权"的伦理基础问题，认为从人权的道德属性来看，"数字人权"不具备人权的道德基础。因为从基本权利理论来看，"数字人权"既缺乏宪法的规范基础，也不符合"人的尊严"标准和"最低限度基础性"标准，无法被证立为宪法未列举基本权利。④

四、社会现实问题的法伦理分析

2021年一系列涉及道德和法律双重困境的现实问题进入法伦理学的研究视域，成为法伦理研究的新热点。

第一，关注科技领域的法律和道德问题。在科技进步不可逆的背景下，学术界通过积极探讨，聚焦的问题有：人工智能是否具有法律人格；人工智能的发展上限在哪里；人工智能有可能导致哪些伦理困境和道德桎梏。

其一，从哲学和技术维度审视了人工智能的发展上限，认为人工智能是技术理性的产物，不可能超越人类智慧。虽然人工智能是未来教育创新发展的重要推动力，但应遵循人本主义理念并形成人本人工智能教育新应用，从而有力促成一种新型的研究与应用范式教育人工智能的形成。⑤ 与此同时，教师不仅要成为精神引导者，学会与人工智能协作分工，构建以"人机协作教学知识"为核心的知识基础，而且要成为教学行动者，将知识教学转化为

---

① 朱虎：《人格权何以成为民事权利？》，《法学评论》2021年第5期。
② 陈林林、严崴：《公序良俗的法理分析：性质、类型与适用》，《南京社会科学》2021年第2期。
③ 胡敬阳：《家的法理意涵再思考——从〈民法典〉"离婚冷静期"制度出发》，《湖州师范学院学报》2021年第5期。
④ 刘志强：《论"数字人权"不构成第四代人权》，《法学研究》2021年第1期。
⑤ 祝智庭、韩中美、黄昌勤：《教育人工智能（eAI）：人本人工智能的新范式》，《电化教育研究》2021年第1期；孟翀、王以宁：《教育领域中的人工智能：概念辨析、应用隐忧与解决途径》，《现代远距离教育》2021年第2期。

德性教学，同时更要成为道德示范者，坚持立德树人，提升"道德示范力"。①

其二，从社会伦理视角审视了人工智能导致的失业危机对道德价值、伦理秩序的冲击。诸如技术伦理风险、社会伦理风险和人类生存伦理风险等。虽然通过类人机器人、类人生物、性别机器人和智能人"妻子"带来的各种情爱形式、性爱方式和婚姻模式冲破原有的肤色、种族和性别界限，构建出多元的家庭形式、两性关系和人伦系统，②但是随之而来伦理风险的背后是主体规范缺失和角色失准、情境变化中矛盾展现以及人类关于实践意义认知差异和原则淡化、伦理形态的嬗变与重构等问题。因此，为了规避人工智能所带来的伦理风险，必须坚持维护人类共同利益的最高伦理规范，在全面深化基本原则遵循的基础上，推进伦理制度建设和新型人机关系建构，不断提升人类应对科技迅猛发展带来的伦理风险的能力和水平。③

其三，从算法权力视角审视了其对现有秩序的瓦解以及智能武器带来的人道危机。算法在拥有权力之后，其动机和执行结果并不都是"向善"的。在受众层面，信息茧房、数据滥用、算法黑箱、把关权的迁移等问题对用户的隐私权、自主权、知情权、平等权、被遗忘权造成了不同程度的威胁。④

其四，从否定的法律人格视角审视了人工智能犯罪导致的法律危机。学者们总结出人工智能从"工具论"到"控制论"及"拟制论"的演进，这是其主体法律人格的渐进发展阶段。郑智航认为调整传统法律制度的规制理念，构建符合人工智能算法运作基本逻辑的规制路径具有规制算法的重要意义。⑤ 与之相反的是，孙道萃认为传统法律体系继续有效、法律认识论的抵触、人类生物论的冲突、刑事法理的排斥、"人的犯罪"之认知设定等消极事由，均反映了人类中心主义立场的过度化浸入。而网络时代的功利主义立法却提供相反的校对样本。因此，他提出应当吸纳当代功利主义的有益内容，适度倡导功利主义的立法观。⑥ 概言之，人工智能发展应秉持工具属性和人的价值主体地位，而这才是人类自由通向自在之境的唯一道路。与此同时，社会各界相继提出各种各样的人工智能伦理原则与伦理指南。总体来看，各种伦理原则的内容大致趋同，但也有一些被普遍忽略的内容，而且不同机构对同样一种伦理原则的阐释存在明显差异。虽然有的学者认为人工智能伦理原则是无用的，但从

---

① 王超、田小红：《人工智能时代的教师专业身份：挑战与建构》，《教师教育学报》2021年第2期。
② 张之沧：《人工智能对家庭伦理的冲击与解构》，《国外社会科学前沿》2021年第1期。
③ 王东、张振：《人工智能伦理风险的镜像、透视及其规避》，《伦理学研究》2021年第1期。
④ 匡文波：《智能算法推荐技术的逻辑理路、伦理问题及规制方略》，《深圳大学学报（人文社会科学版）》2021年第1期。
⑤ 郑智航：《人工智能算法的伦理危机与法律规制》，《法律科学（西北政法大学学报）》2021年第1期。
⑥ 孙道萃：《人工智能主体的刑法地位之积极论》，《法治社会》2021年第2期。

伦理原则的应用现状来看，人工智能伦理原则是能够发挥积极作用的，是实现人工智能伦理治理的一种重要工具。因而包括伦理学家、科学家、学术组织、企业与政府管理部门在内的各类主体需要采取必要的强化措施，切实保障伦理原则的贯彻与实施。[1]

第二，关注弱势群体、公共卫生、生命伦理等领域。自2020年新冠肺炎疫情暴发以来，学界保持对突发公共卫生事件的高度关注。彭錞从尊严主义、功利主义和平等主义三种道德立场出发，针对公共医疗资源极度紧缺，而政府在加大资源投入、减少资源浪费或紧急资源调配等措施均不敷所用之际，讨论了应该如何合理、公平、有效分配资源的难题。他建议采用抽签、排队、预后、生命数量、生命年数、工具价值、互惠性、病情、年龄和经济地位等标准来确定医疗资源分配的优先级。但应本着公正、高效和动态的原则，结合多重标准，按照医务人员、先到者、病情更严重者、短期预后更佳者、被抽中者的顺位构建我国突发公共卫生事件中紧缺医疗资源分配的伦理方案。该方案也需要法律规则的配套，应从立法形式、执行主体和救济机制三方面调整，完善相关法律制度，包括以软法形式出台统一分配规则、赋予医学伦理委员会决策职能以及畅通申诉、审查和诉讼渠道。[2] 赵鹏针对生物医学研究活动引发的伦理问题进行了探讨。他认为法律确认了行业层面自发探索的伦理治理机制，但这种伦理规制依据层级较低、内容抽象且执行主要依赖研究机构层面的自我规制，只能达到"弱约束"效果，进而直接导致立法强化科学研究伦理约束的目标难以实现。因此，提出建议，有必要以受国家规制的社会自我规制为方向，将伦理规制适度法治化，既推动科学界形成更为系统化、组织化、规范化的自我规制，又为这种社会自我规制设定基本的框架秩序，并确保政府对自我规制活动的监督、调控能力，保障法律的要求能够有效地投射到相关研究活动中。[3] 刘长秋认为人体器官买卖是一种严重违背人类生命伦理的反社会行为。而在法律上，人体器官买卖则是一种应当受到刑罚惩治的犯罪行为。我国现行立法意识到了人体器官买卖的社会危害性，并以刑法修正案的形式增设了"组织出卖人体器官罪"这样一种人体器官买卖犯罪，但这一罪名无法全面有效地规制人体器官买卖。而伴随着人体器官买卖在我国的渐愈显化，有必要进一步修改刑法，扩展刑法对人体器官买卖犯罪的打击范围。[4] 此外，也有学者就艾滋病患者隐私保护中的伦理困境进行了探讨。艾滋病患者隐私保护中的伦理困境主要表现为患者的隐私权与其配偶及其他利益相关者生命健康权的冲突。吴彤彤、刘

---

[1] 吴红、杜严勇：《人工智能伦理治理：从原则到行动》，《自然辩证法研究》2021年第4期。
[2] 彭錞：《突发公共卫生事件中紧缺公共医疗资源分配的伦理方案与法律规则》，《环球法律评论》2021年第3期。
[3] 赵鹏：《生物医学研究伦理规制的法治化》，《中国法学》2021年第6期。
[4] 刘长秋：《人体器官买卖的刑法规制研究——法律伦理主义视角下的分析》，《自然辩证法通讯》2021年第10期。

俊荣从伦理与法律的视角,结合问卷调查对艾滋病患者隐私保护中涉及的利益冲突、权益位阶等问题进行了剖析,主张在保护艾滋病患者隐私权的同时,也应重视利益相关者的合法权利,特别是患者配偶或性伴侣的生命健康权,并将权益位阶作为消解利益冲突的重要考量。①

五、马克思主义法伦理思想研究

近年来,学界对于马克思恩格斯思想中的道德与法律关系问题给予了越来越多的关注。马克思恩格斯虽没形成完整的伦理学和法学体系,却超越了传统义务论和功利论以及自然法学派和实证法学派的对立,建构了独具特色的道德哲学和法哲学,其中的道德与法律关系思想渗透在他们对于各种社会现象的分析之中,为解决当代中国社会问题提供了理论指南。

马克思恩格斯有关权利与义务的统一、选择与责任的连贯、自律与他律的区别、自由及其秩序的实现等命题,构成其道德与法律思想的主要内容。马克思恩格斯道德与法律关系思想启示我们要重视道德与法律自身的发展,协调美好生活中二者的冲突,构建德法互彰的社会主义伦理文化。② 马克思主义法伦理思想对法治的理解,以唯物史观为基础,以马克思的法哲学批判为指导,依循法律之理念与现实的内在二元结构,并结合现代法治发展的实际历史过程,并且探讨三个有关法治的理论问题。第一,法治的社会物质关系基础是市场经济,法治本身是经济关系变革与法律关系变革相互作用的产物,具体来说,就是资本主义市场经济中的财产关系抽象化催生了近代法律,并造就了由自由与公平、权利与义务诸原则体现的法律之形式正义。第二,马克思基于唯物史观对法律之形式正义的有限性和本质缺陷进行的批判,为现代法治揭示出更高的目标和理念,这就是"作为实质正义的社会正义",其具体内容是消除资产阶级财产权的压迫性,实现无产阶级的社会解放,从而实现作为法治最高目标的公共福祉。第三,马克思法哲学批判在当代西方法哲学中的理论效应,表现为后者对现代法治发展的理解,而其在很大程度上是沿着马克思揭示的理论方向,超越西方法治传统的形式正义教条,并且强调作为实质正义的社会正义在法治中的地位和意义,从而使法律的形式正义尽可能内在地蕴含在实质正义之中。③

---

① 吴彤彤、刘俊荣:《艾滋病患者隐私保护中的伦理困境》,《中国医学伦理》2021年第10期。
② 李志强:《马克思恩格斯道德与法律关系思想及其当代价值》,《马克思主义理论教学与研究》2021年第4期。
③ 张盾:《马克思唯物史观视域中的法治问题》,《中国社会科学》2021年第2期。

2021 年经济伦理学研究报告

张伟东[*]

2021 年中国经济伦理学研究主要包括四个方面，第一个方面是对经济伦理思想的探究；第二个方面是对我国现行社会主义市场经济伦理问题的理论和应用的研究；第三个方面是对经济伦理学元伦理问题的探究；第四个方面是对现行经济伦理思想的一些评价。总体而言，第一个方面研究的内容最丰富；第二个方面研究的问题最深刻、最具创新性；第三个方面的研究依旧薄弱；第四个方面研究则是伴随着我国经济伦理思想的发展而发展，却刚刚起步。

一、经济伦理思想探究

2021 年中国经济伦理思想研究主要具有以下四个特点：首先，是对于经济伦理思想史研究的范畴进一步拓展，其研究范畴不仅限于对专门的经济伦理思想材料进行研究，还对史学、文学中的经济伦理思想材料进行了研究；其次，我国经济伦理思想研究的国际化程度进一步加深，开始对不同文化背景下的经济伦理思想和经济伦理思想家进行研究；再次，我国经济伦理思想研究的方式方法变得更加系统化、具体化，在研究过程中更加重视思想所在历史时期的经管环境、经济制度和经济模式；最后，对国内经济伦理思想和国外经济伦理思想、不同经济思想和实践模式进行对比研究的成果增加。

1. 国内经济伦理思想研究

随着国内经济伦理思想史研究程度的不断深化，对于国内经济伦理思想史的研究作品逐渐减少，而对具体历史时期发生的具有鲜明特点的经济伦理事件、文学作品中呈现的经济伦理思想的面貌特点成为 2021 年度国内经济伦理思想研究的一大支流，尤其是对明清时期世俗小说中的经济伦理思想的研究成为 2021 年度国内经济伦理思想史研究的重头戏。

---

[*] 张伟东，1989 年生，内蒙古人，中国人民大学哲学院伦理学专业博士研究生，研究方向为经济伦理学。

(1) 国内经济伦理思想史探究

2021年度对国内经济伦理思想史的探究延续了国内经济伦理思想研究一贯的传统,对专门的经济伦理思想史料进行探索性研究,并对以往的研究成果进行了总结性评述。其中王广通在《近四十年来〈史记·货殖列传〉之经济思想研究述评》中对《货殖列传》的经济伦理思想的研究成果进行了整理和评述。王广通认为《货值列传》的经济伦理思想的研究可以划分为1980—1989年、1990—1999年、2000—2020年三个阶段,这三个阶段具有连贯性与递进性,第一阶段集中于对内容的宏观把握,第二阶段从更多角度对经济思想具体内容进行分析,第三阶段对各种具体细化问题展开深入研究。① 李颖、肖恩玉研究了王安石在《周官新义》中依据的经济伦理思想。王安石提出的"性无善恶"的人性论为经济活动赋予了价值理论基础,强调"以法均财节邦用"对于构建社会主义市场经济伦理思想体系具有重要的借鉴意义。② 李健在其硕士学位论文中以经济伦理视角研究了管子的经济伦理思想。文章指出《管子》强调人类经济活动应遵循作为宇宙万物本原的"道"之要求。而爱民与尊法的统一性、"爱"与"利"的统一性、经济对道德的决定作用及发展性以及人逐利的自然欲求的正当性共同构成《管子》经济伦理思想的理论基础。③ 白宇辉在其硕士学位论文中研究了明代儒家思想与经济发展的关系,认为明代的社会经济状况是儒家思想发展的经济基础,同时明代经济发展的形势以及新的动向也都与传统儒家思想有着不可割裂的关系,明代儒家思想的新发展促进了经济的进步,同时,儒家思想中的传统内容又对经济的发展造成了巨大的文化阻滞力。④ 除了对经济伦理思想史的探究,还有学者专门研究了一些重要的经济伦理思想家的思想。于静、孙悦在《梁漱溟经济伦理思想及其当代借鉴》中认为梁漱溟经济伦理思想具有重要的现实意义,要重视农村的基础性地位,避免重视工业而忽视农业造成的城乡发展不平衡问题,实现城乡发展一体化,实现国家的区域平衡。⑤

(2) 国内经济伦理具体问题研究

2021年度对我国国内经济伦理具体问题的研究成果保持了持续增长的态势,除了具体历史时期、地域内的经济伦理问题研究,对于文学作品中的经济伦理研究及比较也有了新的发展。闫瑞峰认为晚清时期的政商关系表现为商业伦理政治化的整体特征,形成了一种权力

---

① 王广通:《近四十年来〈史记·货殖列传〉之经济思想研究述评》,《渭南师范学院学报》2021年第9期。
② 李颖、肖恩玉:《王安石〈周官新义〉的经济伦理思想初探》,《西部学刊》2021年第15期。
③ 李健:《〈管子〉经济伦理思想及其当代价值研究》,硕士学位论文,广西师范大学,2021年。
④ 白宇辉:《明代儒家思想与经济发展关系研究》,硕士学位论文,黑龙江大学,2021年。
⑤ 于静、孙悦:《梁漱溟经济伦理思想及其当代借鉴》,《哈尔滨学院学报》2021年第3期。

主导下的依附型政商关系模式，并在德性、制度、规则层面勾勒出一套独特的逻辑理路。①沈华光认为徽商和浙商所依据的商业伦理模式具有很大的共同性。② 以上研究进一步丰富了我国传统社会中经济伦理的研究。胡镜斌在其硕士学位论文中研究了甘南藏族居民经济伦理的变迁过程。藏族的传统经济伦理对藏区社会的稳定具有重要作用，旅游为藏族居民带来可观的经济效益，同时也影响着其经济伦理的重构内化。因为旅游发展前桑科镇居民的经济伦理表现为简单质朴的经济伦理，旅游发展中居民的经济伦理不仅是不断学习、逐渐丰富的过程，而且旅游改变了居民的理性伦理，在学习新的伦理及权威规范的共同作用下居民的经济伦理发生变迁，这一研究弥补了我国少数民族地区经济伦理研究的不足。③

对文学作品中的经济伦理问题研究是 2021 年度经济伦理学的研究特色。王晋荼研究了《白夜行》中唐泽雪穗的经济行为。《白夜行》中雪穗一系列违反经济伦理的行为的外因是当时经济变革期的社会环境、光怪陆离的社会现象和后现代文化环境，但最主要还是其个人的内在原因——她贪婪的个人道德品质及对物质无止境的欲望。④ 张亮星研究了"三言二拍"中人物的经济伦理行为。作品情节中不论是男女婚恋市场上的资源交换，还是经商活动中"义"和"利"的交换或是士商合流中"士"与"商"身份的交换，都充分体现出了人们在交换活动中自觉遵循着以最小机会成本追求自身利益最大化的经济学规律。此外，"三言二拍"中对生命尤其是女性生命的尊重以及人与自然、人与物的和谐共存都充分印证了人文经济学的萌芽。⑤

2. 国外经济伦理思想研究

相比于国内经济伦理思想研究，我国对国外经济伦理思想研究虽起步较晚、研究成果较少，但 2021 年度的研究成果整体质量较高。这些研究成果既涉及了世界上重要的经济伦理思想文献研究，也涉及了国外重要的经济伦理思想家的研究，还涉及了不同文化视域下的经济伦理思想起源研究。

（1）国外经济伦理思想史探究

虽然 2021 年度的国外经济伦理思想研究成果较少，但其研究十分具有代表性，是难得的国外经济伦理思想研究的佳作，为我国经济伦理研究"引进来"和"走出去"的战略奠定了良好的开端。乔洪武、孙淑彬认为犹太教律法典籍《塔木德》在契约形式、契约各方、

---

① 闫瑞峰：《晚清政商关系的三维伦理透视》，《广西社会科学》2021 年第 12 期。
② 沈华光：《浅谈徽商和浙商伦理内核形成与发展中的共性》，《商业观察》2021 年第 16 期。
③ 胡镜斌：《旅游影响下甘南藏族居民经济伦理变迁研究——以夏河县桑科镇为例》，硕士学位论文，西北师范大学，2021 年。
④ 王晋荼：《〈白夜行〉中唐泽雪穗的经济行为伦理探究》，《三门峡职业技术学院学报》2021 年第 1 期。
⑤ 张亮星：《经济维度下的"三言二拍"研究》，硕士学位论文，江西师范大学，2021 年。

契约内容、契约解释和契约执行方面为经济契约活动建立了一套系统的原则规范体系，而这蕴含着独特的经济伦理思想。首先，从尊重私人财产权的正义性出发，《塔木德》强调以清晰的措辞划分财产权、严格按照字面意思解释契约，而通过将经济诚实阐释为行口合一，《塔木德》塑造了犹太人契约严格、形式守信的品质。在流散时期，这些规范通过有效规制契约各方的事后机会主义行为而保护着犹太人的经济利益。在现代以色列，《塔木德》中的经济契约伦理则为其现代市场经济运行提供了重要的伦理基础。然而，其亦存在严重的局限性，不足以独立地推进以色列整个社会的市场化和工业化转型。① 龚天平、刘潜对卡尔·波兰尼的经济伦理思想进行了批判性的阐释。他们认为卡尔·波兰尼的社会经济学著作《大转型》主要探讨经济与伦理的关系。在卡尔·波兰尼看来，经济"嵌入"社会表明经济行为背后具有道德基础，而经济"脱嵌"于社会将诱发道德沦丧；"虚拟商品"将会剥离文化和道德所构建的保护层，因而是一种道德堕落；"双向运动"之市场化运动是极端人为性的、不道德的，而抵抗市场化的反向运动即社会的自我保护运动是自然的、道德的。但波兰尼对"虚拟商品"的批判脱离了资本主义生产资料私有制，没有抓住"虚拟商品"不道德性的根源所在。他只看到"虚拟商品"的自利性而看不到利他性，这也不全面。他把"双向运动"中的市场化全部归结为人为性的、不道德的，这完全否定了在现代人类生活中具有基础性地位的经济增长，而他极为尊崇的作为反向运动表现形式的国家干预有可能形成集体控制，对经济自由和个体权利构成伤害。②

（2）国外经济伦理具象问题研究

2021年度，国外经济伦理具象问题研究成果虽然较少，但研究质量较高，内容翔实可靠。肖凌研究了阿拉伯文化传统中的"重商"倾向，认为"重商"倾向是阿拉伯文化中重要的价值取向之一，而这种"重商"倾向的形成缘于其独特的地理优势、生产方式和伦理导向。而后来伊斯兰经济伦理思想中的"重商"倾向就是对阿拉伯固有文化传统的"重商"倾向的继承和发展。在当代社会，为了实现人类命运共同体，我们应更加重视对阿拉伯文化传统，尤其是其中价值取向的研究，以利于我们在当代构建更具针对性的中—阿文明对话与交往体系。③ 王闯闯在《英国转型时代的社会分化与乌托邦写作的兴起》中指出乌托邦思想作为社会主义思想的开端，对后者的贡献不仅在于批判了正在形成中的资本主义、较为系统

---

① 乔洪武、孙淑彬：《论犹太教〈塔木德〉中的经济契约伦理思想》，载何星亮主编《宗教信仰与民族文化》第15辑，社会科学文献出版社2021年版。

② 龚天平、刘潜：《卡尔·波兰尼经济伦理思想的阐释与批判——以〈大转型〉为中心的探讨》，《华中科技大学学报（社会科学版）》2021年第1期。

③ 肖凌：《阿拉伯文化传统中的"重商"倾向》，载吴思科、侯宇翔主编《阿拉伯研究论丛》第11辑，社会科学文献出版社2021年版。

地阐述了社会主义理想，更在于创造性地探讨了经济思想与经济行为的道德合理性，同时"平等"开始成为社会主义所追求的正义目标。为了实现这一目标，乌托邦思想家在思维方式上摒弃了对既有制度进行小修小补，转而从结构性的变革思考社会关系的重塑，这在当时的思想语境中无疑是进步的，并启发了后来的社会主义者。然而，也正是在这个方面，乌托邦思想表现出自身的局限性，即试图以哲学的思考解决社会问题，拒绝革命行动，这使它始终带有空想的色彩，难以成为指导实践的理论。①

二、社会主义市场经济伦理理论及应用研究

社会主义市场经济伦理理论及应用研究是我国经济伦理研究最重要的内容。2021年度，社会主义经济伦理理论研究既有对中国共产党经济伦理思想的总结和概括，也有对社会主义市场经济伦理思想起源的研究，还有对新时期社会主义市场经济伦理理论的研究。而社会主义市场经济伦理应用研究既有对经济伦理失范问题的思考，也有对经济伦理教育问题的研究，还有对新型经济伦理及其发展的探索。

1. 社会主义经济伦理理论研究

就社会主义经济伦理理论研究成果来看，对于中国共产党经济伦理思想的研究成果更加成熟，对于新时期社会主义经济伦理理论的研究成果也逐渐丰富。江勇系统地研究了新民主主义革命时期中国共产党的经济伦理思想，对改革开放以来中国共产党经济伦理思想和中国共产党百年经济伦理思想的发展情况进行了探究。② 江勇认为中国共产党经济伦理思想作为一个历史悠久、体系庞大的理论体系，要在整体把握中国共产党经济伦理思想演进过程脉络基础上，通过对经济运行不同环节的经济伦理思想研究为切入点，才能探寻到中国共产党经济伦理思想的核心理念。在结合具体时代背景与建设需要基础上，中国共产党汲取各思想流派之合理要素，产生了具有不同发展阶段的生产伦理思想、交换伦理思想、分配伦理思想和消费伦理思想。中国共产党生产经济伦理思想经历了对旧生产制度道德批判、单一追求物质需要、物质需要与精神需要并重和满足美好生活需要四个阶段，明确了发展生产力是根本的善、以人为本的生产主体思想和生产与生态相协调的基本内涵。中国共产党交换伦理思想经历了局部商品交换、社会主义计划商品交换、社会主义市场商品交换三个阶段，孕育出尊重与运用价值规律、竞争合作并存、等价交换和诚实守信原则的内涵；中国共产党分配伦理思想经历了新民主主义、社会主义计划经济、社会主义市场经济三个阶段的发展，形成了包括

---

① 王闯闯：《英国转型时代的社会分化与乌托邦写作的兴起》，《当代世界与社会主义》2021年第4期。
② 江勇：《中国共产党百年经济伦理思想研究》，博士学位论文，南京师范大学，2021年。

由政府主导向市场主导的分配主体、兼顾公平效率的分配标准和实现共同富裕分配目的的基本内涵；中国共产党消费伦理思想经历了量的节约、质的合理增长和质量并重三个阶段，形成了适度消费、均衡消费、绿色消费的基本内涵。总的来看，中国共产党经济伦理思想核心理念包括坚持根本原则是人民利益至上、价值取向在于实现经济公正、目标旨向体现为和谐共生关系的构建，在具体实践中坚持义利兼顾的手段，在当前我国社会主义市场经济建设中具有重要的实践指导意义。

徐伟认为我国社会主义市场经济有其内在的传统底蕴。[①] 中华传统"家孝"文化、诚信文化和以天下为己任的责任伦理为其发育与成功实践提供了重要文化支撑。然而西方经典市场理论的价值贫困和我国市场实践的逻辑跃升呼唤对中华传统价值资源的创造性转换，同时中华传统义利观也亟须通过现代转换而获得伦理提升。这个提升需要坚持"以义制利"深化市场认知，坚持"以利生义"引导市场逻辑跃升，坚持"义利同构"实现精神和物质两个秩序同构。总体上看，对我国社会主义市场经济伦理的研究已经从系统化的研究阶段进入了纵深化的研究阶段，开始注重抽象经济伦理内在的本质精神，并进一步与西方市场经济伦理进行对比，开始自觉本身的经济伦理文化。也正是在这一基础上，对于新时代的市场经济伦理的研究有了更加广阔和高远的视域。

赵亮在《新时代利益范畴及其道德调控研究》（东北大学出版社2020年版）中指出新时代经济伦理主要分为两个部分。一是关于利益的基本问题的阐释，包括利益与利益观的概述、利益的主要功能、利益的现实价值、获取利益的基本方式等。二是关于利益与道德规范的关系、不同社会主体的道德调控，包括规范、道德规范及其与利益的关系、社会个体成员的利益与道德的调控、社会群体的利益与道德的调控、阶级的利益与道德的调控、国家的利益与道德的调控、人类的利益与道德的调控、中国的利益与中国的责任等。对这些基本理论问题的探讨，是系统研究新时代经济独立的基础，尤其是其中的利益问题可以为新时代的道德调控提供可靠的参考。此外，钮文新则聚焦于中国经济发展中的资本问题，批判了无限制逐利的资本行为和经济模式，并强调利润最大化的前提是遵循经济伦理的规范。[②]

2. 社会主义市场经济伦理应用研究

相比于社会主义市场经济伦理理论研究，社会主义市场经济伦理应用研究题材集中反映了当下市场经济面临的问题，而且其研究内容更为广泛，视角更加多元化，方法也更

[①] 徐伟：《社会主义市场经济的传统底蕴及其伦理提升》，《东华大学学报（社会科学版）》2021年第1期。

[②] 钮文新：《中国需要什么样的资本？——利润最大化追求必须遵从经济伦理》，《中国经济周刊》2021年第17期。

加多样化。首先，对于经济伦理的教育方面的探索更加细化深化，并体现了以思想政治教育课程的方式融入经济伦理教育元素的特点。王晓军、刘加林认为应当将思想政治教育元素、经济伦理元素、社会主义核心价值观融合进经济学课程教范畴之内，共同构建经济伦理之维。① 朱曦、谭燕、权荔馨认为对中小学生的教育培养过程中应该注重财经素养教育，应在培育过程中增加中小学生的经济伦理素养，提升教学育人的实际效果。② 马承凤认为我国食品安全问题规范应从马克思主义经济伦理理论中寻找基础，将经典作家对食品安全的问题的反思作为处理食品安全的问题的基础理论，以此分析我国食品安全问题的成因，并将马克思主义经济伦理思想应用于食品安全治理体系构建的实践探索中，从而为治理食品安全问题、保障人民美好生活需要的实现和推进食品行业经济健康发展提供有益的理论资源。③ 龚建伟认为智慧农业推广已经成为国家层面的战略，而且从传统农业推广政策所暴露的种种问题中可以发现，智慧农业推广不能仅依靠其中经济主体的道德自律，而应当将经济伦理渗透入政策之中。与此同时，在智慧农业推广政策本身中和政策的施行所形成的制度环境中都应当补益经济伦理要素，保证其在经济层面上的道德性。④ 张爱军、曹慧雅认为深度伪造技术的恶意使用会加深人的异化、扰乱政治传播秩序和导致资本的进一步剥削。因此，必须对其进行有效治理，要在技术伦理边界、政治伦理边界以及经济伦理边界范畴内对其进行有效约束，从而在有效边界内以技术制衡技术，才能有效地发挥技术的正向作用。⑤

最后，对于经济伦理发展路向问题的研究也有一定进展。福武总一郎、卢德之在《公益资本论》一书中认为公益资本主义与资本精神具有一致性。以此理为基础，两人认为资本的现代化发展方向与资本的公益化方向是一致的，资本走向共享将成为历史必然。因此，以商业手段实现公益目的、创造资本精神，推动现代慈善发展和资本走向共享是当下公益活动发展的主要方向。而以此为基础明确资本精神的主要内容，才能处理好富人困境和财富魔咒，实现改良土壤、培育良种资本精神和现代慈善这三个目的的统一。⑥

---

① 王晓军、刘加林：《课程思政融入宏观经济学课程教学的探索》，《高教学刊》2021年第7期。
② 朱曦、谭燕、权荔馨：《财经素养教育对中小学生经济伦理品格提升的基本问题探讨》，《教育科学研究》2021年第9期。
③ 马承凤：《马克思主义经济伦理视角下食品安全问题研究》，硕士学位论文，南京林业大学，2021年。
④ 龚建伟：《智慧农业推广政策的经济伦理探赜——以制度安排为视角》，《智慧农业导刊》2021年第10期。
⑤ 张爱军、曹慧雅：《深度伪造与伪造深度：技术治理的边界与限度》，《黑龙江社会科学》2021年第3期。
⑥ 福武总一郎、卢德之：《公益资本论》，王庆泓译，东方出版社2021年版。

蒋恩东认为乡村振兴战略与新型城镇化建设两大战略的提出和实施是一次发展理念的根本转变，犹如"鸟之双翼、车之双轮"，体现了新时代经济社会发展伦理观的扭转，也是在城乡发展不平衡达到一定程度之后迫在眉睫的制度变迁，其协同发展应当从经济伦理实现和制度变迁动力两方面来看，而在经济伦理和制度变迁的实现中最核心的要义则是内心信念的转变。① 金姿妏、余达淮认为在全新的数字经济形态中，平台企业正在全面兴起并依赖于对技术、数据、用户等要素的占有而演变为重要的经济活动主体角色。要对数字时代平台企业的责任、目的进行经济伦理视角的重新审视与明晰，厘清"公私之分"和"义利之辨"在数字经济时代的新内涵，并将数字经济视域下平台企业所面对的诸多伦理困境置于"资本与道德"这一根本问题上来，识别资本逻辑的强大话语力量，将资本逻辑的消解与经济伦理的构建相结合，从而将公善性原则与社会福祉的实现愿景真正纳入数字经济的现实运作中，构建包容、普惠、可持续的数字经济伦理原则。②

三、经济伦理学元理论研究

对于经济伦理学的元理论研究一直是我国经济伦理学研究较为薄弱的地带。迄今为止，我国还没有系统的经济伦理学元理论，学界研究经济伦理问题的视角，要么从西方的元经济理论出发，要么从政治经济学出发。相对来说，对我国内生经济行动特点研究得较少，尤其对经济活动中的道德规范的研究更显不足。但2021年度对经济伦理学元理论的研究质量较高，有三篇佳作。一篇是对马尔库塞虚假需求理论的研究，另一篇是对中西方商业诚信伦理传统的比较研究，还有一篇是研究中国民间的"呈会"习俗。这可以看出，我国经济伦理学原理的研究正在缓慢地进步和发展。

范嵘认为马尔库塞提出的虚假需求理论对于当代社会依然具有适用性。在虚假需求支配之下的人，其主体地位已经丧失，正如商品原本是为人的更加便利美好的生活提供服务的手段，却反过来成为人追求的目的，并且生产本身也为了商品的被消费而存在。而以伦理学的视角来看，马尔库塞虚假需求理论可被视作伦理学视域下社会批判研究的重要理论资源。因为这种具有明确问题意识，并且在人性论、经济伦理、政治伦理三个维度展开逻辑严整的系统批判的伦理学理论，对国内学界当前研究与构建具有时代特色的伦理学理论有特殊意义。③ 赵丽涛认为中西方在特定时空背景下形成了各具特色的商业诚信文化传统，中国传统的商业诚信伦理传统注重个体"德性"的养成，以统合思维审视

---

① 蒋恩东：《乡村振兴与新型城镇化的协同发展研究》，《现代商贸工业》2021年第6期。
② 金姿妏、余达淮：《数字资本主义条件下"劳动价值论"的当代价值透视》，《天府新论》2021年第4期。
③ 范嵘：《马尔库塞虚假需求理论的伦理学诠释》，《山西高等学校社会科学学报》2021年第4期。

"义""利"关系。西方传统的商业诚信伦理传统则具有明显的道义性、功利性、契约性、宗教性特点，并以此塑造经济伦理秩序。虽然中西方商业诚信伦理传统都有许多可取之处，但也有一定限度，需要人们在比较中辩证解析。①乐晶认为"呈会"这种民间信用形式在经济层面的作用已经受到关注，以此为基点展开的相关研究以描述经济行为和分析风险机制为主，表现出一种"自上而下"的研究旨趣。"呈会"常常被视为区别于银行等正规金融部门的自发的、需要被"规训"的民间信用形式。但事实上，对于地方民众而言，"呈会"不仅是一种纯粹的经济行为，同时也是一种关联着不同人群和不同文化的民俗传统，是他们切身实践着的生活方式。因此，只有"自下而上"地深入地方民众的日常生活实践中，才能真正揭示其"经济之外"的运作逻辑。②

四、经济伦理学著作的推荐和评价

由于2020年出现了一些系统性经济伦理理论的研究著作，因此2021年度有许多推荐、评价性的研究，这标志着我国经济伦理学研究开始注重自身内生的理论价值，并开始逐渐形成自己的学术研究生态系统。龚天平《经济伦理：价值原则与实现机制》（中国社会科学出版社2020年版）一书的出版，对国内经济伦理学的研究与发展产生了较大的影响，因而学界对此书进行了研究与评述。戴桂斌、张涵认为《经济伦理：价值原则与实现机制》试图探讨经济伦理从理论走向现实的中介，即经济伦理的实现机制问题，其学理意味浓厚，理论根基坚实；同时该书注重与社会主义市场经济紧密结合来建构经济伦理的实现机制，即求实创新，又多有创见。③张军认为《经济伦理：价值原则与实现机制》一书从理论内涵、价值原则、实现机制和良性结果等方面对经济伦理现实化进行的精心设计，是对经济伦理现实实现机制的系统探索，而经济伦理现实化的路径探寻可以此为参考继续深入研究。④同时也有学者对向玉乔、周琳2018年由湖南大学出版社出版的《国家治理与经济伦理》一书中的经济伦理思想进行评述。刘飞认为，《国家治理与经济伦理》一书从新的经济伦理学视角很好地诠释了国家治理与经济伦理的关系问题，将共享伦理、财富伦理、生态经济伦理、道德记忆等新概念引入其思想体系，提出了不少新观点、新见解、新

---

① 赵丽涛：《中西方商业诚信伦理传统的差异与比较研究》，《中共南宁市委党校学报》2021年第1期。
② 乐晶：《"呈会"习俗与民间信用机制》，博士学位论文，华东师范大学，2021年。
③ 戴桂斌、张涵：《经济伦理如何从理论走向现实——〈经济伦理：价值原则与实现机制〉评介》，《湖北文理学院学报》2021年第3期。
④ 张军：《经济伦理现实化何以可能？——兼评〈经济伦理：价值原则与实现机制〉》，《湘南学院学报》2021年第3期。

论断，能够为人们认识、理解和把握国家治理体系和治理能力的现代化、中国特色经济伦理学的建构等问题提供理论和实践启示。① 以上这些评价性的作品推动了我国经济伦理学理论的推广、讨论和研究。

---

① 刘飞：《一部彰显经济伦理学新视野的力作——评〈国家治理与经济伦理〉》，《新阅读》2021年第1期。

2021年网络伦理研究报告

周瑞春[*]

网络社会的深入使得网络场域成为与现实场域并行的真实世界，基于网络社会交往的网络伦理研究也越来越受到学界的关注，成为伦理学无法回避且至关重要的研究方向之一。2021年度，国内学术界对网络伦理的研究总体上较为分散，这也恰恰说明网络社会的复杂性、多样性和多元化特点。从2021年度公开发表和出版的学术论文、学术专著来看，主要从网络伦理基本问题、网络道德建设、网络群体规范及网络社会治理四个方向来对网络伦理展开研究。

一、网络伦理基本问题

随着网络社会的崛起，人类社会交往从以往的面对面交往变成了依赖于网络通信技术之下的符号化交往，网络信息生活成为个体社会生活的重要组成部分。由此可见，网络伦理在某种意义上而言是一种信息伦理，涉及信息生产、传播和再生产的全过程。尤其是随着大数据时代的到来，网络伦理在一定意义上便成为数据伦理、信息伦理。那么，在互联网大数据时代，到底什么是网络伦理、网络伦理的主要内容是什么、网络伦理的主体是谁、网络伦理与信息伦理的关系如何等问题，就成为网络伦理首先需要深入探讨的"元问题"。尽管针对上述元问题的研究文献已经很多，但2021年依然出现了一些有意义的探讨。

梁宇、郑易平认为，信息伦理学起源于1946年计算机诞生之后的计算机伦理研究，计算机伦理由此成为信息伦理发展的第一个阶段，而网络伦理则是互联网时代下信息伦理的第二阶段。由于网络伦理在内涵和外延上都包含于信息伦理，所以应在信息伦理宏观视角下来进行分析研究。首先，信息伦理主要有"认知"层面的多元化、"行为"层面的开放性、道德机制的自律性和道德规范的普遍性四个特征。其次，大数据时代信息伦理的主要困境主要包括信息隐私被肆意侵害、信息污染屡禁不止、主体价值迷失普遍存在、信息不公持续扩大四个方面。因此，应从技术根源、社会根源和主体根源三个方面来分析信息伦理困境产生的

---

[*] 周瑞春，1982年生，江苏人，无锡太湖学院马克思主义学院副教授、北京师范大学互联网发展研究院研究员，研究方向为网络伦理与数字治理。

原因。而为了解决信息伦理困境则需要从明确信息伦理原则、加强社会监管、强化技术创新、加强信息伦理教育等方面来消解信息伦理之困境。① 此外，在互联网时代，新媒体社交互动方式使得共享信息对个人隐私过度"消费"，而大数据时代的到来则进一步加剧了公共领域与私人领域的博弈和碰撞，成为网络伦理的重要问题。

尽管近年来围绕网络隐私伦理进行探讨的学术文献已经较多，但从2021年的研究情况来看，对大数据时代个人隐私伦理话题的讨论依然较多。宋建欣认为，大数据时代技术的进步催生了更有效地收集个人信息的手段，也缩小了个人的私人空间，这不仅使得保护隐私和信息共享之间形成了一种二律背反的抉择困境，而且也产生了对人的尊严的伦理挑战。这主要表现在以下三个方面：第一，时代不同、技术发展程度不同导致个人用户数据泄露程度不同，尤其是移动互联网端各类App对用户信息的采集，对个人隐私保护产生较大冲击；第二，由于隐私数据持有者或社交媒体供应商将从提供的信息中获得利益，所以在线信息共享使得个人失去对自我隐私数据的掌控和监督，给隐私伦理带来不可预见的风险；第三，对信息资源掌控的多寡造成新的数据鸿沟，导致社会公正出现新的危机。因此，为了应对这些抉择困境与伦理挑战，不仅需要建立保护个人隐私伦理约束原则、构建个体用户道德保护机制、强化信息共享中保护个人隐私的契约精神，而且也需要充分发挥政府对个人隐私保护的主导作用及加强保护个人隐私的技术治理。② 杨贝认为，当前的个人信息保护进路可以归为分享优先与控制优先两类，整体而言这两种保护进路的共识多于分歧，都力求兼顾各方利益，反对极端主张。因此，为了形成稳固、统一的价值逻辑以及为构建合理的新秩序提供正当性支持，需要从伦理层面审视个人信息保护的基本进路。③ 实际上，在大数据时代对个人隐私数据的生产、使用、管理等契约精神的实现有赖于共享价值观的形成。燕道成、刘世博认为，随着网络社会的崛起，建立在群体理性和契约精神基础上的共享价值观逐渐成为大数据时代的主要伦理精神。然而，大数据时代共享价值观却面临着信息的高成本获取与低成本共享之间的矛盾、共享数据被污染的潜在风险，以及信息共享行为强化了媒介的"反向驯化"、"数据鸿沟"加剧了信息传播的不平等挑战。为此，不仅需要践行共享价值观，把握信息获取者与共享者之间的权利"平衡点"，强化社会监督与法治，以确保信息的科学和准确；而且更应该充分挖掘智能技术在信息伦理建设方面的作用，以避免数据"过娱乐化"陷阱；同时也需要注重共享的广泛性与公平性，以促进信息与数

---

① 梁宇、郑易平：《大数据时代信息伦理的困境与应对研究》，《科学技术哲学研究》2021年第3期。
② 宋建欣：《大数据时代人的尊严和价值——以个人隐私与信息共享之间的伦理抉择为中心》，《道德与文明》2021年第6期。
③ 杨贝：《个人信息保护进路的伦理审视》，《法商研究》2021年第6期。

据负责任、有价值的共享。①

网络时代信息伦理，包括个人信息、公共信息两个部分，是对信息生产、分配、使用和再生产的伦理规范。因此在探讨个人信息隐私时，公共信息的共享和发布也需要进入伦理探讨的视野之中。2021年，在网络媒介社会不断深入、新冠肺炎疫情持续影响全球的大背景下，针对突发公共卫生事件信息的伦理审视也进入学术研究视野之中。尹秀云认为，突发公共卫生事件信息及时报告既有伦理上的正当性，也有法律上的强制要求。因为突发公共卫生事件发生后的信息报告时机的选择决定了对公共卫生事件进行防控时的效力。所以把握正确的信息报告时机是现代社会治理所要求的必然结果。然而报告的时机受诸多因素影响，主要包括突发公共卫生事件所具有的不确定性与时间要求上的急迫性、人的认知能力的局限性以及行政决策受多重因素影响的事实，而这些是决定和影响信息报告时机的根本原因。②

在探讨大数据时代网络伦理主要内容的同时，网络伦理的践行主体也成为重要的研究方向之一。李建华指出，互联网的产生使得人的存在世界分为现实与虚拟两个空间，由此人的道德生活处于遮蔽与彰显的二重性中，即一方面希望通过身份遮蔽来逃避道德约束，另一方面其行为后果却又是客观存在的，道德约束无处不在。因此，应通过网络主体自我伦理建构来推进网络道德建设问题的解决。自我伦理，是基于自我审度与批评的伦理，是从"我"到"我们"的伦理，这种自我责任伦理的实现关键在于在网络世界中实现自由与自律的统一，即必须有严格的道德自律。其中责任是自我伦理的核心要素，反观是自我伦理的实现机制，在这样的网络伦理主体特性基础上，开展网络治理需要法治、德治与自治相结合。③

二、网络道德建设

网民个体是网络社会行动的基本单元，加强对网民个体的网络道德建设是网络伦理规范的关键。2021年，围绕网络道德建设的内容、内涵、主体等方面，学界论述较为广泛。

杨业华、王南芳认为，网络空间道德建设从思想谱系来看，可以追溯至道德及道德愤怒等论述，而网络空间道德建设的核心命题主要有两个方面：一是人的因素，主要是大流量群体的思想道德建设；二是方法论层面，主要涉及如何实现网络空间的道德建设问题。④ 赵丽涛认为，网络空间由于技术的迭代发展而日益彰显出复杂性特质，人们被嵌入这个兼具系统性与互构性的虚拟社会复杂关系时面临道德秩序紊乱、道德引导力减弱、道德判断失衡、道

---

① 燕道成、刘世博：《共享价值观：大数据时代的信息伦理精神》，《湖南工业大学学报（社会科学版）》2021年第1期。
② 尹秀云：《突发公共卫生事件信息报告时机的伦理审视》，《医学与哲学》2021年第9期。
③ 李建华：《网络空间道德建设中的自我伦理建构》，《思想理论教育》2021年第1期。
④ 杨业华、王南芳：《网络空间道德建设的思想谱系与核心命题》，《江淮论坛》2021年第2期。

德选择迷失等困境,从而引发不同个体在道德价值观上的各种分歧和冲突。本质上看,化解网络空间的道德共识凝聚困境,不是消除个体的差异性价值诉求,而是在多元化趋势中捍卫主流道德价值观和遵守公共道德规范,最大限度地凝聚共识,防止道德观上的歧见而产生共识撕裂问题。因此,应该从"情理兼容""德法共治""共识机制"三个方面入手促进网络道德建设,破解因为道德取向差异而导致的分歧与冲突,构建良性与健康的网络生态空间。① 王欣玥认为,网络社会理性秩序与网民感性自由的矛盾构成网络道德建设的基本矛盾,网络的虚拟性、隐匿性催生网络道德建设现实的隐性之维;网络的真实性、公共性则造就网络道德建设现实的显性之维。而推进网络道德建设,需要遵循网络社会和网民的发展规律,不仅要通过内容建设来解决显性的道德问题,实现人的自由与自律平衡,也要构建主流道德价值共识的"同心圆",养成道德主体性,建立网络道德共同体。② 王易、陈雨萌则指出,新时代网络空间道德建设包括培育正向的网络空间道德意识、建构他律的网络空间道德规范、践行自律的网络空间道德行为。此外,针对网络道德"虚无""极化""不设防"等问题,则应该以加强网络空间道德他律与塑造网络空间道德自律为着力点,即一方面,加强网络空间道德他律,推动网络主体的社会关系现实化;另一方面,塑造网络空间道德自律,促进网络主体的自我意识觉醒。③

与此同时,由于《新时代公民道德建设实施纲要》中将"抓好网络空间道德建设"作为单独章节提出,有学者开始从意识形态视角对网络道德开展研究。杜凌飞认为,网络道德与意识形态的本质、主要功能具有内在的联系性和一致性。从现实中分析,网络道德是当前意识形态交锋的重要手段之一,网络道德的丰富和发展也是在维系特定意识形态。具体来说,网络道德的意识形态功能体现为精神建构功能、观念教化功能、利益辩护功能和行为塑造功能。因而抓好网络空间道德建设,必须正确认识网络道德建设是维护意识形态安全的重要一环,坚持"以人民为中心"的价值导向,尽快建立并完善网络道德的目标体系和内容体系。④

2021年,还出现了一些在社会心理学视域下对网络道德主体行为的实证研究。王燕学等采用网络道德量表、道德推脱问卷、去个性化网络行为问卷和中文版人际反应指针量表,对320名大学生进行线上施测,探讨了网络道德与去个性化行为的关系,以及道德推脱和共情在其中的作用机制。研究分析表明,网络道德与去个性化网络行为、道德推脱以及共情显著相关,去个性化网络行为与道德推脱、共情显著相关,道德推脱和共情在网络道德与去个

---

① 赵丽涛:《网络复杂性视域下的道德共识凝聚与道德建设》,《思想理论教育》2021年第1期。
② 王欣玥:《网络道德建设内蕴的多重向度审视》,《思想理论教育》2021年第7期。
③ 王易、陈雨萌:《新时代网络空间道德建设的多维审视》,《思想理论教育》2021年第3期。
④ 杜凌飞:《网络道德的意识形态功能论析》,《思想政治教育研究》2021年第6期。

性化网络行为之间起平行中介作用。① 李礼编制了"网络道德情感"测评量表，认为我国网民的网络道德情感主要包括网络责任感、网络羞耻感、网络正义感、网络移情四种基本道德情感。其中，"网络责任感"涵盖网络他人责任感、网络自我控制力及网络自我责任感三个维度，"网络羞耻感"包括侵权羞耻、虚假羞耻和暴力羞耻三个维度，"网络正义感"包括鄙视非正义和伸张正义两个维度，"网络移情"包括网络认知移情和网络情感移情两个维度。② 吴莹、曾子珊通过借鉴道德心理学及不确定性认同理论，采用参与观察法对一例网络道德事件进行分析，从而研究网络中人们的不确定性认知如何被情绪启动、形成直觉性道德判断并导致网络极端行为的过程。研究表明，在高不确定性的网络信息环境中，青年网民具有迫切减少不确定性认知的动机。同时，网络意见权威通过文字和视频等传播方式，运用带有强烈情绪色彩的描述向青年网民提供看似具有"确定性"的信息，以迎合网民减少认知不确定性的需求。网民在此过程中，被启动出与意见权威期待相同的情绪直觉式道德判断，随之形成群体认同及内群体共识，进而促发网络极端暴力行为。与此同时，通过区分网络道德事件不同发展阶段中的信息不确定性程度，进而分析了网络意见权威如何通过情绪驱动和制造"确定性"信息来影响青年网民的过程，进一步证明了"直觉在前，推理在后"的道德判断以及极端群体认同研究在网络心理研究中的应用意义，也为实际的网络舆论管理工作提供了操作化建议。③ 刘慧瀛等探讨了道德自我认同对网络利他行为的影响机制。其通过采用网络利他行为问卷、道德自我认同问卷、自尊量表以及感知匿名性问卷对 704 名大学生进行问卷调查，进而发现道德自我认同能够显著预测网络利他行为、自尊在道德自我认同对网络利他行为的影响中起部分中介作用、网络匿名性能够调节道德自我认同经由自尊影响网络利他行为的直接路径。④

三、网络群体规范

网络伦理涉及网络社会生活的方方面面，2021 年围绕不同网络群体、网络场域的分类研究也逐渐增多。在网络群体分类研究中，未成年人、青少年、大学生等群体由于作为网络原住民的天然优势，在网络社会开展丰富的日常活动，呈现一些网络伦理和道德的问题，受

---

① 王燕学、刘洋、任芬：《网络道德与去个性化网络行为的关系：共情与道德推脱的平行中介作用》，《心理研究》2021 年第 5 期。

② 李礼：《网络道德情感量表的编制及信效度检验》，《伦理学研究》2021 年第 4 期。

③ 吴莹、曾子珊：《网络道德事件中青年群体的不确定性认知与极端心理反应》，《中央民族大学学报（哲学社会科学版）》2021 年第 1 期。

④ 刘慧瀛、杨静怡、王婉、冯慧：《道德自我认同、自尊和网络匿名性对网络利他行为的影响：一个有调节的中介模型》，《中国特殊教育》2021 年第 1 期。

到学界关注。

吴丽、刘译徽认为，在网络场域，由于未成年人具有缺乏纪律精神、对网暴群体依赖性更强、自律能力薄弱三个主要的道德误差特点，从而在网络空间表现出道德认知、情感和行为上的偏差，成为网络暴力行为的重要群体之一。涂尔干的道德教育理论中蕴含的纪律精神、对社会群体的依赖以及行为自律性的培养能够对网络暴力未成年实施者所具有的道德误差矫治提供治理依据。[1] 蒋斌对大学生网络伦理道德失范现象进行考察，认为新媒体非中心化的传播特性以及网络法律法规不够完善是大学生网络道德失范的主要原因。[2] 金海涛认为网络暴力、色情低俗、造谣传谣是当前青少年网络伦理失范的主要表征，究其原因在于青少年网络教育欠缺、现实社会监管制度不完善、自我约束能力较弱。[3] 朱晓林指出，网络对青年生活方式的影响主要表现为碎片化的"浅阅读"学习方式、表面化的"泛社交"交往方式、过度化的"符号化"消费方式、感官化的"娱乐偷猎"休闲方式，青年的这些生活方式使得青年群体出现知识结构欠缺、道德情感冷漠、社交障碍、拜物化、价值观扭曲偏离等问题。因此，网络时代呼唤青年健康生活方式的伦理建构。[4]

与青少年群体一样，教师群体也是网络伦理关注的重要群体。张广君、曾瑶基于生成教育理论"历史意识"的方法论展开历史分析，指出在"互联网＋"教学条件下，教师群体中出现"身份认同危机""主体性消弭""信息化焦虑"等诸多伦理困境。因此，教师"和合"伦理既是"互联网＋"条件下解决教师伦理困境的方案，也是对以"生命化"的教师伦理追求、"关系优先"的伦理规范理解和"真实主体性"的师生伦理原则为特征的新时代教师伦理精神的时代呼应。因为"和合"是立足于本真的教学生活，追求融洽、和谐、和美的教学关系和人的整体生成的伦理，具有共生性、非同一性和圆融互通性等内在属性。而这对理解教师职业与角色、转变教学思维方式、创新师生伦理关系等具有重要现实意义。[5]

除了按照网络群体进行分类研究之外，对不同网络社会情境中的伦理反思也受到学界关注。如在网络场域中，每天面对海量网络新闻信息的点赞、评论、转发等成为参与网络公共生活的重要途径，尤其是在网络热门话题中的言论直接影响着网络伦理环境的建构。王源绿指出，网络新闻评论主要包括媒体的评论、网络"意见领袖"的意见言论、普通网民对于

---

[1] 吴丽、刘译徽：《未成年人网络暴力问题治理路径研究——基于涂尔干道德教育理论的视角》，《教育理论与实践》2021年第14期。
[2] 蒋斌：《新媒体时代大学生网络伦理道德失范的法治化思考》，《法制与社会》2021年第2期。
[3] 金海涛：《青少年网络伦理失范问题研究》，《科教文汇》2021年第3期。
[4] 朱晓林：《青年生活方式网络影响因素及其建构的伦理反思》，《中学政治教学参考》2021年第20期。
[5] 张广君、曾瑶：《走向"和合"："互联网＋"时代的教师伦理取向》，《中国电化教育》2021年第4期。

新闻事件的看法。因此,需要从媒体的事实伦理、网络"意见领袖"的立场理论、网民的视角伦理三个角度来分析三个不同地位的网络新闻评论者常见的主要伦理责任问题,进而给出应对路径。①

近年来,网络直播群体越来越庞大,针对网络直播过程中可能出现的各类失范现象,也亟待法律监管与伦理规制。黄佳庆等对网络直播现象中的伦理失范问题进行探讨。当前网络直播平台运作和盈利模式不成熟、自我约束机制不健全以及行业监管不力等因素,导致网络直播背离主流价值导向的失范行为频现。为此需要建立系统的监管机制以及鼓励创新的政策体系,进而构建符合市场准则和主流价值的商业运作模式。② 与此同时,追星群体的网络聚集形成了特定的网络"饭圈"文化。曹刚就网络追星"饭圈"群体进行了考察。他认为置于"饭圈"中心的偶像明星只是个"人设",是资本、传媒、明星和粉丝等多方互动、包装的结果,其"爱"的情感纽带是自然的、依赖性的、异化了的,是缺乏道德内涵同时彼此间具有一种变异了的"忠诚"。由于"饭圈"伦理具有某种"部落"伦理的特性,所以"饭圈文化"治理在实质上是一种道德治理,继而应该遵循道德治理的内在要求和特殊方式。而这最关键的是要重塑偶像的道德示范功能,确立平台的道德共识,加强网民的网络素养。③

除了上述依据年龄、职业、行业划分的网络群体之外,网络社会逐渐出现的一些基于趣缘和组织目标的虚拟共同体,也进入学界关注视野之中。严松认为,虚拟共同体是由技术要素、主体要素与行为要素构成的统一体:一方面,虚拟共同体的出场与在场彰显了人对共同体生活方式的追求以及现实社会无法满足此种需求的悖论,因而有着历史发展必然性与价值诉求必要性;另一方面,虚拟共同体在具有虚拟性、开放性、符号化的网络空间特殊场域中活动,脱离了现实身份束缚很容易发生价值错位,不仅会破坏网络空间正常秩序,而且会辐射到现实社会,对人们的现实生活产生负面影响。因此,必须在科技、制度与教育层面对其进行有效的、全方位的规制,引导其更好地为社会主义现代化建设服务。④

四、网络社会治理

网络社会的产生使得人的道德生活处于一种遮蔽与彰显的二重性之中,而网络空间本身的复杂性、多样性和多元化特点,所以开展网络治理便成为网络伦理建设的题中应有之义。事实上,网络空间已经成为我国公民个体交往、公共参与、日常生活的重要场域,加强对网

---

① 王源绿:《网络新闻评论者的伦理责任问题及应对路径探析》,《新闻研究导刊》2021年第17期。
② 黄佳庆、刘念、施威:《网络直播伦理失范的内在逻辑与治理路向》,《传媒论坛》2021年第23期。
③ 曹刚:《"饭圈文化"的道德批判》,《中国文艺评论》2021年第10期。
④ 严松:《网络空间虚拟共同体的在场样态与治理逻辑》,《思想教育研究》2021年第7期。

络社会的深入研究和全面治理，具有重要的现实意义。

网络社会治理涉及治理主体、治理内容、治理路径等各个方面，在2021年相关研究成果中也有体现。那朝英、薛力指出，在"政府—市场—社会"的三维分析框架下，政府、私营部门和公民社会各自在网络空间的存在与活动，以及它们之间纵横交错的冲突和合作，形成了一个复杂的聚合体系。因此，在参与治理这个聚合体系的过程中，各主体呈现不同的"博弈者特性"。由于从利益相关度、权力和权威、合法性及治理成本四个方面衡量不同主体的博弈者特性，可以发现三个治理主体在不同层次治理议题上的治理意愿、治理能力和治理效率均存在显著差异。所以协同治理形成了基于网络化时代源于多元权威和多重结构的新秩序形态。[1]

在网络社会治理的具体内容上，学界关注点集中在网络道德和网络伦理失范现象的治理上。谷永鑫、张瑜认为网络信息的多元化和碎片化消解着网络道德内容的凝聚力，网络用户的主体性和从众性冲击着网络道德行为的主导力，网络传播的扁平化和圈层化削弱着网络道德实践的引领力，网络空间的虚拟性和隐匿性淡化着网络道德环境的约束力。因此，新时代网络空间道德治理不仅要强化内容生产与舆论监督相结合，推动道德正能量占领网络主阵地，而且也应坚持一元主导和多元参与相结合，构建网络空间道德协同治理新格局。与此同时，也应该实现教育引导与实践养成相结合，增强网络空间道德行为的文明自律，以及推进网络空间道德治理的制度化建设，营造清朗的网络道德环境氛围。[2] 刘颖、李少波对网络广告传播现象中的伦理问题进行了考察。由于互联网的"去中心化"使原有的社会伦理价值受到前所未有的冲击，互联网广告生产的自主性和对称性等特征，导致了互联网广告传播中责任主体的模糊化，以及传播流程的失序化，进而给互联网广告传播的监管和治理带来众多难题。为了应对这些难题，应结合互联网平台的运行特质，从技术伦理、规范伦理和德性伦理等维度入手推进互联网广告传播的责任伦理建构，进而促进互联网广告的良性发展。[3]

互联网发展带给人们以自由发声的话筒，但与此同时，杂乱庞杂的声音往往淹没真实的话语。尤其是随着各类自媒体的出现，在资本流量裹挟之下，为了抓眼球、吸引流量而制造网络谣言、传播虚假信息的现象也越发频繁。以至于往往网络事件爆发之后，会经过几番所谓"辟谣"和"反转"才能看到一丝真实的轮廓。这种网络时代的特有传播现象被称为"后真相时代"。薛一飞指出，"后真相"本身的不确定性与技术进步、制度效应、利益纷争、价值分歧等相关变量的交互作用相叠加，致使真相难于现世的同时"后真相"又难于

---

[1] 那朝英、薛力：《网络空间协同治理：多元主体及其路径选择》，《河南师范大学学报（哲学社会科学版）》2021年第6期。
[2] 谷永鑫、张瑜：《论网络空间的道德治理》，《思想理论教育》2021年第11期。
[3] 刘颖、李少波：《互联网广告传播的责任伦理建构研究》，《湖南社会科学》2021年第5期。

预测。"后真相"的泛滥，不仅致使怀疑、猜忌、偏见和戾气弥漫于世，而且也致使国内国际的对立和冲突风险都在加剧。[①]高洁考察了"后真相"引发学生价值判断的困境及教育的应对问题。"后真相"引发了学生群体价值判断驱动力的情理失调、价值判断的机制简单线性等一系列价值判断的困境，为了应对这些困境需要从三个方面来加强对学生群体的教育。首先，需要提升学生价值理性的水准，从盲目判断转向审慎判断；其次，需要加强学生对信息真实度的甄别，从草率表达价值立场转向对事件本来面目的追本溯源；最后，需要升级学生思维结构，从简单线性思维升级至复杂系统性思维。[②]孙晓琳、任志锋认为，"后真相"语境下培育社会主义核心价值观，重在建构群体认同、凝聚社会共识，使社会主义核心价值观成为社会成员在复杂的"后真相"语境中能够主动、自觉选择并信任的价值观念体系。[③]此外，网络后真相时代一个典型特征就是网络谣言的生产和传播越来越广泛，这也成为网络伦理规范的重要内容之一。蒋颖以"郑州特大暴雨灾害事件"为例，从网络谣言的内容生产、社会心理、传播主体等方面分析了公共危机事件中谣言传播的特征，进而指出针对公共危机中的网络谣言，应该从权威机构及时公布真相、专业媒体善于把关信息真实性、网民新媒介素养的提高以及网络谣言法制规范的加强等方面来积极应对。[④]总的来说，后真相时代是各种因素错综交杂的产物，它的来临打破了传统的舆论形成机制，加剧了现代社会的伦理失范。为此，需要立足传播者、受众和传播媒介的角色变化及其关系调整，从以法济德、伦理教育、素养提升、媒体建设等方面入手，推动后真相时代网络空间的伦理重构和秩序重建。

随着网络社会的深入，许多现实社会原本就存在一定伦理争议的事物也逐渐向网络空间蔓延，形成新的网络道德、网络伦理、网络法制社会行动，而这些也成为加强网络治理的新需求、新场域。赵培等通过对国外医疗健康众筹研究现状的梳理，并在界定医疗健康众筹概念的基础上，不仅对医疗健康类众筹项目成功的相关影响因素进行了系统归纳，而且对医疗健康众筹模式所引发的道德担忧进行了探究。他们指出，虚假信息引发的诈捐和炒作行为、善款分配不均、个人隐私泄露等伦理问题仍是保障在线医疗健康众筹健康发展亟须解决的关键问题。针对这些问题，可从捐赠行为引导、在线众筹平台运营模式、医疗健康众筹监管机制等角度来着力探究医疗健康类众筹筹资成功率提升与促进行业

---

① 薛一飞：《真相迷失与价值重建——"后真相"社会及其风险》，《四川大学学报（哲学社会科学版）》2021年第4期。
② 高洁：《"后真相"引发学生价值判断的困境及教育的应对》，《国家教育行政学院学报》2021年第1期。
③ 孙晓琳、任志锋：《后真相语境下社会主义核心价值观培育研究》，《社会主义核心价值观研究》2021年第6期。
④ 蒋颖：《公共危机事件中网络谣言的传播特征与治理策略》，《新闻界》2021年第11期。

健康发展的具体措施。① 实际上，即便是在现实社会，医疗健康众筹的伦理问题较为复杂，既涉及患者隐私、医学伦理，又涉及众筹资金渠道、保管、使用的监管问题，其中还会涉及相关法律法规。因此，互联网的兴起，更是将医疗健康众筹推向了网络空间，成为网络伦理规范和网络社会治理的内容之一。

此外，近年来通过互联网进行公共参与、民主参与也成为热议话题之一。李明德、李萌不仅讨论了网络民主参与具有提高公众参与国家事务积极性、提高网民政治素养和道德觉悟、推动国家治理体系和治理能力现代化等伦理意义，而且也对当前网络民主参与存在少数网民网络民主参与的不理性、一些舆情发展过程中缺乏有效的舆论引导能力等问题进行了探讨。而为了解决这些问题，则需要培育网民公共理性，加强和完善舆论引导能力，特别是构建具有中国特色的网络政治伦理体系，进而从根本上解决网络民主参与的诸多问题，构造网络民主参与的有效路径，推进国家治理现代化。②

此外，随着网络泛道德主义的扩散，网络道德绑架衍生的网络暴力事件频繁发生，这不仅成为学界关注的现实伦理问题，而且也成为网络社会治理的对象之一。张忠认为，虽然网络泛道德主义在一定程度上体现了在互联网生存时代人们批判意识的觉醒、对现实的关注热情，以及各种复杂的利益诉求；但是也加深了对社会发展的怀疑主义、悲观主义与否定主义的不良倾向，因此，其潜在风险是不容忽视的。由于当前网络泛道德主义的兴起有其深刻而复杂的文化、社会与心理根源。所以一方面要加强法制建设，进行制度创新以保障和促进社会的公平与正义；另一方面，也应加强网络舆论引导，强化网络生态治理以培育网民的理性参与能力，从而促进网络空间健康有序地发展。③

---

① 赵培、巴志超、赵宇翔：《在线医疗健康类项目众筹成功的影响因素综述及展望》，《信息资源管理学报》2021年第2期。
② 李明德、李萌：《网络民主参与的伦理意义及实现路径研究》，《浙江工商大学学报》2021年第4期。
③ 张忠：《网络泛道德主义之审视：症候、根源与治理》，《安徽师范大学学报（人文社会科学版）》2021年第5期。

2021 年科技伦理研究报告

梁 茜[*]

随着疫情防控常态化下全球性问题的复杂和深化,科学技术愈加深入地渗透和影响到人们生活中的方方面面。与之相关的科技风险、科技伦理的发展和治理问题也凸显得越发尖锐和关键。2021 年 12 月 17 日,习近平总书记在主持中央全面深化改革委员会第二十三次会议时强调,"科技伦理是科技活动必须遵守的价值准则,要坚持增进人类福祉、尊重生命权利、公平公正、合理控制风险、保持公开透明的原则,健全多方参与、协同共治的治理体制机制,塑造科技向善的文化理念和保障机制"。此番讲话不仅为我国科技伦理治理体系的价值原则、治理机制以及能力建设奠定了国家层面的政策基础和指导方针,而且也为各行各业协同发展科学技术和科技伦理治理设立了准则、指明了方向。2021 年度,学界对于科技伦理的探讨主要集中在以下七个板块:一、人工智能伦理理论的建构与完善;二、科技伦理如何实现技术落地;三、科技发展的伦理风险规避;四、科技伦理的伦理边界、道德意蕴、道德主体和道德责任;五、人类增强技术、人脸识别技术等热点科技相关的伦理问题;六、科学构建应对科技风险的伦理治理系统的相关研究;七、疫情防控常态化背景下技术治理的伦理探讨。

对这些议题展开全面、深入的探讨,不仅可以让我们对科技伦理的重要具体问题有更进一步的研究和理解,而且也为我们全面构建符合社会主义核心价值观的科技伦理治理体系、树立正确的科技伦理发展态度、正面引导社会对于科技伦理发展的合理认知提供了良好的基础。与此同时,学界也期待我国能对科技风险加以有效规制,将科技问题防患于未然,更好地增进科技协同社会发展,从而实现人民福祉。

一、人工智能伦理理论的建构与完善

2021 年度,人工智能伦理的理论建构与完善,集中表现为对理论进路的探讨与明确,以及对技术伦理本身何以可能的追溯。

人工智能发展至今,技术伦理批判性反思的单一理论进路已经不足以解决人工智能伦理

---

[*] 梁茜,1990 年生,湖南人,中国人民大学哲学院伦理学专业博士研究生,研究方向为应用伦理学。

领域中的诸种问题了。张卫认为人工智能伦理的理论研究应该在主流的"外在主义"进路基础上,加入"内在主义"的慎思。"内在主义"进路作为人工智能伦理的一个新的理论生长点,可以对技术伦理传统的"外在主义"进路加以补充,彼此结合,互相制约,从而完善人工智能伦理的理论研究框架。人工智能伦理研究的"外在主义"进路承接发展自技术伦理的批判传统,目前依然在研究领域中处于主导地位。"外在主义"进路主要对人工智能引发的社会伦理问题开展批判性反思,并以此为据制定相应的伦理规则来制约人工智能技术的发展。而新兴起的"内在主义"研究进路则把研究重点放在人工智能本身的道德能动性和如何通过将道德原则内嵌于人工智能的算法中来实现解决社会伦理问题的目的。可以看出,"内在主义"进路更关注人工智能的正面伦理价值,以期通过人工智能来提高社会福祉,帮助实现人类全面自由发展的终极目标。虽然,人工智能伦理研究中的"外在主义"传统,更多关注人工智能的负面伦理价值,总是试图解决其产生的社会伦理问题,但这两种理论进路的学理基础并不是互相对立的。二者都是基于一种共同的理论认识,即:人工智能技术并不是价值中立的。技术伦理是一个真问题,而从"内在主义"和"外在主义"两种进路共同着手,才能解决此类真问题。因此,我们需要坚持现代技术哲学家们对"技术中性论"的反思批判,认识到"手段和目的并不是二分"的,不能把技术和伦理进行切割。否则,这种论调很有可能"成为技术研发人员推脱社会责任的借口,把责任推给技术使用者",从而造成不可估量的社会危害。但"外在主义"和"内在主义"相互补充能够保持一种双向互动的动态平衡,从而达到人工智能伦理追求"上线"守住"底线"的二重目标。同时,二者的治理手段和治理对象是互置的,相互补充与嵌套才能形成完整的研究框架。[①]这一研究为人工智能伦理的理论框架确立了两重互补的理论进路。

李宏伟认为伦理学者需要与技术专家交流合作,协同发展技术伦理研究。技术伦理问题不仅是一种学理问题,而且也是社会实践问题。现代技术和社会伦理在表面上尖锐对峙、激烈冲突,但其本质是统一的。人类在技术实践中实现自我创造、自我发明,通过劳动来体现自我存在。这也意味着,发展技术就是人类自我实现的一种重要手段。而技术伦理,不应该盲目地追求技术发展,更不应该一味地批判技术发展,人与技术本身就是互动共进的,这也是为何我们要坚持技术伦理的"内在进路"和"外在进路"协同共进、交互平衡的重要本质理由。进行技术批判反思的前提,是要明确坚定马克思的实践论认识。技术实践既是贯通客观与主观的桥梁,也是统合"是"与"应当"的现实基础。技术伦理中的"是"与"应当"的具体表现就是技术实践的"合规律性"与"合目的性"的关系问题,而技术与道德之间横亘的"休谟难题"也只有在社会实践中才能得到合理解决。因此,技术伦理的批判

[①] 张卫:《人工智能伦理的两种进路及其关系》,《云南社会科学》2021年第5期。

必须立足于人与技术共生共存这一历史发展进程,同时要协调技术伦理研究的"外在进路"和"内在进路",坚守"伦理信念",打开"算法黑箱"。只有这样,才能让技术与社会之间保持一种"必要的张力",从而给新技术的伦理评价留出更多自省的空间和时间。[①]

郦平则从哲学本体论转向的角度对技术伦理何以可能开展了探讨。技术伦理的根基是随着哲学本体论从一元本体的"是其所是""应其所是",到生存本体的"解其所是",再到关系本体的"验其所是"而发展变化的。在"是其所是""应其所是"的阶段,技术伦理重点探讨的是规约技术善;而从"解其所是"的角度来看待技术的本质,则会将其视为对世界和真理的开显;到了"验其所是"的阶段,技术伦理则把技术善置于技术人工物的生产验证过程中。而在过往这些不同阶段的发展过程中,技术伦理本体论都囿于形而上学或者人类中心范畴,对于现代技术伦理的探讨,则应该摆脱这种丧失自然敬畏感,过分强调主体唯我性的偏颇视角,拓宽到博物论的视域中来。因为随着人工智能、生物技术的发展,人类的自然孕育已经被改变。人类这一物种已经不再简单地是自然人,而是通过生物技术干预而生产生存,成为技术人。然而,仅仅从非规范伦理学、后现象学这些单一视角,是无法解决这些新兴技术伦理困境的。与此同时,自然主义责任论或者诠释学的整全应对也无法深入具体地解构每一个问题。此外,人工智能对于人类能动性与推理计算能力的延伸、增强和替代,对于后果论、义务论和美德论等叙述的道德动机、道德选择和道德判断也都带来了诸多挑战。因此,技术伦理研究亟待从本体论视角出发,深入考察技术生成的原初状态、技术善的实现方式,从而才得以可能探寻到人类持存的最佳理路。而博物论的"博其所是"倡导的是一种"和合共生"的有机自然观,注重人与自然、科技与人文的共融性,理论起源于现代博物学。华人学者倡导本体论突围的博物论转向,旨在提醒世人不要陷入把技术对象化为操控外界世界的手段,从而一步步将其演变为一套套经济化、政治化工具的误区。在技术实践的过程中,要保持对自然的敬畏,意识到主体的反身性,最重要的是要平衡万物一体性与个体生活的多样性。所以"博其所是"让技术伦理的生成具备了新的理论视域和实践样式,为真正解决人工智能带来的伦理挑战提供了新的思路。[②]

二、科技伦理如何实现技术落地

科技伦理如何实现技术落地,从而真正落实其伦理规制效用,一直是学界所关心的重要议题。人工智能伦理的发展至今已经经历了几个阶段,从起初对人工智能伦理必要性的探讨已经发展到对其理论基础、重要问题,以及其伦理框架、原则和相关政策的研究上来。根据

---

① 李宏伟:《基于人与技术实践共生的技术伦理反思》,《中国人民大学学报》2021年第4期。
② 郦平:《技术伦理何以可能考源——基于哲学本体论的转向》,《自然辩证法研究》2021年第8期。

前文提及的"内在主义"人工伦理进路的论述可知，如果需要够着人工智能伦理的上线，最大化利用人工智能的正面伦理影响，一种重要思路就是考虑如何将伦理原则嵌入人工智能技术算法中去。徐源介绍了一种通过"可计算的伦理"来打通伦理原则与技术实现之间鸿沟的思路。人工智能是以在机器上实现人类智能行为为目标的技术，对人类社会影响的广泛性和不可预测性比以往的任何一种技术都明显。而从哲学的学理角度去研究其所涉及的伦理问题则会让对问题的讨论陷入很强的泛意性，其原则可操作性弱，很难量化为具体的技术语言。同时，人类和机器之间关系的复杂性和实际操作环境的不可预测性，也很难保证一般的人工智能伦理在实践中能够准确贯彻执行。此外，人工智能伦理技术落地的困境也实难突破。为了真正实现人工智能伦理效度，从"软"机制到"硬"机制的转发已经初现端倪。相关尝试和探索包括了人工智能伦理实验、伦理即服务（EaaS）等，它们的研究进展已经涉及具体的理论框架和分析方法，但其实际效用还有待观察。从技术落地的角度来看，学者和技术工作者都需要清楚地认识到，人工智能伦理是一项集成多种技术指标、协调多种利益诉求的活动行为。它需要分别考虑涉及其中的人类行动者、人工行动者和人机协同行动者，这些相关行动者处在一种复杂的社会系统中，计算社会科学中研究人类信念体系的认知平衡机制可以为人工智能伦理原则落地提供一种新的技术路径。因此，人工智能伦理研究的这一新范式还需要进一步地从后续伦理决策、归责机制等相关问题和角度加以深入研究。[1]

贾璐萌、陈凡也对当代技术伦理实现的范式转型开展了深入研究。技术伦理实现范式是当代技术哲学研究的重要问题，而当代技术伦理研究范式已经从"外在进路"转向"内在进路"，即从对技术活动的批判与说教转向深入技术发展过程中考察技术语境中的伦理问题。因此，研究范式的转向投射到践行技术伦理的实践中，也会影响到技术伦理实现的范式选择，从而推动发生技术伦理实现当代转型。然而，如何锚定技术伦理实现范式的当代转型，就需要先明确技术伦理的基本范畴。这既包括对人与技术间伦理关系的思考，又涉及对技术伦理主体的界定及其道德特性的思考。因此，技术伦理实现具备双重内涵，既体现为人与技术间应然性关系在实践中的落实，又意味着关系双方所应扮演的角色在行动中的彰显。其中，技术伦理不再执着于捍卫人与技术之间的界限，转而追求一种人与技术的本真性共在关系。人与技术的本真性共在状态也体现为一种人与技术之间的恰当距离与平衡关系。伴随着技术伦理实现的目的转向，伦理主体也由绝对自主性的"人"让位于人与技术交缠而成的"人—技混合体"。因此，当代技术伦理可以锚定以下三个面向来实现范式转型："追求人与技术之间的本真性共在关系""技术伦理实现主体要是'人—技混合体'""技术与伦理互嵌伴随"。如果将过去的范式都转向到这三个锚定点上，则既能够体现一种"技术伦理

---

[1] 徐源：《人工智能伦理的研究现状、应用困境与可计算探索》，《社会科学》2021年第9期。

实践旨趣的复归",又能显露出"后人类主义视角和基于责任的伦理规范"。①

计算社会科学中研究人类信念体系的认知平衡机制可以为人工智能伦理原则落地提供一种新的技术路径,而人工智能伦理研究范式的转向也同时决定了人工智能伦理实现的范式转向。依托研究范式的转向,技术伦理实现也要对应作出三个锚定。不管是具体到如何将伦理原则嵌入具体的人工智能技术中去的研究,还是关于如何从技术伦理实践范式的理论层面去确保伦理规范的落实效度的研究,都对指导科技伦理如何实现技术落地具有重要的指导意义。

三、科技发展的伦理风险规避

在对后果不明确的技术发展进行决策的时候,如何合理规避技术风险,得出理性结论,常常有很多理论上的困难。徐怀科以保罗的实用对话伦理理论为认知路径,试图来辨析复杂的新兴技术背后所涉及的道德技术价值分界。他认为复杂的新技术往往是一些后果不确定的技术,这些后果不明确的技术不同主体间价值认知分歧会直接导致价值界限不清晰,从而容易引发理性抉择的困难。而在开放式语境下,不同价值主体间拥有的共识就是技术价值的伦理界限,因而这一界限可以为作出明智的理性决策提供有效依据。例如转基因水稻等后果不确定的技术决策、技术价值边界的辨析可以为其提供一些可操作的方法论借鉴。②

王东、张振认为人工智能的迅速发展所带来的伦理风险问题应从技术伦理风险、社会伦理风险和人类生存伦理风险三个方面分别展开深入研究。这些不同的伦理风险背后都是相应的主体规范的缺失与角色失准、情境变化中的矛盾展现、人类在实践中对意义的认知差异和原则的逐渐淡化,还有社会伦理形态的嬗变与重构等因素所导致的。试图规避其带来的各类伦理风险,必须坚持一个总的方针,即坚持维护人类共同利益的最高伦理规范。只有在全面深化基本原则的基础上来推进伦理制度的建设,构建起新型的人机关系,才能不断提高人类应对技术伦理风险的能力。③

大数据时代人们的隐私保护也普遍受到了威胁,如何形成有效治理机制来跳出这一伦理困境也是学界关注的重点。杨建国认为大数据时代隐私保护伦理困境的生成机理主要源于科学技术的负效应、财富创造的紧密相关性、相关规约机制的出台滞后性,以及现代人隐私观念的流变性等重要因素。在这一背景下,大数据隐私保护的问题具体体现在了以下几个方

---

① 贾璐萌、陈凡:《当代技术伦理实现的范式转型》,《东北大学学报(社会科学版)》2021年第2期。
② 徐怀科:《技术价值分界及其决策的伦理指向研究——以保罗的后果不确定技术价值分界理论为例》,《科技进步与对策》2021年第19期。
③ 王东、张振:《人工智能伦理风险的镜像、透视及其规避》,《伦理学研究》2021年第1期。

面：1. 数据挖掘与隐私信息的整合；2. 数据预测与隐私信息的呈现；3. 数据监控与隐私信息的透明；4. 数据分享与隐私信息的扩散。如果要形成有效的治理机制，基本理路应遵循，重构科技伦理要将工具理性与价值理性整合统一起来，完善制度伦理，促进法制完善以加强他律，提高伦理道德素养以加强行业自律。同时还需要辅以监控风险的降低以促进知情同意与结果控制的统一，并且完善建构责任伦理来促进权利与义务的统一。①

陈劲、阳镇认为以数字技术为核心，传统科研范式的系统性转型在加速，推进开放科学在我国的发展是大势所趋，但其涉及的伦理难题与推进路径也需要进一步地开展深入探讨。一方面，我们需要厘清不同利益相关者在参与开放科学实践过程中的异质性动机，以利益相关者的价值诉求来整合推进开放科学走向真正的多主体参与和共享；另一方面，我们也需要直面开放科学中涉及的伦理难题，包括科研过程、科研评价以及科研成果共享这三大层面的伦理道德问题，从而实现知识生产、知识评价和知识转移与扩散这一知识创新链的高度社会化。开放科学的发展需要系统化地从政府制度设计、社会共享文化培育和个体伦理道德意识提升等方面共同推进。②

大数据时代，数字和资本的合体昭示着资本嬗变的轨迹。闫瑞锋指出，数字和资本的道德耦合构成了特定的道德场域，数字技术的无穷自然力和资本的无限增殖欲都进一步扩展了资本道德的两极张力。数字资本及其人格化代表的正面道德属性体现为创新精神、竞争精神和冒险精神；而其道德的负面本能则展现出立足于本位主义的嗜利性、寻求无限扩张的贪婪性以及基于机会主义的欺诈性。数字资本的道德两面性在伦理上形成双重形态，其积极伦理作用集中表现为丰富共享理念、创新组织结构、变革生产关系和推动数字文明发展；数字资本的消极伦理效应造成其对个体权利的侵蚀性、与公权力的互斥性、对公共价值形态的扭曲性、对市场的超级垄断性以及与社会公平原则的背离性。对数字资本的恶性伦理规训，需要以符合公共善的正义制度、权责一致的公正规则以及主体德性的职业善作为三大抓手，以此实现惩恶扬善、趋利避害的伦理治理效能。③

针对人工智能、大数据、合成生物学等这类新兴技术的迅猛发展所带来的诸种科技风险问题和挑战，于雪、凌昀、李伦认为，传统科技治理模式缺乏科技伦理的维度是无法有效应对这些伦理争议的。在科技治理中增加科技伦理的维度，形成科技伦理治理的新概念，以推动科技伦理发展。与此同时，他们还深入探讨了当前科技伦理治理过程中存在的各种典型实际问题，如治理对象不明确、治理原则不统一、治理意识不强、治理机制不完善等，并提出

---

① 杨建国：《大数据时代隐私保护伦理困境的形成机理及其治理》，《江苏社会科学》2021年第1期。
② 陈劲、阳镇：《数字化时代下的开放科学：伦理难题与推进路径》，《吉林大学社会科学学报》2021年第3期。
③ 闫瑞锋：《数字资本的伦理逻辑及其规范》，《海南大学学报（人文社会科学版）》2021年第4期。

了与之对应的治理措施，即科技伦理治理需要明确科技伦理治理的对象、凝练科技伦理治理的核心思想、提升科技伦理治理的意识、完善科技伦理治理的机制。①

四、科技伦理的伦理边界、道德意蕴、道德主体和道德责任

要真正阐明科技伦理问题，设立行之有效的伦理原则和规范机制去落实相应的科技伦理实现，首要应该认真划清科技伦理边界，厘清科技伦理的道德意蕴，辨识清晰科技伦理的道德主体和道德责任。

现代科技是一个集科学创造、技术创新、科技应用、效果评价于一体的复杂知识运行系统。王常柱、马佰莲认为，这样的系统在造福人类社会的同时也将人类带入了"风险社会"。在"风险社会"视域下，应将现代科技的传播、创新、应用、评价等实践行为控制在一定的伦理边界之内，以确保其真理性、道德性、人民性和正义性。本质而言，这样的伦理边界就是针对现代科技各个实践活动环节提出的，以"真""德""善""公"为基本内涵的伦理要求。② 任丑认为应用理智德性的追问既是应用伦理学的历史使命，也是解决科技伦理问题的内在要求。应用理智德性应该遵循三大关键：科学的要素、技术的要素和理智的要素。科学作为理智追求知识原理的平等途径，技术作为理智运用知识原理的自由途径，而理智作为技术实践中运用和发现科学原理以达成尊严的能力，三者结合才能将理智的认知和实践统一起来，得以理智把握、运用科学技术来达成平等、自由与尊严的应用德性。③

闫坤如认为人工智能技术本身就不是价值中立的，它的设计蕴含了设计者的价值，同时社会价值也会深刻影响人工智能技术设计的发展。反过来，人工智能技术的发展同时也会牵引社会价值变迁。许多学者从不同的人工智能伦理研究进路去探讨如何促使人工智能设计合乎伦理规范。比如，诉诸理论反思、诉诸设计者的价值敏感性等。因此，应从人工智能设计的职业伦理规范去约束设计者的行为，重点从其所设计出的人工智能机器的安全性、透明性等视角来分析人工智能合乎伦理设计的路径。④

刘永安则探讨了人工智能作为道德主体是否可能这一问题。人工智能技术的提升让人工智能在实践运用中日益表现出了一定的自主、自治的主体性行为特征，而这也催生了许多关于人工智能作为道德主体是否可能的研究和探讨。意识维度的探索是制约人工道德主体是否可能的关键。人工智能技术目前仍停留在功能等价的意义上对意识的智力性认知层面的模

---

① 于雪、凌昀、李伦：《新兴科技伦理治理的问题及其对策》，《科学与社会》2021年第4期。
② 王常柱、马佰莲：《风险社会视域下的现代科技及其伦理边界》，《北京行政学院学报》2021年第3期。
③ 任丑：《应用理智德性的追问》，《伦理学研究》2021年第3期。
④ 闫坤如：《人工智能设计的道德意蕴探析》，《云南社会科学》2021年第5期。

拟，而并不具备又现象学意识，这一点对于判断其是否能成为一个道德主体至关重要。然而进一步来看，人工智能体缺乏产生现象学意识的本体论基础，亦缺乏现象学意识第一人称的定性特征，更加不具备现象学意识的情感元素和移情理性。所以，从这一角度来看，人工智能目前尚且不能作为伦理自治的主体来看待，也就不能成为完全意义上的道德主体。[1]

在人工智能技术发展的同时，人类本身的存在也从自然人发展变迁到技术人。因此，人类生命本质也发生了变异。朱清华认为，人工智能技术的发展既增强了人们直面生命的勇气和能力，同时也激发出了人们提升生命品质和价值的渴望。但是，这样的技术对人类存在的改造同时带来了不可确定和无法预测的影响。因此，应对人类从自然的存在本质上变异成了人—技混合的存在，必须坚持敬畏生命的伦理情怀，践行"天人合一"的伦理智慧，同时对人类个体要树立正确的人生价值取向，深入体悟和领会死亡的本真意蕴。唯有如此，人类叵测的未来命运才有可能自我救赎。[2]

王前、曹昕怡指出，在人工智能应用中有五种隐性伦理责任很容易被忽视。这五种伦理责任分别为：家长对未成年人的感知能力发育的监管责任、教育工作者对"碎片化思维"的矫正责任、人工智能设计者对人类的自主能力的保护责任、人际交往中必要的陪伴责任，以及产业结构调整中对人的就业能力的培育责任。面对这五种隐性责任，我们尚有许多不明确之处。例如，在讨论这些问题时，责任主体不十分明确，很多相关的责任问题显得并不紧迫但是其潜移默化的影响则很深远。这些因素都导致了这类隐性责任问题不被重视，从而可能引发严重的伦理风险。人工智能在应用过程中需要加强社会层面的伦理教育，加强技术评估和社会监管，相应地使用对策来应对可能产生的挑战。[3]

龙静云、吴涛对伦理理论进行了统合与重构，提出了一种新的可能范式——新责任伦理来应对技术伦理带来的时代挑战。新责任伦理的核心是责任，即以责任统合信念、德性、发展的新伦理。新责任伦理的"新"就在于它内在地拓新了信念伦理的有价值内容，同时有效借鉴了德性伦理的合理之处，并将发展伦理有机结合进来。其基本要义是以信念内化责任，以德性驱动责任，从而发展落实责任。新责任伦理的社会维护机制主要包括：制度设计、精神引领、行为规约和发展方式的变革。其中，制度设计要强调自由与正义，从精神上引导人们去敬畏与诚信，而行为规约需要做到满足与节制，发展方式要坚持绿色与共享。[4]

以上对科技伦理的道德边界、道德意蕴、道德主体和道德责任的探讨成为 2021 年度学

---

[1] 刘永安：《人工道德主体是否可能的意识之维》，《大连理工大学学报（社会科学版）》2021 年第 2 期。
[2] 朱清华：《智能时代人类生命本质的变异及其价值影响》，《自然辩证法研究》2021 年第 2 期。
[3] 王前、曹昕怡：《人工智能伦理中的五种隐性伦理责任》，《自然辩证法研究》2021 年第 7 期。
[4] 龙静云、吴涛：《新责任伦理：技术时代美好生活的重要保障》，《华中师范大学学报（人文社会科学版）》2021 年第 5 期。

界热点研究议题,学者对各个具体的伦理学问题的探讨,对后续制定技术伦理实现的具体规范具有深刻的指导意义。

五、人类增强技术、人脸识别技术等热点科技相关的伦理问题

2021年学界也重点关注了几项科学技术发展所涉及的伦理问题,尤其是人类增强技术所涉及的伦理问题。计海庆系统化地论述了人类增强技术可能带来的多方面的伦理挑战。其认为智能文明时代是哲学问题迸发的时代,伴随着第四次技术革命产生的以人工智能为核心的科技发展,所涉及的伦理问题对于人类命运之关切的影响是前所未有的。智能文明时代是人类社会由依赖于科学技术的发展不断转向受科学技术驱动发展的时代。所以智能文明越向纵深发展,在赋能时代形成的概念范畴的解释力就越弱,其社会运行与管理机智的适用性就越差。这也表明人类社会从赋能时代向赋智时代的转变,不再是发展信念的转变,而是概念范畴的重建。然而数字化的全面渗透,让现实社会和虚拟世界之间的界限变得越来越模糊,智能化关系使得人际关系从过去的工具关系和对立关系转向了当前的合作关系,未来还有可能出现融合关系。[①]

田海平认为人类增强技术或许描绘了一个人类改造或人体增强的"无限光明"的道德前景,从而使得人类以技术方式追求完美、制造完美得以可能,但是其背后的伦理支持却值得商榷。[②] 人类增强技术越是在"功能性完美"这一方面表现卓越,就越会引发这一技术是否伦理上合理的争议。迈克·桑德尔把这一技术比拟为"科技与人性的正义之战",正是因为人性道德的根据其实是"反对完美"的,如果技术的本性是"追求完美",这里面是否存在着一种关于人类增强的"完美悖论"?探讨这种"完美悖论",本质是探讨在技术发展的过程中,伦理话语的价值方向,这是科技伦理旨趣之所在。因此,我们需要审慎看待技术发展导致的无法预测的社会与道德后果。而在探讨新兴科技伦理的时候,我们需要勇敢跨越生物保守主义与超人类主义之间相互对峙的鸿沟,来力求找寻到两者相通的中道,在一个共识框架下构建人类增强的伦理安全。

除开人类增强技术这种最前沿的新兴科技的探讨,一个已经深入渗透到我们日常生活中,尤其是常态化疫情防控管理所必需的一项技术——人脸识别技术,而这也是学界所重点关注的问题。人脸识别技术涉及的伦理风险关乎我们的个人权益和隐私。胡晓萌、李伦认为,在考虑公共安全和国家安全的基础上,人脸识别技术肩负着很大的价值使命,因而得到

---

① 计海庆:《增强、人性与"后人类"未来——关于人类增强的哲学探索》,上海社会科学院出版社2021年版。
② 田海平:《人类增强技术的完美悖论及其伦理旨趣》,《江苏行政学院学报》2021年第2期。

了全面的应用和发展。但是与此相关的技术滥用和信息安全可靠性等问题，都存在着很大的伦理隐患。最常见的即是：隐私泄露、识别错误、安全风险高，以及使用者歧视等伦理风险。考虑辨析和解决这类伦理问题，需要深入运用技术伦理的非力量伦理和责任伦理，把最小必要原则、知情同意原则、不伤害原则和公正原则嵌入人脸识别技术的运用和管理中去，才能落实规制其相关的技术伦理风险。①

六、科学构建应对科技风险的伦理治理系统的相关研究

科技伦理的研究已经走过了几个重要阶段，从最初探讨科技伦理的重要性开始，历经了科技伦理理论基础的完善、重要问题以及伦理框架、原则的研究探讨，最终还是要落实到相关政策如何实现伦理规制这一目的。

张旺主张在人工智能伦理治理领域采取算法风险治理的伦理结构化进路。这是一种"外在主义"和"内在主义"两相结合的进路，是指通过建构算法设计、开发和使用的伦理原则制度，确定相对稳定的伦理框架和逻辑体系，形成合理可靠的伦理关系结构，从而确保算法符合道德伦理要求。伦理结构化的表达与呈现方式对提升算法治理能力十分重要，是推进算法风险治理的重要范式，有助于从理论层面到实践层面全面实施和执行算法的道德规范，推动算法的伦理建设进程。其具体的实施路径不仅需要考虑到建构算法风险伦理评估模型与审查体系，而且也要提升算法的伦理信任阈值与制定评估指标和设立算法风险伦理问责机制等重要任务。②

张军在《人民论坛》上发文建议科学建构应对科技风险的伦理治理系统，用以规避相关的技术风险给社会带来的威胁。科技的确为社会发展带来了巨大的推动力，但其所滋生的争议技术风险、系统性风险、弱化情感交流风险、伦理风险和审美风险等多重技术关联性风险，无一不需要谨慎视之、严肃对之。与此同时，科技伦理的挑战是全球性的复杂问题，应该要建立好科技伦理治理体系，从国家层面主动把控科技风险的伦理治理，从而将社会主义核心价值观作为伦理引导的重要原则，切实发挥出制度化伦理辩论的基础作用，掌握住科技政策的公共导向。此外，也需要批判性地借鉴国际科技伦理经验，来完善和建构起最符合我们自主国情的科技伦理治理系统。③

学界在提供系统化解决方案这一方面，做了很多努力。高璐以英国科学社会责任协会的历史为研究对象，深入探究了英国科学社会责任协会的成立背景、组织结构、协会理念等内

---

① 胡晓萌、李伦：《人脸识别技术的伦理风险及其规制》，《湘潭大学学报（哲学社会科学版）》2021年第4期。
② 张旺：《伦理结构化：算法风险治理的逻辑与路径》，《湖湘论坛》2021年第2期。
③ 张军：《科学建构应对科技风险的伦理治理系统》，《人民论坛》2021年第2期。

容，重点研究分析了两个初期案例。英国科学社会责任协会的成立使"负责任科学"逐渐成为影响当代科学与社会互动问题的全球潮流，但它的激进纲领未能为科学家找到一种调和他们的政治观点和科研者身份的有效方式，从而导致科学家并没有更好地参与新兴科学的治理。① 李秋甫、李正风完整梳理了美国"伦理委员会"的历史沿革与制度创新过程。他们从历史分析的角度挖掘出了美国伦理委员会体系是如何在成立规范上经历了从"建议"到"要求"，在涵盖范围上是如何从"机构"到"国家"，以及在行使功能上是如何从"审查"到"咨询"的。在这一期间，"决策"制度的变迁过程、治理对象也发生了诸多变迁。而顺着历史的脉络，我们清晰地发现最初"一个人作为应用对象"再到"群体作为受试对象"最终发展到"人类作为研究对象"这种变革。为了解决科技伦理困境，美国伦理委员会制度构建的过程中不断重构着责任这一概念。因此，这一报告可以为中国相关制度建设提供借鉴和参考，即我们应该在自主建制的过程中更多地考虑到责任相关的伦理问题。而与之相关的"责任转移"的实现、"责任冲突"的化解、"责任监督"的保障，以及"责任延展"的承诺，都是我们在解决科技伦理困境中需要满足的重要需求。②

总的来说，合理规避技术发展带来的伦理风险，也需要一个更加整体的现代化中国治理方案。刘永谋认为，技术治理的模式选择更大程度上不是一个纯粹的技术问题，而应该是将"治理中的技术"与"治理中的人"结合起来考虑的整体问题。技术治理在不同语境、不同国情和不同历史条件下会呈现不同的模式。一个技术治理的最优解，肯定不是科技应用水平的最高模式，而应该是在协调了国情背景的情况下，和谐地考虑到了治理活动中人和技术两方面的中国因素和中国需求，来服务于中国特色社会主义建设这一目标的模式。在更广阔的视野中，还必须考虑技术治理与环境之间的关系、人与自然和谐相处的技术治理系统才真正有利于民族复兴的伟大事业。③

七、疫情防控常态化背景下技术治理的伦理探讨

疫情防控常态化让整个世界的面貌发生了翻天覆地的变化，这意味着，人类需要长期与病毒共存。如何利用科技更好地管理好公众卫生安全和正常的人类生产生活，则是疫情防控常态化下对科学技术和科技伦理所提出的最重要的时代挑战。

王强、杨祖行认为与病毒共存是一种"世界性"的基础的颠覆，人类生活的伦常日用都发生了不可逆转的改变。世界亟待展开从"非伦理理性"到"伦理性"的思想重构，即

---

① 高璐：《负责任的科学家：英国科学的社会责任协会成立的历史及意义》，《自然辩证法通讯》2021年第6期。
② 李秋甫、李正风：《美国"伦理委员会"的历史沿革与制度创新》，《中国软科学》2021年第8期。
③ 刘永谋：《技术治理与当代中国治理现代化》，《哲学动态》2021年第1期。

规范秩序的重构。在学界看来,马克思主义学术资源下,伦理世界的规范秩序是伦理性的规范,重构是建基于"伦理性的东西",即对特定的共同体而言的"具体的现实之上"的。而从伦理世界的结构来看,"国家—社会"结构是要把政治国家层面的信任(伦理性的东西)上升到民族共同体这一文化战略上来。同时,要走出市民社会(个人原子状态)来重新建构社会"资本—技术"治理的公正基础。①

范毅强、李侠共同探讨了新兴技术道德治理的逆周期路径。在道德治理中采取逆周期审慎管理有利于应对系统性的道德风险,同时也能维护新兴技术的稳定发展,科技伦理的可通约性也能得到提升。新兴技术的不确定性与伦理风险之间存在间断平衡关系,依据技术主体的理性与非理性特点,参照影响逆周期道德治理的维度和因素,可以得出道德治理逆周期调节的适应路径以及道德情绪路径。②

八、总结

综而观之,"外在主义"进路和"内在主义"进路互相补充协调是2021年科技伦理理论界的共识。在考虑科技伦理治理政策时,只有同时从这两条研究进路出发,才能兼顾慎思技术本身具备的正面和负面双重伦理影响,保住科技伦理的"下线",伸手去够一够科技伦理能给人类福祉带来的"上线",从而制定出与之对应的科技伦理实现策略。这一两相兼顾的理论研究范式是科技伦理规范化在"术"的层面一个极大的突破。2021年,学界在"道"的方面亦有共识,许多学者认为,科技伦理需要进入一个人性与科技共生共融的新视域。在很多尖端科技的发展中,人性道德与技术突破的诉求似乎尖锐地对立冲突着,人类增强技术中甚至存在着一种"完美悖论"。但人性和技术一直有着本质上的相通之处,伦理的"莫比乌斯带"则能将这矛盾的两端相嵌合,共生共荣地发展下去。

---

① 王强、杨祖行:《后疫情世界规范秩序重构的伦理基础》,《东南大学学报(哲学社会科学版)》2021年第6期。
② 范毅强、李侠:《后疫情时代新兴技术道德治理的逆周期路径》,《东北大学学报(社会科学版)》2021年第4期。

2021 年传媒伦理研究报告

陈雪春[*]

2021 年学界对传媒伦理基本问题的研究主要可分为以下几方面。其一，传媒伦理理论的发展及其对具体传媒业态的理论指导；其二，新闻报道伦理与新闻从业人员伦理的研究；其三，对数字新闻伦理问题的探究；其四，人工智能传播对新闻的影响；其五，算法与大数据技术引发的伦理问题。

一、传媒伦理理论的发展推动解决具体业态的伦理问题

如何用传媒伦理理论推动不同传媒业态伦理问题的解决，一直是学者们关注的焦点。在此方面，2021 年学界主要从全球性、空间性的维度拓展传媒伦理理论内涵，从而为传媒实践中伦理困境的解决提供指导。

单波、叶琼梳理了全球媒介伦理的发展路径，认为全球媒介伦理正在从一元论、伦理相对主义走向多元主义，然而，由于这三种主要进路都无法调和全球与本土的矛盾，致使全球媒介伦理出现了意义危机。他们提出，可将"文化间性的全球媒介伦理"作为可能的发展路径，规避静态媒介伦理建构的弊端，在伦理融合意义上实现一种处于对话状态的全球媒介伦理。[①] 杨奇光、王润泽重新考量了数字时代的新闻价值，并从中西对比的角度，试图为新闻价值找寻全球共识的基础。他们认为，新闻价值取决于赋予其价值的特定社会文化体系，数字时代中西新闻价值的判断标准和构成体系既呈现差异性，又显现出共识基础，这种基础根源于文化的沟通和融合的可能性。[②] 牛静、朱政德认为，反思场景背后的传播伦理问题需要从"空间性"出发，为追问场景的正当性引入恰当的概念工具。他们提出"空间正义"这一概念，而其包含空间生产的正义、空间分配的正义、空间消费的正义三个维度。为了达到空间正义的要求，我们应保证公民拥有、自主掌控从事空间生产的能力与工具，将近用权

---

[*] 陈雪春，1993 年生，湖北武汉人，中国人民大学哲学院伦理学专业博士研究生，研究方向为传媒伦理。

① 单波、叶琼：《全球媒介伦理的反思性与可能路径》，《广州大学学报（社会科学版）》2021 年第 3 期。

② 杨奇光、王润泽：《数字时代新闻价值构建的历史考察与中西比较》，《新闻记者》2021 年第 8 期。

与退出权纳入场景时代的城市权利外延,在提防公共空间私有化的同时将"必要的无聊"作为保护私人空间的公益服务。①

学者也对体育传播、科学传播、品牌传播等具体传播形态进行了全面分析,并思考了相关伦理问题的解决路径。王勇、徐翔鸿认为,5G 技术对体育文化传播的发展具有革命性意义,同时也给体育文化传播带来了新的伦理困境,如技术嵌入下的人本偏离、技术满足下的马太效应、技术沉浸下的身体缺席,以及资本嵌入下的外在冲击等。对此,应重构数字化"新文明"中的体育文化传播伦理,包括体育文化传播平衡"市场性"与"公益性",体育传播受众严格规范自身行为,体育传播技术服务于体育精神的呈现。② 黄静茹聚焦科学传播的发展,认为科学技术的嵌入、多元行动者的加入、商业逻辑的混入给科学传播带来了伦理风险。具体而言,即科学传播要素变动性增强导致伦理原则不明,科学传播参与者不断泛化导致主体责任不清,内容生产与发布缺少把关导致传播品质下降,科学谣言与信息疫情泛滥导致传播效果不佳。而欲化解数字时代科学传播的伦理困境,应明确科学传播伦理原则以指导传播过程,强化科学传播主体责任提升专业素养,规范科学内容生产和分发以保证传播质量,完善科学谣言辟谣机制并发挥联动作用。③ 张瑞希、江作苏探究了品牌传播与品牌伦理建设的相关性问题。他们指出,品牌作为出版符号,其建设不仅会影响出版业和企业,还会影响到社会的物质层面和精神层面,故品牌伦理建设至关重要。因此,出版品牌应从伦理认知、伦理取向等要素入手,提高品牌竞争力。④ 刘颖、李少波关注互联网广告传播的责任伦理,认为互联网广告生产具有自主性和对称性的特征,导致了互联网广告各责任主体的角色分工模糊、传播流程失序。而这需要从技术伦理、规范伦理和德性伦理这三个维度重构互联网广告传播伦理,这样才能让互联网广告传播实现存在和发展的统一。⑤ 张丽红则将聚焦网络视听节目,指出当前网络视听节目底线思维的缺乏,催生了虚假新闻、盲目追求流量等现象,加之互联网传播速度快、范围广、互动社交性强等特点,最终造成网络空间的污染。因此,网络视听节目应树立主流意识、严守政治底线;坚守新闻伦理、筑牢道德底线;遵守管理规定、严守规则底线,更好发挥主力军作用,承担新闻舆论主战场的职责和使命。⑥

---

① 牛静、朱政德:《基于空间正义理论的场景传播伦理研究》,《新闻与写作》2021 年第 9 期。
② 王勇、徐翔鸿:《5G 时代体育文化传播新业态和伦理困境之探索》,《北京体育大学学报》2021 年第 7 期。
③ 黄静茹:《数字时代科学传播的伦理困境与化解路径》,《中国编辑》2021 年第 12 期。
④ 张瑞希、江作苏:《品牌作为出版符号的伦理暗示性传播分析》,《湖北社会科学》2021 年第 12 期。
⑤ 刘颖、李少波:《互联网广告传播的责任伦理建构研究》,《湖南社会科学》2021 年第 5 期。
⑥ 张丽红:《网络视听节目应有底线思维》,《中国广播电视学刊》2021 年第 6 期。

二、新闻报道伦理与新闻从业人员伦理受到学界关注

学界不仅关注了类型化新闻报道的伦理问题,还通过梳理近现代新闻从业人员职业道德观念的发展历程,探究了新闻从业人员在新闻实践中遭遇的伦理困境及其解决策略。

牛静、任怡林将目光投向了悲剧事件报道中的伦理问题。文章结合亚当·斯密的道德理论,提出了"道德传播者"的概念,认为悲剧事件报道应符合"体谅、理解、尊重"的伦理原则,要求信息传播者成为"道德传播者",即在成为公正的旁观者、培育合宜性的节制之德的前提下,以伦理操守和制度为准则,构建良好和谐的信息传播环境。[①] 李博、贾晓旭聚焦于新兴媒体的伦理失范对爱国主义教育的冲击。指出在"后真相"时代,新兴媒体的传播模式正使爱国主义教育变得复杂和困难:新兴媒体通过制造以情感力量为主导的议题,煽动社会群体之间的情感对立,从而消解国家统一的价值秩序根基。因此,媒体应当恪守新闻专业主义精神,牢握"真相"传播话语权,帮助受众形成对国家的认同感。[②]

新闻从业者作为新闻报道的生产者,他们在新闻实践中面临的伦理困境和形成的职业道德观也引起了学者们的关注。路鹏程在回溯民国新闻记者的职业道德实践中发现,民国新闻记者强调个人品性,并将个人品性优劣当作评判记者新闻道德与职业活动高下的标尺。但这种道德要求会使记者出现在新闻采访中产生规范冲突、在新闻写作中产生规范失范、在公私生活中产生规范混淆等问题。新闻理念上的道德绝对主义与新闻实践中的道德相对主义,导致民国记者在业务实践中难以权衡,引发了职业道德实践上的普遍焦虑。[③] 郭冲也考察了清季民初时期新闻道德观念的形成。他指出,虽然是传统道德逻辑与现代职业逻辑的发展与融合造就了近代新闻道德观念,但是由于传统道德中个人道德的疏离和现代职业观念的未至,近代新闻道德观念不仅未能约束和规范业界并根治失德,还催生了新闻道德困境,此种状况,折射出儒家思想现代转型的困境和新闻职业发展的不适。[④] 高山冰审察了全媒体时代新闻从业者的新闻职业精神,认为全媒体时代的新闻工作者在新闻实践中面对着传统思维惯性导致的职业认知偏差、价值观的开放和多元导致的人文精神失落、信息技术不断进步导致的职业困顿、商业主义对媒体渗透导致的理想信念淡化等诸多困境。他强调,培育全媒体时代

---

① 牛静、任怡林:《悲剧事件中信息传播者的伦理操守及其培育——基于亚当·斯密的道德理论视角》,《新闻与写作》2021年第4期。
② 李博、贾晓旭:《"后真相"时代爱国主义教育面临的挑战及应对路径》,《理论导刊》2021年第6期。
③ 路鹏程:《德何以立:论民国新闻记者职业道德实践的困境与振拔》,《新闻大学》2021年第8期。
④ 郭冲:《修身报国与克尽天职:清季民初新闻道德观念兴起的个人与职业思路及其耦合》,《新闻界》2021年第3期。

新闻的职业精神，需要在强化组织管理与文化建设的同时，推动校媒融合与终身学习，注重榜样引领和典型带动。① 吴赟、潘一棵将视线转向媒介融合中记者与编辑的权力关系问题，认为媒介融合进程中的记者与编辑面临物理空间再造、生产流程重组和行动者惯习重构、权责边界模糊的问题，最终造成了记者公共责任缺失、新闻伦理失范等社会隐患。面对这种情况，记者与编辑应当实现有机联动，从"人"的角度真正实现媒介融合。②

三、数字新闻伦理问题成为研究新方向

数字新闻是利用数字化技术进行新闻生产和传播的新闻，具有新闻生产者多元化、传播结构去中心化、覆盖范围和影响力全球互联化的特点。数字新闻的发展改变了传统的新闻伦理关系，使支撑传统新闻伦理体系的核心概念受到新技术的冲击。2021年，学者们从不同层面探讨了数字时代需要的新闻伦理观，以期构建一套既基于伦理话语，又属于全新数字时代的新闻伦理。

陈昌凤、雅昌帕认为，新闻伦理规范与主要原则是随着新闻业功能的变化而发展的，故数字新闻业的兴起与发展，呼唤着新闻伦理的新范式。然而"非专业传播者"、替代性媒体以及更加复杂的受众使得传统新闻伦理原则遭受挑战，催生了开放的媒介伦理观、全球化媒介伦理观等新闻伦理体系的发展。对此，数字新闻伦理的构建需要"元规范"的指引，以回应数字新闻时代的伦理需求。③ 常江、刘璇亦关注了数字新闻的规范理论问题，并将新闻与公共性之间的关系作为讨论焦点。在他们看来，数字新闻存在的"黑箱""孤岛""极化""脱嵌"这四种反公共性表现，引起了传统新闻业中新闻、新闻专业等"元概念"的巨变。对此，学界必须以"重新概念化"为起点，在观念和实践两个维度上，完成对公共性价值理想实现路径的重建。④ 吴静、陈堂发探讨了数字新闻的"透明性"伦理问题。他们提出，数字新闻时代的新闻透明性不仅指内容的透明性，还包括平台和算法的透明性。维护数字新闻时代的新闻透明性需要三方面的力量，一是记者重塑职业权威身份，二是"技术之治"的技术进路，三是"事实"与"逻辑"的融合。⑤ 杨洸、郭中实对数据主义进行了反思。他们认为，数字新闻对数据化的无限推崇导致数据主义思想的泛滥，致使信息传递去语境化、信息传播不透明、受众表达情感化，最终引发了信息失序的问题。要解决这一问题，

---

① 高山冰：《新闻职业精神的现实困境与时代内涵》，《传媒观察》2021年第12期。
② 吴赟、潘一棵：《媒介融合中的记者去权与编辑赋权——场域理论视域下记者与编辑的权力关系研究》，《中国编辑》2021年第3期。
③ 陈昌凤、雅昌帕：《颠覆与重构：数字时代的新闻伦理》，《新闻记者》2021年第8期。
④ 常江、刘璇：《数字新闻的公共性之辩：表现、症结与反思》，《全球传媒学刊》2021年第5期。
⑤ 吴静、陈堂发：《新闻透明性：内涵、逻辑与价值反思》，《新闻大学》2021年第4期。

应强化对个体的干预，提升公民的媒介与信息素养，强化平台对新闻信息的核查与干预，建立适用于数字新闻生态的行业新规范。仇筠茜从信息生态设计角度，对数字新闻治理提出第三种规范性站位。[1] 与以往数字新闻治理中"协调者"和"规制者"的站位偏移不同，信息生态设计者通过厘清责任主体、落实规范原则，将公共原则落实到规则的制定和执行中，不仅避免了前两种站位引发的价值协调困境，同时也有益于全球化数字新闻治理问题的解决。[2]

解庆锋和陈昌凤、林嘉琳在探索数字新闻伦理的基础上，分别从网民和平台角度探讨了数字新闻实践主体应遵守的伦理规范。解庆锋关注自媒体时代普通网民的传播伦理意识，通过对重庆市网民的在线调查，发现媒介素养、外部政治效能感、社交媒介有用性均能提高普通网民的社会传播伦理意识。因为这三点共同构成了网民"积极社交媒介体验"，而积极的媒介使用感受能有效提高网民的社会传播伦理意识，从而使网民"越愉悦越道德"。[3] 陈昌凤、林嘉琳通过观察美国大选中社交媒体的图景，发现社交媒体不仅在元新闻领域引发了信息危机与道德恐慌，还导致了错误信息和虚假新闻的泛滥。具体而言，被广泛使用的用户分析与定向分发技术使得虚假新闻能够大规模生产、传播和放大，极大地影响了选民意见并危及民主进程。而想要改变信息道德恐慌的现象，则需要多方利益相关方联合行动，共同治理社交平台。[4]

四、对人工智能传播问题的研究进一步深入

随着信息通信技术的革新，人工智能技术与新闻传播实践实现了深度融合，催生了新闻生产流程与媒介组织结构的重组，这一全新的传媒生态冲击了原有的新闻伦理和新闻职业道德。2021年，学者们聚焦于人工智能技术下的新闻传播伦理失范问题，欲探寻相关治理对策，从而推进新闻生产实践的有序发展。

曹素珍、沈静基于智能化传播下的新闻生产变革，对人工智能技术引发的传媒伦理困境进行了研究。她们认为，人工智能因其技术局限，产生了数据管理与用户隐私安全、算法风险与算法权力化、把关权的位移与让渡、社会责任缺位与人文价值缺失等伦理问题。对此，应当充分平衡技术逻辑与传媒伦理，使二者实现动态的价值平衡，实现功能互补与价值匹配

---

[1] 杨洸、郭中实：《数字新闻生态下的信息失序：对数据主义的反思》，《新闻界》2021年第11期。
[2] 仇筠茜：《信息生态设计者：数字新闻治理的第三种规范性站位》，《新闻界》2021年第12期。
[3] 谢庆锋：《新冠肺炎疫情期间社交媒介使用与网民的社会传播伦理意识的关系研究》，《全球传媒学刊》2021年第5期。
[4] 陈昌凤、林嘉琳：《新闻专业危机与"元新闻"信息伦理抗争：对美国大选社交媒体图景的观察》，《新闻界》2021年第2期。

的人机关系，维护信息安全与隐私保护的数据规范。① 张静指出，人工智能对新闻业的冲击引发了深层的新闻伦理失范问题，即在新闻主体上引发人的主体性危机和主体功能削弱，在新闻内容上引发新闻失真和机械文本的失衡，在新闻传播应用上引发数据滥用和算法偏见。要解决这些问题，需要业界在科学使用智能技术的同时保持新闻实践的合理性与规范化，坚持人为主体和功能的核心原则、内容真实和规范的业务原则、正当合法性的技术原则，以促进智能化新闻合理规范化发展。② 苗壮、方格格注意到了因人工智能技术介入新闻生产各环节所导致的伦理失范风险。如在新闻信息采集环节中的新闻价值削减、新闻线索失衡，新闻生产环节中的 AI 写作缺乏人文情怀、把关机制不完善，新闻分发环节中的受众深陷"信息茧房"，以及受众反馈环节中的受众权益无法保障等问题。欲化解风险，应当实现新闻参与者、媒介平台、技术开发者和国家规制等多层面的协同治理，实现算法的"人性化"发展路径。③ 文远竹认为，人工智能技术主导的智能传播带来了三方面的伦理失范问题：一是表面的客观数据背后隐藏着偏见和歧视；二是精准的智能推送背后隐藏着对公民隐私权和信息自由权的侵犯；三是大数据优化的背后隐藏着数据利益的驱使和人文关怀的缺失。对此，应当通过设计开发者、平台运营者、信息内容生产者、信息使用者这四个层面对伦理失范问题进行规制，从而使智能传播失范问题得到系统、有效的治理。④ 焦宝、苏超指出，智能传播时代的媒介技术使得具身存在的人作为传播活动的主体能够突破时空限制，但在这一过程中，技术开始呈现自主特性并对人在传播活动中的主体地位提出挑战，并进一步引发了信息无"关"、内容同质等伦理问题。因此，必须对智能传播的属人本质进行再确认，还原人工智能的人性本质，确立智能向善的原则，以构建后人类时代智能传播的后人本伦理。⑤ 党子奇则从技术伦理角度对智能新闻伦理进行探究。在他看来，技术伦理是智能新闻伦理的哲学溯源，能为解决智能新闻的技术伦理风险和行业伦理风险提供理论基础。而作为智能新闻伦理技术责任主体的技术设计者与生产者、技术运营者与销售者、技术产品消费者，应当在实践活动中践行技术向善原则、技术透明原则和平台把关原则，以实现人机共生和人机协同的传媒业智能化发展。⑥

学者们还关注了人工智能技术对媒介出版环境的改变和对媒介公信力的影响。方嘉考察了人工智能出版环境对新闻自由的影响，认为人工智能因技术不足、人类隐私数据泄露和缺

---

① 曹素珍、沈静：《AI 嵌入新闻传播：智能转向、伦理考量与价值平衡》，《探索与争鸣》2021 年第 4 期。
② 张静：《人工智能冲击下的新闻伦理失范问题与对策》，《传媒》2021 年第 9 期。
③ 苗壮、方格格：《人工智能如何"人性化"：新闻伦理失范分析与对策》，《传媒》2021 年第 23 期。
④ 文远竹：《智能传播的伦理问题：失范现象、伦理主体及其规制》，《中国编辑》2021 年第 9 期。
⑤ 焦宝、苏超：《智能传播伦理的技术人性与向善逻辑》，《中州学刊》2021 年第 12 期。
⑥ 党子奇：《技术伦理视角下智能新闻伦理哲学溯源与风险控制》，《智媒时代》2021 年第 18 期。

乏完善监管，致使新闻受众因算法的偏见性进入"信息茧房"，并使新闻专业主义遭受挑战。她提出，人工智能出版环境下的新闻自由与新闻伦理建设，不仅要注重相关法律法规的完善，也应强调新闻工作者的主体性，并加强人工监管。[①] 周国清等对人工智能背景下的出版活动进行了探究，强调"人工智能+出版"是出版业的必经之路，业界在利用该项技术时必须重归伦理规范，积极应对行业风险。具体而言，出版从业主体应坚守原则、责任、美善等价值信念，出版生产应规避内容庸俗、低俗、媚俗，智能技术应改正算法偏见带来的数据获取、隐私泄露等负面影响。[②] 苏宏元、方园则重点关注了智能传播时代的媒介公信力问题，认为人工智能技术对新闻的真实性、专业权威性、导向正确性和情感贴近性产生了重大影响，在一定程度上危及媒介公信力。对此，应从四个方面提升媒介公信力，第一，严格把关算法设计环节，搭建智能核实与求证平台，保证新闻的真实性；第二，颠覆传播以效果为导向的排名模式，将内容作为评判标准，维护新闻的专业权威；第三，建立算法问责等相关监管机制，完善内容审查流程并培养公众媒介素养，确保新闻导向正确；第四，强调人的主体地位，实现人机协同，加强情感贴近性。[③]

与大多数学者批评、反思人工智能传播不同，有少数学者对人工智能传播持肯定立场，认为正确运用人工智能技术能在一定程度上解决当前面临的传播伦理问题。如姜博文认为，人工智能技术能在一定程度上应对社交媒体假新闻的传播失控问题。因为人工智能技术是一把"双刃剑"，虽然对它的不当利用会助推假新闻泛滥，但对其正面利用有利于假新闻的识别和假新闻传播的阻断。而鉴于单凭人工智能技术并不能完全解决社交媒体的假新闻问题，所以应当有效提升受众媒介传播素养、创新人类与人工智能的合作方式、强化人工智能治理和信息传播伦理，以推动假新闻问题的解决。[④]

五、算法与大数据技术问题仍是研究重点

随着智能算法在新闻行业的应用，基于自然语言生成技术的算法新闻在数据、代码、生产者等层面引发了诸多伦理风险。大数据技术作为改变信息收集、信息存储和信息管理的信息技术革命，在给人类社会带来福祉的同时也造成严峻的信息伦理困境。学者在总结二者伦理问题的基础上，分别提出了相应的技术应用原则，以提升其应用的规范性。

尹凯民、梁懿聚焦于算法新闻，认为过度依赖技术的社会背景、受众对信息体验盲目追

---

① 方嘉：《人工智能出版环境下的新闻自由与伦理失范现象研究》，《新闻爱好者》2021年第11期。
② 周国清、陈暖、杜庭语：《改变与回归：人工智能对出版活动影响的理性审视》，《出版广角》2021年第22期。
③ 苏宏元、方园：《智能传播时代媒介公信力的挑战及应对》，《中国编辑》2021年第4期。
④ 姜博文：《人工智能与社交媒体假新闻治理》，《传媒》2021年第14期。

逐的传播环境、算法技术本身不完善的技术诱因，造成了算法新闻数据伦理、代码伦理和生产主体伦理的问题。对此，应坚持包容原则、谨慎原则和专业原则等算法新闻伦理原则，进而提升算法技术在新闻行业应用的规范性。[①] 潘晨晨则着重研究了算法新闻中的算法偏见问题。她指出，算法新闻虽在一定程度上推动了新闻生产和分发的革命，但是由数据输入、数据吞吐、文本输出所导致的新闻偏见，违背了新闻的客观性原则。因此，算法新闻必须以坚守基本新闻伦理原则为出发点，在坚持公开透明原则的同时加强与算法新闻生产传播相关的各主体的合作，使算法新闻走上健康发展之路。[②]

宋建欣围绕个人隐私与信息共享之间的伦理问题，对大数据时代人的尊严和价值问题进行了探究。他认为，数据使用主体受到的不同利益驱使，数据群体分化引发的信息共享与个人隐私之间的矛盾激化，政府数据信息共享平台存在的泄露个人隐私的风险，导致个人隐私与信息共享之间出现了严重矛盾，甚至对人的尊严亦提出了伦理挑战。对此，应建立保护个人隐私的伦理约束原则，构建个体用户的道德保护机制，强化信息共享中保护个人隐私的契约精神，充分发挥政府个人隐私保护的主导作用，加强保护个人隐私的技术治理，从而有效保护自身隐私，提升人的价值。[③] 梁宇、郑易平注意到了因大数据技术的负面效应和监管力量的缺失所导致的信息隐私遭受侵害、信息污染屡禁不止、价值迷失普遍存在等伦理困境。而为解决信息伦理困境，应制定明确信息伦理原则，加强社会监管，强化技术创新，加强信息伦理教育的治理策略，推动大数据技术的科学和合理利用。[④] 武文颖、朱金德则对信息时代网络适老化所面临的伦理问题进行了探讨。他们指出，网络适老化面临家庭、信息、主体行为这三方面的伦理风险，应以老年人主体视角为中心，依据老年人的网络实践脉络，对网络适老化中不同责任主体进行划分。概言之，分为四个方面：一是网络适老化的技术应用应坚持数据收集最小化原则、同理心原则和技术支持的公正原则；二是社会制度保障应持续推进；三是老人子女应勇于担起数字反哺责任；四是老年人自身应培养融入网络的勇气与自信。[⑤]

[①] 尹凯民、梁懿：《算法新闻的伦理争议及审视》，《现代传播（中国传媒大学学报）》2021年第9期。
[②] 潘晨晨：《算法新闻偏见及其治理路径》，《编辑学刊》2021年第4期。
[③] 宋建欣：《大数据时代人的尊严和价值——以个人隐私与信息共享之间的伦理抉择为中心》，《道德与文明》2021年第6期。
[④] 梁宇、郑易平：《大数据时代信息伦理的困境与应对研究》，《科学技术哲学研究》2021年第3期。
[⑤] 武文颖、朱金德：《网络适老化的伦理反思与规制》，《社会学研究》2021年第10期。

论文荟萃

【优秀传统文化的核心价值与当代中国社会文化发展】

肖群忠 《中国特色社会主义研究》2021年第5期

该文认为中华优秀传统文化的复兴必然会成为实现中华民族伟大复兴的文化根基与强大精神动力，所以必须站在全新的历史认识高度，把马克思主义的普遍原理与中国优秀传统文化相结合。为此，要弘扬传承优秀传统文化的核心价值，以其作为推动当代中国社会文化发展的价值引领。概括来看，中华优秀传统文化的核心价值理念主要体现为：以人为本的人文精神；义利统一的价值原则；社会和谐的价值目标；天下一家的世界情怀。而这些核心价值理念不仅对社会和政治治理提供精神原则，而且对人的修养和安身立命提供精神滋养。其中，社会秩序整合与政治治理的精神原则主要是：仁义为本的立人之道、恭敬谦让的礼仪之邦、权责统一的现代精神、德法并举的治国方略。对主体修养与安身立命的精神滋养体现为：理想信仰的崇高追求、崇德向善的君子人格、修身为本的主体实践、心安身健的幸福人生。

（陈伟功）

【《论共产党员的修养》对马克思主义中国化的理论贡献】

龚群 《马克思主义研究》2021年第3期

该文认为《论共产党员的修养》是中国优秀传统文化与马克思主义相结合的产物，不仅体现了刘少奇对于优秀传统文化的高度认同和文化自信，而且也是将马克思主义与中国革命相结合的产物。作为一部创造性的、全面系统地阐述共产党员党性修养的著作，它以马克思主义的立场、观点和方法，对政治信念修养、理论修养、作风修养和道德修养等方面进行了全面而深入的探讨，进而强调共产党员只有在革命斗争实践中才真正能够得到锻炼和增强自身修养，从而将马克思主义的修养论提到一个新的高度，对马克思主义中国化作出重要贡献，至今仍有重大意义。

（陈伟功）

【历史镜像中的马克思主义伦理学建构】

林进平 《伦理学研究》2021年第1期

该文主张，当今之世，不论是为了批判资本主义、回应自由主义的挑战，还是为社会主义提供伦理支持，都有必要建构和发展马克思主义伦理学。在马克思主义发展史上，马克思主义与伦理学的关系表现为"相互排斥"、"相互补充"和"相互包含"三种样态。其中，"相互排斥"说与"相互补充"说都没能为马克思主义伦理学的建构和发展留下余地，而"相互包含"说实质上又是伦理学的，而非马克思主义的。因此，只有以马克思主义包含伦理学和始终把唯物史观与辩证法作为最根本方法论遵循的基础上，既要避免把马克思主义实证化抑或伦理化，同时又要处理好马克思主义伦理学对思想传统的继承与发展的关系，才是建构马克思主义伦理学的合理路径。与此同时，聚焦、发展中国马克思主义伦理学，还应重新思考作为马克思主义伦理学的基本价值，从而发挥好马克思主义伦理学在社会治理中基于道德、伦理价值的守护和引领之效。

（陈伟功）

【中国道德语言的发展路径】

向玉乔、王旖萱　《伦理学研究》2021年第6期

该文重点解析了中国道德语言沿着民间、官方和学术界三条路径发展的格局，认为这三条路径并不是并行的关系，而是相互交织、相互影响、相互促进的关系。虽然它们之间具有交叉融合的空间，但是这种融合是有限度的。具体而言，民间是中国道德语言产生和发展的最广阔场域，为中国人民创造中国道德语言和推动中国道德语言不断发展提供了社会背景和现实条件；官方则引导了中国道德语言的发展，为中国道德语言的发展提供了合理的行政性规范；学术界则提出概念、建构思想，为中国道德语言注入学术性元素。

（陈伟功）

【中国乡村治理的伦理审视】

刘昂　《道德与文明》2021年第1期

该文认为，当前乡村治理以村庄干部为主力，以政策法规为主导，以经济发展为中心，但村民主体价值彰显不足，地方性道德知识难以凸显，伦理道德约束不断弱化。从"个体—社会—国家"三维视角分析，这些现象主要受小农伦理的延续、村庄伦理共同体的式微、现代国家建构的伦理诉求等因素影响。为此，要从主体、机制、目标三个方面着手，构建村庄公共道德平台、提升乡村德治水平、追求村民美好生活，以此增强村庄内生动力，完善乡村治理体系，实现村庄善治。

（陈伟功）

【近代非孝论争再审视】

郭清香　《船山学刊》2021年第2期

该文通过对20世纪非孝论者与现代儒者论争的解析，提出这一论争为当代讨论孝道问题提供了有益的启示：个人德性之孝的重要作用可由家庭推扩向国家、社会；孝的义务一定要建构在情感基础上；孝可起到实现人生终极价值和不朽意义的作用。从总体上看，论争双方一反一正在解决的共同的问题是：孝道如何应对时代，应对现代化的要求。非孝论者批判传统孝道移孝作忠成为专制社会的制度基础，现代儒者则努力强调孝道作为亲子伦理的意义；非孝论者认为传统孝道强调子对亲的单向义务伤害乃至牺牲了子的权利，现代儒者认为整体上儒家伦理关注关系双方的规范，同时强调单向纯义务作为个体自主选择的崇高道德意义；非孝论者认为传统孝道束缚个性发展，现代儒者则努力挖掘孝作为人之天性、本性所具有的个性完善的意义。

（陈伟功）

【个体的崛起与道德的主体】

甘绍平　《哲学动态》2021年第8期

该文对现代性个体成长为理性、成熟个

体进行了学理上的分析，认为每一个人想要证明自己是一位理性、成熟的行为主体，就必须基于人性需求，通过对自身整体利益、长远利益、他者利益及社会利益的全盘统一的研判与考量，自觉主动地与他人建构起一种对于自身福祉与社会秩序均有保障作用并体现出自主、理性、普适的契约道德。这种道德呈现对所有的当事人权益的珍视，对行为主体本身非理性的、极端自利的限制以及团结与利他主义的价值取向。现代性语境下成熟的理性个体，也就通过自立规则和自守规则，通过从外在强制向理性的自我强制的进化，通过从一位自由的个体到道德的主体的文明状态的转变，证成了将自由与道德统一于一身的逻辑必然性。

（陈伟功）

【人性与道德的伦理之思】

王正平 《上海师范大学学报（哲学社会科学版）》2021年第1期

该文主张，当下中国与世界抗击新冠肺炎疫情的战斗彰显了人性的道德大美与伟大力量。人性中有道德的善与美，讲道德必须讲人性。道德生活实践召唤我们不能再对活生生的人性避而不见，而应当积极汲取人类的全部伦理智慧，从理论与实践的结合上深入探求人性与道德关系的真理。中国传统伦理肯定人有"好利""好声色""趋利避害"的自然本性，重视"理寓于欲中"，又强调"导欲于理"。西方伦理思想不论是感性主义还是理性主义，都认为人性有"自爱自保""趋乐避苦"

"利己心"的一面，又有"同情心""仁爱心"的一面，人性是一切道德情感和行为准则的基础。现代心理科学理论揭示了由人本性所规定的饮食男女的心理欲求，是道德意识和道德原则产生的客观心理基础，人的从低级到高级的各种心理需求，是人深刻的内在道德动机和道德动力。马克思主义的历史唯物论告诉我们，道德是人们把握世界的一种"实践精神"。人性具有自然本性，又有社会属性，人性通过"需要"和"利益"这两个关键因素对道德具有根本性的决定、影响和驱动作用。道德则通过心理引导和利益调节的方式改善人性。人性决定和制约道德，道德又调节和完善人性。在当前个人与民族利己主义抬头、道德价值观念纷争、人际关系撕裂的背景下，我们应当重建合乎人性的道德理念，大力倡导"善良人性"这个可以成为全社会和全人类唯一达成"叠加共识"的伦理道德，重建良好的道德的秩序，构建中国和世界的生命共同体。

（陈伟功）

【自然、精神与伦理——进入黑格尔伦理学哲学体系之路径】

邓安庆 《同济大学学报（社会科学版）》2021年第5期

该文提出，只有从黑格尔的哲学体系出发才能真正地理解黑格尔伦理学在其哲学体系中的地位和意义。黑格尔成熟的哲学体系包括了逻辑学、自然哲学和精神哲学，这个体系最终是要论证世界是一个向着自在自为的自由演成的结构。只有从这个通往自由的世界结构出发,我们才能理解"伦理"的世界使命,即以精神的提升促成自由的实现,才能理解自然与伦理之间的辩证关系。"自由"从"自然"中演成的这一必然性说明"道义"为何具有绝对的义务约束力或命令性;唯有"自由"在他在/他物中依然还"在自身处安家",才能阐明伦理性的自由在各种伦理生活的实体关系中"由自"主宰的存在论特征。黑格尔的哲学体系作为自由演成的体系,其主观精神、客观精神和绝对精神都是伦理学不可或缺的部分,都是自由演成的存在论环节。

(陈伟功)

【人工智能体有自由意志吗】

南星 《学术月刊》2021年第1期

该文围绕人工智能体是否拥有自由意志这个问题,提出"实践自由"的观念。因为这一观念既能容纳传统自由意志观中所包含的绝大多数价值,又与现代科学的基本图景和谐一致。而支撑这一观念的有三大要素,即行为的不可预测性、潜在冲突的目标以及对一系列期待和要求的共同认可。从原则上来说,前两大要素都可以为人工智能体所满足,但它们是否能够满足第三个要素则是颇为可疑的。然而通过对人工智能体拥有自由意志的可能性条件进行分析,能够更深入地理解(人类)自由意志的本性和基础。

(陈伟功)

【数字全球化与数字伦理学】

薛晓源 《国外社会科学》2021年第5期

该文简要概述了全球化的本质,阐述了全球化最新发展阶段——数字全球化的运行态势和根本特点,从思想和技术的源发处展示了以5G技术、人工智能、大数据、云计算、区块链为代表的数字经济与数字全球化的融合和共生关系,呈现了数字全球化日新月异的发展如何颠覆人们对生产力、生产关系的传统认知。面对"不确定性"的生活常态,要主动发挥全球化美德的引擎,建构信任—信用—信赖—信念—信心全覆盖、全社会的价值认同体系,即数字伦理学。在数字技术规范、高效运行的基础上,建立起有秩序、讲规范、高信任的全球公民社会,并将促进全球化的和谐有序发展,促进人类社会发展的稳定和平衡。

(陈伟功)

【作为中国哲学关键词的"性"概念的生成及其早期论域的开展】

丁四新 《中央民族大学学报(哲学社会科学版)》2021年第3期

该文认为,"性"概念是在天命论和宇宙生成论的双重思想背景下产生的,它联系着"天命"和"生命体"的双方。其一,"性"概念的提出,是为了追问生命体之所以如此及在其自身之本原的问题。其二,"性"来源于"天命",是"天命"的下落和转化,人物禀受于己身之中。其三,在"天生百物,人为贵"的命题中,古人很早即认识到，人物在其天赋之"性"中已禀受了区别彼此的类本质。其四，"性"概念正式形成于春秋末期，而将"性"同时理解为"天命"的下降、转化和赋予，这很可能是孔子的思想贡献。其五，性命论、心性论、性情论、人性善恶论和人性修养论是"性"概念的相关论域，它们产生很早。其六，郭店简《性自命出》建立了一个由天、命、性、情、心、道、教和仁、义、礼、乐等概念组成的思想系统，其意义十分重大。其七，不同的"人性"概念会影响诸子对于人性善恶的判断及其修养方法的提出。人性善恶的辩论几乎贯穿春秋末期以来中国古代思想史。其八，子思子的"尽性"说和孟子的"尽心"说是先秦人性修养论的精华。

（郭明）

【古今学者对性善论的批评：回顾与总结】

方朝晖 《国际儒学（中英文）》2021年第4期

历史上对性善论的批评大概有七种立场：性无善恶说、性超善恶说、善恶并存说、善恶不齐说、性恶说、善恶不可知说、善恶后天决定说。不仅如此，人们还对孟子性善论的立论方法进行了批评，大体上涉及片面取证、循环论证、混淆可能与事实、混淆理想与现实、门户之见、不合圣人真意六方面。因此，今天任何试图为性善论辩护，或倡导性善论的行为，都不能忽视这些学说。一方面，人性善恶的争论延续了几千年，至今未有定论，导致分歧无法化解的重要原因包括学者们对于人性的概念、内容、类型以及善恶的标准迄无共识，往往各说各话；另一方面，从历代大批学者对性善论的批评与回应，并形成那么多观点和流派，也可窥见孟子对东亚乃至今日世界人性论研究的推动作用之大。

（郭明）

【孟子达成的只是伦理之善——从孔孟心性之学分歧的视角重新审视孟子学理的性质】

杨泽波 《复旦学报（社会科学版）》2021年第2期

创立性善论是孟子对儒学发展最大的贡献，但不可否认孟子对智性有所忽视，与孔子思想存有罅隙。从一定意义上说，孟子实际上是"窄化"了孔子，不再有孔子仁智合一的大格局，这就是孔孟心性之学的分歧。孟子思想的这一失误决定了孟子所能达成的只是伦理之善，而非道德之善。伦理之善属于"常人"范畴，尽管这是成德成善的基本功，但毕竟不是善的全部，还需要进一步启动智性以达至道德之善。孔孟心性之学的分歧是儒学发展的头等重大事件，对儒学发展有根本性的影响，不仅导致荀子的奋起，同时也是心学与理学之争的思想源头。厘清这个关系，对于正确评价当前的阳明热，矫正其失，不无意义。

（郭明）

【儒家人性论三种形态与儒学的当代开展】

李承贵、章林 《黑龙江社会科学》2021年第5期

应该看到正统儒家人性论有道德、政治

和经济三种形态。其中，道德人性论是人摆脱自然动物性的基础，政治人性论是构建理想政治的基石，经济人性论是保障经济生活的关键。通过道德、政治和经济三个向度的实践展开，既可以丰富儒家人性思想的内容，又能体现儒家人性思想的价值和意义，这对儒家人性论的展开，具有纲领性指示意义。

(郭明)

【儒家伦理的"情理"逻辑】

徐嘉 《哲学动态》2021年第7期

儒家伦理具有"情感理性"（"情理"）的特征，并将主观性、个体性的情感，经过人的理智加工，以概念化、逻辑化的方式确立为善德标准与伦理原则。在儒家情理体系中，"仁"是一切理论的起点和核心，"共通的情感"和"同理心"是"仁"的原则得以推广的依据，而对"仁"的觉解则是道德选择、道德判断以及道德修养的决定因素。

(郭明)

【孔子"欲仁"、孟子"欲善"与荀子"欲情"——从当今西方伦理学"欲望论"观儒家"欲"论分殊】

刘悦笛 《孔学堂》2021年第3期

该文运用比较哲学的视角，借用西方伦理学的欲望讨论范式，对先秦儒家的欲望思想进行类型划分。孟子的"欲"与善直接相连，具有明确的道德取向和能动作用；荀子的"欲"与情感相接，无须反思而需要客观的规范；孔子的"欲"则介于两者之间，没有那么明确的善恶抉择意味。概言之，中国原典儒学的欲论，揭示出本土"情理结构"超越主客对立，化解情理矛盾的优长，具有重要的理论意义。

(郭明)

【"仁"与祖先祭祀：论"仁"字古义及孔子对仁道之创发】

陈晨捷、李琳 《东岳论丛》2021年第4期

"仁"的最初造字指向的是祭祀所荷载的对祖先的"报"，即感恩与回报之情，昭彰"仁"的早期意涵与其宗法制度息息相关。"祭"为"教之本"，"祭"尤其是"宗庙之祭"，体现了周代宗法制度的基本精神：一方面，它可以通过"爱"以增进血缘共同体意识，即"亲亲"；另一方面，则可以崇"敬"以申明上下尊卑、亲疏远近之别，即"尊尊"。此后，在"仁"之意涵的发展与转向进程中，孔子对"仁"作出了新的诠释：一是以"孝"代替"祭"为"教之本"，体现其重现世人伦的精神；二是以"爱人"定义"仁"。

(郭明)

【论老子孔子"仁"的同异】

张景、张海英 《伦理学研究》2021年第1期

学界普遍认为老、孔在仁的问题上持对立态度，老子因"搥提仁义"而被视为"反伦理主义"者。事实上老、孔的仁爱主

张虽有差异,但无根本分歧。老、孔都赞美无任何个人功利诉求的"上仁""安仁"行为,对仁的内涵认定也基本一致。不同处在于具体实践时,孔子面对"我未见好仁者"的现实,从可行性角度主张以"利仁"劝导民众,老子则坚守"上仁"标准而对"利仁"所隐含的弊端表示担忧。在现实社会中,老子的"上仁"因难以实施而被束之高阁,孔子用来劝勉民众的"利仁"因切实可行而利于社会安定,但客观上往往出现仁义被小人盗用的现象。因此,厘清老、孔仁爱思想的同异与利弊,对于今人也具有极大的借鉴意义。

(郭明)

【"吟风弄月"还是"得君行道"——周敦颐礼学思想新论】

刘丰 《湖南大学学报(社会科学版)》2021年第6期

该文试图对道学宗主周敦颐的礼学思想进行发掘并以此重新定位周敦颐的历史影响。周敦颐通过对大《易》的思考,提出"礼,理也"的礼学思想,将人的存在、人类社会的人伦秩序与宇宙万物的演化看作一体的,启动了宋代儒学复兴过程中礼学义理化的过程,激发了后来的理学家对礼作进一步本体论的证明。

(郭明)

【《荀子·乐论》的音乐伦理思想体系探赜】

桑东辉 《道德与文明》2021年第2期

荀子的音乐伦理思想涵盖了音乐的内在本质、美学旨趣、教化功能、修养路径等方面,是对先秦儒家音乐伦理思想的综合与提升,奠定了中国封建社会音乐伦理思想的主基调,在中国传统音乐伦理思想史上具有承上启下、继往开来的重要作用。因此,探究《荀子·乐论》中音乐伦理思想,具有一定开拓意义。

(郭明)

【朱熹浩然之气、道德认知与道德勇气述论】

赵金刚 《伦理学研究》2021年第2期

浩然之气是儒家道德哲学的重要伦理命题。朱熹在其理学构架内重新对"浩然之气"进行诠释。在他看来,"知言"是养成浩然之气的关键,亦即要通过道德认知的方式涵养出道德勇气,将血气转化为浩气。如此养成的浩气,可以推动道德实践的落实,使人以一种无所疑虑、恐惧的状态去实践。浩气具有道德实践能力,即在朱熹的思想当中,气不是纯然消极的,气可以有积极的面向,这也是"浩然之气"道德性的重要展现。"浩然之气"作为"道德勇气",其时代价值也就能更充分地展现出来,即今天依旧需要具有道德实践力、能抗风险、坚守价值的道德主体,此种道德主体必定是一身浩气。

(郭明)

【儒家"权"论的两种路径——兼论汉宋"经权"观的内在一致性】

刘晓婷、黄朴民 《管子学刊》2021年第1期

经权论是儒家伦理研究的重要议题,孔

子"权"论蕴含了道德与知识两个发展路径，自孟子到汉儒、宋儒，都在道德的路径上为行"权"设定道德依据；清儒戴震则发展了"权"的知识论取向。汉儒与宋儒对"经权"关系的表述看似相反，但在以"道"或"理"制"权"的取向、"道""经""权"的思想结构，以及构建道德体系最终消解"权"的独立性的后果上具有一致性。

（郭明）

【此心"安"处——论儒家情感伦理学的奠基】

付长珍 《文史哲》2021年第6期

儒家伦理学资源能够回应情感主义德性伦理学关于"情感能否为道德奠基"的追问。儒家伦理学是一种自然主义人性论。儒家学者通过人禽之辨的分疏中确立起人伦道德的基础，即"心安"是人性的灵明一点。此"心"是本源性、基础性的道德良心，心是道德意识之源，安是道德行为之基。以此，儒家认为秩序建构离不开人之为人的道德情感。

（郭明）

【试论孟子心性论哲学的理论结构】

郑开 《国际儒学（中英文）》2021年第2期

孟子哲学的理论形态是心性论，其重要性在于它是儒家哲学的基本理论范式。孟子心性论哲学是孔孟之间儒家人性论发展的蜕变与升华，是儒家精神境界理论的重要基础。从理论结构层面分析，孟子关于人性的双重性的阐述、关于心的概念深层揭示，以及对精神境界的超越性和不可思议性的提示，为真正内在地理解儒家心性论确立了不可或缺的前提条件。

（郭明）

【义、利不可以轻重论——儒家义利观考察】

金富平 《江淮论坛》2021年第5期

儒家义利观一般被认为是重义轻利，但实际上，孔孟儒家认为义、利二者是异质的、不可通约的。这就是说，义、利在价值上是不能进行所谓的轻重比较的。儒家义利观之所以被认为是重义轻利，是因为混淆了义利观和义利之辨这两个实际上截然不同的概念。义利观是关于道德与物质利益关系问题的思想认识，儒家的义利观既不是重义轻利，也不是义利并重，而是见利思义；儒家义利之辨是心理动机上的怀义、怀利之辨，是儒家基本的修身实践工夫。对二者的辨析，不仅有助于消除对儒家义、利价值观的误解，也有助于重新发现义利之辨在儒学中的重要意义。

（郭明）

【儒家君子文化中的平等意蕴】

张舜清 《北京大学学报（哲学社会科学版）》2021年第1期

儒家"君子"的等差意味，源于儒家对天地及其创生的万物等差存在这一客观实然的认识。儒家在万物等差存在这一客观事实基础上理解平等问题，认为真正的平等只能存在于对万物先天的等差需求及后天努力造成的差异的区别对待之中。然而，这并不意味着儒家君子观没有平等追求。因为儒家的君子观蕴含着深刻的生命平等意识，也隐含着人格平等、起点和机会平等等法权形式的平等主张。更为重要的是，这样一种平等主张也包含着义务的向度，是把权利和义务相平衡的平等主张。同时，这种平等主张经过合理地诠释能够转化为培育当代中国平等价值观的积极因素，并为其提供精神动力和心性支持。

（李艳平）

【朱子论"孝"】

冯兵 《哲学研究》2021年第1期

朱熹的孝论是以"四书"、《礼记》及《孝经》等先秦与秦汉文献为基础的，萃集儒家孝论的精粹而成，具有集大成的性质。朱熹以"理—气"结构论证孝的合法性，以"理—礼"结构确定礼为孝的运行机制，由权而"得中"为孝的实践原则，并基于孝悌为"行仁之始"的理解，从心性与政治两个层面总结了孝的意义。朱熹的孝论体现出了兼该体用、会通公私领域的特点，并不是后世愚忠愚孝思想的理论来源。此外，经由现代性的洗礼，在当前的中国社会重建新的孝伦理体系，仍是一项重要和迫切的工作。

（李艳平）

【君子上达：儒家人格伦理学的理论自觉——以陈来先生《儒学美德论》为中心】

王楷 《道德与文明》2021年第1期

陈来先生新著《儒学美德论》借镜美德伦理学把握美德伦理研究中的中国问题。沿着陈先生的理路系统地探讨儒家伦理学的理论形态，可以发现：不同于以行动为中心的规则伦理学，作为一种（广义的）美德伦理学，儒家伦理学以行为者为中心，核心主题是"应该成为什么样的人"及"如何成为这样的人"。同时儒家伦理学超越了"行为与品质"/"规则与人格"二元对立的伦理学范式，克服了当代西方美德伦理学美德观念的狭窄性和抽象性，是一种整体性的理想人格。因此，在反思和批判现代性的背景之下，儒家伦理学蕴示着一种相对更优的未来伦理学的建构路径。

（李艳平）

【儒家《诗》教视域下的夫妇之道】

刘青衢 《天府新论》2021年第4期

《诗经》描写的爱情、婚姻、家庭等主题反映了儒家礼乐教化传统中的夫妇伦理观念，婚前男女关系遵循匹配、感应、真诚、节制等原则，婚后夫妇关系遵循隆礼、齐家、葆爱、劝教等原则。其中忠道为夫妇伦理原则的理论本体，确立于"天""中""诚""一""敬""尽己"等内涵；恕道为夫妇伦理原则的实践工夫，落实于"仁""正""如""推""度"等意蕴。此间，儒家《诗》教蕴含的夫妇伦理肯定人的主体性，也强调对主体性的规范，使现代性的夫妇关系在注重实现个体价值的同时，也可望臻至以君子人格为旨归的生命修养境界。因此，这些价值观念可能仍然适用于现代夫妇伦理，但须进一步揭示其本体理据和实践工夫，以增强理论易代转化的普遍效力。

(李艳平)

【《诗经》生态伦理思想对当代中国生态伦理学的构建意义】

李营营 《社会科学研究》2021 年第 6 期

面临世界百年未有之大变局，重新思考人与自然的关系是生态伦理学的使命。西方生态伦理学无法走出主客二分的逻辑困境，但中国传统生态伦理思想的整体性视角恰恰可以弥补西学的不足。《诗经》的"顺应天时，合乎地宜"的"时禁"生态敬畏观、"仁及草木，德及昆虫"的"同情"生态保护观、"乐山乐水，师法自然"的"自然"生态审美观，既是"天人合一"思想的肇端，又是中国传统儒家生态思想的起点，对当代中国生态伦理学的建构具有重要意义。

(李艳平)

【宋代儒家视野下的堕胎问题】

蔡蓁 《文史哲》2021 年第 6 期

与认为儒家思想并不重视堕胎问题的刻板印象相反，宋代的法律和儒医关于妇产医学的论著中体现了胎儿的生命已经作为一个潜在的人类生命在法律上被加以重视和保护。鉴于当时系统而完整的胎儿发育及胎教学说，儒医普遍把胎儿时期看作人类生命的开始。基于这种观点，宋代儒医对堕胎持反对立场的同时，也秉承了儒家在处理实践问题时一贯采取的整全性态度，即在复杂的现实中，对堕胎所涉及的多方面的价值和考量加以重视和权衡。

(李艳平)

【灾训齐家：明清家训中的灾害教育】

鞠明库、邵倩倩 《江西社会科学》2021 年第 9 期

明清时期的中国是一个农业国，亦是西方学者眼中"饥荒的国度"。在长期与灾害抗争的历史中，古人留下了丰富的灾害记录、完备的荒政制度，却没有形成系统的灾害教育体系。明清家训以其特殊的教育宗旨、教育方式和传播手段，在训教子孙行善修身、守业齐家的同时，寓灾教于家教之中，客观上承担了部分灾害教育的功能。家训中的灾教内容，不仅对官方防灾减灾的不足、疏失和弊端起到了重要补救作用，而且提高了家族子孙乃至乡约社众的灾害意识和防灾减灾素养，其意义和价值不容低估。

(李艳平)

【中国式现代化进程中的乡村振兴与伦理重建】

王露璐 《中国社会科学》2021 年第 12 期

中国式现代化是一条独具中国特色的现代化道路，为中国特色乡村建设之路提供了路线支持。为推进乡村振兴，应该在充分认识城乡关系发展趋势的基础上，把握中国乡

村社会特有的道德图景以及相关的道德问题。与此同时，中国乡村伦理的现代重建，应该基于马克思主义唯物史观的基本历程和方法，以农民为本，注重发展路径多样性，重视"地方性道德知识"，推动建立"记得住的乡愁"的道德文化之根。

（李艳平）

【事君与内外：《论语》管仲评价发微】

顾家宁 《孔子研究》2021年第6期

《论语》中孔子对管仲的评价微妙而复杂。孔子一方面肯定管仲有仁之事功，"不死纠难"并不构成对其"未仁"的质疑；另一方面，亦未许管仲为仁者，批评其"器小"，从而凸显了儒家政治思想中的两个基本问题，即事君之义与内外之辩。就前者而言，君臣之间的人身性效忠关系并不构成一种绝对理念，君臣之义从属于天下大义。就后者而言，事功成就在孔子对政治人物的评价中具有某种优先性，但内外合一仍然是一种作为儒学共识的理想状态。其中内外之间的联结方式，开启了后世理学、事功学派的差异，体现了儒家政治思想的内在丰富性。

（李艳平）

【荀子的"从道不从君"析论】

东方朔 《复旦学报（社会科学版）》2021年第5期

"从道不从君"是荀子《臣道》篇所阐述的人臣事君时所应遵循的主张。这一主张隶属君臣相处之道的脉络：一方面，着眼于人臣，若君有过谋过事，将危国家陨社稷，故为人臣者当以道自守，以道正君；另一方面，在造就"明主""明君"，防止"暗主""暗君"。"从道不从君"的命题激励历代儒者恪守"道高于君""德尊于势"的主张，并借此对君主提出道义规约，支撑起特有的政治批评平台，为儒者对现实政治的道德批判提供了重要的精神资源。然在荀子思想系统中，"道"就其自身而言并不能充当一种客观独立的制约君权的力量，故就其本质而言，这一主张依然只能表现为一种道德教化的形态。

（李艳平）

【从《群书治要》治道思想论儒家圣贤政治体系】

刘余莉、张超 《孔子研究》2021年第4期

《群书治要》是中国传统政治思想的精粹集成，贯穿着中国传统的"治道"思想，体现了儒家圣贤政治的逻辑规律。中国传统"治道"具有双重含义，儒家政治的特征则可以概括为圣贤政治。儒家圣贤政治的逻辑体系是以道为体，以仁政为相，以"修身为本"，"教学为先"，"爱民而安""好士而荣"为径，以"明明德、亲民、止于至善"为归，其效用自然是家齐、国治、天下平。此外，儒家圣贤政治使中国特色社会主义制度具有了深厚历史文化底蕴。

（李艳平）

【儒家家国观的三个层次】

刘九勇 《哲学研究》2021年第6期

儒家政治思想的一个核心问题是家国关系，而传统观点往往笼统地以家国同构加以概括。实际上，在西周春秋时代家国同构的现实中，家是宗法贵族之家，国是宗法封建之国。受其影响，儒家主张对化家为国进行伦理化改造。春秋战国之后的国家逐渐与私家分离，集权国家超然于去政治化的私家之上。儒家相应地发展出以家为主、以国为客、立国为家的思想。但在更高的理想层面上，儒家仍然追求从家国分离转化为大共同体主义的家国同构，即化国为家、天下一家。只不过，这里的家是一种对大共同体的譬喻，代表了家国同构的另一种情形。

（李艳平）

【天吏：孟子的超越观念及其政治关切——孟子思想的系统还原】

黄玉顺 《文史哲》2021年第3期

孟子以"规训权力"为根本宗旨，这在逻辑上必须满足以下三个条件：第一是规训者的确立，即必须具有对于权力的价值优越性，于是孟子树立了拥有"天爵"的"天吏"即"王者师"形象；第二是规训者的先天资质，即必须具有与权力者同等的天然禀赋，于是孟子创立了"天民"心性论，在人性层面上破除社会等级观念，这也是诱发后儒内在超越转向的根由；第三是规训者的后天资质，即必须是同类中的优异者，以保证其规训资格，于是孟子建构了"劳心劳力"论与"先觉后觉"论及境界功夫论。这三者的共同支撑条件则是必须坚持超越之"天"的外在性与神圣性。然而这却与孟子的君臣伦理和臣属意识相矛盾，使其"得志行道"的理想沦为幻象。

（李艳平）

【儒家治道：预设与原理】

方朝晖 《衡水学院学报》2021年第6期

儒家治道建立在中国文化的此岸取向这一基本预设之上，其最高价值原理可概括为天下原理、文明原理和大同原理。而在此基础上形成了德治原则、贤能原则、人伦原则、礼法原则、风化原则、义利原则、民本原则七条原则。儒家治道的一系列具体措施，皆可视为此七原则的产物。而总体上看，儒家治道有三大特色：治人主义、统合主义和心理主义。

（李艳平）

【用智慧驯化勇敢：古希腊德性政治的演进】

刘玮 《道德与文明》2021年第1期

在古希腊人看来，"德性"的意思是好和卓越，它与政治的联系几乎不言而喻。如果宏观地考察古希腊的德性政治，我们可以看到两条主要线索：一条是强调勇敢和战争德性的主线，在荷马和各个城邦的政治实践中体现得非常明显；另一条是强调理智和智慧的线索，这条线索也可以在荷马史诗中看到端倪，但主要经历了从智者到斯多亚学派的演进过程，展现出不同的面向。在这个演进过程中，有一个共同的关注，就是用理智和智慧驯化勇敢，把勇敢纳入智慧的轨道。古希腊德性政治的不同源流，在西塞罗那里得到了罗马式的吸收和转化，进而对后世的德性政治产生了深远的影响。

（刘玮）

【德性政治：罗马政治文化的观念构造】

刘训练 《道德与文明》2021年第1期

"德性"是罗马共和时期和帝国早期日常政治生活中的高频词，也是拉丁史纂与文学的重大主题、罗马国民认同与国民教育的核心概念，以它为中心的一系列概念共同构成了罗马的政治伦理观念和政治价值体系。相比于其他对罗马政治文化的概括，"德性政治"这一范畴能够更好地揭示罗马共和国占据统治地位的贵族阶级借以对内宣示特权、罗马国家借以对外宣示霸权的意识形态及其心理—动力机制与社会—政治供给机制，它也是理解罗马历史上贵族竞争与贵族展示的锁钥。意大利文艺复兴时期人文主义的德性政治与它以其为原型的罗马德性政治在许多重要方面构成了有趣的对比，这种对比凸显了罗马德性政治的独特性。

（刘玮）

【用德性驯化政治：意大利文艺复兴时期的德性政治】

郭琳 《道德与文明》2021年第1期

14世纪中期，以彼特拉克为首的人文主义者开启了"德性政治"观念的复兴。文艺复兴时期的人文主义者倡导的"德性"不仅包括古希腊的四主德与中世纪的宗教德性，还涉及个人能力、专业知识等现代性的概念范畴。他们主张真正的高贵只能源于德性，希冀通过提升统治阶层的德性以实现政治改革。在德性政治的统摄下，人文主义者一方面提出在德性标准面前人人平等，另一方面秉持精英式德性教育理念，默认一定程度上的政治等级制。就本质而言，人文主义的德性政治仍然散发着强烈的精英主义气息。

（刘玮）

【自爱与慷慨：欧里庇得斯《阿尔刻斯提斯》中的道德困境】

罗峰 《外国文学评论》2021年第4期

在《阿尔刻斯提斯》中，欧里庇得斯揭示了阿尔刻斯提斯的替死行为所引发的道德困境：这一行为既出于自愿又不自愿，女主人公身上既有传统德性的烙印，又因含混的自爱而带上了鲜明的个人主义色彩。替死行为虽显示出英雄式的勇敢，但又因替死者要求回报和忽略公共维度而与传统德性发生断裂。阿尔刻斯提斯的丈夫阿德墨托斯的选择也凸显了自爱和个人主义特征：他不仅要求他人替自己赴死、坦然接受妻子替死，还责骂父亲不愿替死，并在对妻子的背叛中消弭了慷慨德性。通过追溯替死引发的道德含混和人伦崩塌，欧里庇得斯展现了传统宗教的内在限度及其给人世政治和伦理带来的困境。

（刘玮）

【哲学是一种神圣的疯狂吗——柏拉图《斐德罗》与《理想国》中的灵魂学说】

樊黎 《哲学动态》2021年第12期

纳斯鲍姆在她对《斐德罗》的解读中挑战了把柏拉图看作伦理学理性主义者的传统观点。她认为《斐德罗》将哲学看作一种神圣的疯狂，修正了《理想国》等对话将哲学视为理性统治的生活的立场。通过对文本的仔细梳理，我们能够澄清《斐德罗》所谓"神圣的疯狂"和《理想国》所谓"理性统治的灵魂政体"各自的实质意涵：神圣的疯狂是灵魂向上接触真实存在时的剧烈动荡，理性统治的灵魂政体则是灵魂向下在可见世界中建立的生活秩序。因此，《斐德罗》对神圣疯狂的赞美并非旨在修正《理想国》所推崇的理性统治。事实上，柏拉图对理性和哲学的看法比人们通常认为的更加复杂。

（刘玮）

【但丁的双重二元论】

吴飞 《北京大学学报（哲学社会科学版）》2021年第5期

但丁的《神曲》中有奥古斯丁两城说的痕迹，但又有所修正，这是但丁研究界长期以来的共识。但丁思想中其实有两组二元，因而其政治哲学中有并行的四座城。善恶二元论与心物二元论，是西方思想传统中既有关联又不完全相同的两种二元论。《神曲》中天堂（含炼狱）与地狱的二元区分，是善恶二元论的体现，代表着心灵秩序中的二分。然而，在尘世政治中，还有罗马帝国与堕落的尘世政治的区分，后者以古代的巫拜和当时的佛罗伦萨为代表，这是世界历史中的二分。两种二分之间的差异，即心灵秩序与世界历史之间的差异，构成了心物二元。并行的两组二城之分有交叉，但并不完全相同。通过对但丁这四座城的分析，可以对西方思想中这两组二元论有更深入的理解。

（刘玮）

【后果、动机与意图——论密尔的道德评价理论】

杨伟清 《人文杂志》2021年第4期

后果、动机与意图是理解密尔道德评价理论的三个关键词。在密尔那里，后果指的是实施行为时所能带来的结果如何，动机指的是行为背后的根本驱动力，而意图指的是行为者想要做什么。行为的动机是意图产生的原因。密尔把道德评价明确区分为对行为和行为者的评价。在对行为进行评价时，他是根据行为的可能后果来进行的。当他说行为的对错取决于行为的意图时，鉴于他所理解的意图就是对行为结果的预测，这一表述就与说行为的对错取决于其可能后果是一回事，两者并不矛盾。他认为行为的动机无关于行为的道德性。这一说法值得商榷。行为的动机的确不能决定其对错，但会影响到其道德价值。在对行为者作评价时，他潜在地区分了短时的和长时的评价。就短时的评价而言，动机发挥着至关重要的作用，因为它特别有助于认知行为者的内在自我。当然，同时也需要考虑行为的可能后果。就长时的评价来说，动机并非关键因素，真正重要的是行为的实际结果怎么样。

（杨伟清）

【如何塑造遵守规则的动机？——休谟观点的新解读】

程农 《人文杂志》2021年第5期

在现代社会，如何确保人们普遍与稳定地遵守规则是一个重要的问题。现代主流思想特别是自由主义思想，由于其内在理路却容易忽略这个问题。休谟在这个方面是一个明显的例外，他的制度演化与"人为德性"的理论为理解如何塑造遵守规则的动机提供了重要的依据。然而在论述上休谟侧重揭示演化的理性逻辑，对演化过程进行了逻辑重构，因而对动机塑造过程的描述不够系统明确。研究者们一直试图把握他的确切观点，探讨了各种可能的理解，却囿于现代主流思想的框架局限，没有认真对待最自然的一种解读。这个解读就是休谟直接从人们基于自利动机而遵守规则的长期实践，来理解"人为德性"或动机倾向的衍生。要理解这个从"自利"到"人为德性"的演化过程，关键是区分休谟论述中对制度演化的逻辑模拟与对实际演化过程的具体描述，进而区分开休谟所说的"自利"动机与他的"利益感"概念。

（杨伟清）

【哈奇森道德哲学】

高全喜 《学海》2021年第5期

该文认为，18世纪苏格兰启蒙思想运动是由哈奇森的道德哲学开启的。为什么苏格兰启蒙思想会走向一条不同于欧洲理性主义的情感主义之路，首先在道德领域而不是在政治和经济领域掀起一场思想的革新，并赋予道德情感以如此关键的地位，这是哈奇森的思想洞见和问题意识所决定的。哈奇森承前启后，对于人的主观情感给予了深入而独特的研究，提出了一系列富有创建的观点，他的感性主义美德伦理学开创了苏格兰思想的道路，对于大卫·休谟和亚当·斯密等苏格兰启蒙思想家影响深远。

（杨伟清）

【洛克式政治哲学中的领土问题——对当代争论的反思】

朱佳峰 《现代哲学》2021年第5期

什么是领土权？一个国家如何拥有对一块土地的领土权？当代政治哲学家已经发展了诸种领土权理论以回答上述问题，而洛克式领土权理论大概是最早最有影响力的一种。经典的洛克式领土权理论是个人主义的，强调国家的领土权是个体土地所有者在社会契约中通过转让部分土地所有权而奠定的。当代洛克式政治哲学家约翰·西蒙斯和海勒·斯戴纳均持这一立场。但卡拉·奈恩在《全球正义与领土》一书中挑战了这种个人主义的进路，进而提出一个集体主义的洛克式领土权理论。通过梳理、考察当代洛克式领土权理论内部的个人主义与集体主义进路的纷争，可以发现这两种理论各有其内在困境：个人主义洛克式领土权理论的两难是它要么是不切实际的（斯戴纳的立场），要么是依赖于一个不可辩护的权利代际不平等立场（西蒙斯的立场）；与之相对，奈恩的集体主义洛克式领土权理论的困境是她既想借鉴洛克证成自然所有权的功能主义思路，但为了避开政治自愿主义，在其理论中又完全抛弃自然所有权。

（杨伟清）

【社会性的扭曲与重塑：卢梭的自尊学说】

曹帅 《社会》2021年第4期

自尊学说为理解卢梭著作的统一性和现代自我的社会性提供了一种新思路。与自爱不同，自尊是基于人际比较的社会性、反思性的产物，其形成与自然人交往的加深及理性能力的发展有关。自尊是不平等不断深化的心理原因，是自然状态成为战争状态的心理原因，也是人类进入文明社会后苦难和不幸的根源。即使如此，卢梭仍然承认自尊不可消除，只能加以引导。在对骄傲与虚荣的有意区分中，卢梭以古代公民对峙现代资产者，认为正确引导后指向公共大我的骄傲是公民美德塑造的重要动力。而对爱弥儿的教育表现出向自然复归的取向，它仍然可被视为解决自尊问题的另一种方案，在这里发挥主要治疗作用的激情是怜悯。

（杨伟清）

【论康德的意志概念——兼论"实践理性优先"的思想来源】

张荣 《哲学动态》2021年第4期

意志概念不仅是康德道德哲学的基石，也是理解其形而上学的一把钥匙。康德在《纯粹理性批判》第一版"序言"中开宗明义：人类理性本性和人类理性能力之间的角力，构筑了形而上学这一战场。"战场"比喻揭示了理性与形而上学的本质关联。理性是一体两面的，包括本性与能力。本性即意愿，更确切地说，理性本性实指作为实践理性的意志；而理性能力就是思辨的理论理性或认识能力。关于二者的关系，康德在《实践理性批判》中明确指出，实践理性优先。这是道德形而上学奠基何以可能的根据。若要考察康德的意志概念，就必须探寻"实践理性优先"的思想渊源。中世纪的意志主义，尤其是奥古斯丁的自由决断思想对康德产生了巨大影响，促使康德提出"实践理性优先"的主张。

（杨伟清）

【黑格尔论道德与伦理的关系】

邓晓芒 《哲学分析》2021年第3期

黑格尔克服了康德将伦理和道德混为一谈的局限，对法和道德、伦理三者的自由意志基础的揭示从理论上厘清了三者与自由概念的三个层次的对应关系，对伦理道德在人的现实生活中所体现的"法（权利）"的关系进行了特别细致的思考，并以逻辑和历史相一致的方法论眼光对这种关系的历史必然性作了透彻的剖析。但黑格尔法哲学把人类的道德伦理都理解为绝对精神的自我分解和辩证进展，将人的自由意志的异化即国家形态视为人的本质的最高形式，最终，人的主观道德和客观现实生活都失落在这个"地上的神"给人所规定的必然命运之中。

（杨伟清）

【关于规范性判断的本体论基础的几点思考】

陈真 《道德与文明》2021 年第 5 期

规范判断似乎具有两个相互冲突的特征，即实践性和客观性。实践性是指道德判断往往可以激发行动者遵照道德要求行动，或者至少给行动者提供了照此行动的理由；客观性是指正确的道德判断往往独立于个人的欲望和态度，是对于行动的普遍的或者绝对的规范，因而似乎反映了外在于行动者的客观事实。如果规范判断只是描述了某种外在事实，行动者并不必然关心那些事实，那么为什么一定会有动机来服从规范判断呢？规范判断所反映的是一种怎样的事实呢？首先，规范判断依赖于非规范性的自然事实，而自然事实不仅包括物理事实，还包括人类社会的各种制度性事实。制度性事实是人类在社会生活中建构出来的服务于一定目的的事实，对于生活在制度之中的人本来就具有指导行动的功能。因此，规范事实与非规范事实之间不是一种还原或者同一的关系，而是一种随附关系，并且这一点是通过先天的方式得知的。

（刘蒙露）

【历史与道德辩护的限度——内格尔与威廉斯之争】

魏犇群 《哲学研究》2021 年第 3 期

人类所持有的道德观念有其复杂的演变史，道德在不同的历史阶段以及不同社会中表现出了非常显著多样性，道德的历史性应该如何影响我们对道德的理解？在威廉斯看来，道德的历史性会对普遍主义的道德辩护观构成挑战：假如道德理由是普遍的，为什么有些社会确认并接受了道德理由，而另一些社会则没有？内格尔则相信：存在一个超历史的"理由空间"，历史上曾出现过的所有伦理实践都可以放在理由空间里用一套普遍的标准来判断其对错。如果出现道德分歧，那一定是因为有一方不够理智或者不够正直。然而，这种思路并不足以解释历史上所有的道德错误。

（刘蒙露）

【道德实在论可以没有本体论承诺吗——论斯坎伦的寂静主义实在论】

魏犇群 《道德与文明》2021 年第 5 期

在当代元伦理学中，有一种立场认为，道德实在论者根本无须应对这些外部挑战；事实上，根本没有关于道德事实（或者道德真理）的所谓"外部"问题，关于道德事实的所有问题都只能通过实质性的道德或者规范推理来解决。斯坎伦便是这一立场的主要代表人物。在斯坎伦看来，规范领域是一个不与其他领域相冲突的自主领域，规范领域自身的标准就可以决定规范事实的存在与否。因此，理由是否存在的问题是规范领域内部的问题，由规范领域的内部推理决定，而并不要求这个世界额外存在什么规范实体或者属性。然而，斯坎伦的理论似乎难以打破两套内部融贯的道德话语的对称性，而这意味着，为了保证道德实在者所要求的客观性，我们需要在规范领域的内部推理之外承诺道德事实或者规范事实的存在。

（刘蒙露）

【美德伦理学的行为理论：误解与回应——重访罗莎琳德·赫斯特豪斯的新亚里士多德主义论证】

李义天 《学术研究》2021年第5期

作为"新亚里士多德主义者"，赫斯特豪斯的美德学面临着与古代美德思想相比更为复杂的理论挑战。鉴于"行为"问题已经成为规范伦理学各派讨论的核心，且"行为"对于人类自我认识具有重要意义，因此，澄清与回应康德主义与功利主义者所提出的"美德伦理学不关注行为问题，从未提供关于正确行为的说明"这一误解，便成为当代美德伦理学的重要理论任务。赫斯特豪斯试图证明，美德伦理学并非不考虑正确行为标准和行为指南的问题，而是通过诉诸行为者品质的方式来给出具体的行为指令或禁令，且具有同义务论、功利论等规则伦理学所提供的说明方案相似的逻辑结构。美德伦理学的行为理论以行为者为中心而不以结果或规则为中心。此辩护方案可能会面临"通过有美德的行为者来论证正确的行为是循环论证""不能有效的指导尚未获得美德的行为者（如儿童）的行为"等进一步质疑。而赫斯特豪斯思想能够在一定限度内对此作出回应。实际上，针对美德品质能否充当正确行为基准的种种质疑，均建基于人们对行为指南"可法典化"的执念之上。而美德伦理学恰是需要根据真实伦理经验说明，能够真正有效指导行为的并非无条件的绝对指令，而是那些既普遍又灵活的美德规则。

（刘蒙露）

【为情境主义辩护】

宫睿 《道德与文明》2021年第4期

社会心理学基于一些实验研究表明，具体情境对于行为有着重要影响，而行为者内部或许不存在稳定、一贯的性格品质。这使得奠基于内在美德特质的美德伦理学遭遇严重挑战。美德伦理学的支持者尝试对此作出如下回应：人存在多种性格特征，德性是潜在的、可变的性质，"主观构造"也会影响行为，行为的稳定性有特定适用范围，等等。然而，上述回应均或多或少存在局限性。"不同情境中同一行为者行为的一致性"与"同一情境中不同行为者行为差异性"，成为否定情境主义、支持美德理论的理由。然而跨情境的同质行为与同情境的异质行为均可不诉诸行为者的德性、性格，而基于行为者非当下的、过往的经验条件这一"内隐情境"得到解释。此外，"否认德性存在可能会打击道德责任"这一担忧也存在问题。情境主义不是一种简单的环境决定论与行为主义，它没有否认道德主体的实在性，没有用外部环境因素消解个体责任反而扩大了行为者的责任。

（刘蒙露）

【科斯戈尔德能动性理论的双重思想脉络——康德主义和柏拉图主义】

武小西 《道德与文明》2021年第1期

在思考行动中规范性与能动性之间的关系、解释人成为能动者的规范性机制时，科斯戈尔德反对仅仅从因果意义上理解行动的本质，主张诉诸理由，即人具有反思性的意识结构，以及人获得能动性的方式是根据规范性理念来组织自身。这一解释融合康德的道德哲学和柏拉图的灵魂学说。科斯戈尔德认为，动机和行动之间存在反思性空间，唯有动机被理性反思所肯认，行动者才会将其作为行动理由。而判断何种动机可能成为理由时的依据是康德的定言命令测试。在此基础上，科斯戈尔德认为引入柏拉图的灵魂学说，突出能动者作为统一整体而行动。但是科斯戈尔德的这一方案同样存在问题。她把理性看作反思性思虑，其功能主要集中于作为普遍原则的理性对身体性欲望的控制，这简化了柏拉图灵魂学说。同时她所强调的能动者的统一性仅涉及共时意义上的局部行动，忽视了道德律实现所需要的心理条件，没有考虑到人具有历时性维度。"整体性筹划"和"注意力把控"能够弥补科斯戈尔德的理论局限，补充对于能动者来说非常重要的提高自我掌控力、培养德性、养成习惯等历时性能力。

（刘蒙露）

【移情是一种亚里士多德式的美德吗？】

蔡蓁 《哲学研究》2021年第3期

受到广泛关注的"移情"概念具有利他主义旨趣与关怀向度。但是移情是否可以被看作一种美德呢？根据移情中情绪与认知的关系以及二者的重要性，可以对移情作出广义与狭义两种区分。美德作为一种深层而稳定的品格特征，包含行动者的动机状态是否恰当、行动者能否可靠地在行动上展现美德等要素。所以根据移情与美德的定义与内涵，凡是能够运用情绪和认知路径来准确体验并理解他人心理状态的人即一个能够移情的人，然而其中并不必然包括对动机及其所发生的情境、对象和程度的恰当性与规范性要求。此外，通过为移情概念本身加入规范性从而使它可以被当作一种美德的解决方案也是不可行的。因而"对他人的关切"这一特殊形式的移情同样无法被视为一种美德，因为它混淆了他人关切和自我关切之间的差别，以及情感的分享和欲望的分享之间的差别。

（刘蒙露）

【正义之首：罗尔斯的社会制度正义】

龚群 《湖北大学学报（哲学社会科学版）》2021年第6期

梳理西方思想史可以发现，自柏拉图与亚里士多德始，社会正义成为一个重要概念。罗尔斯将社会契约论抽象至一个新高度，并将隐含于契约前提的制度正义要求以根本原则的形式表述出来。罗尔斯正义论的鲜明特色是以社会制度正义为主题，即正义论并非以个人正义为中心，而是以社会基本制度即国家制度为中心。罗尔斯的正义是"公平正义"，意味着对于某种平等的追求，制度正义的根本点是面对现实社会中的起始性的不平等。同时罗尔斯着眼于社会基本结构对于人们的命运、前途和社会地位的深远影响，因而其正义的主题是社会基本制度或社会基本结构。他的公平正义理论分为两个阶段：在第一阶段，制定出一种无政治立场的适合于社会基本结构的观念，第二阶段则是公平正义是否足够稳定的问题。此外，罗尔斯所理解的正义制度的稳定性，并非要取消政治改革或变革的可能，而主要关切一个正义的社会如何长治久安。

（刘蒙露）

【自尊与自重——罗尔斯正义理论的伦理学承诺】

周濂 《伦理学研究》2021年第1期

作为最重要的基本善，自尊是罗尔斯正义理论中关键的概念之一。没有清晰区分自尊与自重，是罗尔斯自尊遭遇持续批评的一个主要原因。通过区分"作为态度的自尊"和"自尊的社会基础"，可以发现罗尔斯意在强调正义理论始终活动在社会基本结构层面，这有助于回应梅西等对于罗尔斯自尊概念的指控。自尊应被定义为"一个人的自我价值感，也即对自己的善观念以及理性生活计划是值得努力实现的确定信心"，这不同于"基于个人能力乃至于成就而获得的自信"的自重概念。这一区分并非语词之争而是有着重大理论价值的实质之争，保障了罗尔斯的正义理论可以更好地理解"平等待人"的具体内涵以及政治哲学的伦理学承诺。在区别自尊与自重之后，通过将罗尔斯正义理论与弗雷泽和霍耐特的正义理论进行对比，可知罗尔斯认为当我们在谈论平等待人的时候，谈论的是在制度上确保每一个公民都能获得自尊的社会基础。

（刘蒙露）

【生命原则与法律正义——从长时段看罗尔斯的正义理论】

何怀宏 《哲学动态》2021年第2期

如果能从我们自身真实所处的社会及其文明历史中观察，将罗尔斯的理论放在一个更长的历史范畴里，便可发现其中有许多可以补充、修正之处。首先，罗尔斯精致的"原初状态"思想创制以及其中"最大最小值"的价值取向，使得第二个正义原则很可能会带来人类物欲和利益期望值的不断提升，甚至于滑向功利主义。因而人类在精神文化方面的卓越追求被罗尔斯的正义理论所忽视。其次，罗尔斯理论的重心在分配实质性的机会和经济利益，独立的保存生命的第一正义原则似乎完全没有进入他的思想视野，且重点在于保护生命安全的法律正义在其理论中也没有重要地位。再次，罗尔斯本人并非没有意识到他的正义理论的有限性。此外，与罗尔斯提出的一种理想的正义愿景相比较，当今学者需要对更广阔的真实世界的正义原则和准则展开进一步的探讨。

（刘蒙露）

【规则功利主义】

姚大志 《南开学报（哲学社会科学版）》2021年第2期

面对各方批评，当代的功利主义者大都抛弃了传统功利主义对功利的直接诉诸，而试图把正义、平等和权利等观念纳入自己的理论体系之内。规则功利主义认为，一种行为在道德上是正确的，是按照理想的道德规则行事。而所谓"理想的"道德规则具有两种性质：其应用范围是普遍的，其结果是功利最大化的。功利主义的观念与道德规则的观念构成了规则功利主义的两个基本观念，它既要求人们的行为以功利最大化为目的，同时要求人们按照某种道德体系的规则行事。在政治哲学领域，规则功利主义者提出了一种分配原则，它既是功利的也是平等的，并且考虑了影响分配的一些其他因素，如疾病和物质刺激。规则功利主义对于行为功利主义的一些困难所有弥补，但是它又会面临如下的新困难：第一，我们无法知道理想的道德规则是什么；第二，即使人们知道理想的道德规则是什么，他们也不一定按照这些规则行事；第三，功利最大化与道德相冲突。

（刘蒙露）

【自由意志、决定论与道德责任：一个实证的新研究】

郭晓 《伦理学研究》2021年第1期

认知科学的实证研究与哲学思辨相结合，为"自由意志与道德责任的关系"这一重要、复杂且尚未得到明确解决的问题开辟了一条新的研究路径。经验研究能够补充哲学思辨力有未逮之处，同时能够回应"无意识的自由意志"这一问题。根据一个样本总量为218份的实证调查，生活世界中的公众多数持有以下观点：第一，多数公众反对"完全物理决定"的世界观；第二，因为有"被决定的自由"，即便承认"完全由物理规律决定"也并不意味着要否认自由，多数公众认为人类拥有"自由意志"；第三，即便处于"完全决定"的场景中，也可以合理要求行动者负责任。因此，本次实证研究证明了无涉自由的道德责任理论存在最低限度的可能性，其结论构成对哲学领域"不兼容主义"预设的挑战，会给高度依赖于"自由意志"的法哲学和刑法责任理论带来冲击。

（刘蒙露）

【"伦理学"回到"伦理"的实践哲学概念】

庞俊来 《哲学研究》2021年第8期

在经历现代道德哲学对于道德合理性的"启蒙"后，伦理学成为探求脱离"伦理生活"之高悬道德的"伦理理论"。从古典伦理学的"德福一致"到现代道德哲学的"自由意志与道德责任"，"伦理"的问题逐渐成为"伦理学"问题。而面对伦理思想与伦理实践之间的张力，当代道德哲学应当从"伦理理论"向"伦理生活"回归、从"伦理学"向"伦理"回归，因而需要在实践哲学的视野中重构与阐释基于"伦理生活"的"伦理概念"。实践哲学以德性生活存在论为其本体基础，以实践智慧为其实践论形态，以伦理实体为其现实性的伦理理念。因此，我们应当回到多元主义分歧的起点，即德性生活本身，发现我们共通的伦理概念，凸显人作为"感性—理性—德性"存在者的无限可能，以实践智慧直面生活本身，思考触及生活的伦理实体理念，并尝试探究一种能够面向未来并能敞开我们生命意义的伦理生活。

（刘蒙露）

【人性的绝对价值能否成为道德动机——对自然化康德伦理学解释的批判】

钱康 《道德与文明》2021年第6期

康德伦理学确立了纯粹的理性法则，却难以说明作为自然存在者的人为什么会愿意将自己置于理性法则的约束之下，因而在道德动机问题上屡遭诟病。康德认为如果人能够将自己视为理性存在者，则会产生不需要自然动机的自律道德行动。但行动者为什么要将自己视为理性存在者，仍是一个问题。以盖耶、伍德和科斯嘉德为代表的英美学者持有一种自然化的康德伦理学解释，试图在理性本性的绝对价值背后找寻道德动机。此种自然化的解释实际认为，纯粹实践理性自身并不直接规定行动，道德法则必须基于行动者某种特定的自然欲求。而康德本人却主张，道德法则体现在实践理性的一种规范性要求之中，并非对我们自然本性的某种描述性表达。因此，对理性存在者之绝对价值的自然化解释，虽然提供了一种动机理论，却在本质上放弃了康德的先验观念论立场。

（刘蒙露）

【基于移情关爱的社会正义可行吗——论斯洛特的情感主义正义论】

黄伟韬 《哲学动态》2021年第5期

情感主义者主张用道德情感来解释和辩护道德规范，认为情感与关爱不仅能够解释私人领域的伦理问题，而且可对社会政治议题作出有力的阐释。重视"移情"概念的迈克尔·斯洛特主张，社会正义无须诉诸理性主义的方式以获得理解，同样可以建基于情感之上。其正义标准可表述如下：一个社会的法律、制度和习俗是正义的，当且仅当它们反映了其创立者和维护者的移情关爱。但斯洛特的基于移情的正义论主要存在三个问题：第一，移情本身很难改变适应性偏好，所以并不必然带来性别平等；第二，移情的偏袒性机制使情感主义进路无法保证分配正义；第三，移情本身具有不确定性因而不能独立作为社会正义的可靠指引。因此，在社会正义的实践中，一方面需要注入移情关爱，以促进人际与国际的尊重、保障弱势群体的福祉；另一方面，也应当寻求理性指导。

（刘蒙露）

【建设公共卫生体系及防控疫病大流行中的伦理问题】

邱仁宗 《决策与信息》2021年第2期

邱仁宗提出建设公共卫生体系及防控疫病大流行中的伦理问题，指出公共卫生的公益性是明确的，其目的是确保一个社会有足够的健康的劳动力。他建议在增加中央政府对公共卫生的投入基础上，明确疾控中心的使命和职权，如疫情的控制必须依靠现有的公立医疗体系，疾控中心必须与公立医疗体系紧密合作。

（朱雷）

【医学科学数据共享与使用的伦理要求和管理规范（10—12部分）】

关健 《中国医学伦理学》2021年第1、第2、第3期

继2020年的研究，关健对医学科学数据

共享问题保持了持续的关注。他分别介绍了"医学科学数据共享与使用的伦理要求和管理规范"领域的大数据产权认定解决方案问题、重大传染病数据共享应用挑战和潜在审核方案、通用伦理准则要点的建议。至此，从2020年的前言开始，基本完成了对数据共享伦理要求的解读，并为制定数据共享应用遵循的通用伦理准则提供参考依据。

（朱雷）

【大数据背景下突发性公共卫生事件跨界治理的伦理意蕴】

李诗悦 《河海大学学报（哲学社会科学版）》2021年第6期

李诗悦发现大数据为多元治理主体参与突发性公共卫生事件跨界治理提供技术支撑的同时，也导致道德责任缺失、诚信意识错位、主体道德冲突等伦理失范现象。从德性伦理、责任伦理和制度伦理视角出发，她提出构建以人为本、协同合作、共享发展的治理伦理新秩序，以消弭多元治理主体带来的伦理价值观冲突风险。

（朱雷）

【大数据时代生命伦理研究的机遇与挑战】

陶应时、王国豫 《自然辩证法研究》2021年第4期

陶应时、王国豫围绕大数据时代数据在生命组学、临床医学及生物样本库等领域的广泛应用，提出存在大数据分析结果与真实生命伦理问题的偏离问题，易导致生命伦理研究的数据主义。同时，生命伦理研究方法朝向多学科融合集成化研究的转向、生命伦理论域由个体善向公共善的拓展等，也应受到学者们的广泛关注与重视。

（朱雷）

【神经干预中的伦理问题】

刘星、陈祖名、张欣 《大连理工大学学报（社会科学版）》2021年第1期

刘星等分别从安全性、知情同意、隐私保护、个体自主性等方面分析神经干预伦理问题，认为尽管个体大脑与行为之间存在紧密管理，但并不能被简单同一。个体是否能自控，由其精神能力评判、由其客观行为体现，而非精神能力评估部分因素的大脑结构性和功能性特征。因此，建构一种符合伦理的科学研究和技术应用规范，科技发展才能更好地保障我们的健康生活。

（朱雷）

【斯坎伦对于人类道德地位平等性的论证】

李亚明 《世界哲学》2021年第1期

李亚明围绕"生命伦理学语境中的道德地位一问"，尝试借助斯坎伦的契约主义理论，确立人类在科技应用中所负的道德责任。斯坎伦的契约主义理论以人们彼此之间相互认可的关系定义道德地位，避免了其他有关人类道德地位平等性的论证曾导致的困境，不仅论证了道德地位的拥有者都在相同程度上拥有道德地位，而且也论证了道德地位拥有者的范围可以从具有典型人类能力的个体扩展到人类物种的全体成员。通过有关人类道德地位平等性的论证，该理论对道德

义务及道德规范性的来源均给出了清晰的说明，为应对科技发展带来的伦理难题提供了可依据的原则。

（朱雷）

【关于生命伦理学四原则理论的新讨论】

范瑞平、蔡昱、丛亚丽、蒋辉、张颖、区结成、徐汉辉、王珏、刘佳宝、刘俊荣 《中国医学伦理学》2021年第4期

范瑞平等以生命伦理学四原则为中心的"共同道德理论"展开对话，其对话涵盖以下重要问题。第一，共同道德理论的来源及能否普遍化；第二，基于共同道德理论和具体道德理论，将如何看待不同国家之间生命伦理政策的关系问题；第三，共同道德理论如何看待儒家伦理与自由主义伦理之间对于养老道德责任的分歧；第四，共同道德理论可否成为一种实质性的道德理论；第五，规范性学科与科学性学科或实践性学科是否对于生命伦理学研究同样重要等问题。针对以上问题，学者们普遍认为，四原则作为指引规则，可为具体道德提供伦理框架。同时以道德行为为主的规范伦理和以道德主体为主的美德伦理可以并行。因为任何的原则、规则或法条都需要基于具体情境进行判断，所以在技术统治的世界需要为人的美德的实现争取空间。

（朱雷）

【人类增强技术的应用侵害了个人自主吗——基于身体财产权的分析】

计海庆 《哲学分析》2021年第4期

哈贝马斯曾疑惑科技的发展对人类自主性是否存在侵蚀，同理人类增强技术的应用是否也侵害了个人的自主？对这一问题，计海庆区分出个人选择对自身实施增强，以及父母选择对未出生的孩子进行增强两种情境。自主若被解读为成人对自己拥有的财产权，增强自身是行使自己财产权的行为，因而就是不受任何外力干扰的。而涉及怀孕妇女对胎儿进行的增强问题，如果依然以自主作为一种对身体的财产权立场进行考虑，那么母亲出于避免重大疾病的目的，对胎儿实施某种预防性的增强干预时可以得到辩护的，也可以被视为获得了胎儿"知情同意"的授权。

（朱雷）

【癌症坏消息告知中的伦理困境及其对策探讨】

钟瑜琼、王晓敏、刘星 《中国医学伦理学》2021年第9期

长期以来，医务人员是否将癌症的坏消息告知患者一直是巨大的实践挑战。其中涉及的伦理困境有生命健康权与知情同意权的平衡、个人自主与家庭自主的冲突、风险评估与患者最佳利益的权衡等。钟瑜琼等希望借鉴国外常用的坏消息告知沟通模式，建立符合我国家庭参与习惯的告知模式。同时可以在医学院开设癌症病情告知技能的针对性教育，使医学生早日面对并接受临床沟通的难点问题考验。

（朱雷）

【基于患者视角的共享决策参与现况及策略研究】

龙杰、刘俊荣 《中国医学伦理学》2021年第1期

龙杰、刘俊荣通过问卷调查形式，探讨推进医患共享决策的策略。推进医患共享决策，既应考虑年龄、学历对患者参与决策意愿的影响，又要注重鼓励患者积极参与决策、发挥家庭参与的积极作用、厘清决策权的配置和行使边界，更要强化医生共情能力和情感投入。

（朱雷）

【中国特色生态哲学研究的概况及其推进】

肖显静 《云南社会科学》2021年第1期

肖显静认为生态哲学是时代的产物，凝聚时代的精神，是指导生态文明的重要理论基础。中国特色生态哲学研究开始于20世纪80年代，发展于90年代，繁荣于21世纪，形成了马克思主义生态哲学理论体系。当前我国生态哲学研究形成了较为系统的生态哲学知识体系，并取得了一定成就。然而，其研究也存在问题和不足，如学科定位未有共识，跨学科研究的共同体没有形成，理论基础不够坚固，生态学思想根基缺乏，面向中西理论基点差异出现思维偏差，对生态保护实践的指导作用发挥不足，等等。因此，为更好地推进中国特色生态哲学研究，应该明确研究范式，加强生态哲学学科建设，夯实理论基础，加强中国理论生态科学（包括自然生态学以及人文社会生态学）哲学研究，修正思维偏向，提升对生态保护实践的指导水平。

（杨琳）

【边界与阐释：中国传统哲学思想生态演绎的反思】

路强 《学术研究》2021年第1期

路强提出不加分析地将一些中国传统哲学与生态哲学和环境伦理学类似的概念与判断进行勾连，以此进路来建构一种中国哲学的生态演绎，不仅容易引发人们对中国传统哲学的误解，而且会埋没中国传统哲学对生态环境真正有效的启示。因此，应该先回到概念原点，理解其含义与指向，而后再进行理论的延伸，进而将这些延伸的思想要素相互贯穿，形成属于中国自身的、独特的生态哲学思想或环境伦理思想。而在这一过程中，既要对理论运用和论证逻辑有明确的边界意识，又要在符合基本阐释规则的基础上进行相应的思想发掘与演绎。

（杨琳）

【恩格斯自然辩证法的生态伦理意蕴】

卫建国、王樊 《湖南社会科学》2021年第3期

卫建国、王樊积极探寻恩格斯辩证法中的生态伦理思想，充分挖掘其当代价值。他们通过阐释恩格斯自然辩证法规律中蕴含深厚的生态伦理意蕴的原因，并进一步论证了恩格斯生态伦理的合法性。因为恩格斯认为在人与自然辩证关系中，自然界的物质具有先在性和辩证性之性质；劳动实践是人与自然关系的必然中

介，科学技术是该关系的重要手段，同时，因为人兼具自然属性与社会属性，所以人在自然面前兼具受动性和主动性。与此同时，恩格斯从资本批判、异化劳动批判和"自然—历史"这三个维度深度剖析了人—自然关系异化的原因。这些思想含有未来生态向度，具有重要当代价值，为我们搭建人与自然生命共同体平台、实现对人类中心主义和生态中心主义的超越、摒弃资本逻辑、发挥社会主义生态文明的制度优势，以及积极应对生态危机的全球扩展，共建"万物和谐"的美丽世界提供思想指引和理论指导。

（杨琳）

【马克思生态文明思想的伦理之善】

崔伊霞　《道德与文明》2021 年第 6 期

马克思从历史唯物主义立场出发，深刻反思了人与自然关系紧张对立的深层原因，这对实现生态文明伦理之善有着重要的启示意义，即必须依赖于人与自然欲求境界的和谐统一，以及与道德境界的和谐共生的辩证统一。首先，在欲求层次上，伦理之善的完成依赖于人与自然和谐统一的生命共同体的构建。其次，在道德境界层次上，伦理之善的完成依赖于人与自然和谐共生的命运共同体的构建。然而，由于资本至上和指标至上的双重遮蔽，造成了人与自然的冲突和疏离。因此，为了解决这一疏离，不仅需要人类满怀生态道德情感，而且需要变革人与自然之间物质变换的方式以及与之联系的整个社会制度，从而实现人与自然的和谐发展。这既是马克思实现人与自然和谐发展的终极伦理关怀，也是构建的生态伦理至善图景。

（杨琳）

【论儒家仁学思想的环境责任伦理意蕴】

柴旭达、薛勇民　《科学技术哲学研究》2021 年第 4 期

仁学理论体系以"仁、义、礼、智"的伦理价值谱系为核心，能够回应基于人学路线的环境伦理学何以可能。首先，将"以爱言仁"作为仁学环境价值的基础，通过"一体之仁"的同理心论证具体的环境责任之"义"；其次，以"克己"与"复礼"涵盖个体道德生活与公共伦理生活规范；最后，以"博施济众"作为实现善业的责任伦理要求。这为仁学环境责任伦理的价值基础、行动准则、践行维度、伦理方法提供了以仁爱情感为线索的系统化说明。因为仁学环境责任伦理具有独特价值，其基础性消解对自然目的的依赖，其等差性补充生态整体主义的不足，其指向性超越人类中心主义，其积极性则建构圆融责任观。

（杨琳）

【生态伦理的证成难题及其超越】

吴国林、曾云珍　《哈尔滨工业大学学报（社会科学版）》2021 年第 2 期

当前生态伦理的证成研究还存在囿于西方范式的现象，甚至错误地以西方人类中心主义与生态中心主义的立场去理解习近平总书记关于"人与自然生命共同体"的重要论述。同时基于主客二分思想的人类中心主义

和生态中心主义针锋相对已久，但都面临难以论证困境。然而，"人与自然生命共同体"生态价值观在实践唯物主义视野下蕴含着人与自然、人与自身、人与社会和谐共生的三重内涵，并以实践为中介，完成了"事实→价值→义务"的论证，进而从根本上超越了人类中心主义和生态中心主义的抽象对立，打破了西方生态伦理学的话语霸权，从而有助于形成中国生态伦理学的话语权。

（杨琳）

【环境伦理中的价值排序及其方法论】

郁乐 《吉首大学学报（社会科学版）》2021年第5期

自然的价值问题是环境伦理的核心问题，因此，可以将人类中心主义与非人类中心主义的对立理解为价值冲突。而从价值哲学出发，探析环境问题中的价值冲突及其排序与选择的原则、方法与限制，具有重要的理论意义与实践价值。然而，何为"价值"？可以将价值理解为"合目的性"。因为人类中心主义与非人类中心主义的价值排序是抽象的、脱离具体情境的，在真实情境中往往难以成立，所以可以引入博弈排序。同时以生产性价值为桥梁与中介，通过生产性价值的通约置换与快速增长的特点，能够为解决与相关价值的冲突提供三种有效路径。此外，在价值冲突的排序中，其边界是权利，需要对价值思维中常见的二元对立思维方式进行审慎反思，强调诸善并存。

（杨琳）

【取代上帝视角——环境伦理视域下的拉图尔盖亚观】

胡翌霖、唐兴华 《自然辩证法通讯》2021年第7期

拉图尔基于行动者网络理论，聚焦环境危机中行动者如何协作的问题。他反对任何立场的中心主义，认为"自然"只是一个虚构概念而不是一个现成实体，"回归自然"之类的口号无益于促成积极行动。所以他引入并阐发了洛夫洛克的"盖亚"学说，拉图尔号召用盖亚视角取代自然观。而盖亚理论的核心并不是把地球看作什么，而是以何种方式观看。与此同时，他批判了贯穿在西方科学与宗教传统中的隐匿的上帝视角，努力建构一种"非整体论的联结性"，号召每一个行动者从自身出发，并以循环的方式不断返回自身，从而自下而上建构新的共同体秩序。

（杨琳）

【论环境刑法的正当性根据——基于环境伦理和传统刑法理论之考察】

谢玲 《湖南师范大学社会科学学报》2021年第4期

面对环境刑事司法不张的现状，谢玲认为其重要原因在于社会民众和能够影响环境刑事司法适用的公权力主体对以刑罚手段打击环境犯罪的认可度不足。因此，需要审视环境刑法存在的正当性依据，以澄清认识误区，夯实环境刑法的道义根基，增强人们的认同感和忠诚度。她反对以简单附会环境伦理相关理论来论证环境刑法正当性，也不赞同仅通过传统刑法理论来寻求环境刑法正当性的充分根据，而是强调环境刑法之正当性

同时包含环境伦理和传统刑法理论。她认为"道德之恶"是环境刑法正当性的前提追问，而环境伦理价值共识的凝聚为环境刑法的变革提供价值指引。变革中的环境刑法体现出对环境伦理价值取向的认同，其主要表现为生态法日益成为环境刑法的核心保护客体，以人与自然的和谐为价值导向，而环境正义则成为环境刑法应然的价值追求。传统刑法的正当性根据主要有报应论、预防论和折中论，谢玲分析了前两种理论的局限性，选取折中论作为环境刑法的正当性根据，并提出一般预防和特殊预防均是环境刑罚的目的。该文准确把握了环境犯罪较之传统犯罪具有三个重要特点，即存在前置的合道德阶段、具有道德评价的双重性和评价标准的变动性，以客观中立的立场，基于环境伦理和传统刑法理论进行交叉学科研究，是该文的特点和优点。

（杨琳）

【环境公平视角下的城乡融合发展：价值审视与路向选择】

王芳、毛渲 《农林经济管理学报》2021年第5期

王芳、毛渲提出生态环境层面的城乡融合是实现城乡全面融合的关键，而环境公平则是城乡融合的价值规范。但实际城乡环境公平存在权力偏斜与环境制度公平的张力、要素集聚与环境分配公平的张力、参与落差与环境程序公平的张力、身份分殊与环境承认公平的张力等现实困境。因此，需要以环境公平为价值导向，突破从城或乡某个单极局部配置生态资源形成的不平衡路径锁定，借由其交融共生、互动协同，完成生态要素的流动与重组，激活城与乡各自内生性发展动力，才能真正缩小城乡生态环境落差，实现城乡生命共同体的理想图景。两位作者提出从生态环境层面促进城乡融合及其价值规范、实践路径，具有一定创新性。

（杨琳）

【立法促德如何可能——关于文明行为促进条例的伦理学思考】

曹刚 《湖北大学学报（哲学社会科学版）》2021年第2期

曹刚以文明行为促进条例的颁布为背景，提出立法促德如何可能的命题。作者认为文明行为促进条例是关于道德的专门、系统的立法，在国家治理和道德建设中发挥着重要作用。自深圳市2012年制定文明行为促进条例以来，全国多地颁布实施了类似的地方法规。"文明行为"是在文明意识支配下的合乎国家法律、社会公德以及公序良俗等社会规范的且有利于提高个体文明素养和推动社会道德进步的行为。依据引导和约束行为的不同，文明行为促进条例包括文明行为的标准和文明行为促进工作应当遵循的标准这两类不同性质的行为规范。文明行为促进条例中文明行为的规范应包括倡导性规范、禁止性规范和重点治理三个部分；文明行为促进工作的开展应遵循以人为本、德法兼治和社会共治三个原则。依据社会主义核心价值观三个层面，文明行为的促进和保障

也可以分别从国家、社会和个人三个层面得以施行，即制订宏观、中观、个体"三位一体"的文明行为促进方案。该文以《北京市文明行为促进条例》为范本，进一步推进对文明行为促进条例的伦理学研究，以期为法律实践和道德建设提供具有前瞻性和指导性的建议。

（杨茜茜）

【社会主义核心价值观入法入规的伦理意蕴——以德法相济的运行为视野】

蒋先福、于鑫 《伦理学研究》2021年第2期

蒋先福、于鑫以伦理学视角对社会主义核心价值观入法入规展开了研究。以习近平同志为核心的党中央一方面矢志继承我国历史上德法相济的优良传统，另一方面又根据中国特色社会主义建设事业的需要，审时度势，锐意创新，尝试将社会主义核心价值观融入法治建设及其立法修法规划，实现良法善治，从而将这一古老的治国方略推进到了一个新的发展阶段。从伦理内容创新上看，社会主义核心价值观入法入规为传统德主刑辅思想注入新的伦理思想，刷新了"德"与"法"的内涵与外延；从伦理思维范式上看，社会主义核心价值观入法入规实现了德与法的深度融合；从伦理运行机制来看，社会主义核心价值观入法入规确立了将伦理价值与法律价值相结合的评价机制，激活了"德治"软实力与"法治"硬实力共同发力的动力机制。

（杨茜茜）

【家庭文明建设在民法典中的体现】

王雷 《山东大学学报（哲学社会科学版）》2021年第3期

王雷以民法典第1043条第1款这一新增条款展开论述，认为家庭文明建设从政策话语、道德话语进入民法典立法用语体系，重视家庭文明建设成为民法典婚姻家庭编的基本价值取向。文章旨在澄清家庭文明的具体内涵、具体法理，并使家庭文明与婚姻家庭编、继承编的基本原则（基本价值取向）融洽无间。作者认为家庭文明的新时代内涵包括平等、敬爱、忠实、团结等重要价值，并通过婚姻家庭法律规则加以具体化；家庭文明建设并不反对自由，而是为了在身份共同体中克服个体主义的缺陷，从而更充分实现每个家庭成员的自由全面发展。通过将重视家庭文明建设增列为民法典婚姻家庭编的基本价值取向，民法典展现了看待"家""协调人与家之间关系"的基本立场，展现中国人对夫妻关系乃至婚姻家庭关系的基本态度：婚姻家庭是一个具有法的意义的伦理爱的温馨港湾，是一个有福同享、有难同当的亲情和财产的共同体，家庭成员特别是夫妻间侧重整体协同，这是平等和睦、休戚与共、志同道合、忠实互让、敬老爱幼、团结协作的具有人身信赖关系的紧密结合型团体。

（杨茜茜）

【刑法修正的道德诉求】

孙万怀 《东方法学》2021年第1期

孙万怀关注于刑法修正案十一（草案）

所引发的争议和讨论，认为争议的本质是如何看待回应型的积极性立法的问题。他认为我国当前通过修正案的方式推动刑事立法体现了立法规范性和科学性的要求，防止之前通过单行刑法修法所带来的以法破法的弊病。但是频繁地修法过程也一直伴随着诸多争议。首先，法益理论无法提供一个批判立法的武器，无法撼动积极立法观的价值基础，反而常常为积极立法助力。即使承认犯罪的本质是法益侵犯，也只能在刑法解释论范围内腾挪，在政策评价领域或者说在刑事立法领域，无法直接证明法益保护理论可以提供一个立法批判功能。其次，立法的合理性包含着外在道德评价和内在道德评价。外在规范伦理的层次性特征恰恰为行为入罪与否提供了相对规范的标准。因此，在刑事立法领域不仅应遵循以规范保护为主的原则，而且刑事立法首先要遵循规范伦理，要受到法律内在道德的制约与立法良知的制约，这是刑法成为良法的基本前提。同时刑事法又因为涉及底线人权，所以其受到的制约应该更为广泛和严格。此外，刑法的修正不能也无法建立在期望其他法律配合的基础之上。所以就内在道德而言，刑事立法应当满足清晰性、一致性以及可实现性等诉求。

(杨茜茜)

【立法伦理与算法正义——算法主体行为的法律规制】

金梦 《政法论坛》2021年第1期

金梦认为虽然算法在运算过程中会产生一定程度的数据代码偏差，但是算法的主体框架和运算规则是既定的，算法"黑箱"只是不在算法用户的认知范围中，在一系列的数据代码背后是算法主体的行为目标和价值选择，不同价值选择会导致相关法律关系主体的权利冲突。他指出技术的中立特质并不妨碍算法蕴含着作为主体的人的价值取向，需要通过立法对算法进行有效的法律规制是在法律价值整合的初始阶段就应当慎重考虑并解决的问题。算法主体的理性认知要符合立法伦理要求，为算法进行立法需要一个基础伦理规范的统领，这个基础伦理规范体现着立法伦理的要求，立法伦理为法律的内在道德性提供正当性的理由和依据，立法伦理指出法律实践的目标和愿景。对算法相关问题进行立法牵涉两个层面的问题，一是要解决好算法主体行为的合法性边界问题，即通过立法伦理限定算法工程师和相关人员的行为边界；二是要解决好算法主体与算法用户的权利冲突问题，法律关系主体之间权利博弈的前置条件是权利边界的互不侵犯，即合法权利之间的冲突。立法伦理要求算法主体的技术行为符合人类实践的理性目标，同时还要求算法主体的技术行为符合法律的价值追求。作为主体性的人的理智德性和道德德性的二分形塑了有限理性的基本形态。人的认知能力是有限的，人在设计算法之初会将人类的思维方式和价值取向设计进算法的底层逻辑。从抽象的立法原则到具体的法律规范都需要具有大数据时代的技术面向，立法者需要从法律制度层面保障算法主体和算法用户的合法权利，同时更要明确算法控制者和处理者的行为边界。对此，作者具体提出以下建议：一是需要确立算法主体技术行为的基本准则；二是划定算法主体行为的权利边界；三是设置国家层面的算法管理和追责机构；四是明确并提高算法主体的职业伦理要求。

（杨茜茜）

【法律职业伦理：历史、价值与挑战】

苏新建 《河南财经政法大学学报》2021年第6期

苏新建从职业的词源意义上解释法律职业的概念和历史演进，并概括出法律职业具有职业能力、受教育时间长、处理当事人关系、经济上自我约规、追求身心幸福和较高的社会地位六项重要特征。他认为作为高度专业化的法律职业，自然也需要有法律职业伦理来规范法律从业者的行为。法律人通过职业伦理进行自我约束、自我管理，从而使法律职业被社会认可和信任。法律职业伦理的主要价值在于确保法律人能够献身法治、捍卫法律，信守自己是享有特殊权利的同时也应承担特殊责任的专业群体，承担起法律守护人的使命。法律人的商人化、法律职业的趋利化、正义理想的贬值等是当代社会法律职业伦理面临的重大挑战，也是影响民众对法治和法律职业观感的重要因素。

（杨茜茜）

【法律与自由主义技术伦理的嬗变】

余成峰 《读书》2021年第3期

余成峰认为在传统农业时代，技术伦理问题不足以成为思想家的核心议题。18世纪工业资本主义兴起，才产生了所谓的技术伦理问题，处于支配地位的道德哲学既有以康德、密尔、洛克等思想家为代表的自由主义伦理，同时也塑造了现代技术伦理的原则，即自主原则、伤害原则与个人原则。新的技术时代，传统的自由主义技术伦理已不足以应对，时代迫切需要新的技术伦理，一种超越传统自由主义的技术伦理。因此，作者提出技术设计保护、风险学习治理与社会一体多元三项原则，作为新技术时代的伦理参考框架。首先，技术设计保护原则突破了康德的自主原则，在新的技术背景下，仅仅依靠人类的自主理性已不足以对抗技术系统的过度扩张，有必要通过技术对抗技术，通过将相关价值理念落实到基于技术设计的内嵌保护，借助技术来捍卫自由主义的人文价值。其次，风险学习治理原则修正了密尔的伤害原则。在新的技术条件下，仅仅通过事后对直接或间接伤害的甄别与计算，已无法有效保护个人法益，有必要扩大对相应决策行为的事物、社会和时间维度的全方位考察，通过加强法律机制的学习能力与反思能力，强化对各类技术风险的追踪和治理。最后，社会一体多元原则超越了洛克的个人原则，它意识到在新的信息社会时代，技术风险已经高度网络化与系统化，不仅影响特定个体，也影响到整个社会。必须突破简单的个人/社会二元图式，采取生态主义的多方利益攸关者视角，改变单向度的经济主义和技术主义思维对生活世界的殖民化。

（杨茜茜）

【关于"安乐死"立法化的理论思考】

沈德咏、徐艳阳 《政法论坛》2021年第1期

沈德咏作为全国政协社会和法制委员会主任，与人合作深入探讨了社会争议已久的"安乐死"立法问题。沈德咏、徐艳阳认为对安乐死问题进行伦理分析和文化兼容性思考，是实现安乐死立法化的必由之路。因为安乐死立法事关生死大事，需要跨越社会、伦理、法律、医学等学科，特别是对死亡问题进行哲学思辨，目的在于揭示安乐死的哲学基础并寻求共识。首先，他们指出虽然中医和西医两者的思维方式、理论基础、技术方法有所不同，但传统医学伦理都将救死扶伤作为其最高精神追求，而随着现代医学的日益昌明，人类寿命给现代人类带来更多获得感的同时，也产生了新的问题和困惑，比如病程特别是临终期的拉长给病人带来的痛苦，比如上不封顶、逐渐攀升的医疗费用等。还有一些诸如换血技术、移植技术、基因技术，甚至尸体液氮存放以待复活的尝试更是引起了伦理上的巨大危机。其次，需要分析死亡的四种哲学面向。第一种面向是否定死亡。无论是神话传说还是宗教教义，人对死亡的否定深刻地嵌入世俗生活中。第二种面向是回避死亡。其中有着负面、自我欺骗、不够勇敢直面的意蕴。第三种面向是转生念为死念。除了用逻辑开释死亡、用诗意美化死亡之外，还有一种是以"死士心态"蔑视死亡。第四种面向是转死念为生念。海德格尔在《存在与时间》中提出了"向死而生"的概念：人只要还没有亡故，就是向死的方向活着。再次，作者提出需要从众多哲学流派中发现一些哲学共识，才能够成为安乐死的根本支撑。其一是人终有一死；其二是世界存在巨大的不确定性；其三是制度建设应当"以人为本"。因为安乐死问题涉及个人的生命伦理、家庭伦理和医生的职业伦理，故我们在提出安乐死立法化时，必得慎重听取、比较反对者的立场和意见，这是学术伦理的要求，本身也是对生命伦理因珍重而郑重的贯彻，同时还需要考虑安乐死与中国文化心理兼容问题。最后，作者认为安乐死立法化中的行政法、刑法部分不是重点，安乐死法理自洽性以及立法路径应将民事立法当成基础和核心，特别是安乐死是不是一项权利，是一项什么权利。

（杨茜茜）

【中国有限放开代孕之法律伦理证成及其规制】

张莹莹 《新疆社会科学》2021年第6期

张莹莹认为由于代孕涉及代母、委托人、代孕婴儿等多方当事人，牵涉道德伦理、人性尊严和儿童利益等道德和法律问题。面对日益扩大的代孕需求与屡禁不止的代孕黑市，中国目前对代孕完全禁止的态度值得反思。有限放开代孕仅面向缺乏生育能力的已婚人群，并对代孕类型和代母的资格加以严格限制，因而不会产生伦理学上的难题，反而具有伦理层面和法律层面的双重理论支撑。从伦理层面来看，有限放开代孕不会损害代母的人格尊严，也不会破坏公序良俗；从权利层面来看，有限放开代孕既是不孕者实现生育权的重要途径，也不构成身体

权的滥用。作者认为有限放开代孕的实现需要立法层面和执法层面的双重规制，我国有必要制定统一的《人类辅助生殖法》，并实施委托人和代母资格许可制和代孕协议审核备案制，各级卫生健康委员会和医疗机构还需对代孕进行全过程监督，防止非法代孕。

（杨茜茜）

【人工智能算法的伦理危机与法律规制】

郑智航 《法律科学（西北政法大学学报）》2021 年第 1 期

郑智航聚焦人工智能算法生成的隐性支配权和控制权问题，认为进入网络时代，人们日益被数据化和算法化，技术平台往往会利用自身的技术优势，反作用于人类社会，正因如此，人工智能算法通过独特的运行逻辑，正在深刻地改变着传统的生产方式和生活方式，并诱发了一系列的伦理危机。人工智能算法首先挑战了以强调个人幸福和权利优先性为特点的现代伦理，这种挑战主要体现为人的主体性地位的消解、群组正义观代替个人正义观、人工智能在算法结果上的标签化效应等。人工智能算法独特的运作逻辑致使运用法律主体制度、透明性原则和数据权等方式化解人工智能算法的伦理危机和社会危机的思路难以奏效。因此，提出应当调整传统法律制度的规制理念，首先算法设计者和开发者应当依循经由设计的数字福祉理念，将对用户数字福祉的保障和促进融入产品和服务的设计中去。其次，应建立一种政府—平台—商户（消费者）、公权力—社会权力—私权利的三元结构。再次，政府进行算法规制时，应当树立权力克制的基本理念，坚持多元主义的治理方向，并为技术治理、伦理治理和其他治理留下必要的空间。最后，提出人工智能算法的法律规制路径，第一，应当强调元规制治理，突出数据控制者的自我控制义务；第二，加强政府、平台和社会三方的合作治理，通过第三方参与实现对算法的协同治理；第三，完善算法责任分担机制，建立算法安全风险的保险制度等具体方案。

（杨茜茜）

【晚清政商关系的三维伦理透视】

闫瑞峰 《广西社会科学》2021 年第 12 期

该文系统地研究了晚清政商关系的伦理极化特质，是对中国近代史在起承转合的重要阶段的经济伦理关系研究的补益之作。作者认为晚清时期的政商关系表现为商业伦理政治化的整体特征，从而形塑出一种权力主导下的依附型政商关系模式，并在德性、制度、规则层面勾勒出一套独特的逻辑理路。同时从职业德性角度、制度伦理角度、政商互动规则等方面阐释了晚清政商关系的复杂机制，为新时代构建新型政商关系提供了借鉴。

（张伟东）

【论犹太教《塔木德》中的经济契约伦理思想】

乔洪武、孙淑彬 《宗教信仰与民族文化》2021 年第 1 期

作者认为犹太教律法典籍《塔木德》

在契约形式、契约各方、契约内容、契约解释和契约执行方面为经济契约活动建立了一套系统的原则规范体系，其中蕴含着独特的经济伦理思想。首先，从尊重私人财产权的正义性出发，《塔木德》强调以清晰的措辞划分财产权、严格按照字面意思解释契约；其次，通过将经济诚实阐释为行口合一，《塔木德》则塑造了犹太契约严格、形式守信的特点。再次，在流散时期，这些规范通过有效规制契约各方的事后机会主义行为而保护着犹太人的经济利益。最后，在现代以色列，《塔木德》经济契约伦理则为其现代市场经济运行提供了重要的伦理基础。

（张伟东）

【近四十年来《史记·货殖列传》之经济思想研究述评】

王广通　《渭南师范学院学报》2021年第9期

王广通对《史记·货殖列传》的经济伦理思想的研究成果进行整理和评述，并将《货殖列传》的经济伦理思想的研究划分为1980—1989年、1990—1999年、2000—2020年三个阶段，而这三个阶段具有连贯性与递进性，第一阶段集中于对内容的宏观把握，第二阶段从更多角度对经济思想具体内容进行分析，第三阶段对各种具体细化问题展开深入研究。该研究作为评述式的梳理性研究，选材翔实全面，分析严谨合理，对把握关于《史记·货殖列传》的经济思想研究有重要的奠基作用。

（张伟东）

【王安石《周官新义》的经济伦理思想初探】

李颖、肖恩玉　《西部学刊》2021年第15期

王安石提出的"性无善恶"人性论，主要是为了肯定人追求物质利益的合理性，以实现重视发展农业生产、发展商业贸易，赋予"理财"这一经济活动以"义"的价值判定的政治主张。进而在经济管理过程中，便于政府通过制定法规干涉经济活动运转，实现"以法均财节邦用"财政收入分配机制。这些经济伦理思想，对于构建社会主义市场经济伦理思想体系具有重要的借鉴意义。《周官新义》作为王安石亲撰的一部重要著作，蕴含着丰富的经济伦理思想。该文对《周官新义》的经济伦理思想研究论证翔实、层层递进，填补了《周官新义》经济伦理思想研究的空白。

（张伟东）

【卡尔·波兰尼经济伦理思想的阐释与批判——以《大转型》为中心的探讨】

龚天平、刘潜　《华中科技大学学报（社会科学版）》2021年第1期

该文对卡尔·波兰尼的经济伦理思想进行了批判性的阐释。作者认为卡尔·波兰尼的经济理论——经济"嵌入"社会表明经济行为背后具有道德基础，而经济"脱嵌"于社会将诱发道德沦丧；"虚拟商品"将会剥离文化和道德所构建的保护层，因而是一种道德堕落；"双向运动"之市场化运动是极端人为性的、不道德的，而抵抗市场化的

反向运动即社会的自我保护运动是自然的、道德的——脱离了资本主义生产资料私有制,没有抓住"虚拟商品"不道德性的根源所在。因此市场经济的发展并不完全是由既定的、不可更改的自然规律决定的,不断演化的社会规范和风俗习惯也是决定因素,市场经济活动应该重新回归社会,寻求道德的呵护和引导。

(张伟东)

【新民主主义革命时期中国共产党经济伦理思想研究】

江勇 《江苏社会科学》2021年第1期

作者认为中国共产党结合具体国情,以最广大人民群众的根本利益为最高的道德评价标准,坚持集体主义为核心的道德原则,有序开展中国革命斗争与经济建设实践,生成与发展出兼具理论深度与实践意义的经济伦理思想。可以说,新民主主义革命的胜利离不开中国共产党经济伦理思想的指导。根据新民主主义革命时期社会主要矛盾的变化,大致可以将中国共产党经济伦理思想划分为中国共产党成立初期的经济伦理思想、土地革命时期的经济伦理思想、抗日战争时期的经济伦理思想和解放战争时期的经济伦理思想。

(张伟东)

【社会主义市场经济的传统底蕴及其伦理提升】

徐伟 《东华大学学报(社会科学版)》2021年第1期

该文认为我国社会主义市场经济有其内在的传统底蕴,中华传统"家孝"文化、诚信文化和以天下为己任的责任伦理为其发育与成功实践提供了重要文化支撑。西方经典市场理论的价值贫困和我国市场实践的逻辑跃升呼唤对中华传统价值资源的创造性转换,中华传统义利观亟须通过现代转换而获得伦理提升。这个提升需要坚持"以义制利"深化市场认知,坚持"以利生义"引导市场逻辑跃升,坚持"义利同构"实现精神和物质两个秩序同构。总体上看,对我国社会主义市场经济伦理的研究已经从系统化的研究阶段进入了纵深化的研究阶段,开始注重抽象经济伦理内在的本质精神,并进一步与西方市场经济伦理进行对比,开始自觉本身的经济伦理文化。也正是在这一基础上,对于新时代的市场经济伦理的研究有了更加广阔和高远的视域。

(张伟东)

【智慧农业推广政策的经济伦理探赜——以制度安排为视角】

龚建伟 《智慧农业导刊》2021年第10期

该文认为智慧农业推广已经成为国家层面的战略。从传统农业推广政策所暴露的种种问题中可以发现,智慧农业推广不能仅仅依靠其经济主体的道德自律,而应当将经济伦理渗透入政策之中,在智慧农业推广政策本身和政策的施行所形成的制度环境中都应当补益经济伦理要素,保证其在经济层面上的道德性。

(张伟东)

【马尔库塞虚假需求理论的伦理学诠释】

范嵘 《山西高等学校社会科学学报》2021年第4期

该文认为马尔库塞提出的虚假需求理论对于当代社会依然具有适用性——在虚假需求支配之下的人，人的主体地位已经丧失，正如商品原本是为人的更加便利美好的生活提供服务的手段，却反过来成为人追求的目的，并且生产本身也为了商品的被消费而存在。因而以伦理学的视角来看，马尔库塞虚假需求理论可被视作伦理学视域下社会批判研究的重要理论资源。这种具有明确问题意识，并且在人性论、经济伦理、政治伦理三个维度展开逻辑严整的系统批判的伦理学理论，对我们当前研究与构建具有时代特色的伦理学理论有特殊意义。

（张伟东）

【中西方商业诚信伦理传统的差异与比较研究】

赵丽涛 《中共南宁市委党校学报》2021年第1期

作者认为中西方在特定时空背景下形成了各具特色的商业诚信文化传统，中国传统的商业诚信伦理传统注重个体"德性"的养成，以统合思维审视"义利"关系。西方传统的商业诚信伦理传统则具有明显的道义性、功利性、契约性、宗教性特点，并以此塑造经济伦理秩序。虽然中西方商业诚信伦理传统都有许多可取之处，但也有一定限度，需要我们在比较中辩证解析。

（张伟东）

【大数据时代信息伦理的困境与应对研究】

梁宇、郑易平 《科学技术哲学研究》2021年第3期

在大数据时代，信息伦理具有"认知"层面的多元化、"行为"层面的开放性、道德机制的自律性、道德规范的普遍性等特性。从大数据时代信息伦理面临的主要困境来看，一是信息隐私被肆意侵害，二是信息污染屡禁不止，三是价值迷失普遍存在，四是信息不公持续扩大。上述困境的主要原因在于三个方面：第一，大数据技术的负面效应是信息伦理困境产生的技术根源；第二，监管力量的缺失是信息伦理困境产生的社会根源；第三，信息活动主体的道德缺位是信息伦理困境产生的主体根源。对此，文章提出明确信息伦理原则、加强社会监管、强化技术创新、加强信息伦理教育等治理策略。当前，我国大数据信息伦理面临严峻挑战，在享用大数据恩惠的同时，研究其引发的伦理风险与消解之道，有助于大数据技术的科学、合理利用。

（周瑞春）

【网络空间协同治理：多元主体及其路径选择】

那朝英、薛力 《河南师范大学学报（哲学社会科学版）》2021年第6期

随着网络空间中权力在市场、国家与社会之间的重新分配，私营部门和公民社会也逐渐参与到网络空间中的价值分配过程。然而多元化的行为体不仅带来了多元的利益诉求，而且带来了网络空间治理路

径的多元化，并导向一种多元利益博弈的全球性秩序。而在网络空间中，私营部门和公民社会不拥有传统意义上的权力，而且获得了相较于政府更多的行动自由和资源，因而也使得它们有建立权威的能力。此外，网络空间中巨大的"权力真空"也为建立有别于政府权威的其他形式的"权威"提供了空间，由此私营部门和公民社会便在政治权威薄弱的环节实现了治理职能的替代，从而建立起了自身在网络空间治理中的权威。因此，网络空间协同治理需要依照治理主体的特性和优势在不同层次的治理议题中扮演不同的角色，发挥不同的作用，进而实现网络空间协同治理中各主体的优势互补。

（周瑞春）

【"饭圈文化"的道德批判】

曹刚 《中国文艺评论》2021年第10期

"饭圈"是互联网时代的产物，是因为对偶像的共同喜爱而形成的人与人的结合关系，维护和发展这种结合关系的道德要求就形成了"饭圈"伦理。然而，"饭圈文化"天然地具有道德缺陷。原因有三：第一，居于"饭圈"中心的偶像只是个"人设"，这个人设缺乏实质性的道德内涵；第二，"饭圈"是个情感共同体，但连接偶像与粉丝以及粉丝之间的"爱"却不具有道德规定性；第三，"饭圈"的首要德性是忠诚，但这是变异了的忠诚。因此，"饭圈文化"治理实质上是一种道德治理，进而应该遵循道德治理的内在要求和特殊方式。虽然道德是分层的，道德治理有不同的方式、独特的功能和机制，但是可以从重塑偶像的道德失范功能、确立平台的道德共识、加强网络素养教育三个方面进行引导。

（周瑞春）

【网络空间道德建设中的自我伦理建构】

李建华 《思想理论教育》2021年第1期

较之于现实生活空间，网络空间具有其内在的诸多特殊性，如虚拟性、匿名性、间接性、开放性、流动性等，这些特性决定了网络空间是一个身份遮蔽的场域。人在生存空间中有两种祈望：一种是彰显身份，另一种是遮蔽身份。前者是为了实现人的社会认同与认可而尽可能让人知道"我是谁"以实现自身价值，而后者是为了实现自身的自由而尽可能不让人知道"我是谁"以逃避社会或他人的外在约束。由此，在互联网空间中的遮蔽与彰显便凸显种种道德问题。因此，应通过网络主体自我伦理建构推进解决网络道德建设问题。由于自我伦理是基于自我审度与批评的伦理，是从"我"到"我们"的伦理，突出了责任，这种自我责任伦理的实现关键在于在网络世界中实现自由与自律的统一。而要实现自由与自律的统一，必须有严格的道德自律。

（周瑞春）

【网络道德建设内蕴的多重向度审视】

王欣玥 《思想理论教育》2021 年第 7 期

与现实的道德相同,网络道德不仅包括物质形态的制度和规范,也包括精神形式的观念和意识。从发生学的角度看,网络道德衍生于互联网等技术的发展进程中,在网络空间中演进、变化和作用。然而网民的虚拟实践和此中的交往关系则赋予网络道德以社会性、价值性。同时网络道德的主体是具体的、感性的人。因此,它的内容既对应了网络社会发展的趋向和要求,也反映了网民的特征和需要,在客观上体现为网络社会的秩序规范和行为准则,在主观上呈现为个体或群体网民的精神外化。从这种意义上看,网络道德建设中的基本矛盾即是网络交往的理性秩序与网民感性自由之间的矛盾。由此,网络道德建设的内在要求就既需要解决网络内容的非理性问题以实现人的自由自律,又需要在主流道德价值共识"同心圆"的基础上建立网络道德共同体。

(周瑞春)

【论网络空间道德秩序构建的法治保障】

崔聪 《思想理论教育》2021 年第 1 期

网络空间道德秩序的实质在于网络主体虚拟交往有序化的关系状态,维护网络空间道德秩序离不开法治的价值引导与制度保障。当前,网络空间道德秩序的法治保障工作取得了一定成效,但仍然面临法律制度供给不足、法治保障价值根基不稳、"非技术归化"治理钳制以及"弱法治化"网络文化等现实困境。因此,完善网络空间道德秩序的法治保障需要加强法治制度供给,推进社会主义核心价值观融入网络法治建设,探索"合技术化"的法治模式,从而建构"法治化生存"的网络文化。因此,可以从四条路径上着手推进法治保障建设。第一,加强法治制度供给,充实网络空间道德秩序的法治保障资源,既要有重点、有限度地、有序地推进部分公德的法律化,也要重视软法制度设计充分发挥网络空间软法治理的特殊功效。第二,推进社会主义核心价值观融入网络法治建设,筑牢网络空间道德秩序法治保障的价值根基。第三,探索"合技术化"的法治模式,提升网络空间道德秩序法治保障的有效性,运用大数据技术实施精准的依法治理。第四,建构"法治化生存"的网络文化,培育网民网络交往实践的法治思维习惯,即引导网民在网络交往实践中认同法治价值,生成法治思维习惯,自觉将网络言行置于法治规约之下。

(周瑞春)

【人工智能伦理的两种进路及其关系】

张卫 《云南社会科学》2021 年第 5 期

人工智能伦理不再满足于仅仅以批判为主的研究方法,其在研究进路、研究领域、研究层次上都实现了新进展,发展出以"外在主义"和"内在主义"相互补充的两种研究进路。人工智能伦理的"外在主义"主要是针对其所引发的社会伦理展开批判性反思,并且依照反思制定相应的伦理规则来制约规范人工智能发展的一种路径；而人工智能伦理的"内在主义"则主要是关注其道德能动性以及如何在人工智能的算法中嵌入道德原则，利用其来解决社会伦理问题的一种进路。二者并非对立和排斥的关系。虽然两者本质不同，但这两种进路在治理手段和治理对象上是互置的，因而可以互相补充与嵌套。同时，二者结合起来如同人工智能伦理的双翼，能够共同构成人工智能伦理学完整的研究框架。

（梁茜）

【基于人与技术实践共生的技术伦理反思】

李宏伟　《中国人民大学学报》2021年第4期

现代技术与社会伦理尖锐对立冲突的外部表现遮掩了人与技术的内在本质统一。人同其他动物的本质区别在于劳动，而人在技术实践活动中能够实现自我创造、自我发明。技术伦理规范不能寄望于科学推理或者先验假定，技术伦理批判也只能立足于人与技术共生的历史发展进程。对于新的技术发明、应用应持一种审慎态度，即在技术与社会之间保持一种"必要的张力"，给新技术的伦理评价留有更为充裕的时间、空间来省思。与此同时，技术伦理研究不但要坚守"伦理信念"，也要打开"技术黑箱"。伦理学者则要与技术专家交流合作，促进技术伦理研究"外在进路"与"内在进路"的协调共进。

（梁茜）

【技术伦理何以可能考源——基于哲学本体论的转向】

郦平　《自然辩证法研究》2021年第8期

伴随哲学本体论的几次重要转向，即从一元本体的"是其所是""应其所是"，到生存本体的"解其所是"，再到关系本体的"验其所是"，技术伦理得以可能的根基也发生了转变，即从"是其所是""应其所是"规约技术善，到从"解其所是"将技术的本质视为对世界和真理的开显，再到从"验其所是"将技术善置于技术人工物的生产验证过程。从博物论视角看，既往技术伦理本体论囿于形而上或人类中心范畴，造成自然敬畏感、主体唯我性等而日渐式微。因为博物论"博其所是"的技术伦理维度强调自然、科技与人文的共融性，进而可为技术伦理研究提供新视域。

（梁茜）

【人工智能伦理的研究现状、应用困境与可计算探索】

徐源　《社会科学》2021年第9期

人工智能伦理的发展历经了人工智能伦理基础理论、重要问题，以及伦理框架、原则和相关政策的研究，再到目前的新阶段。我们可以尝试着通过一种"可计算的伦理"来打通伦理原则与技术实现之间的鸿沟。首先，伦理原则技术落地的困境一直存在，从"软"机制到"硬"机制的转变已经出现端倪，现有探索已经涵盖了从人工智能伦理实验、伦理即服务（EaaS）等，虽然相关研究都有提供相应的理论框架和分析方法，但是实践效果却有待证实。其次，人工智能伦理本身就处在一种复杂的社会系统背景下，涉及多方行动者，如：人类行动者、人工行动者和人机协同行动者，并且本身就包括了多种技术指标，也需要满足多方的利益诉求，是一种活动行为。因此，计算社会科学中研究人类信念体系的认知平衡机制或可为人工智能伦理原则落地提供一种技术路径。

（梁茜）

【当代技术伦理实现的范式转型】

贾璐萌、陈凡　《东北大学学报（社会科学版）》2021年第2期

技术伦理实现范式是当代技术哲学研究的重要问题。根据技术伦理的基本范畴，技术伦理实现意味着人与技术间应然性关系在实践中的落实，以及相关伦理角色在行动中的彰显。据此，当代技术伦理实现的范式转型可作如下锚定。首先，技术伦理实现的目的从捍卫人与技术之间的界限转向追求人与技术之间的本真性共在关系。其次，技术伦理实现的主体从具有绝对自主性的"人"让位给"人—技混合体"。最后，技术伦理实现的机制从外在的伦理规范转变为技术与伦理的互嵌伴随。这一转型的价值取向，既包括技术伦理实践旨趣的复归，又透露出一种后人类主义视角和基于责任的伦理规范。

（梁茜）

【技术价值分界及其决策的伦理指向研究——以保罗的后果不确定技术价值分界理论为例】

徐怀科　《科技进步与对策》2021年第19期

合理的技术价值界限是理性决策的依据。对于复杂的新技术，尤其是后果不确定技术，不同主体间的价值认知分歧直接导致价值界限不清，成为理性决策的难点。以保罗的实用对话伦理理论为认知路径，可以采用技术价值分界方法。通过比较功利主义、自由至上主义在价值认识和判断上的后果差异，揭示后果不确定技术价值在不同主体间漂移的原因，探索在不同价值主体间产生伦理维度的技术价值界限方法。而在开放式语义环境中，不同价值主体之间的共识即是技术价值的伦理界限，这可为决策公正提供伦理支撑，进而避免因主体缺失而导致在应用中发生技术价值过度偏失和决策失当，从而为我国发展诸如转基因水稻等后果不确定技术决策提供可操作性的方法论借鉴。

（梁茜）

【人工智能伦理风险的镜像、透视及其规避】

王东、张振　《伦理学研究》2021年第1期

人工智能迅速发展给人们生产生活带来极大便利的同时，相关技术也引起了一定的伦理风险问题，诸如技术伦理风险、社会伦理风险和人类生存伦理风险等。这些伦理风险的背后反映了主体规范缺失和角色失准、情境变化中矛盾展现、人类关于实践意义认

知差异和原则淡化、伦理形态的嬗变与重构等问题。若要规避人工智能所带来的伦理风险,须坚持维护人类共同利益的最高伦理规范,在全面深化基本原则遵循的基础上,推进伦理制度建设和新型人机关系建构,不断提升人类应对科技迅猛发展带来的伦理风险的能力和水平。

(梁茜)

【人工智能伦理中的五种隐性伦理责任】

王前、曹昕怡 《自然辩证法研究》2021年第7期

在人工智能应用中,有五种隐性伦理责任容易被忽视,即家长对未成年人感知能力发育的监管责任、教育工作者对"碎片化思维"的矫正责任、人工智能设计者对人的自主能力的保护责任、人际交往中必要的陪伴责任、产业结构调整中对人的就业能力的培育责任。这五种伦理责任目前存在责任主体不十分明晰、问题不十分紧迫、潜移默化却影响深远等局限性,因而需要引起人们足够重视,避免出现相应的伦理风险。此外,人工智能应用中的这些隐性伦理责任,给伦理教育、技术评估、社会管理和舆论宣传都提出了新的课题,需要及时采取相应的对策。

(梁茜)

【新责任伦理:技术时代美好生活的重要保障】

龙静云、吴涛 《华中师范大学学报(人文社会科学版)》2021年第5期

现时代一个尤为显著的事实是,技术已经全面而深刻地融入了人类社会和人们的生活。技术的目的是为人类创造美好生活,但与此目标相悖的是,技术因为其副作用又成为制约人类过上美好生活的障碍。尽管现时的各种伦理理论为解决技术时代的困境贡献了诸多伦理智慧,但某一种单一的伦理理论很难对人类走出这一困境提供完全可行的方案,这就需要进行伦理理论的统合与重构,而这就是新责任伦理。新责任伦理的核心是责任,其基本要义是以信念内化责任,以德性驱动责任,以发展落实责任。新责任伦理的维护机制则主要包括:制度设计、精神引领、行为规约以及发展方式的变革。

(梁茜)

【人工智能设计的道德意蕴探析】

闫坤如 《云南社会科学》2021年第5期

人工智能设计不是价值中立的,它蕴含了设计者价值,社会价值也会影响人工智能技术设计的发展,而人工智能技术则又可以促进社会价值的变迁。对人工智能合乎伦理设计有不同的研究进路。有的诉诸理论反思制定人工智能规范,有的诉诸设计者的价值敏感性,有的则诉诸人工智能机器所具有伦理调节功能,进而尝试从人工智能设计者的价值敏感性、人工智能设计的职业伦理规范去约束设计者的行为,以及设计人工智能机器的安全性、透明性等视角来分析人工智能合乎伦理设计的路径。

(梁茜)

【人工道德主体是否可能的意识之维】

刘永安 《大连理工大学学报（社会科学版）》2021年第2期

刘永安提出随着人工智能技术的发展，人工智能体日益表现出一定的自主、自治的主体性行为特征，这催生了人工道德主体是否可能的论题。意识问题是制约人工道德主体是否可能的关键维度。目前人工智能体能在功能等价的意义上对意识的智力性认知层面予以模拟，但并不具备对于一个道德主体来说至关重要的现象学意识。人工智能体缺乏产生现象学意识的本体论基础，缺乏现象学意识第一人称的定性特征，缺乏现象学意识的情感元素和移情理性。因此，目前的人工智能体尚不是伦理自治的主体，不能成为完全意义上的道德主体。

（梁茜）

【智能时代人类生命本质的变异及其价值影响】

朱清华 《自然辩证法研究》2021年第2期

朱清华指出，目前，迅猛发展的智能科技被广泛使用在人类社会生活之中，既增强了人们直面生命的勇气和能力，又激发了人们提升生命的品质和价值的渴望。然而，智能技术高歌猛进带来的是不可确定的和无法预测的未来，将引领人类生命走向可能性的存在境遇，引发人类生命本质的变异。由此，秉持敬畏生命的伦理情怀，践行"天人合一"的伦理智慧，树立正确的人生价值取向，领悟死亡的本真意蕴，是未来人类"自我得救"亟须抱持的价值理念。

（梁茜）

【风险社会视域下的现代科技及其伦理边界】

王常柱、马佰莲 《北京行政学院学报》2021年第3期

王常柱、马佰莲认为现代科技是人类社会继承传统科学和技术的基本内涵，并使之在现代化进程中相互作用、相互影响而构建起来的集科学创造、技术创新、科技应用、效果评价于一体的知识运行复杂系统。在其发展过程中，这一系统一方面给人类带来了无尽的福祉，另一方面也带来了严峻的风险，将人类社会推入"风险社会"。在"风险社会"视域下，应将现代科技的传播、创新、应用、评价等实践行为控制在一定的伦理边界之内，以确保其真理性、道德性、人民性和正义性。本质而言，这样的伦理边界就是针对现代科技各个实践活动环节提出的，以"真""善""美""公"为基本内涵的伦理要求。

（梁茜）

【应用理智德性的追问】

任丑 《伦理学研究》2021年第3期

任丑提出应用理智德性的追问既是应用伦理学的历史使命，更是解决人类生活世界面临诸多高新技术伦理问题的内在要求。应用理智德性具有科学、技术与理智三大要素。如果说科学是理智追求知识原理的平等路径、技术是理智运用知识原理的自由途径，那么理智则是在技术实践中运用或发现

科学原理以便达成尊严的能力。也就是说，应用理智德性是理智把握、运用科学技术以达成平等、自由与尊严的应用德性，也是理智的认知与实践相统一的应用德性。

（梁茜）

【构建数字化世界的伦理秩序】

王国豫、梅宏　《中国科学院院刊》2021年第11期

王国豫、梅宏表示，伴随着数字化转型和数字中国的建设，一个与现实世界平行的数字世界正在诞生。历史地看，数字塑造了我们对世界和人类自己的认知。数字化转型将进一步拓展人类的认知空间和认知手段，释放生产力，改变人们的思维和行为方式。然而，数字化世界中的人和物的虚拟性与"脱域"特征，引发了数字世界的伦理问题，因此亟待建构和完善数字世界的伦理秩序。文章总结了现有的科技伦理学介入数字化进程的3条路径，即对"数据主义"的批判、伦理嵌入算法和道德物化，以及通过法律和政策调控的负责任创新；提出塑造数字化世界的伦理秩序必须提高数字化时代民众参与数字化转型和治理的能力；建议要像花大力气建设数字化基础设施那样，提升数字化时代公众的数字能力。

（梁茜）

【大数据时代隐私保护伦理困境的形成机理及其治理】

杨建国　《江苏社会科学》2021年第1期

杨建国认为人类社会已悄然迈入大数据时代，大数据技术在给社会带来多方面积极变化的同时，其野蛮生长与广泛运用也给人们的隐私保护带来了一系列伦理困境。大数据时代隐私保护的伦理困境表现为：数据挖掘与隐私信息的整合、数据预测与隐私信息的呈现、数据监控与隐私信息的透明、数据分享与隐私信息的扩散等。大数据时代隐私保护伦理困境的生成机理，主要源于科学技术的负效应、财富创造的关联性、规约机制的滞后性、隐私观念的流变性等因素。治理大数据时代隐私保护伦理困境的基本理路包括：重构科技伦理，促进工具理性与价值理性的统一；完善制度伦理，促进法治他律与行业自律的统一；降低监控风险，促进知情同意与结果控制的统一；建构责任伦理，促进权利与义务的统一。

（梁茜）

【数字化时代下的开放科学：伦理难题与推进路径】

陈劲、阳镇　《吉林大学社会科学学报》2021年第3期

陈劲、阳镇指出以数字技术为核心的新一轮科技革命加速了传统科研范式的系统性转型。开放科学能够基于全员参与、全过程协同、高度透明性以及共享性，促进科学知识与研究成果的充分共享，提升知识转移与扩散效率，促进科研人员创造更加高阶的综合价值。近年来，开放科学在发达国家尤其是欧洲国家开展了广泛的实践。我国的开放科学发展尚处于一个推动科研数据、成果开放获取的阶段，不论是学界还是业界，亟须

明晰开放科学的历史进程、概念内涵和相应特征。推进开放科学在我国的发展，一方面，需要厘清不同利益相关者在参与开放科学实践过程中的异质性动机，以利益相关者的价值诉求整合推进开放科学走向真正的多主体参与和共享；另一方面，需要直面开放科学中的伦理难题，包括科研过程、科研评价以及科研成果共享三大层面的伦理道德问题，以实现知识生产、知识评价以及知识转移与扩散这一知识创新链的高度社会化。开放科学的发展，需要从政府制度设计、社会共享文化培育以及个体的伦理道德意识提升等方面系统推进。

（梁茜）

【数字资本的伦理逻辑及其规范】

闫瑞峰 《海南大学学报（人文社会科学版）》2021年第4期

闫瑞峰认为数字资本是数字技术和资本的合体，昭示着当代资本嬗变的轨迹。数字技术和资本的道德耦合构成数字资本的特定道德场域，而数字技术的无穷自然力和资本的无限增殖欲，进一步扩展了资本道德的两极张力。数字资本及其人格化代表的正面道德属性体现为创新精神、竞争精神和冒险精神；而其道德的负面本能则展现出立足于本位主义的嗜利性、寻求无限扩张的贪婪性以及基于机会主义的欺诈性。数字资本的道德两面性在伦理上形成双重形态，其积极伦理作用集中表现为丰富共享理念、创新组织结构、变革生产关系和推动数字文明发展；数字资本的消极伦理效应造成其对个体权利的侵蚀性、与公权力的互斥性、对公共价值形态的扭曲性、对市场的超级垄断性以及与社会公平原则的背离性。对数字资本的恶性伦理规训，需要以符合公共善的正义制度、权责一致的公正规则以及主体德性的职业善作为三大抓手，以此实现惩恶扬善、趋利避害的伦理治理效能。

（梁茜）

【人类增强的完美悖论及其伦理旨趣】

田海平 《江苏行政学院学报》2021年第2期

田海平研究证实以"NBIC"会聚（即纳米技术、生物技术、信息技术和认知科学的会聚）为代表的当代科技革命，在人类增强技术的技术功能展现上，揭开了人类改造或人体增强的"无限光明"的道德前景，从而使得人类以技术方式追求完美、制造完美成为可能。然而，人类增强技术所揭示的道德前景能否获得伦理的支持，却仍然是一个引发激烈争论的话题。人类增强技术在人类改造和增强自身的"功能完美性"方面表现得越是卓越或者越是不容置疑，它所遭遇到的伦理合法性质疑就会越大。基于技术功能展现的"追求完美""制造完美"与基于人性道德根据的"反对完美"总是如影随形，二者构成了人类增强的完美悖论。迈克尔·桑德尔（Michael J. Sandel）的论断是将之上升到"科技与人性的正义之战"之高度。毫无疑问，走出完美悖论，赢得"科技与人性"的"正义之战"，是人类增强技术的伦理话语的价值方向或伦理旨趣之所在。这要求我们必须审慎看待技术发展导致的无法预测的社会与道德后果。跨越生物保守主义与超人类主义之间相互峙立的鸿沟，寻找两者相通的中道，是人类增强技术的伦理思考不可回避的言说进路。伦理的高阶思考及其旨趣在于：寻求共识框架下人类增强的伦理安全，即不是片面地将科技置于人性的对立面，（不是"科技对人性"而是"科技与人性"）而是在完美悖论中借助伦理的"莫比乌斯带"（Mobius Band of Ethics），探讨"科技—人性"之相互生成、开放融合的可能。

（梁茜）

【人脸识别技术的伦理风险及其规制】

胡晓萌、李伦 《湘潭大学学报（哲学社会科学版）》2021年第4期

胡晓萌、李伦研究表明人脸识别技术以公共安全和国家安全为价值使命而得到发展和应用，但人脸识别技术的滥用和可靠性问题也引发了隐私泄露、识别错误、安全风险和歧视等伦理风险。基于技术伦理学的非力量伦理和责任伦理，最小必要原则、知情同意原则、不伤害原则和公正原则构成了防范和规制人脸识别技术伦理风险的伦理原则。

（梁茜）

【基因武器的伦理困境及其防范路径】

陶应时、曾慧平、刘芷含 《科技导报》2021年第9期

陶应时、曾慧平、刘芷含研究讨论了基因武器作为一种超大规模的杀伤性武器，在现代战争中可以发挥"奇效"。但基因武器在军事中的存在与应用，将使平民豁免面临困境、使战争手段更不人道、使战争后果难以控制，以及诱发严重的生态灾难等，因而面临诸多的战争伦理困境。鉴于此，在当前时代背景下，人类作为战争的主体，应守住基因武器禁用于战争的伦理底线，厘清基因技术研发的善恶界限，恪守科学和平主义的价值追求，才能遏制基因武器的研发与运用，进而对现代战争形成有效的伦理约束。

（梁茜）

【伦理结构化：算法风险治理的逻辑与路径】

张旺 《湖湘论坛》2021年第2期

张旺认为算法风险触及、引发、衍生了诸多社会问题，日益成为社会各界广泛关注的热点。算法风险治理的伦理结构化进路，主要是指通过建构算法设计、开发和使用的伦理原则制度，确定相对稳定的伦理框架和逻辑体系，形成合理可靠的伦理关系结构，从而确保算法符合道德伦理要求。伦理结构化的表达与呈现方式对提升算法治理能力十分重要，是推进算法风险治理的重要范式，有助于从理论层面到实践层面全面实施和执行算法的道德规范，推动算法的伦理建设进程。算法风险伦理治理结构化的实施路径包括：建构算法风险伦理评估模型与审查体系、提升算法的伦理信任阈值与制定评估指标、设立算法风险伦理问责机制。

（梁茜）

【后疫情世界规范秩序重构的伦理基础】

王强、杨祖行 《东南大学学报（哲学社会科学版）》2021年第6期

王强、杨祖行提出疫情的常态化使得我们无法回到前疫情世界，这意味着一种与病毒共存的"世界性"基础的颠覆以及被疫情改变的伦常日用。后疫情世界的"非伦理性"到"伦理性"世界的思想重构，即规范秩序的重构，成为紧迫的学术议题。在马克思主义学术资源下的重构包括两个层面：其一，从伦理世界的规范性依据来看，规范秩序是"伦理性"规范，重构是建基于"伦理性的东西"即对于特定共同体来说的"具体的现实"之上；其二，从伦理世界的"国家—社会"结构来看，世界秩序是"规范性"的，秩序重构一方面是要把政治国家层面的信任（伦理性东西）上升为民族共同体的文化战略，另一方面要走出市民社会（个人原子状态）重建社会"资本—技术"治理的公正基础。

（梁茜）

【技术治理与当代中国治理现代化】

刘永谋 《哲学动态》2021年第1期

刘永谋提出技术治理的模式选择更大程度上与治理问题相关，而非纯粹的技术问题。换言之，技术治理是"治理中的技术"与"治理中的人"结合的产物，在不同语境、不同国情和不同历史条件下会呈现不同的模式。好的技术治理模式并非科技应用水平最高的模式，而是治理活动中人和技术两种因素结合得最好因而最适应的国情模式。对于中国而言，能更好地为中国特色社会主义建设这一目标服务的技术治理模式才是最好的模式。当然，在更广阔的视野中，还必须考虑技术治理与环境之间的关系，如米切姆所言，技术—生命世界是脆弱的，与自然和谐相处的技术治理系统才真正有利于民族复兴的伟大事业。

（梁茜）

【负责任的科学家：英国科学的社会责任协会成立的历史及意义】

高璐 《自然辩证法通讯》2021年第6期

高璐以英国科学社会责任协会的历史为研究对象，以20世纪以来的英国的科学与社会关系为线索，探究了英国科学社会责任协会的成立的背景、组织结构、协会理念等内容，重点分析成立初期的两个案例。英国科学社会责任协会的成立是20世纪70年代的激进科学运动的直接反映，使"负责任科学"逐渐成为影响当代科学与社会互动问题的全球潮流，缺陷在于它的激进纲领未能为科学家找到一种调和他们的政治观点和科研者身份的有效方式，以及未能帮助科学家更好地参与新兴科学的治理。当今技术发展的伦理、社会问题频发，回顾它的历史将有助于我们思考新的社会治理模式该通过怎样的努力逐渐达成。

（梁茜）

【美国"伦理委员会"的历史沿革与制度创新】

李秋甫、李正风 《中国软科学》2021年第8期

李秋甫、李正风深入研究了美国伦理委员会的历史沿革。伦理委员会机制的雏形于20世纪60年代在美国出现。通过对美国伦理委员会建立及发展的历史分析,该文认为,美国伦理委员会体系经历了在成立规范上从"建议"到"要求"、在涵盖范围上从"机构"到"国家"、在功能行使上从"审查"到"咨询"的"决策"制度的变迁过程,其治理的对象也呈现以"个人作为应用对象""群体作为受试对象""人类作为研究对象"的历史线索。同时,作为科技伦理困境的解决方案,美国伦理委员会制度建构的过程也是伦理委员会对责任的重构过程,体现在"责任转移"的实现、"责任冲突"的化解、"责任监督"的保障以及"责任延展"的承诺。对美国伦理委员会体系的历史沿革及制度创新过程进行深入分析可以为中国相关的制度建设提供启示。

(梁茜)

【科学建构应对科技风险的伦理治理系统】

张军 《人民论坛》2021年第2期

张军提出科技在为社会发展带来巨大推力的同时,也滋生了诸如蕴含争议技术风险、系统性风险、弱化情感交流风险、伦理风险和审美风险等多重技术关联性风险。对科技伦理的高度重视、科技发展的伦理挑战、全球科技伦理的发展诉求等不断呼吁科技伦理治理体系的建立。要从着重加强社会主义核心价值观伦理引导、切实发挥制度化伦理辩论基础作用、主动把握科技政策公共导向、批判借鉴国际科技伦理经验四个方面,科学建构应对科技风险的伦理治理系统。

(梁茜)

【基于空间正义理论的场景传播伦理研究】

牛静、朱政德 《新闻与写作》2021年第9期

移动网络技术推动了场景的产生和扩张,场景强调传播的空间性,为传播伦理的"空间转向"埋下伏笔。牛静、朱政德引入包括空间生产、分配和消费正义在内的"空间正义"概念,以期从空间角度丰富传播伦理理论的内涵。而为了达到空间正义的要求,他们认为应保证公民拥有、自主掌控从事空间生产的能力与工具,将近用权与退出权纳入场景时代的城市权利外延,在提防公共空间私有化的同时将"必要的无聊"作为保护私人空间的公益服务。

(陈雪春)

【全球媒介伦理的反思性与可能路径】

单波、叶琼 《广州大学学报(社会科学版)》2021年第3期

全球媒介伦理经历了一元论、伦理相对主义和多元主义的发展路径,然而这三种进路因其自身限制无法解决全球与本土之间的矛盾。单波、叶琼受"主体间性"概念的启发,提出"文化间性",认为这

种路径在承认文化多元的同时能够建立一种基于伦理融合的、处于对话状态的全球媒介伦理。

(陈雪春)

【数字新闻的公共性之辩：表现、症结与反思】

常江、刘璇 《全球传媒学刊》2021年第5期

常江、刘璇认为公共性是数字新闻时代最突出的问题。他们指出目前数字新闻存在"黑箱""孤岛""极化""脱嵌"这四种反公共性的表现，导致新闻"元概念"的变化。因此，学界必须以"重新概念化"为起点，在观念和实践两个维度上完成对公共性价值理想实现路径的重建，在探索新专业主义的同时规划新的伦理体系。

(陈雪春)

【网络适老化的伦理反思与规制】

武文颖、朱金德 《社会学研究》2021年第10期

网络适老化作为近年来的社会热点问题也获得了学界的关注。武文颖、朱金德认为网络适老化面临家庭、信息、主体行为这三方面的伦理风险。为满足老年人的用网需求，应以老年人主体视角为中心，依据老年人的网络实践脉络，对网络适老化中不同责任主体进行划分，让技术应用、社会制度、老年人子女和老年人分别遵守相应的伦理原则，推动网络适老化问题的解决。

(陈雪春)

【品牌作为出版符号的伦理暗示性传播分析】

张瑞希、江作苏 《湖北社会科学》2021年第12期

注重品牌"道德"是近年来品牌营销的新趋势。张瑞希、江作苏探究了品牌传播与品牌伦理建设的相关性，认为品牌建设涉及社会物质建设和精神建设，应从伦理认知、伦理取向等品牌伦理要素入手，提高品牌竞争力。

(陈雪春)

【德何以立：论民国新闻记者职业道德实践的困境与振拔】

路鹏程 《新闻大学》2021年第8期

记者作为新闻实践的重要主体，其道德品质与新闻实践原则会在某些情况下发生冲突。路鹏程回溯民国新闻记者的职业道德实践，指出民国新闻记者将品性优劣当作评判记者新闻道德与职业活动高下的标尺，这导致记者在新闻采访中面临规范冲突的困境。新闻理念上的道德绝对主义与新闻实践中的道德相对主义，使民国记者在业务实践中难以权衡，引发普遍焦虑。

(陈雪春)

【AI嵌入新闻传播：智能转向、伦理考量与价值平衡】

曹素珍、沈静 《探索与争鸣》2021年第4期

智能传播不仅引发了新闻生产变革，还造成了传媒伦理困境。曹素珍、沈静认为人工智能技术的应用会导致数据管理与用户隐私安全、算法风险与算法权力化、把关权的

位移与让渡、社会责任缺位与人文价值缺失等伦理问题。因此，应当充分平衡技术逻辑与传媒伦理，使二者实现动态的价值平衡，从而实现功能互补与价值匹配的人机关系，维护信息安全。

（陈雪春）

【**大数据时代人的尊严和价值**——以个人隐私与信息共享之间的伦理抉择为中心】

宋建欣 《道德与文明》2021年第6期

大数据时代，信息共享是否应以牺牲个人隐私为代价？围绕这个问题，宋建欣对大数据时代人的尊严和价值问题进行研究。他指出，利益驱使、群体分化、平台漏洞等原因导致的信息伦理困境对人的尊严和价值提出挑战，因而应从个人、政府和社会层面建立个人隐私保护的伦理约束原则，提升人的价值。

（陈雪春）

【**信息生态设计者：数字新闻治理的第三种规范性站位**】

仇筠茜 《新闻界》2021年第12期

数字新闻的飞速发展催生数字新闻治理术的转变。仇筠茜认为以往新闻治理中的"协调者"和"规制者"存在站位偏移问题。而作为第三种规范性站位的信息生态设计者通过厘清责任主体、落实规范原则，将公共原则落实到规则制定和执行中，达到规避价值协调困境、推动数字新闻治理问题解决的效果。

（陈雪春）

【**新闻专业危机与"元新闻"信息伦理抗争：对美国大选社交媒体图景的观察**】

陈昌凤、林嘉琳 《新闻界》2021年第2期

信息危机是社交媒体时代的显著问题。陈昌凤、林嘉琳通过观察美国大选中社交媒体的图景，发现用户分析技术和定向分发技术使大量虚假新闻得以生产、传播和放大，导致选民意见被操控并危及民主进程。因此，信息危机造成的信息道德恐慌导致社会的不信任、恐惧和分裂，多方利益应当联合行动，共同治理社交平台。

（陈雪春）

著作选介

【当代中国伦理的变迁】

姚新中、王水涣著　中国人民大学出版社 2021 年 12 月　143 千字

该书以中国伦理的古今变迁设问，通过对中国儒家伦理在自我修养、家庭伦理、社会伦理、政治伦理和环境伦理等领域的思想贡献和现代转换的探讨，凸显了中国传统伦理思想的积极意义和现实困境，着力展示了当代中国伦理中传统价值与现代社会交融互动的复杂过程和独特面貌。同时尝试回答了中国伦理在全球化、现代化视域中可能产生的贡献与影响，并认为中国传统伦理将为人类和世界的和平发展提供更多的思想助益。

（郭明）

【道德与法度：王安石学术及其变法运动述论】

肖永奎著　上海古籍出版社 2021 年 11 月　292 千字

该书围绕"道德"与"法度"两条线索，力求探寻王安石经学创新和改革设计的核心逻辑。作者认为王安石上承北宋早期"政教失序"的时代语境，特别是继承了庆历新政中"君子的自觉联合"、重建"道德秩序"等贤能政治构想，通过《三经义》建立新的儒学义理范式，将政治道德从个体道德中凸显出来，注重政治领域内"法度"与"道德"之间良性互动的必要性和可行性。王安石的政治和道德思想，具有明显的儒学特征，但也表现出一定的近代特性，是研究中国古代政治伦理思想的重要范本。

（郭明）

【儒家事功伦理研究】

李雪辰著　中国社会科学出版社 2021 年 10 月　245 千字

该书注重对于儒家事功思想的整全性研究。作者择选从传统社会不同时期儒家学者的事功思想进行研究，力求建立一个上起先秦孔子、荀子，中至两宋胡瑗、王安石、陈亮、叶适等，下及明清颜元、黄宗羲等的事功伦理思想发展谱系。该书注重事功伦理与德性伦理、西方功利主义、新教工作伦理的比较，也尝试从经济学、宗教学等多学科角度寻求事功伦理诠释的新意，具有一定的开创意义。

（郭明）

【《老子》"德"论】

王康宁著　中国社会科学出版社 2021 年 7 月　265 千字

该书聚焦于学界研究成果较少的《老子》"德"论，从《老子》"德"论的具体意涵、体系及层级、主体及表现形式、实践途径及价值取向、德育意义等方面展开系统讨论，澄清了如"《老子》是道德虚无主义"等误解，发掘了《老子》"德"论在文化层面的理论功用，突出了《老子》"德"论对当今德育工作的可能借鉴。该书参引丰富、论证系统、文字流畅，具有较强的可读性。

（郭明）

【二程性道思想研究】

张理峰著　中国社会科学出版社 2021 年 8 月　312 千字

该书以二程"性道"思想为研究对象，

注重对其理论渊源、问题意识的形成进行动态考察，力求呈现二程各自思想的独特内涵，并由此深挖二程主要范畴之间的内在关联，展现二程性道思想的整体风貌。作者认为，从思想史上看，二程的性道思想具有儒学"返本开新"的意义，对如今处在文化转型期的中国如何处理传统文化资源具有重要的借鉴意义。

（郭明）

【儒家伦理思想近代演进研究：1840—1930年】

李成军著 西南交通大学出版社2021年6月 208千字

该书关注儒家伦理思想之近代演变，试图以儒家伦理意识形态地位及其制度社会等方面变化为基本背景，以儒家伦理适应不同历史时期社会秩序建构的内在秩序需要为线索，梳理近代不同历史时期不同人物或流派有关儒家伦理思想之基本内容及其内在脉络。该书突破了以阶级阵营划分伦理思想的传统解释范式，试图重新界定儒家伦理思想近代演变的逻辑理路及其意义，具有一定的拓展意义。

（郭明）

【《吕氏春秋》教化思想研究】

郭庆玲著 人民出版社2021年10月 290千字

该书围绕"道德本性"和"秩序"出发展开对《吕氏春秋》教化思想的研究，发掘其教化思想的特色、主客体、路径和方法。作者认为，《吕氏春秋》教化思想意在通过发掘个人的"道德本性"而实现共同体成员的改变，由此在共同体中呈现一定的"秩序"。因此，作者认为《吕氏春秋》的教化思想也具备在时代中呈现其新形式的潜力。

（郭明）

【中国道统论】

蔡晓著 中国社会科学出版社2021年9月 809千字

该书以"中国道统"为线索，用中西比较的方法，审视数千年来中华民族共同创造的思想文化，发掘贯穿其中的思维方法、价值观念和社会理想。该书从中外交流的角度将中国思想文化划分为三个历史发展阶段，特别突出了"天道观"在其中的历史演变、内在影响和时代意义，生动诠释了为何应该坚持中国的"文化自信"。该书问题意识鲜明、架构宏大、引证丰赡、论证精到、文笔流畅，是近些年来不可多得的佳作。

（郭明）

【刘宗周慎独伦理思想研究】

陈睿瑜著 湖南师范大学出版社2021年11月 220千字

该书紧扣刘宗周"慎独"学说的宗旨，结合两岸学者对刘宗周的研究成果，对刘宗周伦理思想进行了较全面的梳理，对其后世的传承派别作了细微的分析，特别注重建构一个客观的刘宗周伦理思想体系和传承谱系。同时作者从伦理学角度对刘宗周所处的时代、家世和学源背景以及完善道德人格的方法和目的进行了较为系统的梳理，并着重反思了刘宗周"慎独"学说的现代意义。

（郭明）

【中国净土宗伦理思想研究】

钱姝璇著　社会科学文献出版社2021年11月　190千字

该书聚焦于国内学界涉足颇少的净土宗伦理研究，结合宗教学与伦理学的方法，从净土宗的源流、本体心性理论、善恶价值观念、信念信仰理论、佛愿众愿内涵、正行助行实践等方面，对净土宗经典及其内在伦理意蕴进行创新性研究。该书尝试在现代伦理学范式下研究净土宗如"持名念佛""九品往生""净业三福"等基本思想，论点鲜明、内容翔实，具有一定的开创意义。

（郭明）

【中国传统文化的德福之辩】

周慧著　湖南师范大学出版社2021年9月　240千字

该书分别论述了儒释道三家的德福思想，揭示了中国传统文化资源中对德福问题的主要观点、争论和特征。作者认为，客观上讲，儒释道三家在德福之辩思想上存在差异与冲突，它们各自从不同的本体意义上、致思方式上、伦理价值上进行探究。但不可否认，儒道佛家在德福之辩思想上也有着融合与互补。这特别体现在天人合一模式的融通、求诸内价值观的互通、经世致用功能的互补等方面。

（郭明）

【中国哲学通史·先秦卷（学术版）】

郭齐勇著　江苏人民出版社2021年7月　655千字

该书是武汉大学中国哲学研究团队历经十余年写成10卷本《中国哲学通史》（学术版）的其中一本。该套丛书共10卷，其中8卷为断代哲学史，涵盖从先秦至现代的内容，又特别设置了少数民族哲学史、古代科学哲学史各一卷，是我国目前相对最全面、系统、完备的中国哲学通史。2021年全年陆续出版了先秦卷、秦汉卷、宋元卷、清代卷、现代卷和古代科学哲学卷共六卷本，其他部分也将陆续出版。

（郭明）

【中国哲学史教程】

张立文、罗安宪主编　中国人民大学出版社2021年1月　705千字

该书作为中国人民大学第三版中国哲学史教材，分先秦哲学、秦汉南北朝隋唐哲学、宋元明清哲学、近代哲学四编，共二十九章，系统涵盖了从殷商之际到"五四"前后中国各个时代重要人物的基本哲学思想，特别在先秦子学、佛教哲学和宋明理学部分深着其力。该书强调人物思想学说的逻辑建构，突出人物思想的前后关联，注重思想学说之间的发生演变，延续了前两版教材解说精到、论述系统、逻辑清晰的传统，较为全面地展现了中国哲学的整体面貌，具有

较高的研究水准。

（郭明）

【古希腊史学中帝国形象的演变研究】

吕厚量著　中国社会科学出版社 2021 年 4 月　350 千字

在从公元前 5 世纪到公元 5 世纪的近千年中，对帝国形象的描述、分析、评判与反思始终是贯穿古希腊史学传统的一条明确线索；由于古希腊史学在文艺复兴以来的近现代西方文明发展历程中占据着举足轻重的地位，这些作品所塑造的帝国形象也在构建近现代西方学者与公众对帝国的认识与记忆过程中产生了深远影响。在古典史学语境下，波斯帝国是希腊世界最重要的对外交往对象之一和作为希腊文明参照物的"他者"；而从公元前 2 世纪起，随着罗马逐步将整个希腊化世界纳入帝国行省统治的模式，罗马帝国逐渐成为后期希腊史家关注的重点和地中海世界整体史的载体。波斯与罗马构成了古希腊史学中重要的两大帝国形象，也是该书所研究的主要对象。该书虽然是史学著作，但是对于理解古代政治思想有重要的参考价值。

（刘玮）

【荷马史诗与英雄悲剧】

陈斯一著　华东师范大学出版社 2021 年 1 月　130 千字

该书由八篇各自独立而又相互贯通的文章组成，前三篇（"荷马问题""荷马道德与荷马社会""荷马史诗与口头诗学"）带有总论性质，研究了荷马史诗的文本性质和艺术统一性、荷马道德的历史基础、荷马史诗的文学批评方法等。后五篇（"荷马史诗中的自然与习俗""赫克托尔的悲剧""阿基琉斯的神性与兽性""阿基琉斯的选择""阿基琉斯的另一个自我"）聚焦于赫克托尔和阿基琉斯的悲剧，展现了荷马诗歌世界的人性图景，揭示出古希腊英雄的独有气质和思想意义，深入思考了诗歌与历史、自然与习俗、神性与兽性、战争与友谊、英雄与悲剧等重大问题。

（刘玮）

【城邦人的自由向往：阿里斯托芬《鸟》绎读】

刘小枫著　华夏出版社 2021 年 7 月　77 千字

该书作者细致梳理了阿里斯托芬的喜剧《鸟》的主要情节和其中的政治哲学意涵，特别强调了《鸟》中看似非常次要的普罗米修斯形象，认为《鸟》在埃斯库罗斯的普罗米修斯三联剧与柏拉图的《普罗塔戈拉》之间有着微妙的承前启后作用，有一条"隐藏的普罗米修斯线索"，与三位作者对希腊民主制的认识密切相关，也对思考当今民主制的问题大有裨益。

（刘玮）

【修辞与正义：柏拉图《高尔吉亚》译述】

李致远著　四川人民出版社 2021 年 9 月　370 千字

该书作者基于自己十余年研究和教授《高尔吉亚》的经验，从希腊文翻译了柏拉图的《高尔吉亚》，译文忠实、可读性强；

在翻译的基础上，作者对这部关注修辞、政治、幸福、快乐等柏拉图核心问题的对话进行了较为详细和忠实的疏解（主要思想资源是施特劳斯的柏拉图和《高尔吉亚》研究）。该书是目前中文学界对《高尔吉亚》最为详尽细致的研究。

（刘玮）

【技艺与身体：斯多亚派修身哲学研究】

　　于江霞著　北京大学出版社2021年4月　357千字

　　该书以古希腊思想中的医哲互动以及现代哲学对于身体的关注为背景，以技艺与身体两个概念的演变、发展为主线，对斯多亚派的修身学说的哲学根基、基本方法以及思想遗产进行系统研究。从古希腊医学中的"照管身体"到哲学上的"关心灵魂"，该书试图透过哲学与医学、德性与技艺之间的可类比性与潜在张力，论证借助一种伦理化的技艺和一个可训练的身体，斯多亚派提供了一种面向双重意义上的"修身"的生活技艺观念。从斯多亚派的"可训练之身"到近现代的"可修饰之身"，从斯多亚派的技艺—身体范式与生活技艺观念转向当下的哲学关切与生活境遇，我们可从古代智慧及其现代转型中发掘出某种健康的生活之道。

（刘玮）

【以人的名义：洛伦佐·瓦拉与《论快乐》】

　　李婧敬著　人民出版社2021年4月　280千字

　　该书深入细致阐释了意大利15世纪的重要思想家洛伦佐·瓦拉如何以语文学、修辞学和辩证逻辑学研究为手段，从理论层面上赋予"快乐"一词以全新的含义，从而构建起一种将"人"、"天主"和"自然"兼容并包的全新伦理体系。专著的正文由六部分组成。第一部分对瓦拉的生平经历、主要成就、历史地位及《论快乐》一书的基本信息和主要内容进行了简要介绍。第二部分从自然观、人性观、义利观、快乐观、女性观、行动观等诸多角度对瓦拉的人文主义思想的具体内涵进行了剖析。第三部分考察了瓦拉的伦理思想的来源。第四部分就《论快乐》的历史反响、传播历程及其在不同时期和不同地域产生的社会影响进行了探讨。结论部分对《论快乐》的学术价值和局限进行了总结，并就在当今社会对该作品进行研究的必要性展开了反思，着重强调了该作品体现出的人文主义思想之精髓。

（刘玮）

【当代后果主义伦理思想研究】

　　龚群著　中国社会科学出版社2021年10月　367千字

　　该书聚焦20世纪70年代以来兴起的伦理学重要思潮——后果主义，成为国内伦理学界第一部以后果主义伦理为核心对象的学术著作。作者在书中系统梳理、分析了后果主义的多个面向与维度，在辨析"后果"概念的基础上探究其内在价值，对后果最大化进行考量。该书中考察了动机后果主义、德性后果主义、主观与客观后果主义，规则后果主义、混合后果主义以及多维度后果主义等不同的后果主义流派。作为当代规范伦理学的重要组成部分，后果主义伦理思想所提供的新视野和新方法，对于我国伦理思想研究和规范伦理学学科发展均有借鉴与启示意义。

（刘蒙露）

【权利、正义与责任】

徐向东著　浙江大学出版社2021年11月　925千字

作者在书中对于全球正义领域所提出的一些核心问题和相关争论进行了系统的阐述与理解。批判性地考察权利的本质和人权的辩护，成为全书的起点。在此基础之上，作者深入讨论了平等主义分配正义的本质和要求。当代许多重要的理论家，如杰里·柯亨、阿玛蒂亚·森以及玛莎·努斯鲍姆等，对于约翰·罗尔斯的正义理论提出的核心批评，也是该书的关切之一。与此同时，该书尝试捍卫和发展一种罗尔斯式的社会正义和全球正义学说，并在此基础上阐明了政治哲学作为一种"现实主义乌托邦"的本质，以及一种语境主义的或整体论的政治辩护概念。

（刘蒙露）

【共情、关爱与正义：当代西方关爱情感主义伦理思想研究】

方德志著　中国社会科学出版社2021年10月　312千字

关爱情感主义伦理思想伴随着女性主义关爱伦理学的兴起与德性复兴运动的"情感转向"逐渐发展。该书以情感主义为中心，以关怀思想为背景，以"共情"为主线探讨关爱伦理思想，聚焦共情心理学、关爱伦理学、情感政治学等多个理论维度，旨在对当代西方关爱情感主义伦理思想的产生背景、形成过程、思想流派、核心意义与当代发展等诸多议题展开分析。

（刘蒙露）

【麦金太尔伦理叙事研究】

宋薇著　中国社会科学出版社2021年4月　221千字

该书关注美国当代美德伦理学代表人物麦金太尔"叙事"的伦理学研究方法。麦金太尔以文学叙事的方式代替强硬的规则和律令，借助文学叙事阐发伦理命题，融合作为修辞方式的叙事与表现抽象伦理思考的叙事，标志着西方伦理学的叙事转向。作者在书中对麦金太尔伦理叙事的历史背景、历史渊源、主要内容、关键特征、文学性本源等作出介绍与分析，并在此基础上为麦金太尔伦理叙事观面临的相对主义批评作出辩护。

（刘蒙露）

【全球生命伦理学导论】

［美］亨克·哈弗主编　马文译　人民卫生出版社2021年4月　243千字

全球生命伦理学不是一个可以简单应用于解决全球问题的现成工具，而是地方实践与全球话语相互作用和交流的长期产物。它将对差异的认可、对文化多样性的尊重与对共同观点、共同价值观的趋同结合起来。该书阐释了全球生命伦理学的概念、内涵和框架，将传统生命伦理学赋予全球性的视野。在生命医学之外，主张将社会、经济、政治环境等因素考虑在内，并将与医疗保健、社会包容和环境保护有关的主题纳入全球生命伦理学的框架中，从而重塑生命伦理学的维度，前瞻性地探究生命伦理学的深度，以及丰富了生命伦理学原有的内容和框架，指出通过生命伦理学审视和解决全球性问题的途径。

（朱雷）

【生命伦理学的理论与实践】

郑文清、高小莲著　武汉大学出版社2021年6月　583千字

该书介绍了生命伦理学的由来以及学科发展概况，比较详细地论述了生命伦理学的基本原则与理论，着重探讨了生命伦理学的诸多实践课题，涉及器官移植、生殖技术、基因工程、脑科学、临终关怀、安乐死与行为控制等现代医学实践领域，提出了一些基本观点与看法，进行了多视角的以生命伦理学为主线的讨论。

（朱雷）

【现代医疗技术中的生命伦理和法律问题研究】

郭自力等著　中国社会科学出版社2021年8月　601千字

生命科学与医学技术的快速发展在给人类带来福音的同时，也存在很多潜在的法律风险和伦理困境，如不能给予正确的引导与约束，将会造成不可逆转的后果与影响。该书梳理了我国现代医疗技术中具有代表性的七个领域进行研究，主要包括器官移植、辅助生殖技术、基因与遗传技术、脑死亡标准、人体试验、医疗过错鉴定、医疗器械七个方面的相关伦理和法律问题，并提出解决路径和完善模式。作者希望通过以上不同侧面的研究，为现代医疗技术的发展与规制提供重要参考，探讨出如何实现医学进步和规范治理的平衡发展。

（朱雷）

【医学伦理学术语集——基于中美文献对比的概念范畴分析】

崇雨田主编　中山大学出版社2021年5月　701千字

医学术语研究的热点从单纯的医学语言学研究转变为文献数据的挖掘。该书以医学伦理学为试验对象，对中美文献进行挖掘、分析、对比，筛选出1000余条医学伦理学中英对照术语，并以半自动的方式进行范畴概念分析。在范畴概念系统中，对伦理学的研究分支进行细分，大致涵盖了中美医学伦理学术语的共性和个性。在中美文献对比研究中，同时吸收了世界卫生组织、英国和其他英语国家的文献资料。

（朱雷）

【医学伦理学】

伍蓉、王国豫主编　复旦大学出版社2021年9月　331千字

作为一门理论性、实践性、科学性很强

的特殊学科，医学伦理学是医学人文社会科学中的重要课程。该书全面覆盖了传统的医学伦理学内容，同时汲取国外原版教材的优秀成分，开设"案例与分析"板块，选择出有一定影响、比较典型的真实案例作展示、分析和讲解。一共包含9个章节，分别介绍了医学伦理学概论、常规诊治与临床决策伦理、生物医学研究伦理、儿科人群临床诊疗与医学研究伦理、精神医学临床诊疗与临床研究伦理、人类辅助生殖技术伦理、人体器官移植伦理、公共卫生伦理以及前沿新技术和热点问题伦理等相关内容，整体上呈现教育性、启发性、科学性和时代性相结合的特点。

（朱雷）

【临床伦理咨询：构建和谐医患关系的新进路】

梁立智著 法律出版社2021年10月 340千字

构建和谐医患关系是政府、医学界和社会公众的共同目标。临床伦理咨询是解决关乎患者疗护的价值不确定性或道德冲突等伦理问题的临床机制。该书认为这是构建和谐医患关系的一种新进路，具有事先防范医患冲突、多学科专家合力会诊、应对负载价值的医患矛盾等特点；有助于提高医疗服务质量，避免医患矛盾，减少医疗诉讼。作者分别从介绍临床伦理咨询的发展、分析我国临床伦理咨询状况及医患关系、提出伦理原则在临床决策中具化应用的四象限模型等方面进行了讨论，并对临床伦理咨询的实践过程

予以反思。

（朱雷）

【生命伦理学体系】

任丑著 社会科学文献出版社2021年12月 240千字

一般而言，伦理学主要推崇人的坚忍性，其理论形态主要是乐观性伦理学。随着环境危机、人造生命等新的伦理问题出现，对脆弱性的思考逐渐在伦理学尤其是生命伦理学领域形成一股思潮。该书主张把祛弱权作为生命伦理学的根本原则，融自然生命的延续、生存和死亡过程中四个层面的生命伦理问题，以及人造生命伦理问题于一体，尝试建构生命伦理学体系。

（朱雷）

【人的尊严和生命伦理】

程新宇著 华中科技大学出版社2021年5月 250千字

随着生命科学科技的不断发展，其干预身体引起的伦理问题日益凸显。在许多问题中，争论各方都不断诉诸人的尊严。该书对人的尊严理论进行了研究。首先，对西方历史上"尊严"概念的内涵及变化作了系统梳理。其次，较为深入分析学界关于人的尊严争论的现状，以及探讨若要"有尊严地活"，对个人与社会的要求。再次，阐释生命伦理学视域中的人及其尊严的内涵，并结合尊严与身体的关系，论证重构身体理论的必要性等。最后，从人工辅助生殖、整形美容、基因干预、死亡判定和安乐死等实践活

动进行了分析。

（朱雷）

【生态文明建设的基本伦理问题研究】

樊小贤著　人民出版社 2021 年 9 月　278 千字

该书由导论、正文八章、结语、参考文献和后记组成，探究了生态文明建设涉及的基本伦理问题，兼有道德哲学与应用伦理的双重视角。不仅系统阐释生态文明的内涵，而且强调在生态文明建设中应当具备怎样的生态伦理观和行为。同时又厘清生态伦理规范体系，并对生产、消费等分类建构规范要求。在此基础上，既指出了生态道德规范践履的可能困境与出路，又对生态伦理的作用进行了评析。全书廓清了生态文明建设的哲学与伦理理论问题，系统梳理了应有的生态伦理观念与规范体系，特别是分类建立规范要求，展望实践中可能存在的问题，并提出解决方案，思考全面深入、理论联系实际，具有重要参考价值。

（杨琳）

【生态伦理及道德建设研究】

李丽娜、周宇宏著　首都经济贸易大学出版社 2021 年 8 月　213 千字

该书具有历史纵深感，运用对比研究的方法，探索生态文明背景下中国的生态伦理与道德建设。该书由导论、正文十章、后记和附录组成，列举了环境问题的多种表征，回顾了人类与自然互动的历史，指出受到现代化工业进程影响的人类欲望与生态保护目标存在内在冲突，人应当转变生产生活的伦理观念和行为。与此同时，还梳理了不同国家的发展模式，中西方的生态哲学和伦理价值观，尝试构建生态文明视野中中国现代社会生态伦理思想体系，以及中国特色的生态道德观念和行为规范及实践路径。

（杨琳）

【生态文明的哲学基础（未来宣言）】

［澳］阿伦·盖尔著　张虹译　天津人民出版社 2021 年 9 月　320 千字

该书是一部译著，英文版原著已于 2017 年出版。全书分为引言、正文六章、参考文献和索引。作者系统阐释生态文明的哲学基础，剖析文明危机的原因，以及为何要向哲学求助，深刻批判了分析哲学，指出其缺乏通观和综合的弊病，同时也对现代工业文明进行了全面批判。2018 年，学者卢风就原版著作撰写书评。卢风在对其学术思想肯定的同时，也认为阿伦·盖尔还未完全抓住现代性哲学的要害，即独断理性主义的完全可知论和物质主义价值观，因为超验自然主义才是生态文明的哲学基础。

（杨琳）

【畲族生态伦理研究】

雷伟红、黄艳著　浙江工商大学出版社 2021 年 8 月　194 千字

全书分为导论、正文七章、参考文献和后记。主要介绍了畲族的生态伦理观念和践行情况。通过该书，读者可以系统了解畲族的生态伦理观念和道德规约，以及生态实践

情况。其主要的生态伦理观念有人与自然万物同源共祖观、对自然万物的感恩报德意识，以及保护自然的义务意识。而这集中表现为敬畏自然、关爱动物、合理利用自然资源、形成保护生态环境的规约等。此外，书中还介绍了畲族生态伦理当代的实践情况，总结其特色，并展望了未来趋势。

（杨琳）

【基于环境伦理的生态—经济—社会协同发展研究】

王琦著　北京航空航天大学出版社2021年4月　165千字

全书由绪论、理论基础、我国生态—经济—社会协同发展的政策环境分析、生态—经济—社会协同发展的环境伦理审视、洞庭湖区生态—经济—社会协同发展的实证研究、洞庭湖区生态—经济—社会协同发展的实践路径、附录和参考文献组成。作者针对当前社会和经济发展中，同时伴随环境问题的现状，从环境伦理的视角对生态、经济和社会协同发展的问题进行探究。在进行文献综述基础上，厘清经济和社会发展中，人与自然的伦理关系和生态价值观问题，凝练引领协同发展的环境伦理原则和规范，并以洞庭湖区实证研究为基础，构建了生态—经济—社会协调发展综合评价指标体系，并就洞庭湖生态—经济—社会协同发展提出对策建议。全书既有交叉学科理论视角，也有对策研究，具有一定参考价值。

（杨琳）

【马克思法律伦理思想研究】

黄云明著　人民出版社2021年9月　243千字

该书系国内首部系统研究马克思法律伦理思想的学术著作，不仅采用"回归原生态马克思"的研究方法，还打破了以往我国马克思法哲学研究拘泥于受苏联影响的马克思主义哲学教科书体系的传统。作者将马克思哲学阐发为由劳动本体论、劳动辩证法、劳动历史观和劳动人道主义价值观构成的劳动哲学体系的前提下，对马克思法律伦理思想展开深入系统的研究，既还原了马克思的法律本体论、法学方法论和法律价值论等法哲学思想的本来面目，同时又系统阐发了马克思的法律正当性思想、法律正义观、法律平等观和法律自由观等法律伦理思想，大大丰富了马克思法哲学研究内容。

（杨茜茜）

【法律职业伦理论集】

文学国主编　上海大学出版社2021年8月　272千字

作者以中西比较的视角，收集整理出法律职业伦理领域的相关文章，从不同的侧面研究了中国、美国、日本和韩国的法律职业伦理问题。其中包括《律师伦理四议》《司法的道德能力》《法律职业伦理规范：建构及困境》《对我国当前律师职业伦理的新反思与新建议》《中美两国律师与委托人秘密保护制度及启示》等内容。作者兼具法学家与法律职业人角色，两种不同身份凸显出视角的不同、理念的迥异，但足以看出对法律职业倾注的心力和热情。因此，书中通过亲身经历大量探讨法律职业有关的理论难点与实务热点，以期国内法律从业者都能够真心履行职业伦理规范，实现法律价值，维护社会秩序，追求公平正义，以不负这一职业赋予他们的崇高社会地位与职业尊荣。

（杨茜茜）

【当代中国劳资伦理法律规制问题研究】

秦国荣等著　商务印书馆 2021 年 10 月　240 千字

作者通过交叉学科相互渗透的方法，以全新理论视角和现代法治思维审视当代中国市场经济条件下劳资伦理关系的责任体系、内在要求、应然本质和法治意蕴，结合法学、伦理学、政治学、管理学等学科的多种理论，不仅为学界与实务部门提供劳资伦理法律规制的概念分析工具、学术命题和创新性理论框架，而且为建立和谐劳资关系提供伦理思想和法治观念的支撑。与此同时，该书既具有理论深度又有实践价值，对劳资伦理定位及其法治内涵要求的准确认识和深刻把握，不仅有助于促进劳资双方确立起符合市场经济法治要求和社会伦理秩序的价值观念，还可以指导劳动立法、司法、执法与社会治理创新。

（杨茜茜）

【伦理审查体系认证标准与审核指南】

熊宁宁主编　科学出版社 2021 年 3 月　136 千字

就目前实践的角度来看，该书涉及人的生物医学研究伦理审查体系认证，是国家认证认可监督管理委员会批准的一项质量管理体系的自愿性认证。作者敏锐地观察到该领域不仅需要法律规制，还需要在实践中进一步系统规范，这就包括了伦理审查体系的认证标准、审核指南、审核工作表以及认证规则四个部分。开展涉及人的生物医学研究的组织机构应当依据研究和伦理相关的法律法规政策和指南，建立伦理审查及其支持系统，包括组织机构、伦理委员会办公室、研究人员三个部分。在这个体系框架中，各部门和人员遵循相关法律、法规、政策和指南，遵循公认的伦理准则，相互协作，实现保护受试者权益和安全的目标。该书为开展涉及人的生物医学研究的组织机构建立伦理审查体系，实现受试者保护的目标提供了标准和指导，并可作为开展伦理审查体系认证活动的依据。

（杨茜茜）

【公共卫生法伦理治理与规制】

［英］约翰·科根、基思·赛雷特、A. M. 维安著　宋华琳、李芹、李鸽等译　译林出版社 2021 年 11 月　369 千字

作者系英国布里斯托大学法学教授，英国公共卫生院荣誉成员，卫生、法律与政策研究中心创始主任，他专注于公共卫生中道德、法律与政治主张的批判性评估。他在该书中对公共卫生法给出了权威、全面、深刻的勾勒。其他两位作者也是来自英国公共卫生法领域的杰出学者，两位学者系统描述了当代公共卫生的立法、公共政策、司法判决

和公共卫生实践，勾连法律、规制、治理与伦理之间的关系。全书分为公共卫生与法律、哲学伦理的关系，公共卫生立法与规制的演进，以及法律与公共卫生的未来面向几个部分。该书既从哲学层面阐释了公共卫生法的理论，又从历史层面回溯了公共卫生漫长的立法与规制史，也从法律和公共政策层面探讨了行政规制、自我规制与治理，还从法学多学科视角出发，考察了私法、公法、刑法及国际法在公共卫生领域中的作用，并提出了公共卫生法未来发展与改革的方向。

（杨茜茜）

【新媒体传播中的法规与伦理】

顾理平著　中国传媒大学出版社 2021 年 4 月　323 千字

该书在总体上关注中国经验中的新闻传播法规与伦理的多个方面，具有较高的理论水平和开阔的视野。该书收集了自 2015 年以来四年多时间里作者发表在《新闻与传播研究》《现代传播（中国传媒大学学报）》《新闻大学》等各类报刊杂志上的主要论文，还包括少量评论和专访等。全书分为"新媒体传播的公民隐私保护""新媒体传播中的权利义务问题""新媒体传播中的社会责任担当""报刊访谈"四个部分，深入探讨了新媒体传播领域公民隐私、权利义务问题、社会责任担当等目前被业界广泛关注的话题。关于新媒体传播中公民隐私保护的问题，作者搜集了 10 年间网络隐私问题发展，清晰呈现了大数据时代隐私信息安全的困境和新特点，并提出了卓有建树的个人隐私保护途径。关于新媒体传播中的权利义务问题，作者主要阐述了新闻传播法学发展、虚假新闻产生的原因、网络监督的权利义务以及失范的原因、自媒体时代"洗稿"行为的法律困境与版权保护、媒介法研究等问题。关于新媒体传播中的社会责任担当问题，作者从新媒体环境下新闻传播教育的核心、支撑与融通、新闻舆论工作的创新之道、信息消费时代公民理性精神的培养、网络时代媒体在爱心培育中的作用、信息分享与责任担当、网络传播中的关键节点等方面，探讨了新闻传播教育对理性精神的培养和信息分享与责任担当的重要性。

（杨茜茜）

【金融科技背景下信用法律制度完善研究】

赵园园著　法律出版社 2021 年 10 月　282 千字

该书以伦理理论与实践的互动为主线，重点探讨了提高金融从业人员道德素养和伦理决策能力等相关问题。全书分为八章，首先，对金融信用的含义进行广义上的理解。金融信用不仅指金融机构在提供金融服务时所面临的信用风险，还体现为金融机构在履行职责和进行金融服务时所应遵循的道德伦理以及金融业所面临的整体的信用环境。其次，对国内外金融信用法治框架进行比较分析。针对我国信用立法现状，作者集中讨论了信用责任立法和完善信用联合奖惩制度，并提出加强软法在规范失信行为中的作用。最后，对我国金融机构信用风险防范法律制度的完善进行分析。进而对我国金融机构进行信用风险防范法律制度的完善，平衡金融机构与金融消费者法律地位，加强信用文化建设改善金融信用环境和金融生态，从全局看是防范金融信用风险导致整个金融体系崩溃、引发金融危机的迫切需求。

（杨茜茜）

【公益资本论】

卢德之、[日] 福武总一郎著　东方出版社 2021 年 3 月　143 千字

作者认为公益资本主义与资本精神具有一致性，以此理为基础，资本的现代化发展方向与资本的公益化方向是一致的，资本走向共享将成为历史必然。因此以商业手段实现公益目的，创造资本精神，推动现代慈善发展和资本走向共享是当下公益活动发展的主要方向，以此为基础明确资本精神的主要内容，处理好富人困境和财富魔咒，实现改良土壤、培育良种资本精神和现代慈善这三个目的的统一。

（张伟东）

【网络意见领袖及其表达：新浪大 V 传播行为与失范应对研究】

靖鸣、杨晓霞、冯馨瑶、周清清等著　复旦大学出版社 2021 年 10 月　215 千字

该书是以新浪微博大 V 传播行为与失范问题为主题开展学术探讨，具体从以下三个层面展开：依据新浪微博的相关数据，自动挖掘大 V 用户表达失范的演变过程，较为精准地总结了其中的规律；深入分析大 V 失范行为的成因和影响，提出大 V 的培育机制，以有效地控制其失范行为在传播中的负面影响；针对当前社交媒体上出现的用户失范行为给出建议，并提炼出适应时代与技术发展要求的社交媒体管理之道，为网络空间的治理和构建清朗和谐的美好社会提供新思路。

（周瑞春）

【网络舆论引导机制研究】

张厚远著　海洋出版社 2021 年 4 月　254 千字

该书意在探讨世界一体化背景下网络舆论引导机制的几个核心问题，从考察网络舆论产生的内、外部动力的诸多要素开始，探讨网络舆论形成与发展的各种动力机制，使用结构主义认知心理学的相关原理研究形成网络舆论的心理动因问题。在此基础上，探讨了符号互动机制、倒逼机制、话语修辞机制、网络舆情处置机制、大数据技术的驱动机制，以及国际复杂多变的舆论思潮的影响机制。全书重点分析了社会主义核心价值观的、基于网络安全的和主旋律电视剧的网络舆论引导机制问题，旨在建构起基于网络信息安全视角的舆论引导机制，服务于工作实践和相关理论研究。该书采用交叉融合的学术视角，国际化和信息化的思维方式，突出网络舆论引导工作的专业性、科学性和系统性，并结合风险社会理论、话语分析理论、群体动力学和儒家的和合思想探讨了如何认识与化解网络意识形态斗争的一些关键性问题。

（周瑞春）

【"80后"网民与网络文化】

马可著　中国社会科学出版社2021年9月　233千字

该书聚焦"80后"的特殊代际身份和成长背景，关注"80后"网民使用网络的种种现实，分析了"80后"网民在网络文化之中的嬗变现象、网络生活方式转变的路径以及文化心理变化，进而指出网络文化和传统文化之间具有相互认同、异化和反哺的复杂关系。该书认为"80后"网民文化心理的变迁与传统文化根源之间存在着密切的联系，而网络文化变迁是对传统文化的认同和异化的过程。与此同时，网络文化又对传统文学、传统媒介、传统生活方式有着重要的反哺作用。此外，该书也对"80后"群体网络文化心理嬗变的过程与中国社会近四十年变迁进行关联分析，探讨"80后"网民文化心理嬗变的历史文化语境、具体表现和本质所在，对当下媒介融合发展中青年人如何使用互联网也具有一定的启示。

（周瑞春）

【沟通：社交网络时代的政府与民众】

袁靖华著　中国社会科学出版社2021年5月　259千字

近十年来，社交媒体彻底改变了中国社会的沟通行为方式。政府如何尽快适应社交媒体，增进政—民沟通，实现社会善治，是当前重要的现实问题。该书紧扣我国媒介融合的现实，基于"社会—沟通—媒介"的理论视角，对基层政府—民众开展了广泛深入的田野调研，系统研究了当前政—民沟通的主体、渠道、内容、话语、效果、过程及社会治理的诸多问题，构建了基于沟通的新型政—民关系框架，提出社交媒体沟通的五维评价模型、五大实践功能和六条行动策略等，对新媒体时代我国政府传播理论、社会治理理论和对话沟通理论等作了有益补充，对推进我国的政—民沟通实践具有重要参考价值。

（周瑞春）

【网络传播中的社会认同及舆论引导】

王恩界著　经济管理出版社2021年6月　201千字

该书通过对网络传播的发展历史、媒介形式、传播形态、传播主体以及受众等方面的分析，运用社会认同理论分析了网络谣言和网络舆论等互联网传播现象背后的社会心理动力机制。同时认为网络舆论引导是现代社会治理的重要杠杆之一，互联网要真正成为公众公开讨论社会事务的公共空间，必然需要政府和传媒组织主动发挥积极引导作用。与此同时，该书在分析互联网传播时贯彻了多种社会认同分析视角，展示了这类新的分析视角在解释互联网传播现象时所能达到的理论深度，因而较为全面地展示了我国社会科学领域对互联网传播及其舆论引导等方面的研究成果，不仅为互联网管理部门和主流媒体提供了分析网络传播的理解框架，而且为引导互联网舆论给出了关键对策。

（周瑞春）

【网络公共情绪：识别、预警与元治理】

周云倩著　中国社会科学出版社 2021 年 6 月　291 千字

由舆情事件的刺激所引发和聚合的网络公共情绪已成为一种特殊的社会舆情动向，体现出正向功能与负向功能并存的多维效应——既是对社会存在的映射，又形成对实践主体认知框架的建构；具有缓释社会矛盾的"安全阀"作用，抑或成为情感动员的利器；既能推动公民诉求的公开表达，也可能引发后真相之时弊。故而，须充分考虑网络公共情绪的复杂性、动态性和演化性等多元特征和现实影响，对其的治理要破除简单的管控定式，在柔性治理中引入元治理范式，强化政府的治理责任和调动多元治理主体的参与，综合运用结构正义供给、媒体宣导、社会心理服务、大数据监测和个体情绪调节等治理方式。

（周瑞春）

【科学与伦理】

李醒民著　中国人民大学出版社 2021 年 5 月　396 千字

科学与伦理问题，不仅关乎其理论研究，而且对于相关领域的政策制定、科技研究人员的道德规范、塑造社会面对科技突破所应持有的正确态度，都具有深刻的现实意义。李醒民在科学哲学和科技伦理领域深耕多年，该书在结合大量中外文献的基础上，展开系统且深入的审慎思考，全书架构清晰完整、资料翔实、观点新颖、逻辑严密、结构清晰，在文笔流畅优美的同时，作者也针对一些紧迫的、敏感的现实问题提出了自己独到的见解和看法，能够予以读者很多启发和思考，可谓"科学与人文珠联璧合，学术共思想相得益彰"，雅俗共赏，适合不同层次的读者阅读。

（梁茜）

【增强、人性与"后人类"未来——关于人类增强的哲学探索】

计海庆著　上海社会科学院出版社 2021 年 9 月　221 千字

智能文明时代是哲学问题迸发的时代，伴随着第四次技术革命所产生的以人工智能为核心的科技发展，所涉及的伦理问题对于人类命运之关切的影响是前所未有的。智能文明时代是人类社会由依赖于科学技术的发展不断转向受科学技术驱动发展的时代。智能文明越向纵深发展，在赋能时代形成的概念范畴的解释力就越弱，其社会运行与管理机智的适用性就越差。这表明人类社会从赋能时代向赋智时代的转变，不再是发展信念的转变，而是概念范畴的重建。而数字化的全面渗透，让现实社会和虚拟世界之间的界限变得越来越模糊，智能化关系使得人际关系从过去的工具关系和对立关系转向了当前的合作关系，未来还有可能出现融合关系。全书对于以上几个面向展开了尖锐且深入的探讨，在保证思想性和学术研究的专业、严谨的同时，该书也因为资料丰富、内容翔实、例证和话题新颖，而极具可读性、启发性和思维延展性，适合不同学术层次的读者阅读。

（梁茜）

【新媒体语境下传播伦理的演变：从职业伦理到公民伦理】

张咏华、扶黄思宇、张贺著　复旦大学出版社2021年6月　233千字

该书在借鉴吸收中西方传播伦理学和马克思主义伦理学思想的基础上，沿着职业伦理到公民伦理的脉络对当前的传播伦理进行剖析并重构了传播伦理体系。并在此基础上指出，在数字化时代传播日益复杂的今天，立足中国实际，考察分析当下传播失范现象及其复杂性，深入调研新媒体环境下传播伦理的社会认知，对中国传播业的健康发展和治理具有重大意义。

（陈雪春）

【科学传播伦理学】

［新西兰］法比恩·梅德韦基、［澳］琼·里奇著　王大鹏、方苈译　清华大学出版社2021年11月　109千字

《科学传播伦理学》的作者强调了伦理原则在科学传播中的重要地位，首次为科学传播伦理提供了一套全面的原则，为价值观、科学和传播之间的关系提供了参考。该书在议题选择上也极具针对性和代表性。其探讨了在科学传播中具有代表性的议题，如传播的时机、叙事的精确性、经费资助、客户—公众间的张力等。而通过对这些议题的考察，不但向读者解释了如何为不同议题提供"定制的"科学传播伦理，而且向读者展现了如何在实践中使用它们。

（陈雪春）

【网络伦理学研究】

宋吉鑫著　科学出版社2021年10月　251千字

作为与社会发展密切相关的新兴研究领域，网络伦理学研究广受关注。该书通过探讨网络技术的价值、网络伦理本体性界定、网络伦理的困境等问题，全面分析了网络技术、网络社会、人、现实社会、社会伦理等要素之间的关系。并在此基础上强调，网络时代伦理问题的解决需要社会协同合作，这样才能促进网络技术健康发展。

（陈雪春）

【新媒体影像传播的社会伦理问题及其治理】

周建青著　中国社会科学出版社2021年12月　426千字

该书在概述新媒体影像传播环境与现状的基础上，重点分析了新媒体影像传播社会伦理问题的表现、原因及其危害，并运用五种规范伦理学理论指导新媒体影像传播实践以规避伦理问题的产生。在此基础上提出，应从五个方面构建新媒体影像传播伦理问题的治理体系，即通过构建新媒体影像传播的伦理抉择模式来化解伦理冲突，基于"不伤害原则、公正原则、前瞻性责任原则"达成伦理共识，通过践行新媒体影像传播道德规范来构筑自律基础，通过技术监控、行政监管与法制保障的有机结合来强化他律手段，通过构建合作共治机制、对话协商机制与协同监管机制来

加强协同治理。

(陈雪春)

【信息伦理与中国化马克思主义伦理思想新拓展】

窦畅宇著　光明日报出版社 2021 年 6 月　175 千字

该书借助信息伦理的内容及研究方法，立足于当下中国社会信息化进程的实践，关注中国化马克思主义伦理思想在信息时代的新拓展，并从良序社会建设新伦理原则的信息秩序和作为个人品德建设新伦理原则的信息德性两方面展开。同时从纵向研究我国社会伦理道德的历史、当下与未来，横向分析我国信息化进程中的现实问题，体现了时代性、理论性与实践性的统一。

(陈雪春)

【中国智能传媒和广告产业规制政策与伦理规范研究】

廖秉宜著　人民出版社 2021 年 8 月　196 千字

中国人工智能技术和产业的快速发展，为传媒产业和广告产业的发展提供了重要的驱动力。一方面，算法提升可为智能传媒产业和智能广告产业发展赋能；另一方面，5G 作为革命性的通信技术提升了传输效率和用户体验。然而，人工智能技术的快速发展，其本身就伴随着一系列的政策、法律、伦理方面的问题。中国智能传媒和广告产业规制政策与伦理规范问题，成为传媒和广告学界、业界亟待研究的重大课题。该书从产业政策、法律规制和伦理规范三个方面，审视中国智能传媒和广告产业的现状及问题并提出优化路径，以期为学术研究和业界实践提供学理支撑和路径指导。

(陈雪春)

学术动态

学术会议

【中国伦理学会法律伦理专业委员会成立大会】

5月29日，中国伦理学会法律伦理专业委员会成立大会暨首届法律伦理论坛在北京师范大学举行。来自全国各大高校、司法机关、律师界和企业界会员代表100余人参加会议。北京师范大学副校长涂清云出席成立大会并致辞，中宣部宣教局思政处、全国哲社工作办社团管理处负责同志参会。大会推选产生了法律伦理专业委员会首届理事会、常务理事会和领导机构。北京师范大学刑事法律科学研究院院长张远煌教授当选首届法律伦理专业委员会主任，中国政法大学法律硕士学院院长许身健当选常务副主任，北京师范大学刑事法律科学研究院副教授印波当选秘书长。中国人民大学伦理学与道德建设研究中心主任、中国伦理学会副会长曹刚教授被聘为名誉主任。法律伦理专业委员会成立大会后，北京师范大学刑事法律科学研究院、法学院共同举办了首届法律伦理论坛。论坛分主题报告与主题发言两大环节，围绕合规文化与商业伦理建设、法律职业伦理前沿问题、律师与司法伦理、法律职业伦理教育等议题展开了研讨。

【第二届"后习俗责任伦理与当代伦理重构"学术研讨会】

6月5—6日，由复旦大学哲学学院和《哲学分析》杂志社共同组织的第二届"后习俗责任伦理与当代伦理重构"学术研讨会在复旦大学召开。来自全国高校及科研院所的20多位学者参加了研讨会。会议深入探讨了伦理生活的转型与建构，尤其是后习俗责任伦理对于应对当代伦理问题的意义，此外，与会者还从儒家哲学、古希腊德性伦理以及当代西方伦理学等不同视角探讨了当代伦理重构的问题。

【河南省伦理学会成立大会】

9月26日，河南省伦理学会成立大会暨中国共产党百年思想道德建设学术研讨会在河南财经政法大学举行。河南省军区政委徐元鸿，河南省人大常委会原副主任蒋笃运，中国伦理学会会长万俊人，河南省社会科学界联合会副主席苗树群，河南财经政法大学党委书记杨宏志、校长高新才、副校长朱金瑞，中共河南省委党校原教育长胡隆辉，中共河南省委宣传部宣教处处长孙超伟，河南省民政厅社会组织管理局局长王凌霄，河南省教育厅思政处一级调研员张延华，河南省社会科学界联合会学会处处长宋淑芳等出席会议，中共河南省委党校、河南省社科院、《中州学刊》杂志社、《学习论坛》编辑部以及省内部分高校的100余名专家学者和会员代表参加会议。

【第二届赣浙两省伦理学联会2021年年会】

10月15—16日，"学史崇德"学术研讨会暨第二届赣浙两省伦理学联会2021年年会在井冈山召开。会议由江西省伦理学会、浙江省伦理学会联合主办，井冈山大学马克思主义学院、国家社科基金重点项目"新时代推动理想信念教育常态化制度化研究"课题组承办。来自江西、浙江两省伦理学界60余位专家学者参加了学术年会。与会专家学者围绕建党精神及伦理学、传统文化与红色文化、新时代推动理想信念教育常态化制度化三个主题进行了研讨和交流。

【中国（上虞）廉德文化研讨会】

10月16日，"廉史镜鉴 德风千秋"中国（上虞）廉德文化研讨会暨"中国廉德文化之乡"命名仪式在浙江上虞举行。中国廉德文化之乡命名仪式由中共绍兴市上虞区纪委书记许建超主持，中共绍兴市上虞区委书记胡华良致辞、中国伦理学会常务副秘书长王海滨宣读了关于命名上虞区为"中国廉德文化之乡"的批复文件，中国伦理学会副会长王泽应教授为"中国廉德文化之乡"上虞授牌，中国伦理学会副会长卫建国代表学会致辞。来自伦理学和廉政建设研究领域的专家学者，围绕廉德文化建设的历史经验、时代价值、新时代廉德文化建设等主题展开主题演讲。据悉，中国伦理学会与绍兴市上虞区从2012年起围绕道德文化建设开展了深入的交流与合作，共同推动了信义文化、孝德文化和乡贤文化建设。

【第七届全国马克思主义伦理学论坛】

10月23日，由清华大学高校德育研究中心、中国人民大学伦理学与道德建设研究中心、西南财经大学马克思主义学院共同主办的第七届全国马克思主义伦理学论坛在成都举行。来自全国50余所知名高校的专家学者、知名期刊负责人参会，并围绕主题"百年现代化历程与马克思主义伦理学的历史使命"进行了研讨和交流。与会学者表示，要以习近平新时代中国特色社会主义思想为指导，聚焦当代中国社会现实，为推动中国式现代化道路发展、繁荣马克思主义伦理学研究作出更大贡献。

【"生命伦理学与法律"跨学科研讨会】

10月29日，"生命伦理学与法律"研讨会以线上和线下相结合的方式举行，该会议由中国人民大学民商事法律科学研究中心、中国人民大学人类胚胎基因编辑立法研究课题组主办，华中科技大学生命伦理学研究中心、中国人民大学伦理学与道德建设研究中心生命伦理学研究所协办。来自全国的200余名专家、学者、行业代表参加了会议，与会代表围绕人类可遗传基因组编辑的伦理与法律、生命伦理、制度化及立法等问题进行了交流。

【上海市伦理学会2021年学术年会】

11月7日，上海市伦理学会2021年学术年会在上海市社会科学会堂隆重召开。来自上海各高校和学术机构的专家学者共计70余人参加了研讨会。该年会围绕"百年道德演变与新时代伦理学使命"主题，分为"赓续传统"与"守正创新"两个板块。学者们就伦理学在传承学术传统、阐发经典义理、回应社会现实、倡导学术创新等方面进行了研讨。

【"经典诠释与诠释学的伦理学转向"学术论坛】

11月5—7日，由上海市社会科学界联合会主办，中国现代外国哲学学会诠释学专业委员会、"中国诠释学"上海市社科创新基地、华东师范大学诠释学研究所和《华东师范大学学报（哲学社会科学版）》编辑部承办的"经典诠释与诠释学的伦理学转向"学术论坛暨中国诠释学专业委员会2021年学术年会在上海成功召开。来自全国40多所高校和科研院所的80多位专家、学者参加了此次会议。与会的专家学者围绕诠释学的历史及谱系学研究、诠释学的伦理学转向、中国经典诠释思想、中国诠释学建构、中西诠释学传统的对话与互鉴、诠释学视域下的真理、方法论、实践等问题进行了探讨和交流。

【2021年广东伦理学年会暨伦理学青年学术论坛】

11月21日，2021年广东伦理学年会暨伦理学青年学术论坛召开。该论坛由广东伦理学学会主办，中山大学哲学系和中山大学马克思主义哲学与中国现代化研究所协办，主题是"社会伦理复苏与重建"。大会采取了线上线下相结合的方式，共有600多位专家学者参与了论坛。

【数据应用和研究中的伦理、法律和社会问题（ELSI）国际研讨会】

12月2日，"数据应用和研究中的伦理、法律和社会问题（ELSI）国际研讨会暨伦理委员会建设与发展国际论坛"（简称ECD2021）在线召开。该论坛由上海医药临床研究中心（以下简称"SCRC"）、国际医学科学组织理事会（以下简称"CIOMS"）、上海市临床研究伦理委员会（以下简称"SECCR"）联合主办。来自CIOMS、瑞士、德国、荷兰、澳大利亚及中国的专家学者作论坛主题发言，全国近400家医疗机构、企业、高等院校、科研单位和媒体平台的600余位国内外代表在线参会，观看人次达1100余次。专家学者们围绕"数据安全和保护的政策与法规"与"数据应用和研究中的伦理问题"两个主题进行了研讨。

【中国伦理学会第十次全国会员代表大会】

12月18日，中国伦理学会第十次全国会员代表大会在北京中国伦理学会会议室以线上线下相结合的方式召开。出席大会的会员代表共352人。根据疫情防控要求，在京高校与科研机构的22名会员代表在中国伦理学会会议室参会，其他代表线上参会。大会以线上无记名投票方式表决通过了中国伦理学会第九届理事会工作报告，中国伦理学会第九届理事会财务工作报告，中国伦理学会章程修改说明，中国伦理学会第十届理事会选举办法说明，中国伦理学会关于设立监事会的说明，中国伦理学会第十届理事会选举总监票人、监票人、计票人名单。无记名投票选举产生了以中国社会科学院哲学研究所研究员孙春晨为会长的第十届理事会理事279名和以中国政法大学法律硕士学院院长许身健为监事长的第一届监事会监事5名。

大会号召全体会员在习近平新时代中国特色社会主义思想引领下，以推进伦理学研究和社会道德建设为己任，团结协作、迎难而上、共同奋斗，积极投身伦理学研究、道德教育和道德传播，勇担时代和历史赋予的重任，续写中国伦理学事业发展的新华章。

国家、教育部项目

国家社科基金项目

1. 重大项目

［1］习近平总书记关于中国精神重要论述研究，吴向东，北京师范大学，21&ZD004

［2］新时代中国特色社会主义公平正义理论与实践研究，魏传光，暨南大学，21&ZD010

［3］全人类共同价值研究，沈湘平，北京师范大学，21&ZD014

［4］全人类共同价值研究，龚群，山东师范大学，21&ZD015

［5］新时代英雄观的理论建构与传播体系研究，邢云文，上海交通大学，21&ZD016

［6］新时代英雄观的理论建构与传播体系研究，刘明洋，山东大学，21&ZD017

［7］中国共产党迈向第二个百年对人类社会进步发展的新贡献研究，杜艳华，复旦大学，21&ZD020

［8］伟大建党精神及其同中国共产党精神谱系关系研究，王炳林，北京师范大学，21&ZD024

［9］伟大建党精神及其同中国共产党精神谱系关系研究，陈挥，上海交通大学，21&ZD025

［10］中国共产党人百年伦理精神研究，朱金瑞，河南财经政法大学，21&ZD030

［11］人民军队优抚安置史文献整理与研究，李翔，哈尔滨工业大学，21&ZD033

［12］规范性哲学研究，李红，北京师范大学，21&ZD049

［13］构建人类卫生健康共同体的伦理路径研究，肖巍，清华大学，21&ZD057

［14］中国乡村道德的实证研究与地图平台建设，王露璐，南京师范大学，21&ZD058

［15］文化强国背景下公民道德建设工程研究，龙静云，华中师范大学，21&ZD059

［16］文化强国背景下公民道德建设工程研究，李萍，中国人民大学，21&ZD060

［17］负责任的人工智能及其实践的哲学研究，闫坤如，上海大学，21&ZD063

2. 重点项目

［1］马克思财产权批判与社会正义理念研究，张文喜，中国人民大学，21AZX001

［2］奥古斯丁与康德自由意志理论的比较研究及其当代意义，张荣，南京大学，21AZX009

［3］中国近代道德观念发展史研究，郭清香，中国人民大学，21AZX014

［4］敦煌藏文文献中多元伦理思想的交汇融通及当代价值研究，才项多杰，青海民族大学，21AZX015

［5］18世纪英国道德情感主义哲学逻辑演进研究，李家莲，湖北大学，21AZX016

［6］人工智能自我意识的可能性及其伦理问题研究，陈万球，长沙理工大学，21AZX017

［7］中国传统居住伦理文化研究，陈丛兰，西安工业大学，21AZX018

［8］中国共产党百年来教育引领青年学生爱国基本经验研究，曲建武，大连海事大学，21AKS005

［9］智能时代青少年理想信念发展规律研究，韩丽颖，东北师范大学，21AKS008

［10］面向中国社会现实的马克思主义公平正义论的当代建构研究，陈培永，北京大学，21AKS011

3. 一般项目

［1］进化论中进步思想的理论难题及其解决方案研究，李建会，北京师范大学，21BZX004

［2］智能环境的伦理治理研究，顾世春，沈阳建筑大学，21BZX006

［3］当代道德认知前沿问题的哲学研究，孟伟，聊城大学，21BZX009

［4］庄子"人间世"思想综合研究，杨勇，中山大学，21BZX010

［5］南宋浙学的转型与市民社会的形成研究，王绪琴，浙江工商大学，21BZX012

［6］中国古代"理"的政治哲学内涵及其当代意义研究，荆雨，东北师范大学，21BZX013

［7］尼采哲学、现象学与后形而上学语境中的主体性问题研究，吴增定，北京大学，21BZX016

［8］基于GIS的中国乡村道德地图研究，王露璐，南京师范大学，21BZX019

［9］技术风险问题及其防范化解的政治哲学研究，曹玉涛，洛阳师范学院，21BZX020

［10］中国竞技体育的道德窘境与伦理引领研究，刘雪丰，湖南师范大学，21BZX021

［11］新时代公民道德建设的多元共建路径研究，龙静云，华中师范大学，21BZX022

［12］社会偏好理论与美好生活实现的伦理学研究，龚天平，中南财经政法大学，21BZX023

［13］伦理学视域中的全球贫困及其治理进路研究，胡军良，西北大学，21BZX024

［14］马克思规范性理论视域下现代虚无主义演化及其批判研究，邓先珍，广东财经大学，21BZX027

［15］马克思资本权力学说与西方左翼微观政治哲学批判研究，毛加兴，安徽工程大学，21BZX028

［16］米歇尔·亨利对马克思哲学的生命现象学诠释研究，张建华，华中科技大学，21BZX029

［17］政治经济学批判视域下的微观权力思想研究，陈飞，重庆大学，21BZX030

［18］后真相时代的事实与价值问题研究，孙美堂，中国政法大学，21BZX032

［19］智能时代劳动的哲学研究，黄家裕，浙江师范大学，21BZX033

［20］马克思交往理论视域下人类命运共同体构建研究，姜爱华，沈阳航空航天大学，21BZX036

[21] 新时代"人民美好生活"水平测度与高质量发展研究，卿菁，湖北大学，21BZX038

[22] 中国共产党维护党中央权威的哲学研究，孟亚凡，中共云南省委党校，21BZX039

[23] 新兴信息技术发展中隐私侵权问题的哲学研究，毛牧然，东北大学，21BZX047

[24] 绿色技术创新与生态文明转型的协同演化研究，邬晓燕，北京交通大学，21BZX051

[25] 科技社会系统的合作治理及其风险关切的共同生产研究，刘崇俊，南京理工大学，21BZX052

[26] 脑机融合技术的人文风险及其治理对策研究，刘红玉，湖南大学，21BZX055

[27] 先秦儒家自我学说研究，叶树勋，南开大学，21BZX056

[28] 《礼记注疏》诠释研究，曾军，黄冈师范学院，21BZX058

[29] 魏晋南北朝《论语》注残篇文献整理和研究，王云飞，河北省社会科学院，21BZX063

[30] "三代"理想与理学的政治维度研究，毕明良，西藏民族大学，21BZX064

[31] 程朱理学王道论研究，敦鹏，河北大学，21BZX069

[32] 儒家思想的超越性与历史性研究，盛珂，首都师范大学，21BZX078

[33] 宋代理学仁礼关系诠释及其理论价值研究，郭园兰，湖南师范大学，21BZX079

[34] 宋明儒学的身体观及现代意义研究，赵楠楠，广州大学，21BZX080

[35] 中国传统哲学的性别伦理观反思和创造性转化研究，寇征，河北师范大学，21BZX081

[36] 国外学界对中国传统个体观的研究与中国式群己话语的建构研究，徐强，大连理工大学，21BZX084

[37] 文明论视域中的庄子政治哲学研究，张华勇，上海应用技术大学，21BZX085

[38] 托马斯·阿奎那德性伦理学研究，赵琦，上海社会科学院，21BZX087

[39] 先秦法家伦理思想研究，焦秀萍，山西大学，21BZX106

[40] 传统家礼文化涵育新时代礼仪文明研究，朱莉涛，江苏师范大学，21BZX107

[41] 普鲁塔克治疗伦理及其当代价值研究，李丽丽，沈阳师范大学，21BZX108

[42] 东欧新马克思主义伦理思想及其现实启示研究，张笑夷，哈尔滨工程大学，21BZX109

[43] 康德的元伦理学思想研究，张会永，厦门大学，21BZX110

[44] 技术伦理的精神人文主义转向研究，郦平，河南财经政法大学，21BZX111

[45] 抗击新冠肺炎疫情中国行动的正义性研究，邹平林，南华大学，21BZX112

[46] 网络慈善的伦理风险研究，黄瑜，广东财经大学，21BZX113

[47] 中医生命伦理思想史研究，杨静，成都中医药大学，21BZX114

[48] 后疫情时代的隐私伦理研究，李志祥，南京师范大学，21BZX115

[49] 媒介史视域下的人工智能伦理研究，郑根成，浙江工商大学，21BZX116

[50] 我国重大疫情防控《伦理指南》的建构问题研究，刘月树，天津中医药大学，21BZX117

4. 青年项目

[1]《资本论》及其手稿中的自由观研究，王益，中南财经政法大学，21CZX003

[2] 阿尔都塞的政治哲学思想及其当代价值研究，董键铭，中国社会科学院哲学研究所，21CZX010

[3] 生产力社会形式与共同富裕前提的哲学研究，訾阳，中共上海市委党校，21CZX012

[4] 数字化时代的劳动正义问题研究，赵林林，福州大学，21CZX013

[5] 风险分配的正义问题研究，孟小非，广西师范大学，21CZX014

[6] 认知科学哲学视域下的人工共情问题研究，崔中良，南京信息工程大学，21CZX020

[7] 人工智能时代的人—技伦理共同体研究，贾璐萌，天津大学，21CZX021

[8] 负责任创新与当代工匠精神重塑研究，张慧，清华大学，21CZX022

[9] 原始儒家关于家国建构的政治哲学思想研究，邓梦军，中共厦门市委党校，21CZX041

[10] 社会转型中的先秦法家治理思想研究，王晨光，西安电子科技大学，21CZX043

[11] 列维纳斯家哲学研究，刘晓，北京体育大学，21CZX046

[12] 身心关系与因果性的哲学研究，董心，中央民族大学，21CZX049

[13] 剑桥实用主义研究，周靖，上海社会科学院，21CZX050

[14] 维特根斯坦生活观研究，王佳鑫，重庆工商大学，21CZX051

[15] 阳明后学心性论分化与统合的逻辑发展研究，王晓娣，南京信息工程大学，21CZX052

[16] 非人灵长类神经系统基因编辑的生命伦理学研究，王赵琛，浙江大学，21CZX053

[17] 核威慑的伦理约束研究，刘利乐，中国社会科学院哲学研究所，21CZX054

[18] 中西道德话语语义建构对比研究，梅轩，华南理工大学，21CZX055

[19] 阿奎那行动哲学历史价值与现实意义研究，归伶昌，湖北大学，21CZX056

[20] 机器人自主决策的伦理研究，刘鸿宇，南京农业大学，21CZX057

[21] 列斐伏尔都市社会视域下城市美好生活需要的空间性研究，张楠，洛阳理工学院，21CZX058

[22] 美好生活视域下劳动幸福观的价值哲学研究，徐昇，中共重庆市委党校，21 CZX059

[23] 军礼之本 [GL0001] 中国古代军政思想的文化基因溯源与哲学体系构建，栗志恒，国防科技大学信息通信学院，21CZX063

教育部人文社科规划项目

1. 规划基金项目

[1] 美好生活视域下生态公平问题研究，陈芬，长沙理工大学

[2] 新时代大学生奋斗精神培育研究，

李海波，广西大学

［3］新时代共同富裕背景下破解发展不平衡不充分问题研究——以浙江为例，陈彩娟，杭州师范大学

［4］中国共产党追求社会公平正义的百年历程及经验研究，王文峰，临沂大学

［5］群己观的近代化转型及新时代价值研究，伊丽娜，岭南师范学院

［6］社会主义核心价值观视域下的道德虚无主义批判与矫治研究，李娜，山东管理学院

［7］新时代大学生志愿精神培育研究，李玮，四川师范大学

［8］中国共产党成立100年来党员诚信建设的历程、成就和经验研究，岳云强，新乡学院

［9］人类命运共同体构建中的全球正义问题研究，彭富明，河南科技大学

［10］许茨与古尔维奇现象学社会理论比较研究——以二人通信录为基础，张彤，河北工业大学

2. 青年基金项目

［1］习近平总书记关于劳动观重要论述研究，李岁月，北京第二外国语学院

［2］新时代社会主义核心价值观对外传播的效果及策略研究，陈顺伟，北京化工大学

［3］习近平总书记关于中国共产党革命精神的重要论述研究，彭蓉，重庆大学

［4］"五四"时期早期中国共产党人大众化马克思主义妇女观实践策略研究，张小玲，重庆科技学院

［5］习近平总书记关于师德师风建设重要论述及其践行方略研究，郗厚军，东北师范大学

［6］中华优秀德育传统培育新时代大学生中华民族共同体意识路径研究，凌海青，复旦大学

［7］陌生人社会境遇下道德冷漠防控机制研究，邹贵波，贵州师范大学

［8］新时代推进人类命运共同体理念的国际认同研究，陈旭，吉林大学

［9］美好生活视域下城市社区居民友善观养成研究，叶舒凤，南京信息工程大学

［10］中国之治的"和"文化底蕴与治理优势研究，苗永泉，山东师范大学

［11］新时代深化新疆少数民族青少年爱国主义教育问题研究，符志斌，石河子大学

［12］当代大学生防范国家虚无主义思潮研究，王锡森，天津科技大学

［13］习近平总书记关于精神的重要论述研究，陈庆庆，中南财经政法大学

［14］基于负责任创新的人工智能伦理治理机制研究，杨利利，北京印刷学院

［15］后疫情时代科技治理的伦理路径研究，晏萍，大连理工大学

［16］列维纳斯他者哲学视域下的欲望理论研究，王光耀，东北大学

［17］后扶贫时代发展伦理嵌入乡村贫困治理的价值与实践研究，杨伟荣，曲阜师范大学

［18］元结构视域下的马克思正义理论研究，许国艳，同济大学

博士学位论文

［1］财富伦理研究，周琳，湖南师范大学

［2］笛卡尔道德理论研究，左金磊，中国人民大学

［3］大数据应用中的伦理问题研究，赵毅，大连理工大学

［4］当代西方关爱伦理思想研究，朱韬，湖北大学

［5］当代政治哲学理论中的残障者正义问题研究，焦金磊，南京师范大学

［6］当代中国食品药品安全问题伦理研究，李育松，吉林大学

［7］道德对政治的回归，朱澳拉，湖北大学

［8］道德敏感性研究，沈莹，湖南师范大学

［9］德性与竞争——亚当·斯密的道德哲学研究，贾谋，中国人民大学

［10］个体自由的两个向度，冯争，山东大学

［11］郭象《庄子注》伦理思想研究，管亚苹，湖南师范大学

［12］黑格尔《法哲学原理》中的伦理教育思想研究，徐中慧，吉林大学

［13］《黄帝内经》生命伦理思想研究，刘甘霖，中国人民大学

［14］交易伦理研究，李欣隆，中国人民大学

［15］见素抱朴与尊道贵德：葛洪伦理思想研究，刘淑华，湖北大学

［16］君子知命：先秦命论的演变与君子人格的确立，乙小康，浙江大学

［17］科学家人文精神及其价值研究，朱芬，中国科学技术大学

［18］梁启超政治伦理思想研究，唐苇熠，湖南师范大学

［19］列宁共产主义道德教育思想研究，高俊丽，辽宁大学

［20］论儿童最佳利益原则，杨茜茜，中国人民大学

［21］论集体责任何以可能——集体能动性与规范性的进路阐述，秦晓阳，中国人民大学

［22］马克思的社会空间思想研究，朱兴涛，东北师范大学

［23］马克思对青年黑格尔派道德观的批判研究，汤迪，湖南师范大学

［24］马克思人的解放思想及其当代价值研究，张媛，辽宁师范大学

［25］马克思人类解放思想内在逻辑研究，范海燕，武汉大学

［26］明清岭南家训与乡村社会，程时用，华中师范大学

［27］农产品伦理购买行为形成机制研究，易文燕，华中农业大学

［28］人的生态化生存研究，袁一平，北京交通大学

［29］儒家师生伦理研究——以《礼记》为主要文本，杨帆，中国人民大学

［30］生态伦理的现代管理价值研究，毕然，黑龙江大学

［31］实践哲学视域下的哈贝马斯公共领域思想研究，刘健，黑龙江大学

［32］算法主义及其伦理批判，胡晓萌，湖南师范大学

［33］王阳明的"良知"与康德的"自由意志"之比较研究，唐锦锋，湖北大学

［34］王阳明责任思想研究，黄瑶，南京师范大学

［35］先秦儒家动物观探究，刘怡，西北大学

［36］新民主主义革命时期中国共产党道德建设研究，邓海平，湖南师范大学

［37］形下关切与形上追问的通贯：老子"道德之意"的探析，张佩荣，吉林大学

［38］荀子"隆礼重法"的政治思想研究，曾筱琪，东北师范大学

［39］郑重对待资源平等，向谨汝，湖南师范大学

［40］中国共产党百年经济伦理思想研究，江勇，南京师范大学

［41］自由意志、自主体与实践能动性问题，张尉琳，华中师范大学

［42］"只是吾心初动机"——朱熹"情"思想研究，冀晋才，山东大学

伦理事件

2021年是中国共产党成立100周年。站在"两个一百年"的历史交汇点上，回顾2021年中国道德伦理和精神文明建设进程，我们会发现，汇聚百年的奋斗精神，中国共产党始终是中国人民获取幸福、中华民族谋取复兴最强大的领导力量。这一年，中国共产党人精神谱系公布，扎实推动共同富裕成为新期盼，道德和精神文明建设凝聚新力量，科技伦理治理形成新体系，生态文明和生态伦理建设提出新目标，为未来15年乃至百年发展奠定更加强大的伦理基础。这一年，在中国共产党坚强领导下，党和政府加强互联网平台反垄断监管促进公平竞争，实施"全面三孩"新政优化人口战略，颁布个人信息保护法维护个体尊严和自由，加强文艺行业整治培育社会新风，为推动经济社会高质量发展凝聚更坚强的精神力量。时代大潮滚滚向前，伦理价值和道德精神的力量总能立于潮头。

为了记录新时代道德文明进程，推动公众关注、参与道德和精神文明建设，在评选2019年、2020年中国十大伦理事件的基础上，教育部人文社会科学重点研究基地中国人民大学伦理学与道德建设研究中心、中国伦理在线组织评选了2021年中国十大伦理事件，期待以此记录历史，汇集智慧，启发实践，推动全社会形成弘扬正能量、积极向上、健康和谐的道德风尚。

中国共产党人精神谱系公布，深深融入中国人精神血脉

【事件描述】

2021年是中国共产党成立100周年。习近平总书记在庆祝中国共产党成立100周年大会上的讲话指出，一百年来，中国共产党弘扬伟大建党精神，在长期奋斗中构建起中国共产党人的精神谱系，锤炼出鲜明的政治品格。历史川流不息，精神代代相传。我们要继续弘扬光荣传统、赓续红色血脉，永远把伟大建党精神继承下去、发扬光大！2021年9月，党中央批准了中央宣传部梳理的第一批纳入中国共产党人精神谱系的伟大精神，在中华人民共和国成立72周年之际予以发布。第一批纳入中国共产党人精神谱系的伟大精神是：建党精神；井冈山精神、苏区精神、长征精神、遵义会议精神等；抗美援朝精神、"两弹一星"精神、雷锋精神、焦裕禄精神等；脱贫攻坚精神、抗疫精神、"三牛"精神、科学家精神、企业家精神、探月精神、新时代北斗精神、丝路精神。

【入选理由】

中国共产党带领中国人民在革命、建设和改革过程中构筑和赓续的中国共产党人的精神谱系，是无数革命先烈、仁人志士、英雄模范用生命和鲜血铸就的红色资源和红色血脉。它具有马克思主义政党的革命本色、中华民族优秀传统文化底色，秉持着中国共产党人的初心和使命，体现出党领导人民在革命、建设和改革过程中的精神气概和磅礴伟力，是中国共产党的红色基因和鲜亮特色。中国共产党人的精神谱系像基因一样，深深融入当代中国人的精

神血脉之中，成为当代中国人精神结构中最为鲜明的精神气质和特色。全党全国人民要用党在百年奋斗中形成的伟大精神滋养自己、激励自己，以昂扬的精神状态做好党和国家各项工作，为实现中华民族伟大复兴中国梦而鼓足砥砺前行的精神动力。

中央提出扎实推动共同富裕，成为人民群众共同新期盼

【事件描述】

2021年8月17日，习近平总书记在中央财经委员会第十次会议上发表重要讲话，明确指出，现在，已经到了扎实推动共同富裕的历史阶段。共同富裕是社会主义的本质要求，在向第二个百年奋斗目标迈进的当下，促进全体人民共同富裕是为人民谋幸福、夯实党的长期执政基础的着力点，是适应我国社会主要矛盾变化、更好满足人民日益增长的美好生活需要的必要条件。这一重要论述，得到了全社会各个阶层的广泛关注和回应。主流是积极正面的声音，但也有少数隐隐担忧。扎实推动共同富裕，是中国共产党人的初心使命，也是全国人民民心所向，是一项具有重要战略意义的理论和实践命题。

【入选理由】

中国共产党一直把促进共同富裕当作中国特色社会主义的本质特征，作为推动改革开放和社会主义建设的初心使命。党的十八大以来，习近平总书记多次多个场合强调，促进社会公平正义，促进人的全面发展，使全体人民朝着共同富裕目标扎实迈进。共同富裕具有重要的价值蕴含和伦理意蕴，作为社会主义的本质，共同富裕意味着中国特色社会主义的发展成果要由全体人民共同享有，所有社会成员都要过上在学有所教、劳有所得、病有所医、住有所居、老有所养等方面比较体面、富足和幸福的生活。共同富裕反对普遍贫困，也反对两极分化。但共同富裕也不等于同步富裕和同等富裕，不搞"一刀切"，也不搞平均主义。扎实推动共同富裕，是中国特色社会主义制度优越性和价值合理性的重要体现，反映了人民群众最热切的呼唤、最强烈的诉求和最根本的利益。

习近平接见第八届道德模范，模范引领激发更强精神力量

【事件描述】

2021年11月5日，习近平总书记在人民大会堂亲切会见第八届全国道德模范及提名奖获得者，向他们表示诚挚问候和热烈祝贺。党的十八大以来，习近平总书记多次会见全国道德模范及提名奖获得者，体现习近平总书记率先垂范，对道德模范的尊重和推崇，对道德和精神文明建设的高度重视和切身践行。习近平总书记就加强道德建设作出一系列重要论述，深刻阐明了加强新时代道德建设的方向性、根本性问题，为做好新时代的精神文明创建、推

动全体人民物质生活和精神生活的共同富裕提供了根本遵循。

【入选理由】

国无德不兴，人无德不立。无论是全国道德模范，还是身边好人，他们的成长，都离不开崇德、重德的土壤，离不开中华优秀传统文化和社会主义先进文化的滋养。习近平总书记强调，"全国道德模范体现了热爱祖国、奉献人民的家国情怀，自强不息、砥砺前行的奋斗精神，积极进取、崇德向善的高尚情操"。在扎实推动共同富裕、建设中国特色社会主义现代化强国的新的一百年征程上，精神文明和道德建设应当发挥更大的作用。只有充分发挥道德模范的榜样示范作用，讲好道德模范的感人故事，学习践行道德模范的高尚精神，加强对道德模范的关心关爱，才能不断激发全社会向上向善的正能量，为中国特色社会主义事业乘风破浪、阔步前行提供不竭的精神力量。

科技部就加强科技伦理治理征求意见，科技伦理体系逐步健全

【事件描述】

2021年，在国家科技伦理委员会领导下，科技部研究起草《关于加强科技伦理治理的指导意见（征求意见稿）》并向社会公开征求意见。《意见稿》提出，科技伦理治理要以习近平新时代中国特色社会主义思想为指导，以伦理先行、敏捷治理、立足国情、开放合作为基本要求，从人类福祉、生命权利、公平公正等方面明确科技伦理的原则，从完善政府体制、压实创新主体责任等方面构建科技伦理治理体制，从细化科技伦理规范和标准、完善科技伦理监管制度等方面健全科技伦理治理制度，从严格科技伦理审查、强化科技伦理监管等方面强化了科技伦理审查和监管，从重视科技伦理教育、推动科技伦理培训机制化等方面加强科技伦理教育和宣传。

【入选理由】

科技伦理是科技活动应该遵循的价值理念和行为规范。党中央、国务院高度重视科技伦理建设。2020年，中央深改委会议提出组建国家科技伦理委员会，健全科技伦理治理体制，健全科技伦理体系。2021年，习近平总书记在中国科学院第二十次院士大会、中国工程院第十五次院士大会、中国科协第十次全国代表大会上讲话指出，科技是发展的利器，也可能成为风险的源头，要前瞻研判科技发展带来的规则冲突、社会风险、伦理挑战，完善相关法律法规、伦理审查规则及监管框架。国家科技伦理委员和科技部起草《关于加强科技伦理治理的指导意见（征求意见稿）》，是贯彻习近平总书记重要讲话，加大科技伦理治理力度，推动科技向善的重要举措，有利于保障和推动我国科技事业健康发展。

中国部署推进碳达峰、碳中和，共同建设清洁美丽世界

【事件描述】

2021年全国两会期间，《政府工作报告》明确提出要扎实做好碳达峰、碳中和。2021年3月，习近平主持召开中央财经委员会第九次会议，重点指出，"十四五"是碳达峰的关键期、窗口期，要构建清洁低碳安全高效的能源体系，控制化石能源总量，着力提高利用效能，实施可再生能源替代行动，加快推进碳排放权交易，积极发展绿色金融。要求各地政府部门、能源部门制订2030年前碳达峰行动方案。在《生物多样性公约》第十五次缔约方大会领导人峰会上，习近平主席再次指出，为推动实现碳达峰、碳中和目标，中国将陆续发布重点领域和行业碳达峰实施方案和一系列支撑保障措施，构建起碳达峰、碳中和"1 + N"政策体系。中国积极推进绿色低碳发展，承诺力争2030年前实现碳达峰、2060年前实现碳中和，意味着中国将完成全球最大碳排放强度降幅，用全球历史上最短的时间实现从碳达峰到碳中和。

【入选理由】

习近平总书记强调，"建设绿色家园是人类的共同梦想"。碳达峰、碳中和的国际承诺和国家行动，体现了中国共产党带领中国人民建设生态文明、推动绿色低碳循环发展、促进人与自然和谐共生的坚定决心、使命担当和坚强行动。从全球伦理而言，碳达峰、碳中和是建设美丽地球家园、构建人类命运共同体的必然要求，利用新能源和新技术探索能源可持续、环境友好和经济绿色发展道路，是人类发展的必由之路。就经济伦理而言，碳达峰、碳中和行动是经济社会发展新方式，体现了生态环境保护和经济社会发展的辩证统一、相辅相成的关系，只有生态环境保护好了，经济社会才能高质量发展。就生态伦理而言，碳达峰、碳中和致力于创造最公平的公共产品、最普惠的民生福祉，是一种注重长远发展和整体利益的绿色生活方式，必将产生广泛的价值引领和伦理影响，进一步增强人民群众的安全感、获得感和幸福感。

国家加强互联网平台反垄断监管，引导资本向善而行

【事件描述】

2021年1月，国务院反垄断委员会制定发布《国务院反垄断委员会关于平台经济领域的反垄断指南》，互联网领域首次被纳入反垄断行列。4月，国家市场监管总局责令阿里巴巴集团停止滥用市场支配地位行为，并处182.28亿元罚款。同月，依法对美团实施"二选一"等涉嫌垄断行为立案调查。全国市场监管系统反垄断工作会议指出，必须严肃整治的

内容，包括强迫实施"二选一"、滥用市场支配地位、"掐尖并购"、"烧钱"抢占社区团购市场等问题。要求互联网平台企业做到"五个严防"和"五个确保"：严防资本无序扩张，确保经济社会安全；严防垄断失序，确保市场公平竞争；严防技术扼杀，确保行业创新发展；严防规则算法滥用，确保各方合法权益；严防系统封闭，确保生态开放共享。

【入选理由】

过去10余年，互联网平台在整合资源、推动经济发展、创造就业机会和便利人民生活等方面发挥了重要作用。但随着部分互联网平台对社会数据的垄断，其逐步成为资本扩张的工具，通过资本优势形成的垄断又强化数据垄断。对云计算、物联网和人工智能等新兴技术领域的创新造成桎梏。尤其是互联网平台对社会数据的垄断，对经济健康、创新发展、个人隐私保护和社会善治等方面造成不利影响，损害国家、社会、个人等多方面的权利，存在巨大的伦理风险。加强对互联网平台的监管，引导资本向善发展，是中国特色社会主义市场经济的题中应有之义，体现了党和政府以人民为中心的价值立场，必将进一步释放市场活力，鼓励创新和竞争，促进社会公平正义，为经济社会高质量发展奠定坚实基础。

"全面三孩"政策难止出生率下滑，生育价值亟待重塑

【事件描述】

2021年5月，中共中央政治局召开会议，审议《关于优化生育政策促进人口长期均衡发展的决定》，进一步优化生育政策，实施一对夫妻可以生育三个子女政策。同年8月20日，全国人大常委会会议表决通过修改《人口与计划生育法》的决定，国家提倡适龄婚育、优生优育，一对夫妻可以生育三个子女。从2016年放开"全面二孩"到2021年的"全面三孩"，政策的改变并没有带来立竿见影的效果。2021年全国出生人口1062万，人口出生率下降，人口增速放缓，引发社会广泛关注和焦虑。育龄妇女人数持续减少，生育观念的转变、养育成本的增加叠加新冠肺炎疫情，导致了年轻人的生育意愿降低，生育安排推迟。人口断崖式下滑引发的人口危机以及与之相应的教育、养老等问题，成为公众广为讨论的社会议题。

【入选理由】

客观上来讲，生育观念转变、人口出生率降低，是我国经济社会发展，特别是工业化、城镇化发展到一定阶段的结果，少子化、老龄化也是很多发达国家以及新兴经济体普遍面临的问题。生育问题既是卫生健康问题，也是经济社会问题，又是伦理价值问题。一方面，"全面三孩"的政策效应仍有待进一步显现；另一方面，为了防止人口断崖式下滑，保持适当的人口增长率，政府应当提高对人口和生育问题的价值考量，将其上升到关乎人民群众幸福生活，关涉民族和国家未来，关系到中华民族伟大复兴的战略高度，进一步出台完善教

育、就业、住房、医疗卫生、社会保障等方面的配套政策，减少生育养育方面的成本和焦虑，转变青年的生育价值观和伦理观，调动年轻人生育积极性，提高人口的生育率。

《个人信息保护法》颁布实施，个体隐私保护有法可循

【事件描述】

2021年8月20日，第十三届全国人大常委会第三十次会议表决通过《中华人民共和国个人信息保护法》，新法于2021年11月1日正式施行。这是我国第一部个人信息保护方面的专门法律。该法以保护个人信息权益、规范个人信息处理活动、促进个人信息合理利用为立法目的，对个人信息处理规则、个人在个人信息处理活动中的权利、个人信息处理者的义务、履行个人信息保护职责的部门以及法律责任作出了极为系统完备与科学严谨的规定。为保护个人信息权益，规范个人信息处理活动，促进个人信息合理利用提供了最基本的法治遵循和指针。

【入选理由】

随着互联网、人工智能等信息技术的广泛使用，个人信息保护，尤其是个人隐私保护的严峻性和紧迫性日益凸显，违法违规收集使用个人信息、大数据"杀熟"、非法贩卖个人信息、滥用人脸识别等违法犯罪行为，严重侵犯了个人合法的信息权益和隐私权益，给个人的人身安全、身心健康、财产权益等造成了较大的威胁和危害。《个人信息保护法》的颁布施行，与《民法典》《数据安全法》等法律的相关条款形成了合力，共同构建了个人信息，尤其是隐私信息的法律保护体系，具有重要的伦理价值。尤其是对隐私信息的保护，对于维护个人尊严、保护生活安宁、建构个体的自主性、维系亲密关系都具有重要的价值，必将在人们的学习、生活和工作中发挥重要的作用。

艺人违法失德行为引发整治风暴，文艺工作者要加强自身修养

【事件描述】

2021年以来，广电总局、文旅部、税务总局、网信办等相关部门打出"组合拳"，从艺人形象、职业操守、税务查收等方面，对娱乐圈乱象进行整治，多位明星艺人因违法失德行为而被全网抵制封杀，其中关注较多的有郑某偷逃税事件、吴某凡涉嫌强奸事件等。明星艺人由于违反相关法律法规，不仅受到应有的法律处罚，而且在全网遭遇"社会性死亡"，参演作品被下架、个人社交账号被封禁、被所代言的品牌方解除合约等。针对明星艺人违法失德等文娱领域出现的问题，多部门陆续出台政策措施规范艺人、粉丝、平台和相关从业者行为。

【入选理由】

习近平总书记在中国文联十一大、中国作协十大开幕式上的讲话中强调，广大文艺工作者要讲品位、讲格调、讲责任，自觉遵守法律、遵循公序良俗，自觉抵制拜金主义、享乐主义、极端个人主义，堂堂正正做人、清清白白做事。文艺工作者知名度高、社会影响力大，对于社会道德和价值观念具有重要的引导和塑造作用，文艺行风的好坏会影响整个文化领域乃至社会生活的生态，因此文艺工作者的道德修养建设甚为必要，对明星艺人的道德要求应该要比普通人更高。除了要遵守法律底线之外，更要增强自身道德情操的修养，承担起公众人物应有的道德义务。加强文娱行业的治理，加大对违法失德艺人的惩处，其价值和意义绝不限于文艺行业内部，而是对全社会的道德和精神文明建设都有着重要的警示、引导作用。

明星代孕引发社会争议，妇女儿童尊严和权益受关注

【事件描述】

2021年1月，网上一段录音曝光了关于明星郑某弃养孩子的对话，随后当事人在个人微博发文承认代孕的事实。郑某代孕一事"引爆"微博热搜并持续发酵，将"代孕合法化"问题再次推到公众舆论面前。中国视协电视界职业道德建设委员会在发布的《电视艺术工作者应自觉追求德艺双修用明德引领社会风尚》一文中表示，"演员郑某疑似代孕弃养"事件引起舆论热议和公众广泛关注，其行为本身已超越社会大众普遍认知的道德底线。随着郑某被全网封杀，该事件暂告一段落，但是由此引发的有关代孕问题的争议，热度依旧不减。

【入选理由】

代孕问题一直都是迫切而重大却又广受争议的现实问题，各国法律对代孕的立场和规定也不尽相同。我国2001年1月发布的《人类辅助生殖技术管理办法》明确规定：禁止以任何形式买卖配子、合子、胚胎。医疗机构和医务人员不得实施任何形式的代孕技术。2016年修订实施的计划生育法已经将"禁止以任何形式实施代孕"删除，仍保留"医疗机构和医务人员不得实施任何形式的代孕技术"的规定。代孕存在着将母亲身体器官商品化、人类尊严遭受侵犯、亲子关系难以确定、儿童利益得不到保护等风险和问题，因而在伦理学界和全社会都存在着广泛的讨论和争议。其中，非商业化的利他主义代孕的合法性和道德正当性得到一些学者的认可，但是商业化代孕既损害代孕母亲的人格尊严，也不利于保护儿童的最佳利益，更是违背社会的公序良俗，受到了普遍的反对，应当严厉禁止。

（执笔人：张伟东，中国人民大学博士研究生；王宝锋，吉林大学博士研究生；谭聪，中国人民大学硕士研究生；颜晗，中国社会科学院大学硕士研究生；赵子千，温州商学院本科生。统稿人：李凌，清华大学新闻与传播学院博士后、中国伦理在线执行主编。）

关键词索引

关键词索引

A

阿马蒂亚·森　126

B

边沁　99，100

D

大数据　136，137，181—183，195，196，203，208—210，216，235，242，248，250，255，261，276，277，279，302

道德负熵系统　32

道德判断　34—36，47，101，102，115，133，140，144，183，185，193，218，229

道德情感　18，21，26，35—38，47，48，50，93，103，109，123，134，148，158，185，186，215，220，227，234，238

道德实践　19，20，32，39，45，47，48，113，118，122，134，144，149，188，219，260

道德语言　214

道德责任　22，35，37，38，40，92—94，122，133，134，137，138，140，156，165，191，197，198，230，233，235，236

道德主体　34，35，39，41，54，69—71，133，134，184，191，197，198，219，230，236，254

道德自由　40，41

德法相济　159，241

F

法律伦理　157，159，161，162，244，274，285

法律职业伦理　164，243，274，285

饭圈文化　33，187，249

非人类中心主义　150—152，239

G

公共卫生　136，137，145，169，183，234，235，272，275，276

公共文化服务　13

功利主义　33，34，74，78，99—101，117—120，124，158，160，168，169，232，233，252，265

国际化　171，277

H

哈奇森　103，227

海德格尔　75，121，129—131，244

赫斯特豪斯　116—119，230

黑格尔　39，84，99，106，110—112，162，215，216，228

后习俗责任伦理　285

环境伦理　78，147—153，156，237，239，240，274

— 307 —

霍布斯　88，97，99，103—106，161

J

家庭家教家风　3—7
绝对主义　31，104，205，260

K

康　德　37，39，45，75，99，106—111，115，117，118，121，122，128，162，228，230，231，234，243

L

立法伦理　163，242
廉德文化　286
列维纳斯　38，41，129—131，135，151
卢梭　99，103，105，106，228
绿色生存　148
伦理生活　110，134，148，162，216，233，238，285
罗尔斯　41，42，123，125—128，231，232，270
洛克　92，99，103，104，150，161，239，243

M

马克思主义伦理学　32，213，214，280，286
迈克尔·斯洛特　116，118，234

麦金太尔　116，117，270
美德伦理学　32，47，50，73，74，91，92，103，116—119，221，227，230，270
密尔　99，100，108，226，243

N

努斯鲍姆　126，128，129，270

P

平等主义　33，126，127，169，270

Q

诠释学　193，287

R

人工智能　136，138，167，168，191—200，203，207—209，216，245，250—254，260，279，281，301，302
人工智能体　198，216，254
人类增强　140—142，191，199，202，236，256，257，279
人类中心主义　78，147，148，150—152，168，238，239
人性　32，34，41，43—45，47，54，59，61，70，71，83，85，88，90，93，97，98，102，103，121，136，142，199，202，208，215，217，218，220，224，234，244，256，257，268，279

S

生命共同体　77，78，147，148，150，152，155，156，215，238—240

生命伦理学　74，136，138—140，235，236，270—272，286

生态科学　146，153，237

生态理性　148，150，151

生态伦理学　76，77，146，147，150，151，222，239

生态文明建设　75，77，149，154，273

生态哲学　78，146，147，154，237，273

生态治理　154，155，190

生态中心主义　147，150，238，239

实践自由　216

数据共享　136，137，234，235

数字伦理学　216

数字全球化　216

W

网络道德建设　181，183，184，249，250

网络道德主体　184

网络公共情绪　279

网络空间　18，183，184，186—190，204，248—250，277

网络伦理　181—183，185—190，280

网络民主　190

网络群体　181，185—187

网络文化　250，278

网络意见领袖　277

网络舆论　185，190，277，278

网络直播　187

网络治理　183，187，189

微化　32

X

西季威克　99，100

乡村治理　65，67，68，159，214

相对主义　31，114，117，130，203，205，259，260，270

协同治理　188，208，245，248，249，281

信息伦理　181—183，209，210，248，261，281

休谟　36，88，100—103，117，123，158，192，227

亚当·斯密　99，100，102，103，205，227

Y

医疗决策　142

义务　11，21，40，53，56，82，104，106—108，110，119，121—125，137，138，150，152，154，165，166，170，196，214，216，221，236，239，245，255，274，276，302，303

Z

正义理论　42，100—102，109，125—127，231，232，259，270

自然　34—36，40，45，47—49，51—53，59，70，72，74—78，81，83—85，87，

90，92—96，98，101—103，105，106，110，113—115，118，121，123，127，139，146—156，159，161，173，174，187，193，198，201，209，215，216，218，220，222，223，227—229，234，235，237—240，243，247，251，253，254，258，268，269，272—274，300

自我伦理　183，249

自我认同　185

自由意志　37，40，95，106，111，112，122，133，134，216，228，233